华章程序员书库

Go Programming from Beginners to Masters

Thinking, Methods and Techniques

Go 语言精进之路

从新手到高手的编程思想、方法和技巧

白明 著

机械工业出版社
China Machine Press

图书在版编目（CIP）数据

Go 语言精进之路：从新手到高手的编程思想、方法和技巧 .2 / 白明著 . -- 北京：机械工业
出版社，2022.1（2023.1 重印）

（华章程序员书库）

ISBN 978-7-111-69822-7

I. ① G… II. ①白… III. ①程序语言 – 程序设计 IV. ① TP312

中国版本图书馆 CIP 数据核字（2021）第 252233 号

Go 语言精进之路

从新手到高手的编程思想、方法和技巧　2

出版发行：机械工业出版社（北京市西城区百万庄大街 22 号　邮政编码：100037）

责任编辑：陈　洁　罗词亮　　　　　　　责任校对：马荣敏

印　　刷：固安县铭成印刷有限公司　　　版　　次：2023 年 1 月第 1 版第 2 次印刷

开　　本：186mm×240mm　1/16　　　　印　　张：30

书　　号：ISBN 978-7-111-69822-7　　　定　　价：119.00 元

客服电话：(010) 88361066　68326294

既然你翻开了这本关于 Go 语言的书，那就说明你对 Go 语言有兴趣，打算学习一下 Go 语言。不过，在你继续翻阅之前，我先问你一个问题："你觉得 Go 语言简单吗？"

简单？不简单？

对于这个问题，有的人会说 Go 语言很简单，一个晚上就能学完所有语法，也有人会说 Go 语言不简单，要做到运用自如需要大量磨炼。

为什么会有两个截然不同的答案？因为他们回答的其实并不是同一个问题。真正的问题是：

❑ Go 语言入门简单吗？简单！

❑ Go 语言精通简单吗？不简单！

从入门到精通的路有多远呢？大概相当于从学会说话到写文章发表的距离吧！能说话的人有的是，一般一岁的小朋友就可以做到。但能写文章发表的人有多少？即便是在自媒体如此发达的今天，能够利用文字表达自己的也只有少数人，大多数人只能作为信息的接收者。

同样，入门的程序员数量庞大，但真正精通的程序员却为数不多。一个有追求的程序员绝不满足于会写 Hello World，他会望向那座叫作"精通"的高峰，但怎样攀上高峰是摆在很多人面前的现实问题。

要精通一门语言，最好的方式是跟着一个已经精通这门语言的人系统学习。然而，并不是每个人都有这样的机会。不是每个人身边都有一位精通这门语言的高手，即便有，高手也不见得有意愿、有能力把自己的知识体系整理出来，倾囊相授。好在这个世界上还有很多高手乐于分享，把知识系统地整理了出来，我们才有机会向他们学习。

从入门到进阶

入门的书与进阶的书有哪些不同呢？**入门的书一般讲的是语言本身**，按照一个合适的顺序介绍语法规范中的各种细节，最多再增加一些标准库的使用方式就够了。各种语言的差异无非是语法和标准库数量的多寡，基本结构大体类似。

对于编程新手而言，难的并不是掌握这些语法和标准库，而是建立一种思维方式。你只要学会了任何一门程序设计语言，通过了建立思维方式的关卡，再去学习一门新的程序设计语言，就只需要学习具体的语法和一些这门语言特有的知识。所以，程序员通常是"一专多能"的，除了自己最拿手的那门语言，还会使用很多门其他的语言，而更厉害的家伙甚至是"多专多能"的。

那一本进阶的书能告诉我们什么呢？**它会告诉我们一个生态**。如果说入门书是在练习场上模拟，那么进阶的书就是在真实战场上拼杀。在真实世界中编写代码解决的不再是一个个简单的问题，而是随着需求不断膨胀的复杂问题。我们编写的不是"写过即弃"的代码，所以必须面对真实的问题，比如如何做设计，如何组织代码，如何管理第三方的程序库，等等。这些在很多人眼中琐碎的问题其实是我们每日都要面对的问题，很多技术团队正是因为没有遵循这些方面的最佳实践而陷入了无尽的深渊。而这些内容显然超出了语言本身的范畴，属于生态的范围。

进阶的书很重要，然而，写好进阶的书却不是一件容易的事。一个初出茅庐的程序员就可以写入门书，而只有经验丰富的程序员才能写出进阶的书。这种经验不仅在于写了很多年代码，还在于能够向行业动态看齐。只有这样，写出来的才不是个人偏见，而是行业共识。

如果你是一名 Go 程序员，而且不满足于在入门水平徘徊，那么这就是为你准备的一本进阶书。

一个高手，一本进阶书

本书的作者白明是一位有超过十年系统编程经验的资深程序员。这里说的程序员指的是那些真正热爱编程，把编程当作一门手艺不断打磨的人。虽然他有着诸如架构师之类的头衔，但骨子里他依然是个不断精进的程序员。

他刚刚开始工作时我们就相识了，那时他就是一个热爱编程的人，时隔多年依然如故。他刚开始用 C 语言写通信网关这种有着各种严苛要求的软件，但一直在寻找更好的工具。Go 的出现让他眼前一亮：一方面，Go 与 C 一脉相承，有着共同的创造者；另一方面，Go 引入了一些更加现代的特性，让它更适合大规模开发。于是，白明把自己更多的时间献给了 Go。一晃十多年过去，Go 由他最初的个人爱好变成了他日常工作中使用的语言。

除了在工作中使用 Go，白明还是一位非常积极的分享者，经常在 Go 社区分享内容。他不仅主导了一个叫 Gopher 部落的技术社群，还坚持把自己收集到的资料整理成 Gopher 日报，此外，也在 GopherChina 这样的技术大会上做过主题演讲。目前，中文社区内最好的 Go 语言入门教程《Tony Bai·Go 语言第一课》就出自白明之手。

如果由一个既有丰富实战经验又有丰富分享经验的人来写一本 Go 语言的进阶书，这会是 Go 社区的幸运，而你手上的就是这样一本书。

这本书完全符合我对一本进阶书的定义，在这里你会看到 Go 语言的生态，你会了解到关于写好 Go 项目的种种知识。如果说这本书有什么缺点，那就是它太厚了，不过，这恰恰是白明经验丰富的体现。没办法，真实世界就是这么复杂。

如果你能坚持把这本书读完，把其中的知识内化为自己的行动，你的 Go 项目开发之路将由荆棘密布变成一片坦途，对路上的种种你都会有似曾相识的感觉。

祝你阅读愉快，开发愉快！

郑晔

《10×程序员工作法》专栏作者 / 前火币网首席架构师 /

前 Thoughtworks 首席咨询师

前　言 *Introduction*

为什么要写本书

　　Go 是 Google 三位大师级人物 Robert Griesemer、Rob Pike 及 Ken Thompson 共同设计的一种静态类型、编译型编程语言。它于 2009 年 11 月正式开源，一经面世就凭借语法简单、原生支持并发、标准库强大、工具链丰富等优点吸引了大量开发者。经过十余年演进和发展，Go 如今已成为主流云原生编程语言，很多云原生时代的杀手级平台、中间件、协议和应用都是采用 Go 语言开发的，比如 Docker、Kubernetes、以太坊、Hyperledger Fabric 超级账本、新一代互联网基础设施协议 IPFS 等。

　　Go 是一门特别容易入门的编程语言，无论是刚出校门的新手还是从其他编程语言转过来的老手，都可以在短时间内快速掌握 Go 语法并编写 Go 代码。但很多 Go 初学者的疑问是：**Go 入门容易，但精进难，怎么才能像 Go 开发团队那样写出符合 Go 思维和语言惯例的高质量代码呢**？这个问题引发了我的思考。在 2017 年 GopherChina 大会上，我以演讲的形式初次尝试回答这个问题，但鉴于演讲的时长有限，很多内容没能展开，效果不甚理想。而本书正是我对解答这个问题所做出的第二次尝试。

　　我这次解答的思路有两个。

- ❑ **思维层面**：写出高质量 Go 代码的前提是思维方式的进阶，即用 Go 语言的思维写 Go 代码。
- ❑ **实践技巧层面**：Go 标准库和优秀 Go 开源库是挖掘符合 Go 惯用法的高质量 Go 代码的宝库，对其进行阅读、整理和归纳，可以得到一些能够帮助我们快速进阶的有效实践。

　　本书正是基于以上思路为想实现 Go 精进但又不知从何入手的你而写的。

　　首届图灵奖得主、著名计算机科学家 Alan J. Perlis 曾说过："不能影响到你的编程思维方式的编程语言不值得学习和使用。"由此可见编程思维对编程语言学习和应用的重要性。只有真正领悟了一门编程语言的设计哲学和编程思维，并将其应用到日常编程当中，你才算真正精通了这门编程语言。

　　因此，本书将首先带领大家回顾 Go 语言的演进历程，一起了解 Go 语言设计者在设计 Go 语言时的所思所想，与他们产生思维上的共鸣，深刻体会那些看似随意实则经过深思熟虑的设计。

　　接下来，本书将基于对 Go 开发团队、Go 社区高质量代码的分析与归纳，从项目结构和代码风格、基础语法、函数、方法、接口、并发、错误处理、测试与性能优化、标准库、工具链等多个方面，给出改善 Go 代码质量、写出符合 Go 思维和惯例的代码的箴言。

学习了本书中的这些箴言，你将拥有和 Go 专家一样的 Go 编程思维，写出符合 Go 惯例风格的高质量 Go 代码，从众多 Go 初学者中脱颖而出，快速实现从 Go 编程新手到专家的转变！

读者对象

本书主要适合以下人员阅读：

- ❏ 迫切希望在 Go 语言上精进并上升到新层次的 Go 语言初学者；
- ❏ 希望写出更符合 Go 惯用法的高质量代码的 Go 语言开发者；
- ❏ 有 Go 语言面试需求的在校生或 Go 语言求职者；
- ❏ 已掌握其他编程语言且希望深入学习 Go 语言的开发者。

本书特色

本书的特色可以概括为以下几点。

- ❏ **进阶必备**：精心总结的编程箴言助你掌握高效 Go 程序设计之道。
- ❏ **高屋建瓴**：Go 设计哲学与编程思想先行。
- ❏ **深入浅出**：原理深入，例子简明，讲解透彻。
- ❏ **图文并茂**：大量图表辅助学习，重点、难点轻松掌控。

如何阅读本书

本书内容共分为十部分，限于篇幅，分为两册出版，即《Go 语言精进之路：从新手到高手的编程思想、方法和技巧 1》和《Go 语言精进之路：从新手到高手的编程思想、方法和技巧 2》。其中，第 1 册包含第一～七部分，第 2 册包含第八～十部分。

- ❏ **第一部分　熟知 Go 语言的一切**

本部分将带领读者穿越时空，回顾历史，详细了解 Go 语言的诞生、演进以及发展现状。通过归纳总结 Go 语言的设计哲学和原生编程思维，让读者站在语言设计者的高度理解 Go 语言与众不同的设计，认同 Go 语言的设计理念。

- ❏ **第二部分　项目结构、代码风格与标识符命名**

每种编程语言都有自己惯用的代码风格，而遵循语言惯用风格是编写高质量 Go 代码的必要条件。本部分详细介绍了得到公认且广泛使用的 Go 项目的结构布局、代码风格标准、标识符命名惯例等。

- ❏ **第三部分　声明、类型、语句与控制结构**

本部分详述基础语法层面高质量 Go 代码的惯用法和有效实践，涵盖无类型常量的作用、定义 Go 的枚举常量、零值可用类型的意义、切片原理以及高效的原因、Go 包导入路径的真正含义等。

❑ **第四部分　函数与方法**

函数和方法是 Go 程序的基本组成单元。本部分聚焦于函数与方法的设计和实现，涵盖 init 函数的使用、跻身"一等公民"行列的函数有何不同、Go 方法的本质等。

❑ **第五部分　接口**

接口是 Go 语言中的"魔法师"。本部分聚焦于接口，涵盖接口的设计惯例、使用接口类型的注意事项以及接口类型对代码可测试性的影响等。

❑ **第六部分　并发编程**

Go 以其轻量级的并发模型而闻名。本部分详细介绍 Go 基本执行单元——goroutine 的调度原理、Go 并发模型以及常见并发模式、Go 支持并发的原生类型——channel 的惯用模式等内容。

❑ **第七部分　错误处理**

Go 语言十分重视错误处理，它有着相对保守的设计和显式处理错误的惯例。本部分涵盖 Go 错误处理的哲学以及在这套哲学下一些常见错误处理问题的优秀实践。

❑ **第八部分　测试、性能剖析与调试**

Go 自带强大且为人所称道的工具链。本部分详细介绍 Go 在单元测试、性能基准测试与性能剖析以及代码调试方面的最佳实践。

❑ **第九部分　标准库、反射与 cgo**

Go 拥有功能强大且质量上乘的标准库，在多数情况下仅使用标准库即可实现应用的大部分功能，这大幅降低了学习成本以及代码依赖的管理成本。本部分详细说明高频使用的标准库包（如 net/http、strings、bytes、time 等）的正确使用方式，以及在使用 reflect 包、cgo 时的注意事项。

❑ **第十部分　工具链与工程实践**

本部分涵盖在使用 Go 语言进行大型软件项目开发的过程中，我们很有可能会遇到的一些工程问题的解决方法，包括使用 go module 进行 Go 包依赖管理、Go 程序容器镜像、Go 相关工具使用以及 Go 语言的避"坑"指南。

勘误和支持

由于作者水平有限，写作时间仓促，以及技术的不断更新和迭代，书中难免会存在一些错误或者不准确的地方，恳请读者批评指正。书中的源文件可以从 https://github.com/bigwhite/GoProgrammingFromBeginnerToMaster 下载。如果你有更多的宝贵意见，欢迎发送邮件至邮箱 bigwhite.cn@aliyun.com，期待你的真挚反馈。

致谢

感谢机械工业出版社的编辑杨福川与罗词亮，在这一年多的时间里，他们的支持与鼓励让我顺利完成全部书稿。

谨以此书献给 Go 语言社区的关注者和建设者！

白明

2021 年 12 月

Table of contents 目　　录

第八部分 *Part 8*

测试、性能剖析与调试

Go 语言推崇"面向工程"的设计哲学并自
带强大且为人所称道的工具链，本部分将详细
介绍 Go 在单元测试、性能测试以及代码调试方
面的最佳实践方案。

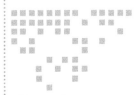

第 40 条

理解包内测试与包外测试的差别

Go 语言在工具链和标准库中提供对测试的原生支持，这算是 Go 语言在工程实践方面的一个创新，也是 Go 相较于其他主流语言的一个突出亮点。

在 Go 中我们针对**包**编写测试代码。测试代码与包代码放在同一个包目录下，并且 Go 要求所有测试代码都存放在以 *_test.go 结尾的文件中。这使 Go 开发人员一眼就能分辨出哪些文件存放的是包代码，哪些文件存放的是针对该包的测试代码。

go test 命令也是通过同样的方式将包代码和包测试代码区分开的。go test 将所有包目录下的 *_test.go 文件编译成一个临时二进制文件（可以通过 go test -c 显式编译出该文件），并执行该文件，后者将执行各个测试源文件中名字格式为 TestXxx 的函数所代表的测试用例并输出测试执行结果。

40.1 官方文档的"自相矛盾"

Go 原生支持测试的两大要素——go test 命令和 testing 包，它们是 Gopher 学习 Go 代码测试的必经之路。

下面是关于 testing 包的一段官方文档（Go 1.14 版本）摘录：

> 要编写一个新的测试集（test suite），创建一个包含 TestXxx 函数的以 _test.go 为文件名结尾的文件。**将这个测试文件放在与被测试包相同的包下面。**编译被测试包时，该文件将被排除在外；执行 go test 时，该文件将被包含在内。

同样是官方文档，在介绍 go test 命令行工具时，Go 文档则如是说：

> 那些包名中带有 _test 后缀的测试文件将被编译成一个独立的包，这个包之后会被链接到主测试二进制文件中并运行。

对比这两段官方文档，我们发现了一处"自相矛盾"的地方：testing 包文档告诉我们将测试代码放入**与被测试包同名的包中**，而 go test 命令行帮助文档则提到会将**包名中带有 _test 后缀的测试文件**编译成一个独立的包。

我们用一个例子来直观说明一下这个"矛盾"：如果我们要测试的包为 foo，testing 包的帮助文档告诉我们把对 foo 包的测试代码**放在包名为 foo 的测试文件**中；而 go test 命令行帮助文档则告诉我们把 foo 包的测试代码**放在包名为 foo_test 的测试文件**中。

我们把将测试代码放在与被测包同名的包中的测试方法称为**"包内测试"**。可以通过下面的命令查看哪些测试源文件使用了包内测试：

```
$go list -f={{.TestGoFiles}} .
```

我们把将测试代码放在名为被测包包名 +"_test" 的包中的测试方法称为**"包外测试"**。可以通过下面的命令查看哪些测试源文件使用了包外测试：

```
$go list -f={{.XTestGoFiles}} .
```

那么我们究竟是选择**包内测试**还是**包外测试**呢？在给出结论之前，我们将分别对这两种方法做一个详细分析。

40.2　包内测试与包外测试

1. Go 标准库中包内测试和包外测试的使用情况

Go 标准库是 Go 代码风格和惯用法一贯的风向标。我们先来看看标准库中包内测试和包外测试各自的比重。

在 $GOROOT/src 目录下（Go 1.14 版本），执行下面的命令组合：

```
// 统计标准库中采用包内测试的测试文件数量
$find . -name "*_test.go" |xargs grep package |grep ':package'|grep -v "_test$"|wc -l
   691

// 统计标准库中采用包外测试的测试文件数量
$find . -name "*_test.go" |xargs grep package |grep ':package'|grep "_test$"   |wc -l
   448
```

这并非精确的统计，但能在一定程度上说明包内测试和包外测试似乎各有优势。我们再以 net/http 这个被广泛使用的明星级的包为例，看看包内测试和包外测试在该包测试中的应用。

进入 $GOROOT/src/net/http 目录下，分别执行下面命令：

```
$go list -f={{.XTestGoFiles}}
[alpn_test.go client_test.go clientserver_test.go example_filesystem_test.go
    example_handle_test.go example_test.go fs_test.go main_test.go
    request_test.go serve_test.go sniff_test.go transport_test.go]
```

─ https://github.com/golang/go/issues/25223

```
$go list -f={{.TestGoFiles}}
[cookie_test.go export_test.go filetransport_test.go header_test.go
    http_test.go proxy_test.go range_test.go readrequest_test.go
    requestwrite_test.go response_test.go responsewrite_test.go
    server_test.go transfer_test.go transport_internal_test.go]
```

我们看到，在针对 net/http 的测试代码中，对包内测试和包外测试的使用仍然不分伯仲。

2. 包内测试的优势与不足

由于 Go 构建工具链在编译包时会自动根据文件名是否具有 _test.go 后缀将包源文件和包的测试源文件分开，测试代码不会进入包正常构建的范畴，因此测试代码使用与被测包名相同的**包内测试**方法是一个很自然的选择。

包内测试这种方法本质上是一种**白盒测试**方法。由于测试代码与被测包源码在同一包名下，测试代码**可以访问该包下的所有符号**，无论是导出符号还是未导出符号；并且由于包的内部实现逻辑对测试代码是透明的，包内测试**可以更为直接地构造测试数据和实施测试逻辑**，可以很容易地达到较高的测试覆盖率。因此对于追求高测试覆盖率的项目而言，包内测试是不二之选。

但在实践中，实施包内测试也经常会遇到如下问题。

（1）测试代码自身需要经常性的维护

包内测试的白盒测试本质意味着它是一种**面向实现的测试**。测试代码的测试数据构造和测试逻辑通常与被测包的特定数据结构设计和函数 / 方法的具体实现逻辑是**紧耦合的**。这样一旦被测包的数据结构设计出现调整或函数 / 方法的实现逻辑出现变动，那么对应的测试代码也要随之同步调整，否则整个包将无法通过测试甚至测试代码本身的构建都会失败。而包的内部实现逻辑又是易变的，其优化调整是一种经常性行为，这就意味着采用包内测试的测试代码也需要经常性的维护。

（2）硬伤：包循环引用

采用包内测试可能会遇到一个绕不过去的硬伤：包循环引用。我们看图 40-1。

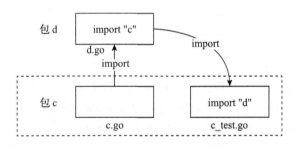

图 40-1 包内测试的包循环引用

从图 40-1 中我们看到，对**包 c** 进行测试的代码（c_test.go）采用了包内测试的方法，其测试代码位于**包 c** 下面，测试代码导入并引用了**包 d**，而**包 d** 本身却导入并引用了**包 c**，这种包循环引用是 Go 编译器所不允许的。

如果 Go 标准库对 strings 包的测试采用包内测试会遭遇什么呢？见图 40-2。

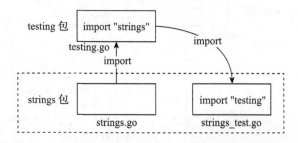

图 40-2　对标准库 strings 进行包内测试将遭遇"包循环引用"

从图 40-2 中我们看到，Go 测试代码必须导入并引用的 testing 包引用了 strings 包，这样如果 strings 包仍然使用包内测试方法，就必然会在测试代码中出现 strings 包与 testing 包循环引用的情况。于是当我们在标准库 strings 包目录下执行下面命令时，我们得到：

```
// 在$GOROOT/src/strings目录下
$go list -f {{.TestGoFiles}} .
[export_test.go]
```

我们看到标准库 strings 包并未采用包内测试的方法（注：export_test.go 并非包内测试的测试源文件，这一点后续会有详细说明）。

3. 包外测试（仅针对导出 API 的测试）

因为"包循环引用"的事实存在，Go 标准库无法针对 strings 包实施包内测试，而解决这一问题的自然就是**包外测试**了：

```
// 在$GOROOT/src/strings目录下
$go list -f {{.XTestGoFiles}} .
[builder_test.go compare_test.go example_test.go reader_test.go replace_test.go
search_test.go strings_test.go]
```

与包内测试本质是**面向实现的白盒测试**不同，包外测试的本质是一种**面向接口的黑盒测试**。这里的"接口"指的就是被测试包对外导出的 API，这些 API 是被测包与外部交互的契约。契约一旦确定就会长期保持稳定，无论被测包的内部实现逻辑和数据结构设计如何调整与优化，一般都不会影响这些契约。这一本质让包外测试代码与被测试包充分解耦，使得针对这些导出 API 进行测试的包外测试代码**表现出十分健壮的特性**，即很少随着被测代码内部实现逻辑的调整而进行调整和维护。

包外测试将测试代码放入不同于被测试包的独立包的同时，也使得包外测试不再像包内测试那样存在"包循环引用"的硬伤。还以标准库中的 strings 包为例，见图 40-3。

从图 40-3 中我们看到，采用包外测试的 strings 包将测试代码放入 strings_test 包下面，strings_test 包既引用了被测试包 strings，又引用了 testing 包，这样一来原先采用包内测试的 strings 包与 testing 包的循环引用被轻易地"解"开了。

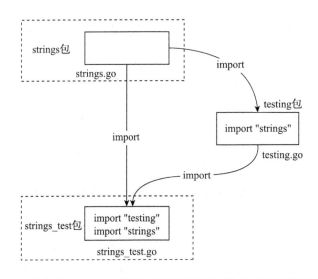

图 40-3 标准库 strings 包采用包外测试后解决了 "包循环引用" 问题

包外测试这种纯黑盒的测试还有一个功能域之外的好处，那就是可以更加聚焦地从用户视角验证被测试包导出 API 的设计的合理性和易用性。

不过包外测试的不足也是显而易见的，那就是存在**测试盲区**。由于测试代码与被测试目标并不在同一包名下，测试代码仅有权访问被测包的导出符号，并且仅能通过导出 API 这一有限的 "窗口" 并结合构造特定数据来验证被测包行为。在这样的约束下，很容易出现**对被测试包的测试覆盖不足**的情况。

Go 标准库的实现者们提供了一个解决这个问题的惯用法：**安插后门**。这个后门就是前面曾提到过的 export_test.go 文件。该文件中的代码位于被测包名下，但它既不会被包含在正式产品代码中（因为位于 _test.go 文件中），又不包含任何测试代码，而仅用于将被测包的内部符号在测试阶段暴露给包外测试代码：

```
// $GOROOT/src/fmt/export_test.go
package fmt

var IsSpace = isSpace
var Parsenum = parsenum
```

或者定义一些辅助包外测试的代码，比如扩展被测包的方法集合：

```
// $GOROOT/src/strings/export_test.go
package strings

func (r *Replacer) Replacer() interface{} {
    r.once.Do(r.buildOnce)
    return r.r
}

func (r *Replacer) PrintTrie() string {
```

```
    r.once.Do(r.buildOnce)
    gen := r.r.(*genericReplacer)
    return gen.printNode(&gen.root, 0)
}
...
```

我们可以用图 40-4 来直观展示 export_test.go 这个后门在不同阶段的角色（以 fmt 包为例）。

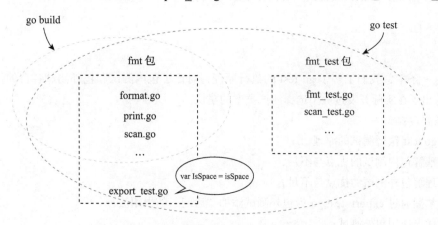

图 40-4　export_test.go 为包外测试充当"后门"

从图 40-4 中可以看到，export_test.go 仅在 go test 阶段与被测试包（fmt）一并被构建入最终的测试二进制文件中。在这个过程中，包外测试代码（fmt_test）可以通过导入**被测试包（fmt）**来访问 export_test.go 中的导出符号（如 IsSpace 或对 fmt 包的扩展）。而 export_test.go 相当于在测试阶段扩展了包外测试代码的视野，让很多本来很难覆盖到的测试路径变得容易了，进而让包外测试覆盖更多被测试包中的执行路径。

4. 优先使用包外测试

经过上面的比较，我们发现包内测试与包外测试各有优劣，那么在 Go 测试编码实践中我们究竟该选择哪种测试方式呢？关于这个问题，目前并无标准答案。基于在实践中开发人员对编写测试代码的热情和投入时间，笔者更倾向于优先选择包外测试，理由如下。包外测试可以：

❑ 优先保证被测试包导出 API 的正确性；
❑ 可从用户角度验证导出 API 的有效性；
❑ 保持测试代码的健壮性，尽可能地降低对测试代码维护的投入；
❑ 不失灵活！可通过 export_test.go 这个"后门"来导出我们需要的内部符号，满足窥探包内实现逻辑的需求。

当然 go test 也完全支持对被测包同时运用包内测试和包外测试两种测试方法，就像标准库 net/http 包那样。在这种情况下，包外测试由于将测试代码放入独立的包中，它更适合编写偏向**集成测试**的用例，它可以任意导入外部包，并测试与外部多个组件的交互。比如：net/http 包的 serve_test.go 中就利用 httptest 包构建的模拟 Server 来测试相关接口。而包内测试更聚焦于内部逻辑的测试，通过给函数 / 方法传入一些特意构造的数据的方式来验证内部逻辑的正确性，比如 net/http 包的 response_test.go。

我们还可以通过测试代码的文件名来区分所属测试类别，比如：net/http 包就使用 transport_internal_test.go 这个名字来明确该测试文件采用包内测试的方法，而对应的 transport_test.go 则是一个采用包外测试的源文件。

小结

在这一条中，我们了解了 go test 的执行原理，对比了包内测试和包外测试各自的优点和不足，并给出了在实际开发过程中选择测试类型的建议。

本条要点：

❑ go test 执行测试的原理；

❑ 理解包内测试的优点与不足；

❑ 理解包外测试的优点与不足；

❑ 掌握通过 export_test.go 为包外测试添加"后门"的惯用法；

❑ 优先使用包外测试；

❑ 当运用包外测试与包内测试共存的方式时，可考虑让包外测试和包内测试聚焦于不同的测试类别。

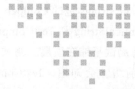

第 41 条 *Suggestion 41*

有层次地组织测试代码

上一条明确了测试代码放置的位置（包内测试或包外测试）。在这一条中，我们来聚焦位于测试包内的测试代码该如何组织。

41.1　经典模式——平铺

Go 从对外发布的那一天起就包含了 go test 命令，这个命令会执行 _test.go 中符合 TestXxx 命名规则的函数进而实现测试代码的执行。go test 并没有对测试代码的组织提出任何约束条件。于是早期的测试代码采用了十分简单直接的组织方式——**平铺**。

下面是对 Go 1.5 版本标准库 strings 包执行测试后的结果：

```
# go test -v .
=== RUN   TestCompare
--- PASS: TestCompare (0.00s)
=== RUN   TestCompareIdenticalString
--- PASS: TestCompareIdenticalString (0.00s)
=== RUN   TestCompareStrings
--- PASS: TestCompareStrings (0.00s)
=== RUN   TestReader
--- PASS: TestReader (0.00s)
...
=== RUN   TestEqualFold
--- PASS: TestEqualFold (0.00s)
=== RUN   TestCount
--- PASS: TestCount (0.00s)
...
PASS
ok    strings    0.457s
```

我们看到，以 strings 包的 Compare 函数为例，与之对应的测试函数有三个：TestCompare、TestCompareIdenticalString 和 TestCompareStrings。这些测试函数各自独立，测试函数之间没有层级关系，**所有测试平铺在顶层**。测试函数名称既用来区分测试，又用来关联测试。我们通过测试函数名的前缀才会知道，TestCompare、TestCompareIdenticalString 和 TestCompareStrings 三个函数是针对 strings 包 Compare 函数的测试。

在 go test 命令中，我们还可以通过给命令行选项 -run 提供正则表达式来匹配并选择执行哪些测试函数。还以 strings 包为例，下面的命令仅执行测试函数名字中包含 TestCompare 前缀的测试：

```
# go test -run=TestCompare -v .
=== RUN   TestCompare
--- PASS: TestCompare (0.00s)
=== RUN   TestCompareIdenticalString
--- PASS: TestCompareIdenticalString (0.00s)
=== RUN   TestCompareStrings
--- PASS: TestCompareStrings (0.00s)
PASS
ok      strings      0.088s
```

平铺模式的测试代码组织方式的优点是显而易见的。

❑ 简单：没有额外的抽象，上手容易。

❑ 独立：每个测试函数都是独立的，互不关联，避免相互干扰。

41.2 xUnit 家族模式

在 Java、Python、C# 等主流编程语言中，测试代码的组织形式深受由极限编程倡导者 Kent Beck 和 Erich Gamma 建立的 xUnit 家族测试框架（如 JUnit、PyUnit 等）的影响。

使用了 xUnit 家族单元测试框架的典型测试代码组织形式（这里称为 xUnit 家族模式）如图 41-1 所示。

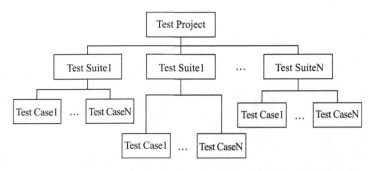

图 41-1 xUnit 家族单元测试代码组织形式

我们看到这种测试代码组织形式主要有测试套件（Test Suite）和测试用例（Test Case）两个

层级。一个测试工程（Test Project）由若干个测试套件组成，而每个测试套件又包含多个测试用例。

　　在 Go 1.7 版本之前，使用 Go 原生工具和标准库是无法按照上述形式组织测试代码的。但 Go 1.7 中加入的对 subtest 的支持让我们在 Go 中也可以使用上面这种方式组织 Go 测试代码。还以上面标准库 strings 包的测试代码为例，这里将其部分测试代码的组织形式改造一下（代码较多，这里仅摘录能体现代码组织形式的必要代码）：

```go
// chapter8/sources/strings-test-demo/compare_test.go
package strings_test

...

func testCompare(t *testing.T) {
    ...
}

func testCompareIdenticalString(t *testing.T) {
    ...
}

func testCompareStrings(t *testing.T) {
    ...
}

func TestCompare(t *testing.T) {
    t.Run("Compare", testCompare)
    t.Run("CompareString", testCompareStrings)
    t.Run("CompareIdenticalString", testCompareIdenticalString)
}

// chapter8/sources/strings-test-demo/builder_test.go
package strings_test

...

func testBuilder(t *testing.T) {
    ...
}
func testBuilderString(t *testing.T) {
    ...
}
func testBuilderReset(t *testing.T) {
    ...
}
func testBuilderGrow(t *testing.T) {
    ...
}

func TestBuilder(t *testing.T) {
    t.Run("TestBuilder", testBuilder)
```

```
    t.Run("TestBuilderString", testBuilderString)
    t.Run("TestBuilderReset", testBuilderReset)
    t.Run("TestBuilderGrow", testBuilderGrow)
}
```

改造前后测试代码的组织结构对比如图 41-2 所示。

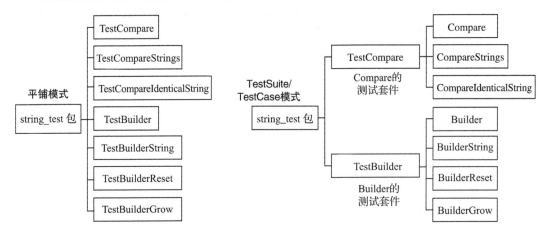

图 41-2　strings 测试代码组织形式对比

从图 41-2 中我们看到，改造后的名字形如 TestXxx 的测试函数对应着测试套件，一般针对被测包的一个导出函数或方法的所有测试都放入一个测试套件中。平铺模式下的测试函数 TestXxx 都改名为 testXxx，并作为测试套件对应的测试函数内部的子测试（subtest）。上面的代码中，原先的 TestBuilderString 变为了 testBuilderString。这样的一个子测试等价于一个测试用例。通过对比，我们看到，仅通过查看测试套件内的子测试（测试用例）即可全面了解到究竟对被测函数 / 方法进行了哪些测试。仅仅增加了一个层次，测试代码的组织就更加清晰了。

运行一下改造后的测试：

```
$go test -v .
=== RUN    TestBuilder
=== RUN    TestBuilder/TestBuilder
=== RUN    TestBuilder/TestBuilderString
=== RUN    TestBuilder/TestBuilderReset
=== RUN    TestBuilder/TestBuilderGrow
--- PASS: TestBuilder (0.00s)
    --- PASS: TestBuilder/TestBuilder (0.00s)
    --- PASS: TestBuilder/TestBuilderString (0.00s)
    --- PASS: TestBuilder/TestBuilderReset (0.00s)
    --- PASS: TestBuilder/TestBuilderGrow (0.00s)
=== RUN    TestCompare
=== RUN    TestCompare/Compare
=== RUN    TestCompare/CompareString
=== RUN    TestCompare/CompareIdenticalString
--- PASS: TestCompare (0.44s)
    --- PASS: TestCompare/Compare (0.00s)
```

```
--- PASS: TestCompare/CompareString (0.44s)
--- PASS: TestCompare/CompareIdenticalString (0.00s)
PASS
ok          strings-test-demo       0.446s
```

我们看到 go test 的输出也更有层次感了，我们可以一眼看出对哪些函数 / 方法进行了测试、这些被测对象对应的测试套件以及套件中的每个测试用例。

41.3　测试固件

无论测试代码是采用传统的平铺模式，还是采用基于测试套件和测试用例的 xUnit 实践模式进行组织，都有着对测试固件（test fixture）的需求。

测试固件是指一个人造的、确定性的环境，一个测试用例或一个测试套件（下的一组测试用例）在这个环境中进行测试，其测试结果是可重复的（多次测试运行的结果是相同的）。我们一般使用 setUp 和 tearDown 来代表测试固件的创建 / 设置与拆除 / 销毁的动作。

下面是一些使用测试固件的常见场景：

❑ 将一组已知的特定数据加载到数据库中，测试结束后清除这些数据；

❑ 复制一组特定的已知文件，测试结束后清除这些文件；

❑ 创建伪对象（fake object）或模拟对象（mock object），并为这些对象设定测试时所需的特定数据和期望结果。

在传统的平铺模式下，由于每个测试函数都是相互独立的，因此一旦有对测试固件的需求，我们需要为每个 TestXxx 测试函数单独创建和销毁测试固件。看下面的示例：

```go
// chapter8/sources/classic_testfixture_test.go
package demo_test
...
func setUp(testName string) func() {
    fmt.Printf("\tsetUp fixture for %s\n", testName)
    return func() {
        fmt.Printf("\ttearDown fixture for %s\n", testName)
    }
}

func TestFunc1(t *testing.T) {
    defer setUp(t.Name())()
    fmt.Printf("\tExecute test: %s\n", t.Name())
}

func TestFunc2(t *testing.T) {
    defer setUp(t.Name())()
    fmt.Printf("\tExecute test: %s\n", t.Name())
}

func TestFunc3(t *testing.T) {
    defer setUp(t.Name())()
```

```
        fmt.Printf("\tExecute test: %s\n", t.Name())
}
```

运行该示例：

```
$go test -v classic_testfixture_test.go
=== RUN   TestFunc1
    setUp fixture for TestFunc1
    Execute test: TestFunc1
    tearDown fixture for TestFunc1
--- PASS: TestFunc1 (0.00s)
=== RUN   TestFunc2
    setUp fixture for TestFunc2
    Execute test: TestFunc2
    tearDown fixture for TestFunc2
--- PASS: TestFunc2 (0.00s)
=== RUN   TestFunc3
    setUp fixture for TestFunc3
    Execute test: TestFunc3
    tearDown fixture for TestFunc3
--- PASS: TestFunc3 (0.00s)
PASS
ok              command-line-arguments 0.005s
```

上面的示例在运行每个测试函数 TestXxx 时，都会先通过 setUp 函数建立测试固件，并在
defer 函数中注册测试固件的销毁函数，以保证在每个 TestXxx 执行完毕时为之建立的测试固件
会被销毁，使得各个测试函数之间的测试执行互不干扰。

在 Go 1.14 版本以前，测试固件的 setUp 与 tearDown 一般是这么实现的：

```
func setUp() func(){
    ...
    return func() {
    }
}

func TestXxx(t *testing.T) {
    defer setUp()()
    ...
}
```

在 setUp 中返回匿名函数来实现 tearDown 的好处是，可以在 setUp 中利用闭包特性在两个
函数间共享一些变量，避免了包级变量的使用。

Go 1.14 版本 testing 包增加了 testing.Cleanup 方法，为测试固件的销毁提供了包级原生的
支持：

```
func setUp() func(){
    ...
    return func() {
    }
}
```

```
func TestXxx(t *testing.T) {
    t.Cleanup(setUp())
    ...
}
```

有些时候，我们需要将所有测试函数放入一个更大范围的测试固件环境中执行，这就是**包级别测试固件**。在 Go 1.4 版本以前，我们仅能在 init 函数中创建测试固件，而无法销毁包级别测试固件。Go 1.4 版本引入了 TestMain，使得包级别测试固件的创建和销毁终于有了正式的施展舞台。看下面的示例：

```
// chapter8/sources/classic_package_level_testfixture_test.go
package demo_test

...
func setUp(testName string) func() {
    fmt.Printf("\tsetUp fixture for %s\n", testName)
    return func() {
        fmt.Printf("\ttearDown fixture for %s\n", testName)
    }
}

func TestFunc1(t *testing.T) {
    t.Cleanup(setUp(t.Name()))
    fmt.Printf("\tExecute test: %s\n", t.Name())
}

func TestFunc2(t *testing.T) {
    t.Cleanup(setUp(t.Name()))
    fmt.Printf("\tExecute test: %s\n", t.Name())
}

func TestFunc3(t *testing.T) {
    t.Cleanup(setUp(t.Name()))
    fmt.Printf("\tExecute test: %s\n", t.Name())
}

func pkgSetUp(pkgName string) func() {
    fmt.Printf("package SetUp fixture for %s\n", pkgName)
    return func() {
        fmt.Printf("package TearDown fixture for %s\n", pkgName)
    }
}

func TestMain(m *testing.M) {
    defer pkgSetUp("package demo_test")()
    m.Run()
}
```

运行该示例：

```
$go test -v classic_package_level_testfixture_test.go
package SetUp fixture for package demo_test
=== RUN   TestFunc1
    setUp fixture for TestFunc1
```

```
    Execute test: TestFunc1
    tearDown fixture for TestFunc1
--- PASS: TestFunc1 (0.00s)
=== RUN    TestFunc2
    setUp fixture for TestFunc2
    Execute test: TestFunc2
    tearDown fixture for TestFunc2
--- PASS: TestFunc2 (0.00s)
=== RUN    TestFunc3
    setUp fixture for TestFunc3
    Execute test: TestFunc3
    tearDown fixture for TestFunc3
--- PASS: TestFunc3 (0.00s)
PASS
package TearDown fixture for package demo_test
ok    command-line-arguments    0.008s
```

我们看到，在所有测试函数运行之前，包级别测试固件被创建；在所有测试函数运行完毕后，包级别测试固件被销毁。

可以用图 41-3 来总结（带测试固件的）平铺模式下的测试执行流。

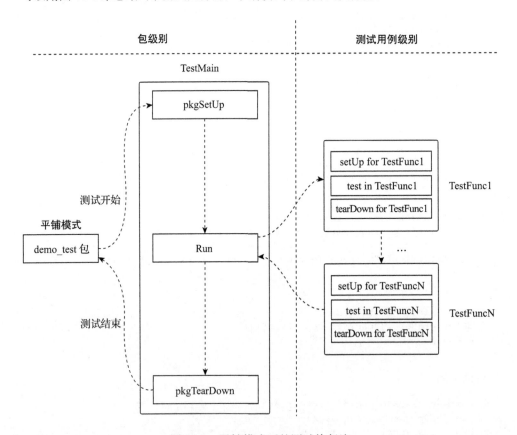

图 41-3　平铺模式下的测试执行流

　　有些时候，一些测试函数所需的测试固件是相同的，在平铺模式下为每个测试函数都单独创建 / 销毁一次测试固件就显得有些重复和冗余。在这样的情况下，我们可以尝试采用测试套件来减少测试固件的重复创建。来看下面的示例：

```go
// chapter8/sources/xunit_suite_level_testfixture_test.go
package demo_test

...
func suiteSetUp(suiteName string) func() {
    fmt.Printf("\tsetUp fixture for suite %s\n", suiteName)
    return func() {
        fmt.Printf("\ttearDown fixture for suite %s\n", suiteName)
    }
}

func func1TestCase1(t *testing.T) {
    fmt.Printf("\t\tExecute test: %s\n", t.Name())
}

func func1TestCase2(t *testing.T) {
    fmt.Printf("\t\tExecute test: %s\n", t.Name())
}

func func1TestCase3(t *testing.T) {
    fmt.Printf("\t\tExecute test: %s\n", t.Name())
}

func TestFunc1(t *testing.T) {
    t.Cleanup(suiteSetUp(t.Name()))
    t.Run("testcase1", func1TestCase1)
    t.Run("testcase2", func1TestCase2)
    t.Run("testcase3", func1TestCase3)
}

func func2TestCase1(t *testing.T) {
    fmt.Printf("\t\tExecute test: %s\n", t.Name())
}

func func2TestCase2(t *testing.T) {
    fmt.Printf("\t\tExecute test: %s\n", t.Name())
}

func func2TestCase3(t *testing.T) {
    fmt.Printf("\t\tExecute test: %s\n", t.Name())
}

func TestFunc2(t *testing.T) {
    t.Cleanup(suiteSetUp(t.Name()))
    t.Run("testcase1", func2TestCase1)
    t.Run("testcase2", func2TestCase2)
    t.Run("testcase3", func2TestCase3)
}
```

```go
func pkgSetUp(pkgName string) func() {
    fmt.Printf("package SetUp fixture for %s\n", pkgName)
    return func() {
        fmt.Printf("package TearDown fixture for %s\n", pkgName)
    }
}

func TestMain(m *testing.M) {
    defer pkgSetUp("package demo_test")()
    m.Run()
}
```

这个示例采用了 xUnit 实践的测试代码组织方式，将对测试固件需求相同的一组测试用例放在一个测试套件中，这样就可以针对测试套件创建和销毁测试固件了。

运行一下该示例：

```
$go test -v xunit_suite_level_testfixture_test.go
package SetUp fixture for package demo_test
=== RUN   TestFunc1
    setUp fixture for suite TestFunc1
=== RUN   TestFunc1/testcase1
        Execute test: TestFunc1/testcase1
=== RUN   TestFunc1/testcase2
        Execute test: TestFunc1/testcase2
=== RUN   TestFunc1/testcase3
        Execute test: TestFunc1/testcase3
    tearDown fixture for suite TestFunc1
--- PASS: TestFunc1 (0.00s)
    --- PASS: TestFunc1/testcase1 (0.00s)
    --- PASS: TestFunc1/testcase2 (0.00s)
    --- PASS: TestFunc1/testcase3 (0.00s)
=== RUN   TestFunc2
    setUp fixture for suite TestFunc2
=== RUN   TestFunc2/testcase1
        Execute test: TestFunc2/testcase1
=== RUN   TestFunc2/testcase2
        Execute test: TestFunc2/testcase2
=== RUN   TestFunc2/testcase3
        Execute test: TestFunc2/testcase3
    tearDown fixture for suite TestFunc2
--- PASS: TestFunc2 (0.00s)
    --- PASS: TestFunc2/testcase1 (0.00s)
    --- PASS: TestFunc2/testcase2 (0.00s)
    --- PASS: TestFunc2/testcase3 (0.00s)
PASS
package TearDown fixture for package demo_test
ok    command-line-arguments    0.005s
```

当然在这样的测试代码组织方式下，我们仍然可以单独为每个测试用例创建和销毁测试固件，从而形成一种**多层次的、更灵活的**测试固件设置体系。可以用图 41-4 总结一下这种模式下的测试执行流。

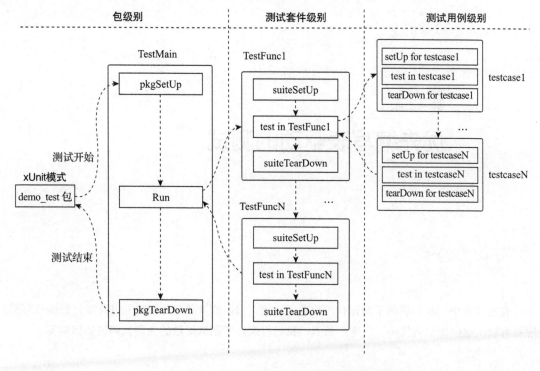

图 41-4　xUnit 实践模式下的测试执行流

小结

在确定了将测试代码放入包内测试还是包外测试之后，我们在编写测试前，还要做好测试包内部测试代码的组织规划，建立起适合自己项目规模的测试代码层次体系。简单的测试可采用平铺模式，复杂的测试可借鉴 xUnit 的最佳实践，利用 subtest 建立包、测试套件、测试用例三级的测试代码组织形式，并利用 TestMain 和 testing.Cleanup 方法为各层次的测试代码建立测试固件。

优先编写表驱动的测试

在前两条中,我们明确了测试代码放置的位置(包内测试或包外测试)以及如何根据实际情况更有层次地组织测试代码。在这一条中,我们将聚焦于**测试函数的内部代码该如何编写**。

42.1　Go 测试代码的一般逻辑

众所周知,Go 的测试函数就是一个普通的 Go 函数,Go 仅对测试函数的函数名和函数原型有特定要求,对在测试函数 TestXxx 或其子测试函数(subtest)中如何编写测试逻辑并没有显式的约束。对测试失败与否的判断在于测试代码逻辑是否进入了包含 Error/Errorf、Fatal/Fatalf 等方法调用的代码分支。一旦进入这些分支,即代表该测试失败。不同的是 Error/Errorf 并不会立刻终止当前 goroutine 的执行,还会继续执行该 goroutine 后续的测试,而 Fatal/Fatalf 则会立刻停止当前 goroutine 的测试执行。

下面的测试代码示例改编自 $GOROOT/src/strings/compare_test.go:

```
// chapter8/sources/non_table_driven_strings_test.go
func TestCompare(t *testing.T) {
    var a, b string
    var i int

    a, b = "", ""
    i = 0
    cmp := strings.Compare(a, b)
    if cmp != i {
        t.Errorf(`want %v, but Compare(%q, %q) = %v`, i, a, b, cmp)
    }

    a, b = "a", ""
```

```
    i = 1
    cmp = strings.Compare(a, b)
    if cmp != i {
        t.Errorf(`want %v, but Compare(%q, %q) = %v`, i, a, b, cmp)
    }

    a, b = "", "a"
    i = -1
    cmp = strings.Compare(a, b)
    if cmp != i {
        t.Errorf(`want %v, but Compare(%q, %q) = %v`, i, a, b, cmp)
    }
}
```

上述示例中的测试函数 TestCompare 中使用了三组预置的测试数据对目标函数 strings. Compare 进行测试。每次的测试逻辑都比较简单：为被测函数 / 方法传入预置的测试数据，然后判断被测函数 / 方法的返回结果是否与预期一致，如果不一致，则测试代码逻辑进入带有 testing.Errorf 的分支。由此可以得出 Go 测试代码的一般逻辑，那就是**针对给定的输入数据，比较被测函数 / 方法返回的实际结果值与预期值，如有差异，则通过 testing 包提供的相关函数输出差异信息**。

42.2　表驱动的测试实践

Go 测试代码的逻辑十分简单，约束也甚少，但我们发现：上面仅有三组预置输入数据的示例的测试代码已显得十分冗长，如果为测试预置的数据组数增多，测试函数本身就将变得十分庞大。并且，我们看到上述示例的测试逻辑中存在很多重复的代码，显得十分烦琐。我们来尝试对上述示例做一些改进：

```
// chapter8/sources/table_driven_strings_test.go
func TestCompare(t *testing.T) {
    compareTests := []struct {
        a, b string
        i    int
    }{
        {"", "", 0},
        {"a", "", 1},
        {"", "a", -1},
    }

    for _, tt := range compareTests {
        cmp := strings.Compare(tt.a, tt.b)
        if cmp != tt.i {
            t.Errorf(`want %v, but Compare(%q, %q) = %v`, tt.i, tt.a, tt.b, cmp)
        }
    }
}
```

在上面这个改进的示例中，我们将之前示例中重复的测试逻辑合并为一个，并将预置的输入数据放入一个自定义结构体类型的切片中。这个示例的长度看似并没有比之前的实例缩减多少，但它却是**一个可扩展的测试设计**。如果增加输入测试数据的组数，就像下面这样：

```go
// chapter8/sources/table_driven_strings_more_cases_test.go
func TestCompare(t *testing.T) {
    compareTests := []struct {
        a, b string
        i    int
    }{
        {"", "", 0},
        {"a", "", 1},
        {"", "a", -1},
        {"abc", "abc", 0},
        {"ab", "abc", -1},
        {"abc", "ab", 1},
        {"x", "ab", 1},
        {"ab", "x", -1},
        {"x", "a", 1},
        {"b", "x", -1},
        {"abcdefgh", "abcdefgh", 0},
        {"abcdefghi", "abcdefghi", 0},
        {"abcdefghi", "abcdefghj", -1},
    }

    for _, tt := range compareTests {
        cmp := strings.Compare(tt.a, tt.b)
        if cmp != tt.i {
            t.Errorf(`want %v, but Compare(%q, %q) = %v`, tt.i, tt.a, tt.b, cmp)
        }
    }
}
```

可以看到，无须改动后面的测试逻辑，**只需在切片中增加数据条目即可**。在这种测试设计中，这个自定义结构体类型的切片（上述示例中的 compareTests）就是一个**表**（自定义结构体类型的字段就是列），而基于这个数据表的测试设计和实现则被称为**"表驱动的测试"**。

42.3 表驱动测试的优点

表驱动测试本身是编程语言无关的。Go 核心团队和 Go 早期开发者在实践过程中发现表驱动测试十分适合 Go 代码测试并在标准库和第三方项目中大量使用此种测试设计，这样表驱动测试也就逐渐成为 Go 的一个惯用法。就像我们从上面的示例中看到的那样，表驱动测试有着诸多优点。

（1）简单和紧凑

从上面的示例中我们看到，表驱动测试将不同测试项经由被测目标执行后的实际输出结果与预期结果的差异判断逻辑合并为一个，这使得测试函数逻辑结构更简单和紧凑。这种简单和紧凑意味着测试代码更容易被开发者理解，因此在测试代码的生命周期内，基于表驱动的测试代码的可维护性更好。

（2）数据即测试

表驱动测试的实质是数据驱动的测试，扩展输入数据集即扩展测试。通过扩展数据集，我们可以很容易地实现提高被测目标测试覆盖率的目的。

（3）结合子测试后，可单独运行某个数据项的测试

我们将表驱动测试与子测试（subtest）结合来改造一下上面的 strings_test 示例：

```go
// chapter8/sources/table_driven_strings_with_subtest_test.go
func TestCompare(t *testing.T) {
    compareTests := []struct {
        name, a, b string
        i          int
    }{
        {`compareTwoEmptyString`, "", "", 0},
        {`compareSecondParamIsEmpty`, "a", "", 1},
        {`compareFirstParamIsEmpty`, "", "a", -1},
    }

    for _, tt := range compareTests {
        t.Run(tt.name, func(t *testing.T) {
            cmp := strings.Compare(tt.a, tt.b)
            if cmp != tt.i {
                t.Errorf(`want %v, but Compare(%q, %q) = %v`, tt.i, tt.a, tt.b, cmp)
            }
        })
    }
}
```

在示例中，我们将测试结果的判定逻辑放入一个单独的子测试中，这样可以单独执行表中某项数据的测试。比如：我们单独执行表中第一个数据项对应的测试：

```
$go test -v  -run /TwoEmptyString table_driven_strings_with_subtest_test.go
=== RUN    TestCompare
=== RUN    TestCompare/compareTwoEmptyString
--- PASS: TestCompare (0.00s)
    --- PASS: TestCompare/compareTwoEmptyString (0.00s)
PASS
ok      command-line-arguments    0.005s
```

综上，建议在编写 Go 测试代码时优先编写基于表驱动的测试。

42.4　表驱动测试实践中的注意事项

1. 表的实现方式

在上面的示例中，测试中使用的表是用自定义结构体的切片实现的，表也可以使用基于自

定义结构体的其他**集合类型**（如 map）来实现。我们将上面的例子改造为采用 map 来实现测试数据表：

```
// chapter8/sources/table_driven_strings_with_map_test.go
func TestCompare(t *testing.T) {
    compareTests := map[string]struct {
        a, b string
        i    int
    }{
        `compareTwoEmptyString`:     {"", "", 0},
        `compareSecondParamIsEmpty`: {"a", "", 1},
        `compareFirstParamIsEmpty`:  {"", "a", -1},
    }

    for name, tt := range compareTests {
        t.Run(name, func(t *testing.T) {
            cmp := strings.Compare(tt.a, tt.b)
            if cmp != tt.i {
                t.Errorf(`want %v, but Compare(%q, %q) = %v`, tt.i, tt.a, tt.b, cmp)
            }
        })
    }
}
```

不过使用 map 作为数据表时要注意，**表内数据项的测试先后顺序是不确定的**。

执行两次上面的示例，得到下面的不同结果：

```
// 第一次

$go test -v table_driven_strings_with_map_test.go
=== RUN    TestCompare
=== RUN    TestCompare/compareTwoEmptyString
=== RUN    TestCompare/compareSecondParamIsEmpty
=== RUN    TestCompare/compareFirstParamIsEmpty
--- PASS: TestCompare (0.00s)
    --- PASS: TestCompare/compareTwoEmptyString (0.00s)
    --- PASS: TestCompare/compareSecondParamIsEmpty (0.00s)
    --- PASS: TestCompare/compareFirstParamIsEmpty (0.00s)
PASS
ok         command-line-arguments 0.005s

// 第二次

$go test -v table_driven_strings_with_map_test.go
=== RUN    TestCompare
=== RUN    TestCompare/compareFirstParamIsEmpty
=== RUN    TestCompare/compareTwoEmptyString
=== RUN    TestCompare/compareSecondParamIsEmpty
--- PASS: TestCompare (0.00s)
    --- PASS: TestCompare/compareFirstParamIsEmpty (0.00s)
    --- PASS: TestCompare/compareTwoEmptyString (0.00s)
```

```
    --- PASS: TestCompare/compareSecondParamIsEmpty (0.00s)
PASS
ok      command-line-arguments    0.005s
```

在上面两次测试执行的输出结果中，子测试的执行先后次序是不确定的，这是由 map 类型的自身性质所决定的：对 map 集合类型进行迭代所返回的集合中的元素顺序是不确定的。

2. 测试失败时的数据项的定位

对于非表驱动的测试，在测试失败时，我们往往通过失败点所在的**行数**即可判定究竟是哪块测试代码未通过：

```
$go test -v non_table_driven_strings_test.go
=== RUN   TestCompare
    TestCompare: non_table_driven_strings_test.go:16: want 1,
        but Compare("", "") = 0
--- FAIL: TestCompare (0.00s)
FAIL
FAIL          command-line-arguments 0.005s
FAIL
```

在上面这个测试失败的输出结果中，我们可以直接通过行数（non_table_driven_strings_test.go 的第 16 行）定位问题。但在表驱动的测试中，由于一般情况下表驱动的测试的测试结果成功与否的判定逻辑是共享的，因此再通过行数来定位问题就不可行了，因为无论是表中哪一项导致的测试失败，失败结果中输出的引发错误的行号都是相同的：

```
$go test -v table_driven_strings_test.go
=== RUN   TestCompare
    TestCompare: table_driven_strings_test.go:21: want -1, but Compare("", "") = 0
    TestCompare: table_driven_strings_test.go:21: want 6, but Compare("a", "") = 1
--- FAIL: TestCompare (0.00s)
FAIL
FAIL          command-line-arguments 0.005s
FAIL
```

在上面这个测试失败的输出结果中，两个测试失败的输出结果中的行号都是 21，这样我们就无法快速定位表中导致测试失败的"元凶"。因此，为了在表测试驱动的测试中快速从输出的结果中定位导致测试失败的表项，我们需要在测试失败的输出结果中输出数据表项的**唯一标识**。

最简单的方法是**通过输出数据表项在数据表中的偏移量来辅助定位"元凶"**：

```
// chapter8/sources/table_driven_strings_by_offset_test.go
func TestCompare(t *testing.T) {
    compareTests := []struct {
        a, b string
        i    int
    }{
        {"", "", 7},
        {"a", "", 6},
        {"", "a", -1},
```

```
    }

    for i, tt := range compareTests {
        cmp := strings.Compare(tt.a, tt.b)
        if cmp != tt.i {
            t.Errorf(`[table offset: %v] want %v, but Compare(%q, %q) = %v`,
                i+1, tt.i, tt.a, tt.b, cmp)
        }
    }
}
```

运行该示例:

```
$go test -v table_driven_strings_by_offset_test.go
=== RUN   TestCompare
    TestCompare: table_driven_strings_by_offset_test.go:21: [table offset: 1]
        want 7, but Compare("", "") = 0
    TestCompare: table_driven_strings_by_offset_test.go:21: [table offset: 2]
        want 6, but Compare("a", "") = 1
--- FAIL: TestCompare (0.00s)
FAIL
FAIL        command-line-arguments 0.005s
FAIL
```

在上面这个例子中,我们通过在测试结果输出中增加数据项在表中的偏移信息来快速定位问题数据。由于切片的数据项下标从 0 开始,这里进行了 +1 处理。

另一个更直观的方式是**使用名字来区分不同的数据项**:

```
// chapter8/sources/table_driven_strings_by_name_test.go
func TestCompare(t *testing.T) {
    compareTests := []struct {
        name, a, b string
        i          int
    }{
        {"compareTwoEmptyString", "", "", 7},
        {"compareSecondStringEmpty", "a", "", 6},
        {"compareFirstStringEmpty", "", "a", -1},
    }

    for _, tt := range compareTests {
        cmp := strings.Compare(tt.a, tt.b)
        if cmp != tt.i {
            t.Errorf(`[%s] want %v, but Compare(%q, %q) = %v`, tt.name, tt.i,
                tt.a, tt.b, cmp)
        }
    }
}
```

运行该示例:

```
$go test -v table_driven_strings_by_name_test.go
=== RUN   TestCompare
    TestCompare: table_driven_strings_by_name_test.go:21: [compareTwoEmptyString]
```

```
        want 7, but Compare("", "") = 0
    TestCompare: table_driven_strings_by_name_test.go:21: [compareSecondStringEmpty]
        want 6, but Compare("a", "") = 1
--- FAIL: TestCompare (0.00s)
FAIL
FAIL        command-line-arguments 0.005s
FAIL
```

在上面这个例子中，我们通过在自定义结构体中添加一个 name 字段来区分不同数据项，并在测试结果输出该 name 字段以在测试失败时辅助快速定位问题数据。

3. Errorf 还是 Fatalf

一般情况下，在表驱动的测试中，数据表中的所有表项共享同一个测试结果的判定逻辑。这样我们需要在 Errorf 和 Fatalf 中选择一个来作为测试失败信息的输出途径。前面提到过 Errorf 不会中断当前的 goroutine 的执行，即便某个数据项导致了测试失败，测试依旧会继续执行下去，而 Fatalf 恰好相反，它会终止测试执行。

至于是选择 Errorf 还是 Fatalf 并没有固定标准，一般而言，如果一个数据项导致的测试失败不会对后续数据项的测试结果造成影响，那么推荐 Errorf，这样可以通过执行一次测试看到所有导致测试失败的数据项；否则，如果数据项导致的测试失败会直接影响到后续数据项的测试结果，那么可以使用 Fatalf 让测试尽快结束，因为继续执行的测试的意义已经不大了。

小结

在本条中，我们学习了编写 Go 测试代码的一般逻辑，并给出了编写 Go 测试代码的最佳实践——基于表驱动测试，以及这种惯例的优点。最后我们了解了实施表驱动测试时需要注意的一些事项。

Suggestion 43 | 第 43 条

使用 testdata 管理测试依赖的
外部数据文件

在第 41 条中，我们提到过测试固件的建立与销毁。**测试固件是 Go 测试执行所需的上下文环境**，其中测试依赖的**外部数据文件**就是一种常见的测试固件（可以理解为静态测试固件，因为无须在测试代码中为其单独编写固件的创建和清理辅助函数）。在一些包含文件 I/O 的包的测试中，我们经常需要从外部数据文件中加载数据或向外部文件写入结果数据以满足测试固件的需求。

在其他主流编程语言中，如何管理测试依赖的外部数据文件往往是由程序员自行决定的，但 Go 语言是一门面向软件工程的语言。从工程化的角度出发，Go 的设计者们将一些在传统语言中由程序员自身习惯决定的事情——**规范化了**，这样可以最大限度地提升程序员间的协作效率。而对测试依赖的外部数据文件的管理就是 Go 语言在这方面的一个典型例子。在本条中，我们就来看看 Go 管理测试依赖的外部数据文件所采用的一些惯例和最佳实践。

43.1　testdata 目录

Go 语言规定：Go 工具链将忽略名为 testdata 的目录。这样开发者在编写测试时，就可以在名为 testdata 的目录下存放和管理测试代码依赖的数据文件。而 go test 命令在执行时会将被测试程序包源码所在目录设置为其工作目录，这样如果要使用 testdata 目录下的某个数据文件，我们无须再处理各种恼人的路径问题，而可以直接在测试代码中像下面这样定位到充当测试固件的数据文件：

```
f, err := os.Open("testdata/data-001.txt")
```

　　考虑到不同操作系统对路径分隔符定义的差别（Windows 下使用反斜线"\"，Linux/macOS 下使用斜线"/"），使用下面的方式可以使测试代码更具可移植性：

```
f, err := os.Open(filepath.Join("testdata", "data-001.txt"))
```

　　在 testdata 目录中管理测试依赖的外部数据文件的方式在标准库中有着广泛的应用。在 $GOROOT/src 路径下（Go 1.14）：

```
$find . -name "testdata" -print
./cmd/vet/testdata
./cmd/objdump/testdata
./cmd/asm/internal/asm/testdata
...
./image/testdata
./image/png/testdata
./mime/testdata
./mime/multipart/testdata
./text/template/testdata
./debug/pe/testdata
./debug/macho/testdata
./debug/dwarf/testdata
./debug/gosym/testdata
./debug/plan9obj/testdata
./debug/elf/testdata
```

　　以 image/png/testdata 为例，这里存储着 png 包测试代码用作静态测试固件的外部依赖数据文件：

```
$ls
benchGray.png              benchRGB.png                      invalid-palette.png
benchNRGBA-gradient.png    gray-gradient.interlaced.png      invalid-trunc.png
benchNRGBA-opaque.png      gray-gradient.png                 invalid-zlib.png
benchPaletted.png          invalid-crc32.png                 pngsuite/
benchRGB-interlace.png     invalid-noend.png

$ls testdata/pngsuite
README          basn2c08.png    basn4a16.png    ftbgn3p08.png
README.original basn2c08.sng    basn4a16.sng    ftbgn3p08.sng
...
basn0g16.sng    basn4a08.sng    ftbgn2c16.sng   ftp1n3p08.sng
```

　　png 包的测试代码将这些数据文件作为输入，并将经过被测函数（如 png.Decode 等）处理后得到的结果数据与预期数据对比：

```
// $GOROOT/src/image/png/reader_test.go

var filenames = []string{
    "basn0g01",
    "basn0g01-30",
    "basn0g02",
    ...
}
```

```go
func TestReader(t *testing.T) {
    names := filenames
    if testing.Short() {
        names = filenamesShort
    }
    for _, fn := range names {
        // 读取.png文件
        img, err := readPNG("testdata/pngsuite/" + fn + ".png")
        if err != nil {
            t.Error(fn, err)
            continue
        }
        ...
        // 比较读取的数据img与预期数据
    }
    ...
}
```

我们还经常将预期结果数据保存在文件中并放置在 testdata 下，然后在测试代码中将被测对象输出的数据与这些预置在文件中的数据进行比较，一致则测试通过；反之，测试失败。来看一个例子：

```go
// chapter8/sources/testdata-demo1/attendee.go
type Attendee struct {
    Name  string
    Age   int
    Phone string
}

func (a *Attendee) MarshalXML(e *xml.Encoder, start xml.StartElement) error {
    tokens := []xml.Token{}

    tokens = append(tokens, xml.StartElement{
            Name: xml.Name{"", "attendee"}})

    tokens = append(tokens, xml.StartElement{Name: xml.Name{"", "name"}})
    tokens = append(tokens, xml.CharData(a.Name))
    tokens = append(tokens, xml.EndElement{Name: xml.Name{"", "name"}})

    tokens = append(tokens, xml.StartElement{Name: xml.Name{"", "age"}})
    tokens = append(tokens, xml.CharData(strconv.Itoa(a.Age)))
    tokens = append(tokens, xml.EndElement{Name: xml.Name{"", "age"}})

    tokens = append(tokens, xml.StartElement{Name: xml.Name{"", "phone"}})
    tokens = append(tokens, xml.CharData(a.Phone))
    tokens = append(tokens, xml.EndElement{Name: xml.Name{"", "phone"}})

    tokens = append(tokens, xml.StartElement{Name: xml.Name{"", "website"}})
    tokens = append(tokens, xml.CharData("https://www.gophercon.com/speaker/"+
        a.Name))
    tokens = append(tokens, xml.EndElement{Name: xml.Name{"", "website"}})
```

```go
    tokens = append(tokens, xml.EndElement{Name: xml.Name{"", "attendee"}})

    for _, t := range tokens {
        err := e.EncodeToken(t)
        if err != nil {
            return err
        }
    }

    err := e.Flush()
    if err != nil {
        return err
    }

    return nil
}
```

在 attendee 包中,我们为 Attendee 类型实现了 MarshalXML 方法,进而实现了 xml 包的 Marshaler 接口。这样,当我们调用 xml 包的 Marshal 或 MarshalIndent 方法序列化上面的 Attendee 实例时,我们实现的 MarshalXML 方法会被调用来对 Attendee 实例进行 xml 编码。和默认的 XML 编码不同的是,在我们实现的 MarshalXML 方法中,我们会根据 Attendee 的 name 字段自动在输出的 XML 格式数据中增加一个元素:website。

下面就来为 Attendee 的 MarshalXML 方法编写测试:

```go
// chapter8/sources/testdata-demo1/attendee_test.go

func TestAttendeeMarshal(t *testing.T) {
    tests := []struct {
        fileName string
        a        Attendee
    }{
        {
            fileName: "attendee1.xml",
            a: Attendee{
                Name:  "robpike",
                Age:   60,
                Phone: "13912345678",
            },
        },
    }

    for _, tt := range tests {
        got, err := xml.MarshalIndent(&tt.a, "", "  ")
        if err != nil {
            t.Fatalf("want nil, got %v", err)
        }

        want, err := ioutil.ReadFile(filepath.Join("testdata", tt.fileName))
        if err != nil {
            t.Fatalf("open file %s failed: %v", tt.fileName, err)
```

```
        }

        if !bytes.Equal(got, want) {
            t.Errorf("want %s, got %s", string(want), string(got))
        }
    }
}
```

接下来，我们将预期结果放入 testdata/attendee1.xml 中：

```
// testdata/attendee1.xml
<attendee>
  <name>robpike</name>
  <age>60</age>
  <phone>13912345678</phone>
  <website>https://www.gophercon.com/speaker/robpike</website>
</attendee>
```

执行该测试：

```
$go test -v .
=== RUN    TestAttendeeMarshal
--- PASS: TestAttendeeMarshal (0.00s)
PASS
ok              sources/testdata-demo1 0.007s
```

测试通过是预料之中的事情。

43.2　golden 文件惯用法

在为上面的例子准备预期结果数据文件 attendee1.xml 时，你可能会有这样的问题：attendee1.xml 中的数据从哪里得到？

的确可以根据 Attendee 的 MarshalXML 方法的逻辑手动"造"出结果数据，但更快捷的方法是通过代码来得到预期结果。可以通过标准格式化函数输出对 Attendee 实例进行序列化后的结果。如果这个结果与我们的期望相符，那么就可以将它作为预期结果数据写入 attendee1.xml 文件中：

```
got, err := xml.MarshalIndent(&tt.a, "", "  ")
if err != nil {
    ...
}
println(string(got)) // 这里输出XML编码后的结果数据
```

如果仅是将标准输出中符合要求的预期结果数据手动复制到 attendee1.xml 文件中，那么标准输出中的不可见控制字符很可能会对最终复制的数据造成影响，从而导致测试失败。更有一些被测目标输出的是纯二进制数据，通过手动复制是无法实现预期结果数据文件的制作的。因此，我们还需要通过代码来实现 attendee1.xml 文件内容的填充，比如：

```
got, err := xml.MarshalIndent(&tt.a, "", "  ")
if err != nil {
    ...
}
ioutil.WriteFile("testdata/attendee1.xml", got, 0644)
```

问题出现了！难道我们还要为每个 testdata 下面的预期结果文件单独编写一个小型的程序来在测试前写入预期数据？能否把将预期数据采集到文件的过程与测试代码融合到一起呢？Go 标准库为我们提供了一种惯用法：golden 文件。

将上面的例子改造为采用 golden 文件模式（将 attendee1.xml 重命名为 attendee1.golden 以明示该测试用例采用了 golden 文件惯用法）：

```
// chapter8/sources/testdata-demo2/attendee_test.go
...

var update = flag.Bool("update", false, "update .golden files")

func TestAttendeeMarshal(t *testing.T) {
    tests := []struct {
        fileName string
        a        Attendee
    }{
        {
            fileName: "attendee1.golden",
            a: Attendee{
                Name:  "robpike",
                Age:   60,
                Phone: "13912345678",
            },
        },
    }

    for _, tt := range tests {
        got, err := xml.MarshalIndent(&tt.a, "", "  ")
        if err != nil {
            t.Fatalf("want nil, got %v", err)
        }

        golden := filepath.Join("testdata", tt.fileName)
        if *update {
            ioutil.WriteFile(golden, got, 0644)
        }

        want, err := ioutil.ReadFile(golden)
        if err != nil {
            t.Fatalf("open file %s failed: %v", tt.fileName, err)
        }

        if !bytes.Equal(got, want) {
            t.Errorf("want %s, got %s", string(want), string(got))
        }
```

```
    }
}
```

在改造后的测试代码中，我们看到新增了一个名为 update 的变量以及它所控制的 golden 文件的预期结果数据采集过程：

```
if *update {
    ioutil.WriteFile(golden, got, 0644)
}
```

这样，当我们执行下面的命令时，测试代码会先将最新的预期结果写入 testdata 目录下的 golden 文件中，然后将该结果与从 golden 文件中读出的结果做比较。

```
$go test -v . -update
=== RUN   TestAttendeeMarshal
--- PASS: TestAttendeeMarshal (0.00s)
PASS
ok      sources/testdata-demo2    0.006s
```

显然这样执行的测试是一定会通过的，因为在此次执行中，预期结果数据文件的内容就是通过被测函数刚刚生成的。

但带有 -update 命令参数的 go test 命令仅在需要进行预期结果数据采集时才会执行，尤其是在因数据生成逻辑或类型结构定义发生变化，需要重新采集预期结果数据时。比如：我们给上面的 Attendee 结构体类型增加一个新字段 topic，如果不重新采集预期结果数据，那么测试一定是无法通过的。

采用 golden 文件惯用法后，要格外注意在每次重新采集预期结果后，对 **golden 文件**中的数据进行正确性检查，否则很容易出现预期结果数据不正确，但测试依然通过的情况。

小结

在这一条中，我们了解到面向工程的 Go 语言对测试依赖的外部数据文件的存放位置进行了规范，统一使用 testdata 目录，开发人员可以采用将预期数据文件放在 testdata 下的方式为测试提供静态测试固件。而 Go golden 文件的惯用法实现了 testdata 目录下测试依赖的预期结果数据文件的数据采集与测试代码的融合。

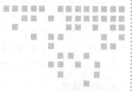

正确运用 fake、stub 和 mock 等辅助单元测试

你不需要一个真实的数据库来满足运行单元测试的需求。

——佚名

在对 Go 代码进行测试的过程中，除了会遇到上一条中所提到的测试代码对外部文件数据的依赖之外，还会经常面对被测代码对外部业务组件或服务的依赖。此外，越是接近业务层，被测代码对外部组件或服务依赖的可能性越大。比如：

❑ 被测代码需要连接外部 Redis 服务；
❑ 被测代码依赖一个外部邮件服务器来发送电子邮件；
❑ 被测代码需与外部数据库建立连接并进行数据操作；
❑ 被测代码使用了某个外部 RESTful 服务。

在生产环境中为运行的业务代码提供其依赖的真实组件或服务是必不可少的，也是相对容易的。但是在开发测试环境中，我们无法像在生产环境中那样，为测试（尤其是单元测试）提供真实运行的外部依赖。这是因为测试（尤其是单元测试）运行在各类开发环境、持续集成或持续交付环境中，我们很难要求所有环境为运行测试而搭建统一版本、统一访问方式、统一行为控制以及保持返回数据一致的真实外部依赖组件或服务。反过来说，为被测对象建立依赖真实外部组件或服务的测试代码是十分不明智的，因为这种测试（尤指单元测试）运行失败的概率要远大于其运行成功的概率，失去了存在的意义。

为了能让对此类被测代码的测试进行下去，我们需要为这些被测代码提供其依赖的外部组件或服务的**替身**，如图 44-1 所示。

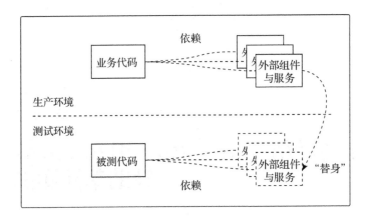

图 44-1 生产环境的真实组件或服务与测试环境的组件或服务的替身

显然用于代码测试的"替身"不必与真实组件或服务完全相同，替身只需要提供与真实组件或服务相同的接口，只要被测代码认为它是**真实的**即可。

替身的概念是在测试驱动编程[○]理论中被提出的。作为测试驱动编程理论的最佳实践，xUnit家族框架将替身的概念在单元测试中应用得淋漓尽致，并总结出多种替身，比如 fake、stub、mock 等。这些概念及其应用模式被汇集在 *xUnit Test Patterns*[○]一书中，该书已成为测试驱动开发和 xUnit 框架拥趸人手一册的"圣经"。

在本条中，我们就来一起看一下如何将 xUnit 最佳实践中的 fake、stub 和 mock 等概念应用到 Go 语言单元测试中以简化测试（区别于直接为被测代码建立其依赖的真实外部组件或服务），以及这些概念是如何促进被测代码重构以提升可测试性的。

不过 fake、stub、mock 等替身概念之间并非泾渭分明的，理解这些概念并清晰区分它们本身就是一道门槛。本条尽量不涉及这些概念间的交集以避免讲解过于琐碎。想要深入了解这些概念间差别的读者可以自行精读 *xUnit Test Patterns*。

44.1　fake：真实组件或服务的简化实现版替身

fake 这个单词的中文含义是"伪造的""假的""伪装的"等。在这里，fake 测试就是指采用真实组件或服务的**简化版实现**作为替身，以满足被测代码的外部依赖需求。比如：当被测代码需要连接数据库进行相关操作时，虽然我们在开发测试环境中无法提供一个真实的关系数据库来满足测试需求，但是可以基于哈希表实现一个内存版数据库来满足测试代码要求，我们用这样一个**伪数据库**作为真实数据库的替身，使得测试顺利进行下去。

Go 标准库中的 $GOROOT/src/database/sql/fakedb_test.go 就是一个 sql.Driver 接口的简化版实现，它可以用来打开一个基于内存的数据库（sql.fakeDB）的连接并操作该内存数据库：

○　https://www.agilealliance.org/glossary/tdd
○　https://book.douban.com/subject/1859393

```go
// $GOROOT/src/database/sql/fakedb_test.go
...
type fakeDriver struct {
    mu         sync.Mutex
    openCount  int
    closeCount int
    waitCh     chan struct{}
    waitingCh  chan struct{}
    dbs        map[string]*fakeDB
}
...
var fdriver driver.Driver = &fakeDriver{}
func init() {
    Register("test", fdriver) //将自己作为driver进行了注册
}
...
```

在 sql_test.go 中，标准库利用上面的 fakeDriver 进行相关测试：

```go
// $GOROOT/src/database/sql/sql_test.go
func TestUnsupportedOptions(t *testing.T) {
    db := newTestDB(t, "people")
    defer closeDB(t, db)
    _, err := db.BeginTx(context.Background(), &TxOptions{
        Isolation: LevelSerializable, ReadOnly: true,
    })
    if err == nil {
        t.Fatal("expected error when using unsupported options, got nil")
    }
}

const fakeDBName = "foo"

func newTestDB(t testing.TB, name string) *DB {
    return newTestDBConnector(t, &fakeConnector{name: fakeDBName}, name)
}

func newTestDBConnector(t testing.TB, fc *fakeConnector, name string) *DB {
    fc.name = fakeDBName
    db := OpenDB(fc)
    if _, err := db.Exec("WIPE"); err != nil {
        t.Fatalf("exec wipe: %v", err)
    }
    if name == "people" {
        exec(t, db, "CREATE|people|name=string,age=int32,photo=blob,dead=bool,
            bdate=datetime")
        exec(t, db, "INSERT|people|name=Alice,age=?,photo=APHOTO", 1)
        exec(t, db, "INSERT|people|name=Bob,age=?,photo=BPHOTO", 2)
        exec(t, db, "INSERT|people|name=Chris,age=?,photo=CPHOTO,bdate=?", 3,
            chrisBirthday)
    }
    if name == "magicquery" {
        exec(t, db, "CREATE|magicquery|op=string,millis=int32")
```

```
        exec(t, db, "INSERT|magicquery|op=sleep,millis=10")
    }
    return db
}
```

标准库中 fakeDriver 的这个简化版实现还是比较复杂，我们再来看一个自定义的简单例子来进一步理解 fake 的概念及其在 Go 单元测试中的应用。

在这个例子中，被测代码为包 mailclient 中结构体类型 mailClient 的方法：ComposeAndSend：

```
// chapter8/sources/faketest1/mailclient.go

type mailClient struct {
    mlr mailer.Mailer
}

func New(mlr mailer.Mailer) *mailClient {
    return &mailClient{
        mlr: mlr,
    }
}

// 被测方法
func (c *mailClient) ComposeAndSend(subject string,
    destinations []string, body string) (string, error) {
    signTxt := sign.Get()
    newBody := body + "\n" + signTxt

    for _, dest := range destinations {
        err := c.mlr.SendMail(subject, dest, newBody)
        if err != nil {
            return "", err
        }
    }
    return newBody, nil
}
```

可以看到在创建 mailClient 实例的时候，需要传入一个 mailer.Mailer 接口变量，该接口定义如下：

```
// chapter8/sources/faketest1/mailer/mailer.go
type Mailer interface {
    SendMail(subject, destination, body string) error
}
```

ComposeAndSend 方法将传入的电子邮件内容（body）与签名（signTxt）编排合并后传给 Mailer 接口实现者的 SendMail 方法，由其将邮件发送出去。在生产环境中，mailer.Mailer 接口的实现者是要与远程邮件服务器建立连接并通过特定的电子邮件协议（如 SMTP）将邮件内容发送出去的。但在单元测试中，我们无法满足被测代码的这个要求，于是我们为 mailClient 实例提供了两个简化版的实现：fakeOkMailer 和 fakeFailMailer，前者代表发送成功，后者代表发送失败。代码如下：

```
// chapter8/sources/faketest1/mailclient_test.go
type fakeOkMailer struct{}
func (m *fakeOkMailer) SendMail(subject string, dest string, body string) error {
    return nil
}

type fakeFailMailer struct{}
func (m *fakeFailMailer) SendMail(subject string, dest string, body string) error {
    return fmt.Errorf("can not reach the mail server of dest [%s]", dest)
}
```

下面就是这两个替身在测试中的使用方法：

```
// chapter8/sources/faketest1/mailclient_test.go
func TestComposeAndSendOk(t *testing.T) {
    m := &fakeOkMailer{}
    mc := mailclient.New(m)
    _, err := mc.ComposeAndSend("hello, fake test", []string{"xxx@example.com"},
        "the test body")
    if err != nil {
        t.Errorf("want nil, got %v", err)
    }
}

func TestComposeAndSendFail(t *testing.T) {
    m := &fakeFailMailer{}
    mc := mailclient.New(m)
    _, err := mc.ComposeAndSend("hello, fake test", []string{"xxx@example.com"},
        "the test body")
    if err == nil {
        t.Errorf("want non-nil, got nil")
    }
}
```

我们看到这个测试中 mailer.Mailer 的 fake 实现的确很简单，简单到只有一个返回语句。但就这样一个极其简化的实现却满足了对 ComposeAndSend 方法进行测试的所有需求。

使用 fake 替身进行测试的最常见理由是在测试环境无法构造被测代码所依赖的外部组件或服务，或者这些组件 / 服务有副作用。fake 替身的实现也有两个极端：要么像标准库 fakedb_test.go 那样实现一个全功能的简化版内存数据库 driver，要么像 faketest1 例子中那样针对被测代码的调用请求仅返回硬编码的成功或失败。这两种极端实现有一个共同点：并不具备在测试前对返回结果进行预设置的能力。这也是上面例子中我们针对成功和失败两个用例分别实现了一个替身的原因。（如果非要说成功和失败也是预设置的，那么 fake 替身的预设置能力也仅限于设置单一的返回值，即无论调用多少次，传入什么参数，返回值都是一个。）

44.2　stub：对返回结果有一定预设控制能力的替身

stub 也是一种替身概念，和 fake 替身相比，stub 替身增强了对替身返回结果的间接控制能力，这种控制可以通过测试前对调用结果预设置来实现。不过，stub 替身通常仅针对计划之内的结果进行设置，对计划之外的请求也无能为力。

使用 Go 标准库 net/http/httptest 实现的用于测试的 Web 服务就可以作为一些被测对象所依赖外部服务的 stub 替身。下面就来看一个这样的例子。

该例子的被测代码为一个获取城市天气的客户端，它通过一个外部的天气服务来获得城市天气数据：

```go
// chapter8/sources/stubtest1/weather_cli.go
type Weather struct {
    City    string `json:"city"`
    Date    string `json:"date"`
    TemP    string `json:"temP"`
    Weather string `json:"weather"`
}

func GetWeatherInfo(addr string, city string) (*Weather, error) {
    url := fmt.Sprintf("%s/weather?city=%s", addr, city)
    resp, err := http.Get(url)
    if err != nil {
        return nil, err
    }
    defer resp.Body.Close()

    if resp.StatusCode != http.StatusOK {
        return nil, fmt.Errorf("http status code is %d", resp.StatusCode)
    }

    body, err := ioutil.ReadAll(resp.Body)
    if err != nil {
        return nil, err
    }

    var w Weather
    err = json.Unmarshal(body, &w)
    if err != nil {
        return nil, err
    }

    return &w, nil
}
```

下面是针对 GetWeatherInfo 函数的测试代码：

```go
// chapter8/sources/stubtest1/weather_cli_test.go
var weatherResp = []Weather{
    {
        City:    "nanning",
        TemP:    "26~33",
        Weather: "rain",
        Date:    "05-04",
    },
```

```
            {
                City:    "guiyang",
                TemP:    "25~29",
                Weather: "sunny",
                Date:    "05-04",
            },
            {
                City:    "tianjin",
                TemP:    "20~31",
                Weather: "windy",
                Date:    "05-04",
            },
    }

func TestGetWeatherInfoOK(t *testing.T) {
    ts := httptest.NewServer(http.HandlerFunc(func(w http.ResponseWriter,
        r *http.Request) {
            var data []byte

            if r.URL.EscapedPath() != "/weather" {
                w.WriteHeader(http.StatusForbidden)
            }

            r.ParseForm()
            city := r.Form.Get("city")
            if city == "guiyang" {
                data, _ = json.Marshal(&weatherResp[1])
            }
            if city == "tianjin" {
                data, _ = json.Marshal(&weatherResp[2])
            }
            if city == "nanning" {
                data, _ = json.Marshal(&weatherResp[0])
            }

            w.Write(data)
    }))
    defer ts.Close()
    addr := ts.URL
    city := "guiyang"
    w, err := GetWeatherInfo(addr, city)
    if err != nil {
        t.Fatalf("want nil, got %v", err)
    }
    if w.City != city {
        t.Errorf("want %s, got %s", city, w.City)
    }
    if w.Weather != "sunny" {
        t.Errorf("want %s, got %s", "sunny", w.City)
    }
}
```

在上面的测试代码中，我们使用 httptest 建立了一个天气服务器替身，被测函数 GetWeatherInfo

被传入这个构造的替身天气服务器的服务地址，其对外部服务的依赖需求被满足。同时，我们看到该替身具备一定的对服务返回应答结果的控制能力，这种控制通过测试前对返回结果的预设置实现（上面例子中设置了三个城市的天气信息结果）。这种能力可以实现对测试结果判断的控制。

接下来，回到 mailclient 的例子。之前的示例只聚焦于对 Send 的测试，而忽略了对 Compose 的测试。如果要验证邮件内容编排得是否正确，就需要对 ComposeAndSend 方法的返回结果进行验证。但这里存在一个问题，那就是 ComposeAndSend 依赖的签名获取方法 sign. Get 中返回的时间签名是当前时间，这对于测试代码来说就是一个不确定的值，这也直接导致 ComposeAndSend 的第一个返回值的内容是不确定的。这样一来，我们就无法对 Compose 部分进行测试。要想让其具备可测性，我们需要对被测代码进行局部重构：可以抽象出一个 Signer 接口（这样就需要修改创建 mailClient 的 New 函数），当然也可以像下面这样提取一个包级函数类型变量（考虑到演示的方便性，这里使用了此种方法，但不代表它比抽象出接口的方法更优）：

```go
// chapter8/sources/stubtest2/mailclient.go
var getSign = sign.Get // 提取一个包级函数类型变量
func (c *mailClient) ComposeAndSend(subject, sender string, destinations []
    string, body string) (string, error) {
    signTxt := getSign(sender)
    newBody := body + "\n" + signTxt

    for _, dest := range destinations {
        err := c.mlr.SendMail(subject, sender, dest, newBody)
        if err != nil {
            return "", err
        }
    }
    return newBody, nil
}
```

我们看到新版 mailclient.go 提取了一个名为 getSign 的函数类型变量，其默认值为 sign 包的 Get 函数。同时，为了演示，我们顺便更新了 ComposeAndSend 的参数列表以及 mailer 的接口定义，并增加了一个 sender 参数：

```go
// chapter8/sources/stubtest2/mailer/mailer.go
type Mailer interface {
    SendMail(subject, sender string, destination string, body string) error
}
```

由于 getSign 的存在，我们就可以在测试代码中为签名获取函数（sign.Get）建立 stub 替身了。

```go
// chapter8/sources/stubtest2/mailclient_test.go
var senderSigns = map[string]string{
    "tonybai@example.com":  "I'm a go programmer",
    "jimxu@example.com":    "I'm a java programmer",
    "stevenli@example.com": "I'm a object-c programmer",
}
```

```go
func TestComposeAndSendWithSign(t *testing.T) {
    old := getSign
    sender := "tonybai@example.com"
    timestamp := "Mon, 04 May 2020 11:46:12 CST"

    getSign = func(sender string) string {
        selfSignTxt := senderSigns[sender]
        return selfSignTxt + "\n" + timestamp
    }

    defer func() {
        getSign = old //测试完毕后，恢复原值
    }()

    m := &fakeOkMailer{}
    mc := New(m)
    body, err := mc.ComposeAndSend("hello, stub test", sender,
        []string{"xxx@example.com"}, "the test body")
    if err != nil {
        t.Errorf("want nil, got %v", err)
    }

    if !strings.Contains(body, timestamp) {
        t.Errorf("the sign of the mail does not contain [%s]", timestamp)
    }

    if !strings.Contains(body, senderSigns[sender]) {
        t.Errorf("the sign of the mail does not contain [%s]", senderSigns
            [sender])
    }

    sender = "jimxu@example.com"
    body, err = mc.ComposeAndSend("hello, stub test", sender,
        []string{"xxx@example.com"}, "the test body")
    if err != nil {
        t.Errorf("want nil, got %v", err)
    }

    if !strings.Contains(body, senderSigns[sender]) {
        t.Errorf("the sign of the mail does not contain [%s]", senderSigns
            [sender])
    }
}
```

在新版 mailclient_test.go 中，我们使用自定义的匿名函数替换了 getSign 原先的值（通过 defer 在测试执行后恢复原值）。在新定义的匿名函数中，我们根据传入的 sender 选择对应的个人签名，并将其与预定义的时间戳组合在一起返回给 ComposeAndSend 方法。

在这个例子中，我们预置了三个 Sender 的个人签名，即以这三位 sender 对 ComposeAndSend 发起请求，返回的结果都在 **stub 替身**的控制范围之内。

在 GitHub 上有一个名为 gostub（https://github.com/prashantv/gostub）的第三方包可以用于简化 stub **替身**的管理和编写。以上面的例子为例，如果改写为使用 gostub 的测试，代码如下：

```
// chapter8/sources/stubtest3/mailclient_test.go

func TestComposeAndSendWithSign(t *testing.T) {
    sender := "tonybai@example.com"
    timestamp := "Mon, 04 May 2020 11:46:12 CST"

    stubs := gostub.Stub(&getSign, func(sender string) string {
        selfSignTxt := senderSigns[sender]
        return selfSignTxt + "\n" + timestamp
    })
    defer stubs.Reset()
    ...
}
```

44.3　mock：专用于行为观察和验证的替身

和 fake、stub 替身相比，mock 替身更为强大：它除了能提供测试前的预设置返回结果能力之外，还可以对 mock 替身对象在测试过程中的行为进行观察和验证。不过相比于前两种替身形式，mock 存在应用局限（尤指在 Go 中）。

❑ 和前两种替身相比，mock 的应用范围要窄很多，只用于实现某接口的实现类型的替身。

❑ 一般需要通过第三方框架实现 mock 替身。Go 官方维护了一个 mock 框架——gomock（https://github.com/golang/mock），该框架通过代码生成的方式生成实现某接口的替身类型。

mock 这个概念相对难于理解，我们通过例子来直观感受一下：将上面例子中的 fake 替身换为 mock 替身。首先安装 Go 官方维护的 go mock 框架。这个框架分两部分：一部分是用于生成mock 替身的 mockgen 二进制程序，另一部分则是生成的代码所要使用的 gomock 包。先来安装一下 mockgen：

```
$go get github.com/golang/mock/mockgen
```

通过上述命令，可将 mockgen 安装到 $GOPATH/bin 目录下（确保该目录已配置在 PATH 环境变量中）。

接下来，改造一下 mocktest/mailer/mailer.go 源码。在源码文件开始处加入 go generate 命令指示符：

```
// chapter8/sources/mocktest/mailer/mailer.go
//go:generate mockgen -source=./mailer.go -destination=./mock_mailer.go
    -package=mailer Mailer

package mailer

type Mailer interface {
```

```
    SendMail(subject, sender, destination, body string) error
}
```

接下来，在 mocktest 目录下，执行 go generate 命令以生成 mailer.Mailer 接口实现的替身。执行完 go generate 命令后，我们会在 mocktest/mailer 目录下看到一个新文件——mock_mailer.go：

```go
// chapter8/sources/mocktest/mailer/mock_mailer.go

// Code generated by MockGen. DO NOT EDIT.
// Source: ./mailer.go

// mailer包是一个自动生成的 GoMock包
package mailer

import (
    gomock "github.com/golang/mock/gomock"
    reflect "reflect"
)

// MockMailer是Mailer接口的一个模拟实现
type MockMailer struct {
    ctrl     *gomock.Controller
    recorder *MockMailerMockRecorder
}

// MockMailerMockRecorder 是 MockMailer的模拟recorder
type MockMailerMockRecorder struct {
    mock *MockMailer
}

// NewMockMailer创建一个新的模拟实例
func NewMockMailer(ctrl *gomock.Controller) *MockMailer {
    mock := &MockMailer{ctrl: ctrl}
    mock.recorder = &MockMailerMockRecorder{mock}
    return mock
}

// EXPECT返回一个对象，允许调用者指示预期的使用情况
func (m *MockMailer) EXPECT() *MockMailerMockRecorder {
    return m.recorder
}

// SendMail模拟基本方法
func (m *MockMailer) SendMail(subject, sender, destination, body string) error {
    m.ctrl.T.Helper()
    ret := m.ctrl.Call(m, "SendMail", subject, sender, destination, body)
    ret0, _ := ret[0].(error)
    return ret0
}

// SendMail表示预期的对SendMail的调用
func (mr *MockMailerMockRecorder) SendMail(subject, sender, destination, body
    interface{}) *gomock.Call {
```

```
    mr.mock.ctrl.T.Helper()
    return mr.mock.ctrl.RecordCallWithMethodType(mr.mock, "SendMail", reflect.
       TypeOf((*MockMailer)(nil).SendMail), subject, sender, destination, body)
}
```

有了替身之后，我们就以将其用于对 ComposeAndSend 方法的测试了。下面是使用了 mock
替身的 mailclient_test.go：

```
// chapter8/sources/mocktest/mocktest/mailclient_test.go
package mailclient

import (
    "errors"
    "testing"

    "github.com/bigwhite/mailclient/mailer"
    "github.com/golang/mock/gomock"
)

var senderSigns = map[string]string{
    "tonybai@example.com":  "I'm a go programmer",
    "jimxu@example.com":     "I'm a java programmer",
    "stevenli@example.com": "I'm a object-c programmer",
}

func TestComposeAndSendOk(t *testing.T) {
    old := getSign
    sender := "tonybai@example.com"
    timestamp := "Mon, 04 May 2020 11:46:12 CST"

    getSign = func(sender string) string {
        selfSignTxt := senderSigns[sender]
        return selfSignTxt + "\n" + timestamp
    }
    defer func() {
        getSign = old //测试完毕后，恢复原值
    }()

    mockCtrl := gomock.NewController(t)
    defer mockCtrl.Finish() //Go 1.14及之后版本中无须调用该Finish

    mockMailer := mailer.NewMockMailer(mockCtrl)
    mockMailer.EXPECT().SendMail("hello, mock test", sender,
     "dest1@example.com",
     "the test body\n"+senderSigns[sender]+"\n"+timestamp).Return(nil).Times(1)
    mockMailer.EXPECT().SendMail("hello, mock test", sender,
     "dest2@example.com",
     "the test body\n"+senderSigns[sender]+"\n"+timestamp).Return(nil).Times(1)

    mc := New(mockMailer)
    _, err := mc.ComposeAndSend("hello, mock test",
      sender, []string{"dest1@example.com", "dest2@example.com"}, "the test body")
    if err != nil {
```

```
        t.Errorf("want nil, got %v", err)
    }
}
...
```

上面这段代码的重点在于下面这几行：

```
mockMailer.EXPECT().SendMail("hello, mock test", sender,
    "dest1@example.com",
    "the test body\n"+senderSigns[sender]+"\n"+timestamp).Return(nil).Times(1)
```

这就是前面提到的 mock 替身具备的能力：在测试前对预期返回结果进行设置（这里设置 SendMail 返回 nil），对替身在测试过程中的行为进行验证。Times(1) 意味着以该参数列表调用的 SendMail 方法在测试过程中仅被调用一次，多一次调用或没有调用均会导致测试失败。这种对替身观察和验证的能力是 mock 区别于 stub 的重要特征。

gomock 是一个通用的 mock 框架，社区还有一些专用的 mock 框架可用于快速创建 mock 替身，比如：go-sqlmock（https://github.com/DATA-DOG/go-sqlmock）专门用于创建 sql/driver 包中的 Driver 接口实现的 mock 替身，可以帮助 Gopher 简单、快速地建立起对数据库操作相关方法的单元测试。

小结

本条介绍了当被测代码对外部组件或服务有强依赖时可以采用的测试方案，这些方案采用了相同的思路：为这些被依赖的外部组件或服务建立**替身**。这里介绍了三类替身以及它们的适用场合与注意事项。

本条要点如下。

❑ fake、stub、mock 等替身概念之间并非泾渭分明的，对这些概念的理解容易混淆。比如标准库 net/http/transfer_test.go 文件中的 mockTransferWriter 类型，虽然其名字中带有 mock，但实质上它更像是一个 fake 替身。

❑ 我们更多在包内测试应用上述替身概念辅助测试，这就意味着此类测试与被测代码是实现级别耦合的，这样的测试健壮性较差，一旦被测代码内部逻辑有变化，测试极容易失败。

❑ 通过 fake、stub、mock 等概念实现的替身参与的测试毕竟是在一个虚拟的"沙箱"环境中，不能代替与真实依赖连接的测试，因此，在集成测试或系统测试等使用真实外部组件或服务的测试阶段，务必包含与真实依赖的联测用例。

❑ fake 替身主要用于被测代码依赖组件或服务的简化实现。

❑ stub 替身具有有限范围的、在测试前预置返回结果的控制能力。

❑ mock 替身则专用于对替身的行为进行观察和验证的测试，一般用作 Go 接口类型的实现的替身。

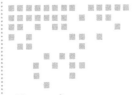

使用模糊测试让潜在 bug 无处遁形

在 Go 1.5 版本发布的同时，前英特尔黑带级工程师、现谷歌工程师 Dmitry Vyukov 发布了 Go 语言模糊测试工具 go-fuzz。在 GopherCon 2015 技术大会上，Dmitry Vyukov 在其名为"Go Dynamic Tools"的主题演讲中着重介绍了 go-fuzz。

对于**模糊测试**（fuzz testing），想必很多 Gopher 比较陌生，当初笔者也不例外，至少在接触 go-fuzz 之前，笔者从未在 Go 或其他编程语言中使用过类似的测试工具。根据维基百科的定义，**模糊测试就是指半自动或自动地为程序提供非法的、非预期、随机的数据，并监控程序在这些输入数据下是否会出现崩溃、内置断言失败、内存泄露、安全漏洞等情况**（见图 45-1）。

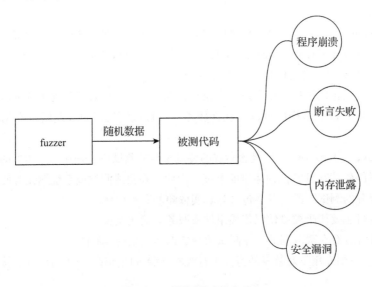

图 45-1 模糊测试的定义

模糊测试始于 1988 年 Barton Miller 所做的一项有关 Unix 随机测试的项目。到目前为止，已经有许多有关模糊测试的理论支撑，并且越来越多的编程语言开始提供对模糊测试的支持，比如在编译器层面原生提供模糊测试支持的 LLVM fuzzer 项目 libfuzzer、历史最悠久的面向安全的 fuzzer 方案 afl-fuzz、谷歌开源的面向可伸缩模糊测试基础设施的 ClusterFuzz 等。

传统软件测试技术越来越无法满足现代软件日益增长的规模、复杂性以及对开发速度的要求。传统软件测试一般会针对被测目标的特性进行人工测试设计。在设计一些异常测试用例的时候，测试用例质量好坏往往取决于测试设计人员对被测系统的理解程度及其个人能力。即便测试设计人员个人能力很强，对被测系统也有较深入的理解，他也很难在有限的时间内想到所有可能的异常组合和异常输入，尤其是面对庞大的分布式系统的时候。系统涉及的自身服务组件、中间件、第三方系统等多且复杂，这些系统中的**潜在 bug** 或者组合后形成的**潜在 bug** 是我们无法预知的。而将随机测试、边界测试、试探性攻击等测试技术集于一身的模糊测试对于上述传统测试技术存在的问题是一个很好的补充和解决方案。

在本条中，我们就来看看如何在 Go 中为被测代码建立起模糊测试，让那些潜在 bug 无处遁形。

45.1　模糊测试在挖掘 Go 代码的潜在 bug 中的作用

go-fuzz 工具让 Gopher 具备了在 Go 语言中为被测代码建立模糊测试的条件。但模糊测试在挖掘 Go 代码中潜在 bug 中的作用究竟有多大呢？我们可以从 Dmitry Vyukov 提供的一组数据中看出来。

Dmitry Vyukov 使用 go-fuzz 对当时（2015 年）的 Go 标准库以及其他第三方开源库进行了模糊测试并取得了**惊人的战果**：

```
// 60个测试
60 tests

// 在Go标准库中发现137个bug(70个已经修复)
137 bugs in std lib (70 fixed)

// 在其他项目中发现165个bug
165 elsewhere (47 in gccgo, 30 in golang.org/x, 42 in freetype-go, protobuf, http2,
    bson)
```

go-fuzz 的战绩在持续扩大，截至本书写作时，列在 go-fuzz 官方站点上的、由广大 Gopher 分享出来的已发现 bug 已有近 400 个，未分享出来的通过 go-fuzz 发现的 bug 估计远远不止这个数量。

45.2　go-fuzz 的初步工作原理

go-fuzz 实际上是基于前面提到的老牌模糊测试项目 afl-fuzz 的逻辑设计和实现的。不同的是在使用的时候，afl-fuzz 对于每个**输入用例**（input case）都会创建（fork）一个进程（process）去执行，而 go-fuzz 则是将**输入用例**中的数据传给下面这样一个 Fuzz 函数，这样就无须反复重启程序。

```
func Fuzz(data []byte) int
```

go-fuzz 进一步完善了 Go 开发测试工具集，很多较早接受 Go 语言的公司（如 Cloudflare 等）已经开始使用 go-fuzz 来测试自己的产品以提高产品质量了。

go-fuzz 的工作流程如下：

1）生成随机数据；

2）将上述数据作为输入传递给被测程序；

3）观察是否有崩溃记录（crash），如果发现崩溃记录，则说明找到了潜在的 bug。

之后开发者可以根据 crash 记录情况去确认和修复 bug。修复 bug 后，我们一般会为被测代码添加针对这个 bug 的单元测试用例以验证 bug 已经修复。

go-fuzz 采用的是**代码覆盖率引导的 fuzzing 算法**（Coverage-guided fuzzing）。go-fuzz 运行起来后将进入一个死循环，该循环中的逻辑的伪代码大致如下：

```
// go-fuzz-build在构建用于go-fuzz的二进制文件(*.zip)的过程中
// 在被测对象代码中埋入用于统计代码覆盖率的桩代码及其他信息
Instrument program for code coverage

Collect initial corpus of inputs   // 收集初始输入数据语料(位于工作路径下的corpus目录下)
for {
    // 从corpus中读取语料并做随机变化
    Randomly mutate an input from the corpus

    // 执行Fuzz，收集代码覆盖率数据
    Execute and collect coverage

    // 如果输入数据提供了新的代码覆盖率，则将该输入数据存入语料库(corpus)
    If the input gives new coverage, add it to corpus
}
```

go-fuzz 的核心是**对语料库的输入数据如何进行变化**。go-fuzz 内部使用两种对语料库的输入数据进行变化的方法：突变（mutation）和改写（versify）。突变是一种低级方法，主要是对语料库的字节进行小修改。下面是一些常见的突变策略：

❑ 插入 / 删除 / 重复 / 复制随机范围的随机字节；

❑ 位翻转；

❑ 交换 2 字节；

❑ 将一个字节设置为随机值；

❑ 从一个 byte/uint16/uint32/uint64 中添加 / 减去；

❑ 将一个 byte/uint16/uint32 替换为另一个值；

❑ 将一个 ASCII 数字替换为另一个数字；

❑ 拼接另一个输入；

❑ 插入其他输入的一部分；

❑ 插入字符串 / 整数字面值；

❑ 替换为字符串 / 整数字面值。

例如，下面是对输入语料采用突变方法的输入数据演进序列：

```
""
"", "A"
"", "A", "AB"
"", "A", "AB", "ABC"
"", "A", "AB", "ABC", "ABCD"
```

改写是比较先进的高级方法，它会学习文本的结构，对输入进行简单分析，识别出输入语料数据中各个部分的类型，比如数字、字母数字、列表、引用等，然后针对不同部分运用突变策略。下面是应用改写方法进行语料处理的例子：

原始语料输入：

```
`<item name="foo"><prop name="price">100</prop></item>`
```

运用改写方法后的输入数据例子：

```
<item name="rb54ana"><item name="foo"><prop name="price"></prop><prop/></item>
    </item>
<item name=""><prop name="price">=</prop><prop/> </item>
<item name=""><prop F="">-026023767521520230564132665e0333302100</prop><prop/>
    </item>
<item SN="foo_P"><prop name="_G_nx">510</prop><prop name="vC">-9e-07036514
    </prop></item>
<item name="foo"><prop name="c8">prop name="p"</prop>/}<prop name=" price">01e-6
    </prop></item>
<item name="foo"><item name="foo"><prop JY="">100</prop></item>8<prop/></item>
```

45.3　go-fuzz 使用方法

1. 安装 go-fuzz

使用 go-fuzz 需要安装两个重要工具：go-fuzz-build 和 go-fuzz。通过标准 go get 就可以安装它们：

```
$ go get github.com/dvyukov/go-fuzz/go-fuzz
$ go get github.com/dvyukov/go-fuzz/go-fuzz-build
```

go get 会自动将两个工具安装到 $GOROOT/bin 或 $GOPATH/bin 下，因此你需要确保你的 Path 环境变量下包含这两个路径。

2. 带有模糊测试的项目组织

假设待测试的 Go 包名为 foo，包源文件路径为 $GOPATH/src/github.com/bigwhite/fuzzexamples/

foo。为了应用 go-fuzz 为包 foo 建立模糊测试，我们一般会在 foo 下创建 fuzz.go 源文件，其内容模板如下：

```
// +build gofuzz

package foo

func Fuzz(data []byte) int {
    ...
}
```

go-fuzz-build 在构建用于 go-fuzz 命令输入的二进制文件时，会搜索带有"+build gofuzz"指示符的 Go 源文件以及其中的 Fuzz 函数。如果 foo 包下没有这样的文件，在执行 go-fuzz-build 时，你会得到类似如下的错误日志：

```
$go-fuzz-build github.com/bigwhite/fuzzexamples/foo
failed to execute go build: exit status 2
$go-fuzz-main
/var/folders/2h/xr2tmnxx6qxc4w4w13m01fsh0000gn/T/go-fuzz-build641745751/src/go-
fuzz-main/main.go:10: undefined: foo.Fuzz
```

有时候，待测试包的包内功能很多，一个 Fuzz 函数不够用，我们可以在 fuzztest 下建立多个目录来应对：

```
github.com/bigwhite/fuzzexamples/foo/fuzztest]$tree
.
├── fuzz1
│   ├── corpus
│   ├── fuzz.go
│   └── gen
│       └── main.go
└── fuzz2
    ├── corpus
    ├── fuzz.go
    └── gen
        └── main.go
    ...
```

其中的 fuzz1, fuzz2, …, fuzzN 各自为一个 go-fuzz 单元，如果要应用 go-fuzz，则可像下面这样执行：

```
$ cd fuzz1
$ go-fuzz-build github.com/bigwhite/fuzzexamples/foo/fuzztest/fuzz1
$ go-fuzz -bin=./foo-fuzz.zip -workdir=./

...

$ cd fuzz2
$ go-fuzz-build github.com/bigwhite/fuzzexamples/foo/fuzztest/fuzz2
$ go-fuzz -bin=./foo-fuzz.zip -workdir=./
```

我们看到，在每个 go-fuzz 测试单元下有一套"固定"的目录组合。以 fuzz1 目录为例：

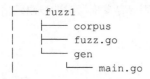

其中：

❑ corpus 为存放输入数据语料的目录，在 go-fuzz 执行之前，可以放入初始语料；

❑ fuzz.go 为包含 Fuzz 函数的源码文件；

❑ gen 目录中包含手工生成初始语料的 main.go 代码。

在后续的示例中，我们会展示细节。

3. go-fuzz-build

go-fuzz-build 会根据 Fuzz 函数构建一个用于 go-fuzz 执行的 zip 包（PACKAGENAME-fuzz.zip），包里包含了用途不同的三个文件：

```
cover.exe metadata sonar.exe
```

按照 go-fuzz 作者的解释，这三个二进制程序的功能分别如下。

❑ cover.exe：被注入了代码测试覆盖率桩设施的二进制文件。

❑ sonar.exe：被注入了 sonar 统计桩设施的二进制文件。

❑ metadata：包含代码覆盖率统计、sonar 的元数据以及一些整型、字符串字面值。

不过作为使用者，我们不必过于关心它们，点到为止。

4. 执行 go-fuzz

一旦生成了 foo-fuzz.zip，我们就可以执行针对 fuzz1 的模糊测试。

```
$cd fuzz1
$go-fuzz -bin=./foo-fuzz.zip -workdir=./
2019/12/08 17:51:48 workers: 4, corpus: 8 (1s ago), crashers: 0, restarts: 1/0,
    execs: 0 (0/sec), cover: 0, uptime: 3s
2019/12/08 17:51:51 workers: 4, corpus: 9 (2s ago), crashers: 0, restarts:
    1/3851, execs: 11553 (1924/sec), cover: 143, uptime: 6s
2019/12/08 17:51:54 workers: 4, corpus: 9 (5s ago), crashers: 0, restarts:
    1/3979, execs: 47756 (5305/sec), cover: 143, uptime: 9s
...
```

如果 corpus 目录中没有初始语料数据，那么 go-fuzz 也会自行生成相关数据传递给 Fuzz 函数，并且采用遗传算法，不断基于 corpus 中的语料生成新的输入语料。go-fuzz 作者建议 corpus 初始时放入的语料越多越好，而且要有足够的多样性，这样基于这些初始语料施展遗传算法，效果才会更佳。go-fuzz 在执行过程中还会将一些新语料持久化成文件放在 corpus 中，以供下次模糊测试执行时使用。

前面说过，go-fuzz 执行时是一个无限循环，上面的测试需要手动停下来。go-fuzz 会在指定的 workdir 中创建另两个目录：crashers 和 suppressions。顾名思义，crashers 中存放的是代码崩溃时的相关信息，包括引起崩溃的输入用例的二进制数据、输入数据的字符串形式（xxx.quoted）

以及基于这个数据的输出数据（xxx.output）。suppressions 目录中则保存着崩溃时的栈跟踪信息，方便开发人员快速定位 bug。

45.4 使用 go-fuzz 建立模糊测试的示例

gocmpp（https://github.com/bigwhite/gocmpp）是一个中国移动 cmpp 短信协议库的 Go 实现，这里我们就用为该项目添加模糊测试作为示例。

gocmpp 中的每种协议包都实现了 Packer 接口，其中的 Unpack 尤其适合做模糊测试。由于协议包众多，我们在 gocmpp 下专门建立了 fuzztest 目录，用于存放模糊测试的代码，将各个协议包的模糊测试分到各个子目录中：

```
github.com/bigwhite/gocmpp/fuzztest$tree
.
├── fwd
│   ├── corpus
│   │   └── 0
│   ├── fuzz.go
│   └── gen
│       └── main.go
└── submit
    ├── corpus
    │   └── 0
    ├── fuzz.go
    └── gen
        └── main.go
```

先说说每个模糊测试单元（比如 fwd 或 submit）下的 gen/main.go，这是一个用于生成初始语料的可执行程序。以 submit/gen/main.go 为例：

```go
// submit/gen/main.go
package main

import (
    "github.com/dvyukov/go-fuzz/gen"
)

func main() {
    data := []byte{
        0x00, 0x00, 0x00, 0x17, 0x00, 0x00, 0x00, 0x00,
        ...
          0x6d, 0x00, 0x69, 0x00, 0x74, 0x00, 0x00, 0x00, 0x00, 0x00, 0x00,
            0x00,
    }

    gen.Emit(data, nil, true)
}
```

在这个 main.go 源文件中，我们借用 submit 包的单元测试中的数据作为模糊测试的初始语料数据，通过 go-fuzz 提供的 gen 包将数据输出到文件中：

```
$cd submit/gen
$go run main.go -out ../corpus/
$ls -l ../corpus/
-rw-r--r--  1 tony  staff  181 12  7 22:00 0
...
```

该程序在 corpus 目录下生成了一个名为 "0" 的文件作为 submit 包模糊测试的初始语料。

接下来看看 submit/fuzz.go：

```
// +build gofuzz

package cmppfuzz

import (
    "github.com/bigwhite/gocmpp"
)

func Fuzz(data []byte) int {
    p := &cmpp.Cmpp2SubmitReqPkt{}
    if err := p.Unpack(data); err != nil {
        return 0
    }
    return 1
}
```

这是最为简单的 Fuzz 函数实现了。根据作者对 Fuzz 的规约，Fuzz 的返回值是有重要含义的：

❑ 如果此次输入的数据在某种程度上是很有意义的，go-fuzz 会给予这类输入更高的优先级，Fuzz 应该返回 1；

❑ 如果明确这些输入绝对不能放入 corpus，那么让 Fuzz 返回 −1；

❑ 至于其他情况，则返回 0。

接下来就该 go-fuzz-build 和 go-fuzz 登场了。这与前面的介绍差不多，我们先用 go-fuzz-build 构建 go-fuzz 使用的带有代码覆盖率统计桩代码的二进制文件：

```
$cd submit
$go-fuzz-build github.com/bigwhite/gocmpp/fuzztest/submit
$ls
cmppfuzz-fuzz.zip    corpus/                fuzz.go                gen/
```

然后在 submit 目录下执行 go-fuzz：

```
$go-fuzz -bin=./cmppfuzz-fuzz.zip -workdir=./
2019/12/07 22:05:02 workers: 4, corpus: 1 (3s ago), crashers: 0, restarts: 1/0,
    execs: 0 (0/sec), cover: 0, uptime: 3s
2019/12/07 22:05:05 workers: 4, corpus: 3 (0s ago), crashers: 0, restarts: 1/0,
    execs: 0 (0/sec), cover: 32, uptime: 6s
2019/12/07 22:05:08 workers: 4, corpus: 7 (1s ago), crashers: 0, restarts:
    1/5424, execs: 65098 (7231/sec), cover: 131, uptime: 9s
```

```
2019/12/07 22:05:11 workers: 4, corpus: 9 (0s ago), crashers: 0, restarts:
    1/5424, execs: 65098 (5424/sec), cover: 146, uptime: 12s
...
2019/12/07 22:09:11 workers: 4, corpus: 9 (4m0s ago), crashers: 0, restarts:
    1/9860, execs: 4033002 (16002/sec), cover: 146, uptime: 4m12s
^C2019/12/07 22:09:13 shutting down...
```

这个测试执行非常耗 CPU 资源，一小会儿工夫，我的 Mac Pro 的风扇就开始呼呼转动起来了。不过 submit 包的 Unpack 函数并未在这次短暂运行的模糊测试中发现问题，crashers 后面的数值一直是 0。

为了演示被测代码在模糊测试中崩溃的情况，这里再举一个例子（例子代码改编自 https://github.com/fuzzitdev/example-go）。在这个示例用，被测代码如下：

```
// chapter8/sources/fuzz-test-demo/parse_complex.go
package parser

func ParseComplex(data [] byte) bool {
    if len(data) == 5 {
        if data[0] == 'F' && data[1] == 'U' &&
            data[2] == 'Z' && data[3] == 'Z' &&
            data[4] == 'I' && data[5] == 'T' {
            return true
        }
    }
    return false
}
```

为上述被测目标建立模糊测试：

```
// chapter8/sources/fuzz-test-demo/parse_complex_fuzz.go

// +build gofuzz
package parser

func Fuzz(data []byte) int {
    ParseComplex(data)
    return 0
}
```

接下来按照套路，使用 go-fuzz-build 构建 go-fuzz 使用的二进制 zip 文件并运行 go-fuzz：

```
$go-fuzz-build github.com/bigwhite/fuzz-test-demo
$go-fuzz -bin=./parser-fuzz.zip -workdir=./
2020/05/07 16:10:00 workers: 8, corpus: 6 (2s ago), crashers: 1, restarts: 1/0,
    execs: 0 (0/sec), cover: 0, uptime: 3s
2020/05/07 16:10:03 workers: 8, corpus: 6 (5s ago), crashers: 1, restarts: 1/0,
    execs: 0 (0/sec), cover: 10, uptime: 6s
2020/05/07 16:10:06 workers: 8, corpus: 6 (8s ago), crashers: 1, restarts:
    1/5219, execs: 198330 (22034/sec), cover: 10, uptime: 9s
2020/05/07 16:10:09 workers: 8, corpus: 6 (11s ago), crashers: 1, restarts:
    1/5051, execs: 383950 (31993/sec), cover: 10, uptime: 12s
2020/05/07 16:10:12 workers: 8, corpus: 6 (14s ago), crashers: 1, restarts:
```

```
    1/5132, execs: 523514 (34898/sec), cover: 10, uptime: 15s
2020/05/07 16:10:15 workers: 8, corpus: 6 (17s ago), crashers: 1, restarts:
    1/4930, execs: 631139 (35061/sec), cover: 10, uptime: 18s
^C2020/05/07 16:10:16 shutting down...
```

我们看到，在这次模糊测试执行的输出中，crashers 的计数不再是 0，而是 1，这表明模糊测试引发了一次被测目标的崩溃。停掉模糊测试后，我们看到在测试执行的工作目录下出现了 crashers 和 suppressions 这两个目录：

```
$tree
.
├── corpus
│   ├── 1b7c3c5fec431a18fdebaa415d1f89a8f7a325bd-4
...
├── crashers
│   ├── df779ced6b712c5fca247e465de2de474d1d23b9
│   ├── df779ced6b712c5fca247e465de2de474d1d23b9.output
│   └── df779ced6b712c5fca247e465de2de474d1d23b9.quoted
...
├── go.mod
├── parse_complex.go
├── parse_complex_fuzz.go
├── parser-fuzz.zip
└── suppressions
    └── 4db970443bac2de13454771685ab603e779152b4
```

我们分别看看 crashers 和 suppressions 这两个目录下的内容：

```
// suppressions目录下的文件内容
$ cat suppressions/4db970443bac2de13454771685ab603e779152b4
panic: runtime error: index out of range [5] with length 5
github.com/bigwhite/fuzz-test-demo.ParseComplex.func5
github.com/bigwhite/fuzz-test-demo.ParseComplex
github.com/bigwhite/fuzz-test-demo.Fuzz
go-fuzz-dep.Main
main.main

// crashers目录下的文件内容

$cat crashers/df779ced6b712c5fca247e465de2de474d1d23b9
FUZZI

$cat crashers/df779ced6b712c5fca247e465de2de474d1d23b9.quoted
    "FUZZI"

cat crashers/df779ced6b712c5fca247e465de2de474d1d23b9.output
panic: runtime error: index out of range [5] with length 5

goroutine 1 [running]:
github.com/bigwhite/fuzz-test-demo.ParseComplex.func5(...)
    chapter8/sources/fuzz-test-demo/parse_complex.go:5
github.com/bigwhite/fuzz-test-demo.ParseComplex(0x28a21000, 0x5, 0x5,
    0x3bd-475a562627)
```

```
    chapter8/sources/fuzz-test-demo/parse_complex.go:5 +0x1be
github.com/bigwhite/fuzz-test-demo.Fuzz(0x28a21000, 0x5, 0x5, 0x3)
    chapter8/sources/fuzz-test-demo/parse_complex_fuzz.go:6 +0x57
go-fuzz-dep.Main(0xc000104f70, 0x1, 0x1)
    go-fuzz-dep/main.go:36 +0x1ad
main.main()
    github.com/bigwhite/fuzz-test-demo/go.fuzz.main/main.go:15 +0x52
exit status 2
```

从 crashers/xxx.quoted 中我们可以看到，引发此次崩溃的输入数据为 "FUZZI" 这个字符串；从 crashers/xxx.output 或 suppressions/4db970443bac2de13454771685ab603e779152b4 我们可以看到，导致崩溃的直接原因为"下标越界"。这些信息足以让我们快速定位到 bug 的位置：

```
data[5] == 'T'
```

接下来，我们可以修复该 bug（可以将 if len(data) == 5 改为 if len(data) == 6），并在该包的单元测试文件中添加一个针对该崩溃的用例，这里就不再赘述了。

45.5　让模糊测试成为"一等公民"

go-fuzz 的成功和广泛应用让 Gopher 认识到模糊测试对挖掘潜在 bug、提升代码质量有着重要的作用。但目前 Go 尚未将模糊测试当成"一等公民"对待，即还没有在 Go 工具链上原生支持模糊测试，模糊测试在 Go 中的应用还仅限于使用第三方的 go-fuzz 或谷歌开源的 gofuzz。

但当前的 go-fuzz 等工具的实现存在一些无法解决的问题⊖，比如：

❑ go-fuzz 模仿 Go 工具构建逻辑，一旦 Go 原生工具构建逻辑发生变化，就会导致 go-fuzz-build 不断损坏；

❑ go-fuzz-build 无法处理 cgo，很难实现；

❑ 目前的代码覆盖率工具（coverage）是通过在源码中插入桩代码实现的，这使其很难与其他构建系统（build system）集成；

❑ 基于从源码到源码的转换无法处理所有情况，并且转换功能有限，某些代码模式可能会处理不当或导致构建失败；

❑ 使用从源码到源码转换的方法产生的代码运行很慢。

这些问题需要编译器层面的支持，也就是在编译器层面添加支持模糊测试的基础设施（比如代码覆盖率桩的插入）。同时，如果模糊测试能像 go test、go test -bench 那样直接通过 Go 工具链执行（比如 go test -fuzz=.），模糊测试代码能像普通单元测试代码那样直接编写在 *_test.go 文件中，像下面这样：

```
// xxx_test.go

func FuzzXxx(f *testing.F, data []byte) {
```

⊖ https://github.com/golang/go/issues/14565

```
    // ...
}
```

那么模糊测试才算真正得到了"一等公民"的地位，这一直是模糊测试在 Go 语言中的努力方向。目前 Go 官方已经在讨论将模糊测试纳入 Go 工具链的实现方案了（https://github.com/golang/go/issues/19109）。

小结

通过这一条，我们认识到模糊测试对于提升 Go 代码质量、挖掘潜在 bug 的重要作用。但模糊测试不是"银弹"，它有其适用的范围。模糊测试最适合那些处理复杂输入数据的程序，比如文件格式解析、网络协议解析、人机交互界面入口等。模糊测试是软件测试技术的一个重要分支，与单元测试等互为补充，相辅相成。

目前，并非所有编程语言都有对模糊测试工具的支持，Gopher 和 Go 社区很幸运，Dmitry Vyukov 为我们带来了 go-fuzz 模糊测试工具。如果你是追求高质量 Go 代码的开发者，请为你的 Go 代码建立起模糊测试。

第 46 条

为被测对象建立性能基准

著名计算机科学家、《计算机程序设计艺术》的作者高德纳曾说过：**"过早优化是万恶之源。"** 这一名言长久以来被很多开发者**奉为圭臬**。而关于这句名言的解读也像"编程语言战争"一样成为程序员界的常设话题。

笔者认为之所以对这句话的解读出现"见仁见智"的情况，是因为这句话本身缺少上下文：

❑ 被优化的对象是什么类型的程序？

❑ 优化什么？设计、性能、资源占用还是……？

❑ 优化的指标是什么？

不同开发者看问题的视角不同，所处的上下文不同，得出的解读自然也不会相同。Android 界开源大牛 Jake Wharton 就曾提出过这样一个观点："**过早的引用'过早优化是万恶之源'是一切龟速软件之源。**"

是否优化、何时优化实质上是一个**决策问题，但决策不能靠直觉，要靠数据说话**。借用上面名言中的句型：**没有数据支撑的过早决策是万恶之源**。

Go 语言最初被其设计者们定位为"系统级编程语言"，这说明高性能一直是 Go 核心团队的目标之一。很多来自动态类型语言的开发者转到 Go 语言显然也是为了性能（相对于动态类型语言），Gopher 期望 Go 核心团队对 Go GC 的持续优化也都是出于对性能关注的表现。性能优化也是优化的一种，作为一名 Go 开发者，我们该如何做出是否对代码进行性能优化的决策呢？可以通过**为被测对象建立性能基准的方式**去获得决策是否优化的支撑数据，同时可以根据这些性能基准数据判断出对代码所做的任何更改是否对代码性能有所影响。

46.1 性能基准测试在 Go 语言中是"一等公民"

在前文中，我们已经接触过许多性能基准测试。和上一条所讲的**模糊测试**的境遇不同，性能基准测试在 Go 语言中是和普通的单元测试一样被原生支持的，得到的是**"一等公民"**的待遇。我们可以像对普通单元测试那样在 *_test.go 文件中创建被测对象的性能基准测试，每个以 Benchmark 前缀开头的函数都会被当作一个独立的性能基准测试：

```go
func BenchmarkXxx(b *testing.B) {
    //...
}
```

下面是一个对多种字符串连接方法的性能基准测试（改编自第 15 条）：

```go
// chapter8/sources/benchmark_intro_test.go

var sl = []string{
    "Rob Pike ",
    "Robert Griesemer ",
    "Ken Thompson ",
}

func concatStringByOperator(sl []string) string {
    var s string
    for _, v := range sl {
        s += v
    }
    return s
}

func concatStringBySprintf(sl []string) string {
    var s string
    for _, v := range sl {
        s = fmt.Sprintf("%s%s", s, v)
    }
    return s
}

func concatStringByJoin(sl []string) string {
    return strings.Join(sl, "")
}

func BenchmarkConcatStringByOperator(b *testing.B) {
    for n := 0; n < b.N; n++ {
        concatStringByOperator(sl)
    }
}

func BenchmarkConcatStringBySprintf(b *testing.B) {
    for n := 0; n < b.N; n++ {
        concatStringBySprintf(sl)
    }
}

func BenchmarkConcatStringByJoin(b *testing.B) {
    for n := 0; n < b.N; n++ {
        concatStringByJoin(sl)
```

```
    }
}
```

上面的源文件中定义了三个性能基准测试：BenchmarkConcatStringByOperator、Benchmark-ConcatStringBySprintf 和 BenchmarkConcatStringByJoin。我们可以一起运行这三个基准测试：

```
$go test -bench . benchmark_intro_test.go
goos: darwin
goarch: amd64
BenchmarkConcatStringByOperator-8        12810092               88.5 ns/op
BenchmarkConcatStringBySprintf-8          2777902                432 ns/op
BenchmarkConcatStringByJoin-8            23994218               49.7 ns/op
PASS
ok          command-line-arguments 4.117s
```

也可以通过正则匹配选择其中一个或几个运行：

```
$go test -bench=ByJoin ./benchmark_intro_test.go
goos: darwin
goarch: amd64
BenchmarkConcatStringByJoin-8     23429586               49.1 ns/op
PASS
ok          command-line-arguments 1.209s
```

我们关注的是 go test 输出结果中第三列的那个值。以 BenchmarkConcatStringByJoin 为例，其第三列的值为 49.1 ns/op，该值表示 BenchmarkConcatStringByJoin 这个基准测试中 for 循环的每次循环平均执行时间为 49.1 ns（op 代表每次循环操作）。这里 for 循环调用的是 concatStringByJoin，即执行一次 concatStringByJoin 的平均时长为 49.1 ns。

性能基准测试还可以通过传入 -benchmem 命令行参数输出内存分配信息（与基准测试代码中显式调用 b.ReportAllocs 的效果是等价的）：

```
$go test -bench=Join ./benchmark_intro_test.go -benchmem
goos: darwin
goarch: amd64
BenchmarkConcatStringByJoin-8     23004709     48.8 ns/op     48 B/op      1 allocs/op
PASS
ok          command-line-arguments 1.183s
```

这里输出的内存分配信息告诉我们，每执行一次 concatStringByJoin 平均进行一次内存分配，每次平均分配 48 字节的数据。

46.2 顺序执行和并行执行的性能基准测试

根据是否并行执行，Go 的性能基准测试可以分为两类：顺序执行的性能基准测试和并行执行的性能基准测试。

1. 顺序执行的性能基准测试

其代码写法如下：

```
func BenchmarkXxx(b *testing.B) {
    // ...
    for i := 0; i < b.N; i++ {
        // 被测对象的执行代码
    }
}
```

前面对多种字符串连接方法的性能基准测试就归属于这一类。关于顺序执行的性能基准测试的执行过程原理，可以通过下面的例子来说明：

```
// chapter8/sources/benchmark-impl/sequential_test.go
var (
    m     map[int64]struct{} = make(map[int64]struct{}, 10)
    mu    sync.Mutex
    round int64 = 1
)

func BenchmarkSequential(b *testing.B) {
    fmt.Printf("\ngoroutine[%d] enter BenchmarkSequential: round[%d], b.N[%d]\n",
        tls.ID(), atomic.LoadInt64(&round), b.N)
    defer func() {
        atomic.AddInt64(&round, 1)
    }()

    for i := 0; i < b.N; i++ {
        mu.Lock()
        _, ok := m[round]
        if !ok {
            m[round] = struct{}{}
            fmt.Printf("goroutine[%d] enter loop in BenchmarkSequential:
                round[%d], b.N[%d]\n",
                tls.ID(), atomic.LoadInt64(&round), b.N)
        }
        mu.Unlock()
    }
    fmt.Printf("goroutine[%d] exit BenchmarkSequential: round[%d], b.N[%d]\n",
        tls.ID(), atomic.LoadInt64(&round), b.N)
}
```

运行这个例子：

```
$go test -bench . sequential_test.go

goroutine[1] enter BenchmarkSequential: round[1], b.N[1]
goroutine[1] enter loop in BenchmarkSequential: round[1], b.N[1]
goroutine[1] exit BenchmarkSequential: round[1], b.N[1]
goos: darwin
goarch: amd64
BenchmarkSequential-8
goroutine[2] enter BenchmarkSequential: round[2], b.N[100]
goroutine[2] enter loop in BenchmarkSequential: round[2], b.N[100]
goroutine[2] exit BenchmarkSequential: round[2], b.N[100]
```

```
goroutine[2] enter BenchmarkSequential: round[3], b.N[10000]
goroutine[2] enter loop in BenchmarkSequential: round[3], b.N[10000]
goroutine[2] exit BenchmarkSequential: round[3], b.N[10000]

goroutine[2] enter BenchmarkSequential: round[4], b.N[1000000]
goroutine[2] enter loop in BenchmarkSequential: round[4], b.N[1000000]
goroutine[2] exit BenchmarkSequential: round[4], b.N[1000000]

goroutine[2] enter BenchmarkSequential: round[5], b.N[65666582]
goroutine[2] enter loop in BenchmarkSequential: round[5], b.N[65666582]
goroutine[2] exit BenchmarkSequential: round[5], b.N[65666582]
65666582            20.6 ns/op
PASS
ok          command-line-arguments 1.381s
```

我们看到：

❏ BenchmarkSequential 被执行了多轮（见输出结果中的 round 值）；

❏ 每一轮执行，for 循环的 b.N 值均不相同，依次为 1、100、10000、1000000 和 65666582；

❏ 除 b.N 为 1 的首轮，其余各轮均在一个 goroutine（goroutine[2]）中顺序执行。

默认情况下，每个性能基准测试函数（如 BenchmarkSequential）的执行时间为 1 秒。如果执行一轮所消耗的时间不足 1 秒，那么 go test 会按就近的顺序增加 b.N 的值：1、2、3、5、10、20、30、50、100 等。如果当 b.N 较小时，基准测试执行可以很快完成，那么 go test 基准测试框架将跳过中间的一些值，选择较大的值，比如像这里 b.N 从 1 直接跳到 100。选定新的 b.N 之后，go test 基准测试框架会启动新一轮性能基准测试函数的执行，直到某一轮执行所消耗的时间超出 1 秒。上面例子中最后一轮的 b.N 值为 65666582，这个值应该是 go test 根据上一轮执行后得到的**每次循环平均执行时间**计算出来的。go test 发现，如果将上一轮每次循环平均执行时间与再扩大 100 倍的 N 值相乘，那么下一轮的执行时间会超出 1 秒很多，于是 go test 用 1 秒与上一轮每次循环平均执行时间一起估算出一个循环次数，即上面的 65666582。

如果基准测试仅运行 1 秒，且在这 1 秒内仅运行 10 轮迭代，那么这些基准测试运行所得的平均值可能会有较高的标准偏差。如果基准测试运行了数百万或数十亿次迭代，那么其所得平均值可能趋于准确。要增加迭代次数，可以使用 -benchtime 命令行选项来增加基准测试执行的时间。

下面的例子中，我们通过 go test 的命令行参数 -benchtime 将 1 秒这个默认性能基准测试函数执行时间改为 2 秒：

```
$go test -bench . sequential_test.go -benchtime 2s
...

goroutine[2] enter BenchmarkSequential: round[4], b.N[1000000]
goroutine[2] enter loop in BenchmarkSequential: round[4], b.N[1000000]
goroutine[2] exit BenchmarkSequential: round[4], b.N[1000000]

goroutine[2] enter BenchmarkSequential: round[5], b.N[100000000]
goroutine[2] enter loop in BenchmarkSequential: round[5], b.N[100000000]
goroutine[2] exit BenchmarkSequential: round[5], b.N[100000000]
```

```
100000000              20.5 ns/op
PASS
ok         command-line-arguments 2.075s
```

我们看到性能基准测试函数执行时间改为 2 秒后，最终轮的 b.N 的值可以增大到 100000000。

也可以通过 -benchtime 手动指定 b.N 的值，这样 go test 就会以你指定的 N 值作为最终轮的循环次数：

```
$go test -v -benchtime 5x -bench . sequential_test.go
goos: darwin
goarch: amd64
BenchmarkSequential

goroutine[1] enter BenchmarkSequential: round[1], b.N[1]
goroutine[1] enter loop in BenchmarkSequential: round[1], b.N[1]
goroutine[1] exit BenchmarkSequential: round[1], b.N[1]

goroutine[2] enter BenchmarkSequential: round[2], b.N[5]
goroutine[2] enter loop in BenchmarkSequential: round[2], b.N[5]
goroutine[2] exit BenchmarkSequential: round[2], b.N[5]
BenchmarkSequential-8            5              5470 ns/op
PASS
ok         command-line-arguments 0.006s
```

上面的每个性能基准测试函数（如 BenchmarkSequential）虽然实际执行了多轮，但也仅算一次执行。有时候考虑到性能基准测试单次执行的数据不具代表性，我们可能会显式要求 go test 多次执行以收集多次数据，并将这些数据经过统计学方法处理后的结果作为最终结果。通过 -count 命令行选项可以显式指定每个性能基准测试函数执行次数：

```
$go test -v -count 2 -bench . benchmark_intro_test.go
goos: darwin
goarch: amd64
BenchmarkConcatStringByOperator
BenchmarkConcatStringByOperator-8     12665250          89.8 ns/op
BenchmarkConcatStringByOperator-8     13099075          89.7 ns/op
BenchmarkConcatStringBySprintf
BenchmarkConcatStringBySprintf-8       2781075           433 ns/op
BenchmarkConcatStringBySprintf-8       2662507           433 ns/op
BenchmarkConcatStringByJoin
BenchmarkConcatStringByJoin-8         23679480          49.1 ns/op
BenchmarkConcatStringByJoin-8         24135014          49.6 ns/op
PASS
ok         command-line-arguments 8.225s
```

上面的例子中每个性能基准测试函数都被执行了两次（当然每次执行实质上都会运行多轮，b.N 不同），输出了两个结果。

2. 并行执行的性能基准测试

并行执行的性能基准测试的代码写法如下：

```
func BenchmarkXxx(b *testing.B) {
    // ...
    b.RunParallel(func(pb *testing.PB) {
        for pb.Next() {
            // 被测对象的执行代码
        }
    })
}
```

并行执行的基准测试主要用于为包含多 goroutine 同步设施（如互斥锁、读写锁、原子操作等）的被测代码建立性能基准。相比于顺序执行的基准测试，并行执行的基准测试更能真实反映出多 goroutine 情况下，被测代码在 goroutine 同步上的真实消耗。比如下面这个例子：

```
// chapter8/sources/benchmark_paralell_demo_test.go

var n1 int64

func addSyncByAtomic(delta int64) int64 {
    return atomic.AddInt64(&n1, delta)
}

func readSyncByAtomic() int64 {
    return atomic.LoadInt64(&n1)
}

var n2 int64
var rwmu sync.RWMutex

func addSyncByMutex(delta int64) {
    rwmu.Lock()
    n2 += delta
    rwmu.Unlock()
}

func readSyncByMutex() int64 {
    var n int64
    rwmu.RLock()
    n = n2
    rwmu.RUnlock()
    return n
}

func BenchmarkAddSyncByAtomic(b *testing.B) {
    b.RunParallel(func(pb *testing.PB) {
        for pb.Next() {
            addSyncByAtomic(1)
        }
    })
}
func BenchmarkReadSyncByAtomic(b *testing.B) {
    b.RunParallel(func(pb *testing.PB) {
        for pb.Next() {
```

```
            readSyncByAtomic()
        }
    })
}

func BenchmarkAddSyncByMutex(b *testing.B) {
    b.RunParallel(func(pb *testing.PB) {
        for pb.Next() {
            addSyncByMutex(1)
        }
    })
}

func BenchmarkReadSyncByMutex(b *testing.B) {
    b.RunParallel(func(pb *testing.PB) {
        for pb.Next() {
            readSyncByMutex()
        }
    })
}
```

运行该性能基准测试：

```
$go test -v -bench . benchmark_paralell_demo_test.go -cpu 2,4,8
goos: darwin
goarch: amd64
BenchmarkAddSyncByAtomic
BenchmarkAddSyncByAtomic-2       75208119              15.3 ns/op
BenchmarkAddSyncByAtomic-4       70117809              17.0 ns/op
BenchmarkAddSyncByAtomic-8       68664270              15.9 ns/op
BenchmarkReadSyncByAtomic
BenchmarkReadSyncByAtomic-2    1000000000               0.744 ns/op
BenchmarkReadSyncByAtomic-4    1000000000               0.384 ns/op
BenchmarkReadSyncByAtomic-8    1000000000               0.240 ns/op
BenchmarkAddSyncByMutex
BenchmarkAddSyncByMutex-2        37533390              31.4 ns/op
BenchmarkAddSyncByMutex-4        21660948              57.5 ns/op
BenchmarkAddSyncByMutex-8        16808721              72.6 ns/op
BenchmarkReadSyncByMutex
BenchmarkReadSyncByMutex-2       35535615              32.3 ns/op
BenchmarkReadSyncByMutex-4       29839219              39.6 ns/op
BenchmarkReadSyncByMutex-8       29936805              39.8 ns/op
PASS
ok        command-line-arguments 12.454s
```

　　上面的例子中通过 -cpu 2,4,8 命令行选项告知 go test 将每个性能基准测试函数分别在 GOMAXPROCS 等于 2、4、8 的情况下各运行一次。从测试的输出结果，我们可以很容易地看出不同被测函数的性能随着 GOMAXPROCS 增大之后的性能变化情况。

　　和顺序执行的性能基准测试不同，并行执行的性能基准测试会启动多个 goroutine 并行执行基准测试函数中的循环。这里也用一个例子来说明一下其执行流程：

```
// chapter8/sources/benchmark-impl/paralell_test.go
```

```
var (
    m       map[int64]int = make(map[int64]int, 20)
    mu      sync.Mutex
    round int64 = 1
)

func BenchmarkParalell(b *testing.B) {
    fmt.Printf("\ngoroutine[%d] enter BenchmarkParalell: round[%d], b.N[%d]\n",
        tls.ID(), atomic.LoadInt64(&round), b.N)
    defer func() {
        atomic.AddInt64(&round, 1)
    }()

    b.RunParallel(func(pb *testing.PB) {
        id := tls.ID()
        fmt.Printf("goroutine[%d] enter loop func in BenchmarkParalell:
            round[%d], b.N[%d]\n", tls.ID(), atomic.LoadInt64(&round), b.N)
        for pb.Next() {
            mu.Lock()
            _, ok := m[id]
            if !ok {
                m[id] = 1
            } else {
                m[id] = m[id] + 1
            }
            mu.Unlock()
        }

        mu.Lock()
        count := m[id]
        mu.Unlock()

        fmt.Printf("goroutine[%d] exit loop func in BenchmarkParalell: round[%d],
            loop[%d]\n", tls.ID(), atomic.LoadInt64(&round), count)
    })

    fmt.Printf("goroutine[%d] exit BenchmarkParalell: round[%d], b.N[%d]\n",
        tls.ID(), atomic.LoadInt64(&round), b.N)
}
```

以 -cpu=2 运行该例子：

```
$go test -v  -bench . paralell_test.go -cpu=2
goos: darwin
goarch: amd64
BenchmarkParalell

goroutine[1] enter BenchmarkParalell: round[1], b.N[1]
goroutine[2] enter loop func in BenchmarkParalell: round[1], b.N[1]
goroutine[2] exit loop func in BenchmarkParalell: round[1], loop[1]
goroutine[3] enter loop func in BenchmarkParalell: round[1], b.N[1]
goroutine[3] exit loop func in BenchmarkParalell: round[1], loop[0]
```

```
goroutine[1] exit BenchmarkParalell: round[1], b.N[1]

goroutine[4] enter BenchmarkParalell: round[2], b.N[100]
goroutine[5] enter loop func in BenchmarkParalell: round[2], b.N[100]
goroutine[5] exit loop func in BenchmarkParalell: round[2], loop[100]
goroutine[6] enter loop func in BenchmarkParalell: round[2], b.N[100]
goroutine[6] exit loop func in BenchmarkParalell: round[2], loop[0]
goroutine[4] exit BenchmarkParalell: round[2], b.N[100]

goroutine[4] enter BenchmarkParalell: round[3], b.N[10000]
goroutine[7] enter loop func in BenchmarkParalell: round[3], b.N[10000]
goroutine[8] enter loop func in BenchmarkParalell: round[3], b.N[10000]
goroutine[8] exit loop func in BenchmarkParalell: round[3], loop[4576]
goroutine[7] exit loop func in BenchmarkParalell: round[3], loop[5424]
goroutine[4] exit BenchmarkParalell: round[3], b.N[10000]

goroutine[4] enter BenchmarkParalell: round[4], b.N[1000000]
goroutine[9] enter loop func in BenchmarkParalell: round[4], b.N[1000000]
goroutine[10] enter loop func in BenchmarkParalell: round[4], b.N[1000000]
goroutine[9] exit loop func in BenchmarkParalell: round[4], loop[478750]
goroutine[10] exit loop func in BenchmarkParalell: round[4], loop[521250]
goroutine[4] exit BenchmarkParalell: round[4], b.N[1000000]

goroutine[4] enter BenchmarkParalell: round[5], b.N[25717561]
goroutine[11] enter loop func in BenchmarkParalell: round[5], b.N[25717561]
goroutine[12] enter loop func in BenchmarkParalell: round[5], b.N[25717561]
goroutine[12] exit loop func in BenchmarkParalell: round[5], loop[11651491]
goroutine[11] exit loop func in BenchmarkParalell: round[5], loop[14066070]
goroutine[4] exit BenchmarkParalell: round[5], b.N[25717561]
BenchmarkParalell-2        25717561              43.6 ns/op
PASS
ok         command-line-arguments 1.176s
```

我们看到，针对 BenchmarkParalell 基准测试的每一轮执行，go test 都会启动 GOMAXPROCS 数量的新 goroutine，这些 goroutine 共同执行 b.N 次循环，每个 goroutine 会尽量相对均衡地分担循环次数。

46.3　使用性能基准比较工具

现在我们已经可以通过 Go 原生提供的性能基准测试为被测对象建立性能基准了。但被测代码更新前后的性能基准比较依然要靠人工计算和肉眼比对，十分不方便。为此，Go 核心团队先后开发了两款性能基准比较工具：benchcmp（https://github.com/golang/tools/tree/master/cmd/benchcmp）和 benchstat（https://github.com/golang/perf/tree/master/benchstat）。

1. benchcmp

benchcmp 上手快，简单易用，对于输出的比较结果我们无须参考文档帮助即可自行解读。下面看一个使用 benchcmp 进行性能基准比较的例子。

```
// chapter8/sources/benchmark-compare/strcat_test.go

var sl = []string{
    "Rob Pike ",
    "Robert Griesemer ",
    "Ken Thompson ",
}

func Strcat(sl []string) string {
    return concatStringByOperator(sl)
}

func concatStringByOperator(sl []string) string {
    var s string
    for _, v := range sl {
        s += v
    }
    return s
}

func concatStringByJoin(sl []string) string {
    return strings.Join(sl, "")
}

func BenchmarkStrcat(b *testing.B) {
    for n := 0; n < b.N; n++ {
        Strcat(sl)
    }
}
```

上面例子中的被测目标为 Strcat。最初 Strcat 使用通过 Go 原生的操作符（"+"）连接的方式实现了字符串的连接。我们采集一下它的性能基准数据：

```
$go test -run=NONE -bench . strcat_test.go > old.txt
```

然后，升级 Strcat 的实现，采用 strings.Join 函数来实现多个字符串的连接：

```
func Strcat(sl []string) string {
    return concatStringByJoin(sl)
}
```

再采集优化后的性能基准数据：

```
$go test -run=NONE -bench . strcat_test.go > new.txt
```

接下来就轮到 benchcmp 登场了：

```
$benchcmp old.txt new.txt
benchmark            old ns/op      new ns/op      delta
BenchmarkStrcat-8    92.4           49.6           -46.32%
```

我们看到，benchcmp 接受被测代码更新前后的两次性能基准测试结果文件——old.txt 和

new.txt，并将这两个文件中的相同基准测试（比如这里的 BenchmarkStrcat）的输出结果进行比较。

如果使用 -count 对 BenchmarkStrcat 执行多次，那么 benchcmp 给出的结果如下：

```
$go test -run=NONE -count 5 -bench . strcat_test.go > old.txt
$go test -run=NONE -count 5 -bench . strcat_test.go > new.txt

$benchcmp old.txt new.txt
benchmark               old ns/op       new ns/op      delta
BenchmarkStrcat-8       92.8            51.4           -44.61%
BenchmarkStrcat-8       91.9            55.3           -39.83%
BenchmarkStrcat-8       96.1            52.6           -45.27%
BenchmarkStrcat-8       89.4            50.2           -43.85%
BenchmarkStrcat-8       91.2            51.5           -43.53%
```

如果向 benchcmp 传入 -best 命令行选项，benchcmp 将分别从 old.txt 和 new.txt 中挑选性能最好的一条数据，然后进行比较：

```
$benchcmp -best old.txt new.txt
benchmark               old ns/op       new ns/op      delta
BenchmarkStrcat-8       89.4            50.2           -43.85%
```

benchcmp 还可以按性能基准数据前后变化的大小对输出结果进行排序（通过 -mag 命令行选项）：

```
$benchcmp -mag old.txt new.txt
benchmark               old ns/op       new ns/op      delta
BenchmarkStrcat-8       96.1            52.6           -45.27%
BenchmarkStrcat-8       92.8            51.4           -44.61%
BenchmarkStrcat-8       89.4            50.2           -43.85%
BenchmarkStrcat-8       91.2            51.5           -43.53%
BenchmarkStrcat-8       91.9            55.3           -39.83%
```

不过性能基准测试的输出结果受到很多因素的影响，比如：同一测试的运行次数；性能基准测试与其他正在运行的程序共享一台机器；运行测试的系统本身就在虚拟机上，与其他虚拟机共享硬件；现代机器的一些节能和功率缩放（比如 CPU 的自动降频和睿频）等。这些因素都会造成即便是对同一个基准测试进行多次运行，输出的结果也可能有较大偏差。但 benchcmp 工具并不关心这些结果数据在**统计学层面**是否有效，只对结果做简单比较。

2. benchstat

为了提高对性能基准数据比较的科学性，Go 核心团队又开发了 benchstat 这款工具以替代 benchcmp。下面用 benchstat 比较一下上面例子中的性能基准数据：

```
$benchstat old.txt new.txt
name      old time/op      new time/op      delta
Strcat-8  92.3ns ± 4%      52.2ns ± 6%      -43.43%   (p=0.008 n=5+5)
```

我们看到，即便 old.txt 和 new.txt 中各自有 5 次运行的数据，benchstat 也不会像 benchcmp 那样输出 5 行比较结果，而是输出一行经过统计学方法处理后的比较结果。以第二列数据 92.3ns ± 4%

为例，这是 benchcmp 对 old.txt 中的数据进行处理后的结果，其中 ±4% 是样本数据中最大值和最小值距样本平均值的最大偏差百分比。如果这个偏差百分比大于 5%，则说明样本数据质量不佳，有些样本数据是不可信的。由此可以看出，这里 new.txt 中的样本数据是质量不佳的。

benchstat 输出结果的最后一列（delta）为两次基准测试对比的变化量。我们看到，采用 strings.Join 方法连接字符串的平均耗时比采用原生操作符连接字符串短 43%，这个指标后面括号中的 p=0.008 是一个用于衡量两个样本集合的均值是否有显著差异的指标。benchstat 支持两种检验算法：一种是 UTest(Mann Whitney UTest，曼 - 惠特尼 U 检验)，UTest 是默认的检验算法；另外一种是 Welch T 检验（TTest）。一般 p 值小于 0.05 的结果是可接受的。

上述两款工具都支持对内存分配数据情况的前后比较，这里以 benchstat 为例：

```
$go test -run=NONE -count 5 -bench . strcat_test.go -benchmem > old_with_mem.txt
$go test -run=NONE -count 5 -bench . strcat_test.go -benchmem > new_with_mem.txt

$benchstat old_with_mem.txt new_with_mem.txt
name        old time/op     new time/op     delta
Strcat-8    90.5ns ± 1%     50.6ns ± 2%    -44.14%  (p=0.008 n=5+5)

name        old alloc/op    new alloc/op    delta
Strcat-8    80.0B ± 0%      48.0B ± 0%     -40.00%  (p=0.008 n=5+5)

name        old allocs/op   new allocs/op   delta
Strcat-8    2.00 ± 0%       1.00 ± 0%      -50.00%  (p=0.008 n=5+5)
```

关于内存分配情况对比的输出独立于执行时间的输出，但结构上是一致的（输出列含义相同），这里就不再赘述了。

Go 核心团队已经给 benchcmp 工具打上了"deprecation"（不建议使用）的标签，因此建议大家使用 benchstat 来进行性能基准数据的比较。

46.4　排除额外干扰，让基准测试更精确

从前面对顺序执行和并行执行的性能基准测试原理的介绍可知，每个基准测试都可能会运行多轮，每个 BenchmarkXxx 函数都可能会被执行多次。有些复杂的基准测试在真正执行 For 循环之前或者在每个循环中，除了执行真正的被测代码之外，可能还需要做一些测试准备工作，比如建立基准测试所需的测试上下文等。如果不做特殊处理，这些测试准备工作所消耗的时间也会被算入最终结果中，这就会导致最终基准测试的数据受到干扰而不够精确。为此，testing.B 中提供了多种灵活操控基准测试计时器的方法，通过这些方法可以排除掉额外干扰，让基准测试结果更能反映被测代码的真实性能。来看一个例子：

```
// chapter8/sources/benchmark_with_expensive_context_setup_test.go

var sl = []string{
    "Rob Pike ",
    "Robert Griesemer ",
```

```
    "Ken Thompson ",
}

func concatStringByJoin(sl []string) string {
    return strings.Join(sl, "")
}

func expensiveTestContextSetup() {
    time.Sleep(200 * time.Millisecond)
}

func BenchmarkStrcatWithTestContextSetup(b *testing.B) {
    expensiveTestContextSetup()
    for n := 0; n < b.N; n++ {
        concatStringByJoin(sl)
    }
}

func BenchmarkStrcatWithTestContextSetupAndResetTimer(b *testing.B) {
    expensiveTestContextSetup()
    b.ResetTimer()
    for n := 0; n < b.N; n++ {
        concatStringByJoin(sl)
    }
}

func BenchmarkStrcatWithTestContextSetupAndRestartTimer(b *testing.B) {
    b.StopTimer()
    expensiveTestContextSetup()
    b.StartTimer()
    for n := 0; n < b.N; n++ {
        concatStringByJoin(sl)
    }
}

func BenchmarkStrcat(b *testing.B) {
    for n := 0; n < b.N; n++ {
        concatStringByJoin(sl)
    }
}
```

在这个例子中，我们来对比一下不建立测试上下文、建立测试上下文以及在对计时器控制下建立测试上下文等情况下的基准测试数据：

```
$go test -bench . benchmark_with_expensive_context_setup_test.go
goos: darwin
goarch: amd64
BenchmarkStrcatWithTestContextSetup-8                        16943037        65.9 ns/op
BenchmarkStrcatWithTestContextSetupAndResetTimer-8          21700249        52.7 ns/op
BenchmarkStrcatWithTestContextSetupAndRestartTimer-8        21628669        50.5 ns/op
BenchmarkStrcat-8                                            22915291        50.7 ns/op
PASS
```

```
ok          command-line-arguments 9.838s
```

我们看到，如果不通过 testing.B 提供的计数器控制接口对测试上下文带来的消耗进行隔离，最终基准测试得到的数据（BenchmarkStrcatWithTestContextSetup）将偏离准确数据（BenchmarkStrcat）很远。而通过 testing.B 提供的计数器控制接口对测试上下文带来的消耗进行隔离后，得到的基准测试数据（BenchmarkStrcatWithTestContextSetupAndResetTimer 和 Bench-markStrcatWithTestContextSetupAndRestartTimer）则非常接近真实数据。

虽然在上面的例子中，ResetTimer 和 StopTimer/StartTimer 组合都能实现对测试上下文带来的消耗进行隔离的目的，但二者是有差别的：ResetTimer 并不停掉计时器（无论计时器是否在工作），而是将已消耗的时间、内存分配计数器等全部清零，这样即便计数器依然在工作，它仍然需要从零开始重新记；而 StopTimer 只是停掉一次基准测试运行的计时器，在调用 StartTimer 后，计时器即恢复正常工作。

但这样一来，将 ResetTimer 或 StopTimer 用在每个基准测试的 For 循环中是有副作用的。在默认情况下，每个性能基准测试函数的执行时间为 1 秒。如果执行一轮所消耗的时间不足 1 秒，那么会修改 b.N 值并启动新的一轮执行。这样一旦在 For 循环中使用 StopTimer，那么想要真正运行 1 秒就要等待很长时间；而如果在 For 循环中使用了 ResetTimer，由于其每次执行都会将计数器数据清零，因此这轮基准测试将一直执行下去，无法退出。综上，**尽量不要在基准测试的 For 循环中使用 ResetTimer**！但可以在限定条件下在 For 循环中使用 StopTimer/StartTimer，就像下面的 Go 标准库中这样：

```go
// $GOROOT/src/runtime/map_test.go
func benchmarkMapDeleteInt32(b *testing.B, n int) {
    a := make(map[int32]int, n)
    b.ResetTimer()
    for i := 0; i < b.N; i++ {
        if len(a) == 0 {
            b.StopTimer()
            for j := i; j < i+n; j++ {
                a[int32(j)] = j
            }
            b.StartTimer()
        }
        delete(a, int32(i))
    }
}
```

上面的测试代码虽然在基准测试的 For 循环中使用了 StopTimer，但其是在 if len(a) == 0 这个限定条件下使用的，StopTimer 方法并不会在每次循环中都被调用。

小结

无论你是否认为性能很重要，都请你为被测代码（尤其是位于系统关键业务路径上的代码）建立性能基准。如果你编写的是供其他人使用的软件包，则更应如此。只有这样，我们才能至少保证后续对代码的修改不会带来性能回退。已经建立的性能基准可以为后续是否进一步优化的决策提供数据支撑，而不是靠程序员的直觉。

本条要点：

❑ 性能基准测试在 Go 语言中是"一等公民"，在 Go 中我们可以很容易为被测代码建立性能基准；

❑ 了解 Go 的两种性能基准测试的执行原理；

❑ 使用性能比较工具协助解读测试结果数据，优先使用 benchstat 工具；

❑ 使用 testing.B 提供的定时器操作方法排除额外干扰，让基准测试更精确，但不要在 Run-Parallel 中使用 ResetTimer、StartTimer 和 StopTimer，因为它们具有全局副作用。

第 47 条

使用 pprof 对程序进行性能剖析

在上一条中，我们为代码建立起了性能基准，有了基准后，我们便可以知道代码是否遇到了性能瓶颈。对于那些确认遇到性能瓶颈的代码，我们需要知道瓶颈究竟在哪里。

Go 是"自带电池"（battery included）的编程语言，拥有着让其他主流语言羡慕的工具链，Go 还内置了对代码进行性能剖析的工具：pprof。pprof 源自 Google Perf Tools 工具套件，在 Go 发布早期就被集成到 Go 工具链中了，并且 Go 运行时原生支持输出满足 pprof 需要的性能采样数据。在本条中我们就一起来看一下如何通过 pprof 对 Go 代码的性能瓶颈进行剖析和诊断。

47.1 pprof 的工作原理

使用 pprof 对程序进行性能剖析的工作一般分为两个阶段：**数据采集**和**数据剖析**，如图 47-1 所示。

1. 采样数据类型

在**数据采集阶段**，Go 运行时会定期对剖析阶段所需的不同类型数据进行采样记录。当前主要支持的采样数据类型有如下几种。

（1）CPU 数据（对应图 47-1 中的 cpu.prof）

CPU 类型采样数据是性能剖析中十分常见的采样数据类型，它能帮助我们识别出代码关键路径上消耗 CPU 最多的函数。一旦启用 CPU 数据采样，Go 运行时会每隔一段短暂的时间（10ms）就中断一次（由 SIGPROF 信号引发）并记录当前所有 goroutine 的函数栈信息（存入 cpu.prof）。

（2）堆内存分配数据（对应图 47-1 中的 mem.prof）

堆内存分配采样数据和 CPU 采样数据一样，也是性能剖析中十分常见的采样数据类型，它能帮助我们了解 Go 程序的当前和历史内存使用情况。堆内存分配的采样频率可配置，默认每 1000 次堆内存分配会做一次采样（存入 mem.prof）。

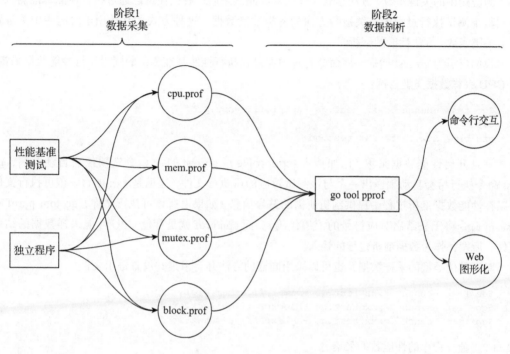

图 47-1　pprof 工作原理

（3）锁竞争数据（对应图 47-1 中的 mutex.prof）

锁竞争采样数据记录了当前 Go 程序中互斥锁争用导致延迟的操作。如果你认为很大可能是互斥锁争用导致 CPU 利用率不高，那么你可以为 go tool pprof 工具提供此类采样文件以供性能剖析阶段使用。该类型采样数据在默认情况下是不启用的，请参见 runtime. SetMutexProfileFraction 或 go test -bench . xxx_test.go -mutexprofile mutex.out 启用它。

（4）阻塞时间数据（对应图 47-1 中的 block.prof）

该类型采样数据记录的是 goroutine 在某共享资源（一般是由同步原语保护）上的阻塞时间，包括从无缓冲 channel 收发数据、阻塞在一个已经被其他 goroutine 锁住的互斥锁、向一个满了的 channel 发送数据或从一个空的 channel 接收数据等。该类型采样数据在默认情况下也是不启用的，请参见 runtime.SetBlockProfileRate 或 go test -bench . xxx_test.go -blockprofile block.out 启用它。

注意，采样不是免费的，因此**一次采样尽量仅采集一种类型的数据**，不要同时采样多种类型的数据，避免相互干扰采样结果。

2. 性能数据采集的方式

在图 47-1 中我们看到，Go 目前主要支持两种性能数据采集方式：通过性能基准测试进行数据采集和独立程序的性能数据采集。

（1）通过性能基准测试进行数据采集

为应用中的关键函数 / 方法建立起性能基准测试之后，我们便可以通过执行性能基准测试采集到整个测试执行过程中有关被测方法的各类性能数据。这种方式尤其适用于对应用中关键路径上关键函数 / 方法性能的剖析。

我们仅需为 go test 增加一些命令行选项即可在执行性能基准测试的同时进行性能数据采集。以 **CPU 采样数据类型** 为例：

```
$go test -bench . xxx_test.go -cpuprofile=cpu.prof
$ls
cpu.prof xxx.test* xxx_test.go
```

一旦开启性能数据采集（比如传入 -cpuprofile），go test 的 -c 命令选项便会自动开启，go test 命令执行后会自动编译出一个与该测试对应的可执行文件（这里是 xxx.test）。该可执行文件可以在性能数据剖析过程中提供剖析所需的符号信息（如果没有该可执行文件，go tool pprof 的 disasm 命令将无法给出对应符号的汇编代码）。而 cpu.prof 就是存储 CPU 性能采样数据的结果文件，后续将作为**数据剖析过程**的输入。

对于其他类型的采样数据，也可以采用同样的方法开启采集并设置输出文件：

```
$go test -bench . xxx_test.go -memprofile=mem.prof
$go test -bench . xxx_test.go -blockprofile=block.prof
$go test -bench . xxx_test.go -mutexprofile=mutex.prof
```

（2）独立程序的性能数据采集

可以通过标准库 runtime/pprof 和 runtime 包提供的低级 API 对独立程序进行性能数据采集。下面是一个独立程序性能数据采集的例子：

```
// chapter8/sources/pprof_standalone1.go

var cpuprofile = flag.String("cpuprofile", "", "write cpu profile to `file`")
var memprofile = flag.String("memprofile", "", "write memory profile to `file`")
var mutexprofile = flag.String("mutexprofile", "", "write mutex profile to `file`")
var blockprofile = flag.String("blockprofile", "", "write block profile to `file`")

func main() {
    flag.Parse()
    if *cpuprofile != "" {
        f, err := os.Create(*cpuprofile)
        if err != nil {
            log.Fatal("could not create CPU profile: ", err)
        }
        defer f.Close() // 该例子中暂忽略错误处理
        if err := pprof.StartCPUProfile(f); err != nil {
            log.Fatal("could not start CPU profile: ", err)
        }
        defer pprof.StopCPUProfile()
    }
```

```
    if *memprofile != "" {
        f, err := os.Create(*memprofile)
        if err != nil {
            log.Fatal("could not create memory profile: ", err)
        }
        defer f.Close()
        if err := pprof.WriteHeapProfile(f); err != nil {
            log.Fatal("could not write memory profile: ", err)
        }
    }

    if *mutexprofile != "" {
        runtime.SetMutexProfileFraction(1)
        defer runtime.SetMutexProfileFraction(0)
        f, err := os.Create(*mutexprofile)
        if err != nil {
            log.Fatal("could not create mutex profile: ", err)
        }
        defer f.Close()

        if mp := pprof.Lookup("mutex"); mp != nil {
            mp.WriteTo(f, 0)
        }
    }

    if *blockprofile != "" {
        runtime.SetBlockProfileRate(1)
        defer runtime.SetBlockProfileRate(0)
        f, err := os.Create(*blockprofile)
        if err != nil {
            log.Fatal("could not create block profile: ", err)
        }
        defer f.Close()

        if mp := pprof.Lookup("mutex"); mp != nil {
            mp.WriteTo(f, 0)
        }
    }

var wg sync.WaitGroup
c := make(chan os.Signal, 1)
signal.Notify(c, syscall.SIGINT, syscall.SIGTERM)
wg.Add(1)
go func() {
    for {
        select {
        case <-c:
            wg.Done()
            return
        default:
            s1 := "hello,"
            s2 := "gopher"
            s3 := "!"
```

```
                _ = s1 + s2 + s3
            }

            time.Sleep(10 * time.Millisecond)
        }
    }()
    wg.Wait()
    fmt.Println("program exit")
}
```

可以通过指定命令行参数的方式选择要采集的性能数据类型:

```
$go run pprof_standalone1.go -help
Usage of /var/folders/cz/sbj5kg2d3m3c6j650z0qfm800000gn/T/go-build221652171/
    b001/exe/pprof_standalone1:
  -blockprofile file
        write block profile to file
  -cpuprofile file
        write cpu profile to file
  -memprofile file
        write memory profile to file
  -mutexprofile file
        write mutex profile to file
```

以 CPU 类型性能数据为例，执行下面的命令:

```
$go run pprof_standalone1.go -cpuprofile cpu.prof
^Cprogram exit


$ls -l cpu.prof
-rw-r--r--  1 tonybai  staff  734  5 19 13:02 cpu.prof
```

程序退出后，我们在当前目录下看到采集后的 CPU 类型性能数据结果文件 cpu.prof，该文件将被提供给 go tool pprof 工具用作后续剖析。

从上述示例我们看到，这种独立程序的性能数据采集方式对业务代码侵入较多，还要自己编写一些采集逻辑:定义 flag 变量、创建输出文件、关闭输出文件等。每次采集都要停止程序才能获取结果。(当然可以重新定义更复杂的控制采集时间窗口的逻辑，实现不停止程序也能获取采集数据结果。)

Go 在 net/http/pprof 包中还提供了一种更为高级的针对独立程序的性能数据采集方式，这种方式尤其适合那些内置了 HTTP 服务的独立程序。net/http/pprof 包可以直接利用已有的 HTTP 服务对外提供用于性能数据采集的服务端点(endpoint)。例如，一个已有的提供 HTTP 服务的独立程序代码如下:

```
// chapter8/sources/pprof_standalone2.go

func main() {
    http.Handle("/hello", http.HandlerFunc(func(w http.ResponseWriter,
        r *http.Request) {
        fmt.Println(*r)
```

```
        w.Write([]byte("hello"))
    }))
    s := http.Server{
        Addr: "localhost:8080",
    }
    c := make(chan os.Signal, 1)
    signal.Notify(c, syscall.SIGINT, syscall.SIGTERM)
    go func() {
        <-c
        s.Shutdown(context.Background())
    }()
    log.Println(s.ListenAndServe())
}
```

如果要采集该 HTTP 服务的性能数据，我们仅需在该独立程序的代码中像下面这样导入 net/http/pprof 包即可：

```
// chapter8/sources/pprof_standalone2.go

import (
    _ "net/http/pprof"
)
```

下面是 net/http/pprof 包的 init 函数，这就是空导入 net/http/pprof 的"副作用"：

```
//$GOROOT/src/net/http/pprof/pprof.go

func init() {
    http.HandleFunc("/debug/pprof/", Index)
    http.HandleFunc("/debug/pprof/cmdline", Cmdline)
    http.HandleFunc("/debug/pprof/profile", Profile)
    http.HandleFunc("/debug/pprof/symbol", Symbol)
    http.HandleFunc("/debug/pprof/trace", Trace)
}
```

我们看到该包的 init 函数向 http 包的默认请求路由器 DefaultServeMux 注册了多个服务端点和对应的处理函数。而正是通过这些服务端点，我们可以在该独立程序运行期间获取各种类型的性能采集数据。现在打开浏览器，访问 http://localhost:8080/debug/pprof/，我们就可以看到如图 47-2 所示的页面。

这个页面里列出了多种类型的性能采集数据，点击其中任何一个即可完成该种类型性能数据的一次采集。profile 是 CPU 类型数据的服务端点，点击该端点后，该服务默认会发起一次持续 30 秒的性能采集，得到的数据文件会由浏览器自动下载到本地。如果想自定义采集时长，可以通过为服务端点传递时长参数实现，比如下面就是一个采样 60 秒的请求：

```
http://localhost:8080/debug/pprof/profile?seconds=60
```

如果独立程序的代码中没有使用 http 包的默认请求路由器 DefaultServeMux，那么我们就需要重新在新的路由器上为 pprof 包提供的性能数据采集方法注册服务端点，就像下面的示例一样：

```go
// chapter8/sources/pprof_standalone3.go
...
func main() {
    mux := http.NewServeMux()
    mux.HandleFunc("/debug/pprof/", pprof.Index)
    mux.HandleFunc("/debug/pprof/profile", pprof.Profile)
    ...
    mux.HandleFunc("/hello", http.HandlerFunc(func(w http.ResponseWriter,
        r *http.Request) {
        fmt.Println(*r)
        w.Write([]byte("hello"))
    }))
    s := http.Server{
        Addr:    "localhost:8080",
        Handler: mux,
    }
    c := make(chan os.Signal, 1)
    signal.Notify(c, syscall.SIGINT, syscall.SIGTERM)
    go func() {
        <-c
        s.Shutdown(context.Background())
    }()
    log.Println(s.ListenAndServe())
}
```

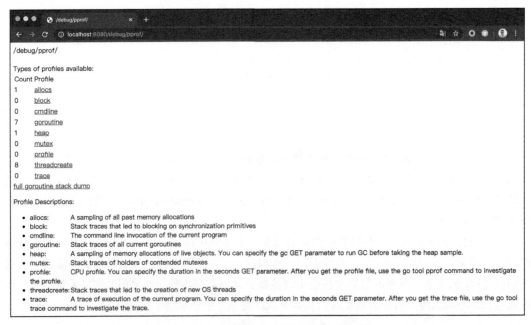

图 47-2   net/http/pprof 提供的性能采集页面

如果是非 HTTP 服务程序，则在导入包的同时还需单独启动一个用于性能数据采集的 goroutine，像下面这样：

```
// chapter8/sources/pprof_standalone4.go

...
func main() {
    go func() {
        // 单独启动一个HTTP server用于性能数据采集
        fmt.Println(http.ListenAndServe("localhost:8080", nil))
    }()
    ...
}
```

通过上面几个示例我们可以看出，相比第一种方式，导入 net/http/pprof 包进行独立程序性能数据采集的方式侵入性更小，代码也更为独立，并且无须停止程序，通过预置好的各类性能数据采集服务端点即可随时进行性能数据采集。

3. 性能数据的剖析

Go 工具链通过 pprof 子命令提供了两种性能数据剖析方法：**命令行交互式**和 **Web 图形化**。命令行交互式的剖析方法更常用，也是基本的性能数据剖析方法；而基于 Web 图形化的剖析方法在剖析结果展示上更为直观。

（1）命令行交互方式

可以通过下面三种方式执行 go tool pprof 以进入采用命令行交互式的性能数据剖析环节：

```
$go tool pprof xxx.test cpu.prof // 剖析通过性能基准测试采集的数据
$go tool pprof standalone_app cpu.prof // 剖析独立程序输出的性能采集数据
// 通过net/http/pprof注册的性能采集数据服务端点获取数据并剖析
$go tool pprof http://localhost:8080/debug/pprof/profile
```

下面以 pprof_standalone1.go 这个示例的性能采集数据为例，看一下在命令行交互式的剖析环节，有哪些常用命令可用。首先生成 CPU 类型性能采集数据：

```
$go build -o pprof_standalone1 pprof_standalone1.go
$./pprof_standalone1 -cpuprofile pprof_standalone1_cpu.prof
^Cprogram exit
```

通过 go tool pprof 命令进入命令行交互模式：

```
$ go tool pprof pprof_standalone1 pprof_standalone1_cpu.prof
File: pprof_standalone1
Type: cpu
Time: ...
Duration: 16.14s, Total samples = 240ms ( 1.49%)
Entering interactive mode (type "help" for commands, "o" for options)
(pprof)
```

从 pprof 子命令的输出中我们看到：程序运行 16.14s，采样总时间为 240ms，占总时间的 1.49%。

命令行交互方式下最常用的命令是 topN（N 为数字，如果不指定，默认等于 10）：

```
(pprof) top
```

```
Showing nodes accounting for 240ms, 100% of 240ms total
Showing top 10 nodes out of 29
      flat  flat%   sum%        cum   cum%
      90ms 37.50% 37.50%       90ms 37.50%  runtime.nanotime1
      50ms 20.83% 58.33%       50ms 20.83%  runtime.pthread_cond_wait
      40ms 16.67% 75.00%       40ms 16.67%  runtime.usleep
      20ms  8.33% 83.33%       20ms  8.33%  runtime.asmcgocall
      20ms  8.33% 91.67%       20ms  8.33%  runtime.kevent
      10ms  4.17% 95.83%       10ms  4.17%  runtime.pthread_cond_signal
      10ms  4.17%  100%        10ms  4.17%  runtime.pthread_cond_timedwait_
                                                 relative_np
         0    0%   100%        10ms  4.17%  main.main.func1
         0    0%   100%        30ms 12.50%  runtime.checkTimers
         0    0%   100%       130ms 54.17%  runtime.findrunnable
(pprof)
```

topN 命令的输出结果默认按 flat(flat%) 从大到小的顺序输出。

❏ flat 列的值表示函数自身代码在数据采样过程中的执行时长。

❏ flat% 列的值表示函数自身代码在数据采样过程中的执行时长占总采样执行时长的百分比。

❏ sum% 列的值是当前行 flat% 值与排在该值前面所有行的 flat% 值的累加和。以第三行的 sum% 值 75.00% 为例，该值由前三行 flat% 累加而得，即 16.67% + 20.83% + 37.50% = 75.00%。

❏ cum 列的值表示函数自身在数据采样过程中出现的时长，这个时长是其自身代码执行时长及其等待其调用的函数返回所用时长的总和。越是接近函数调用栈底层的代码，其 cum 列的值越大。

❏ cum% 列的值表示该函数 cum 值占总采样时长的百分比。比如：runtime.findrunnable 函数的 cum 值为 130ms，总采样时长为 240ms，则其 cum% 值为两者的比值百分化后的值。

命令行交互模式也支持按 cum 值从大到小的顺序输出采样结果：

```
(pprof) top -cum
Showing nodes accounting for 90ms, 37.50% of 240ms total
Showing top 10 nodes out of 29
      flat  flat%   sum%        cum   cum%
         0    0%     0%       140ms 58.33%  runtime.mcall
         0    0%     0%       140ms 58.33%  runtime.park_m
         0    0%     0%       140ms 58.33%  runtime.schedule
         0    0%     0%       130ms 54.17%  runtime.findrunnable
         0    0%     0%        90ms 37.50%  runtime.nanotime (inline)
      90ms 37.50% 37.50%       90ms 37.50%  runtime.nanotime1
         0    0%  37.50%       70ms 29.17%  runtime.mstart
         0    0%  37.50%       70ms 29.17%  runtime.mstart1
         0    0%  37.50%       70ms 29.17%  runtime.sysmon
         0    0%  37.50%       60ms 25.00%  runtime.semasleep
(pprof)
```

在命令行交互模式下，可以通过 list 命令列出函数对应的源码，比如列出 main.main 函数的源码：

```
(pprof) list main.main
Total: 240ms
ROUTINE ========================= main.main.func1 in chapter8/sources/pprof_
    standalone1.go
         0       10ms (flat, cum)  4.17% of Total
         .          .     86:                              s2 := "gopher"
         .          .     87:                              s3 := "!"
         .          .     88:                              _ = s1 + s2 + s3
         .          .     89:                         }
         .          .     90:
         .       10ms     91:                              time.Sleep(10 * time.Millisecond)
         .          .     92:                         }
         .          .     93:         }()
         .          .     94:         wg.Wait()
         .          .     95:         fmt.Println("program exit")
         .          .     96:}
(pprof)
```

我们看到，在展开源码的同时，pprof 还列出了代码中对应行的消耗时长（基于采样数据）。可以选择耗时较长的函数，进一步向下展开，这个过程类似一个对代码进行向下钻取的过程，直到找到令我们满意的结果（某个导致性能瓶颈的函数中的某段代码）：

```
(pprof) list time.Sleep
Total: 240ms
ROUTINE ========================= time.Sleep in go1.14/src/runtime/time.go
         0       10ms (flat, cum)  4.17% of Total
         .          .    192:              t = new(timer)
         .          .    193:              gp.timer = t
         .          .    194:         }
         .          .    195:         t.f = goroutineReady
         .          .    196:         t.arg = gp
         .       10ms    197:         t.nextwhen = nanotime() + ns
         .          .    198:         gopark(resetForSleep, unsafe.Pointer(t), waitReasonSleep,
                                             traceEvGoSleep, 1)
         .          .    199:}
         .          .    200:
(pprof)
```

在命令行交互模式下，还可以生成 CPU 采样数据的函数调用图，且可以导出为多种格式，如 PDF、PNG、JPG、GIF、SVG 等。不过要做到这一点，前提是本地已安装图片生成所依赖的插件 graphviz。

如下导出一幅 PNG 格式的图片：

```
(pprof) png
Generating report in profile001.png
```

png 命令在当前目录下生成了一幅名为 profile001.png 的图片文件，如图 47-3 所示。

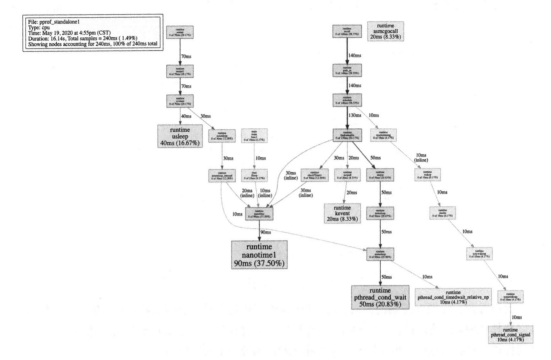

图 47-3　pprof_standalone1 采样数据生成的函数调用图

在图 47-3 中，我们可以清晰地看到 cum% 较大的叶子节点（用黑色粗体标出，叶子节点的 cum% 值与 flat% 值相等），它们就是我们需要重点关注的优化点。

在命令行交互模式下，通过 web 命令还可以在输出 SVG 格式图片的同时自动打开本地浏览器展示该图片。要实现这个功能也有一个前提，那就是本地 SVG 文件的默认打开应用为浏览器，否则生成的 SVG 文件很可能会以其他文本形式被其他应用打开。

（2）Web 图形化方式

对于喜好通过图形化交互（GUI）方式剖析程序性能的开发者，go tool pprof 提供了基于 Web 的图形化呈现所采集性能数据的方式。对于已经生成好的各类性能采集数据文件，我们可以通过下面的命令行启动一个 Web 服务并自动打开本地浏览器、进入图形化剖析页面（见图 47-4）：

```
$go tool pprof -http=:9090 pprof_standalone1_cpu.prof
Serving web UI on http://localhost:9090
```

图形化剖析页面的默认视图（VIEW）是 Graph，即函数调用图。在图 47-4 左上角的 VIEW 下拉菜单中，还可以看到 Top、Source、Flame Graph 等菜单项。

Top 视图等价于命令行交互模式下的 topN 命令输出（见图 47-5）。

Source 视图等价于命令行交互模式下的 list 命令输出（见图 47-6），只是这里将所有采样到的函数相关源码全部在一个页面列出了。

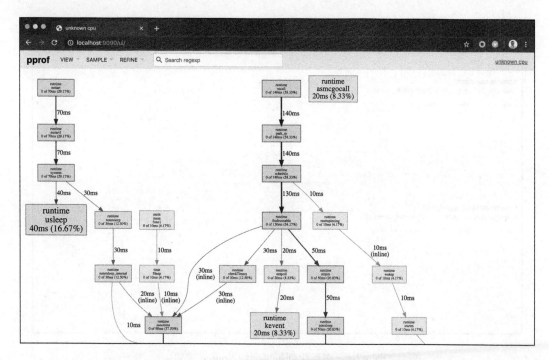

图 47-4　go tool pprof 自动打开本地浏览器并进入图形化剖析页面

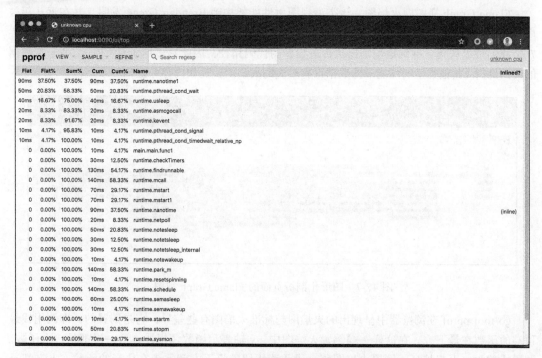

图 47-5　图形化剖析页面的 Top 视图

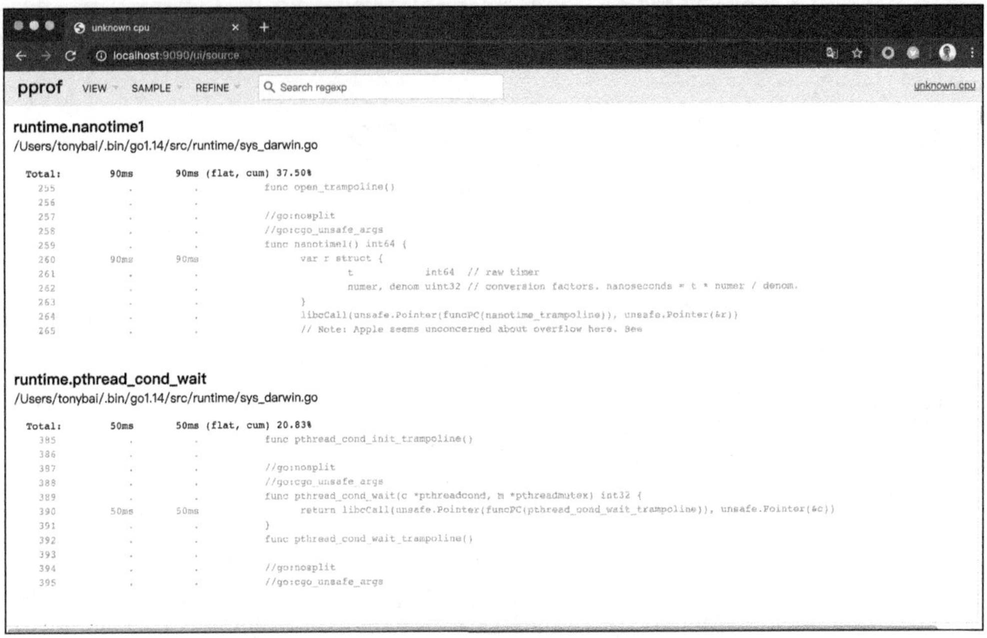

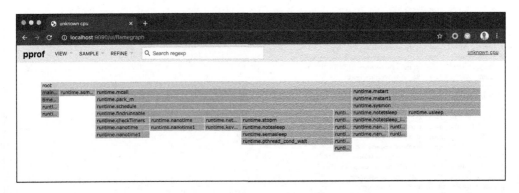

图 47-6　图形化剖析页面的 Source 视图

Flame Graph 视图即火焰图，该类型视图由性能架构师 Brendan Gregg 发明，并在近几年被广大开发人员接受。Go 1.10 版本在 go 工具链中添加了对火焰图的支持。通过火焰图（见图 47-7），我们可以快速、准确地识别出执行最频繁的代码路径，因此它多用于对 CPU 类型采集数据的辅助剖析（其他类型的性能采样数据也有对应的火焰图，比如内存分配）。

图 47-7　图形化剖析页面的 Flame Graph 视图

go tool pprof 在浏览器中呈现出的火焰图与标准火焰图有些差异：它是倒置的，即调用栈最顶端的函数在最下方。在这样一幅倒置火焰图中，y 轴表示函数调用栈，每一层都是一个函数。调用栈越深，火焰越高。倒置火焰图每个函数调用栈的最下方就是正在执行的函数，上方都是它的父函数。

火焰图的 x 轴表示抽样数量，如果一个函数在 x 轴上占据的宽度越宽，就表示它被抽样到的次数越多，即执行的时间越长。倒置火焰图就是看最下面的哪个函数占据的宽度最大，这样的函数可能存在性能问题。

当鼠标悬浮在火焰图中的任意一个函数上时，图上方会显示该函数的性能采样详细信息。在火焰图中任意点击某个函数栈上的函数，火焰图都会水平局部放大，该函数会占据所在层的全部宽度，显示更为详细的信息。再点击 root 层或 REFINE 下拉菜单中的 Reset 可恢复火焰图原来的样子。

对于通过 net/http/pprof 暴露性能数据采样端点的独立程序，同样可以采用基于 Web 的图形化页面进行性能剖析。以 pprof_standalone4.go 的剖析为例：

```
// 启动pprof_standalone4.go
$go run pprof_standalone4.go

// 启动Web图形化剖析
$go tool pprof -http=:9090 http://localhost:8080/debug/pprof/profile
Fetching profile over HTTP from http://localhost:8080/debug/pprof/profile
Saved profile in /Users/tonybai/pprof/pprof.samples.cpu.001.pb.gz
Serving web UI on http://localhost:9090
```

执行 go tool pprof 时，pprof 会对 pprof_standalone4.go 进行默认 30 秒的 CPU 类型性能数据采样，然后将采集的数据下载到本地，存为 pprof.samples.cpu.001.pb.gz，之后 go tool pprof 加载 pprof.samples.cpu.001.pb.gz 并自动启动浏览器进入性能剖析默认页面（函数调用图），如图 47-8 所示。

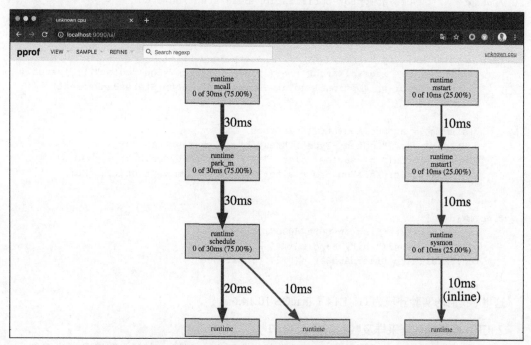

图 47-8　针对采用 net/http/pprof 的独立程序的 Web 图形化剖析页面

剩下的操作和之前描述的完全一致，这里就不赘述了。

47.2 使用 pprof 进行性能剖析的实例

前面我们了解了 go tool pprof 的工作原理、性能数据类别、采样方式及剖析方式等，下面用一个实例来整体说明利用 pprof 进行性能剖析的过程。该示例改编自 Brad Fitzpatrick 在 YAPC Asia 2015（http://yapcasia.org）上的一次名为"Go Debugging, Profiling, and Optimization"的技术分享。

1. 待优化程序（step0）

待优化程序是一个简单的 HTTP 服务，当通过浏览器访问其 /hi 服务端点时，页面上会显示如图 47-9 所示的内容。

图 47-9　演示程序呈现的页面

页面上有一个计数器，显示访客是网站的第几个访客。该页面还支持通过 color 参数进行标题颜色定制，比如使用浏览器访问下面的地址后，页面显示的"Welcome!"标题将变成红色。

```
http://localhost:8080/hi?color=red
```

该待优化程序的源码如下：

```
//chapter8/sources/go-pprof-optimization-demo/step0/demo.go

var visitors int64

func handleHi(w http.ResponseWriter, r *http.Request) {
    if match, _ := regexp.MatchString(`^\w*$`, r.FormValue("color")); !match {
        http.Error(w, "Optional color is invalid", http.StatusBadRequest)
        return
    }
    visitNum := atomic.AddInt64(&visitors, 1)
    w.Header().Set("Content-Type", "text/html; charset=utf-8")
    w.Write([]byte("<h1 style='color: " + r.FormValue("color") +
        "'>Welcome!</h1>You are visitor number " + fmt.Sprint(visitNum) + "!"))
}

func main() {
    log.Printf("Starting on port 8080")
    http.HandleFunc("/hi", handleHi)
    log.Fatal(http.ListenAndServe("127.0.0.1:8080", nil))
}
```

这里，我们的实验环境为 Go 1.14 + macOS 10.14.6。

2. CPU 类性能数据采样及数据剖析（step1）

前面提到 go tool pprof 支持多种类型的性能数据采集和剖析，在大多数情况下我们都会先从 CPU 类性能数据的剖析开始。这里通过为示例程序建立性能基准测试的方式采集 CPU 类性能数据。

```
// chapter8/sources/go-pprof-optimization-demo/step1/demo_test.go
...
func BenchmarkHi(b *testing.B) {
    req, err := http.ReadRequest(bufio.NewReader(strings.NewReader("GET /hi
        HTTP/1.0\r\n\r\n")))
    if err != nil {
        b.Fatal(err)
    }
    rw := httptest.NewRecorder()
    b.ResetTimer()

    for i := 0; i < b.N; i++ {
        handleHi(rw, req)
    }
}
...
```

建立基准，取得初始基准测试数据：

```
$go test -v -run=^$ -bench=.
goos: darwin
goarch: amd64
pkg: chapter8/sources/go-pprof-optimization-demo/step1
BenchmarkHi
BenchmarkHi-8         365084              3218 ns/op
PASS
ok          chapter8/sources/go-pprof-optimization-demo/step1     2.069s
```

接下来，利用基准测试采样 CPU 类型性能数据：

```
$go test -v -run=^$ -bench=^BenchmarkHi$ -benchtime=2s -cpuprofile=cpu.prof
```

执行完上述命令后，step1 目录下会出现两个新文件 step1.test 和 cpu.prof。我们将这两个文件作为 go tool pprof 的输入对性能数据进行剖析：

```
$go tool pprof step1.test cpu.prof
File: step1.test
Type: cpu
Time: xx
Duration: 2.35s, Total samples = 2.31s (98.44%)
Entering interactive mode (type "help" for commands, "o" for options)
(pprof) top -cum
Showing nodes accounting for 0.18s, 7.79% of 2.31s total
Dropped 43 nodes (cum <= 0.01s)
Showing top 10 nodes out of 121
      flat  flat%   sum%        cum   cum%
         0     0%     0%      1.90s 82.25%  chapter8/sources/go-pprof-optimization-
                                            demo/step1.BenchmarkHi
         0     0%     0%      1.90s 82.25%  chapter8/sources/go-pprof-optimization-
                                            demo/step1.handleHi
```

```
        0      0%      0%      1.90s 82.25%   testing.(*B).launch
        0      0%      0%      1.90s 82.25%   testing.(*B).runN
        0      0%      0%      1.31s 56.71%   regexp.MatchString
        0      0%      0%      1.26s 54.55%   regexp.Compile (inline)
    0.01s  0.43%   0.43%      1.26s 54.55%   regexp.compile
    0.16s  6.93%   7.36%      0.75s 32.47%   runtime.mallocgc
    0.01s  0.43%   7.79%      0.49s 21.21%   regexp/syntax.Parse
        0      0%   7.79%      0.48s 20.78%   bytes.(*Buffer).Write
(pprof)
```

通过 top -cum，我们看到 handleHi 累积消耗 CPU 最多（用户层代码范畴）。通过 list 命令进一步展开 handleHi 函数：

```
(pprof) list handleHi
Total: 2.31s
ROUTINE ======================== chapter8/sources/go-pprof-optimization-demo/
    step1.handleHi in chapter8/sources/go-pprof-optimization-demo/step1/demo.go
        0      1.90s (flat, cum) 82.25% of Total
        .          .      9:)
        .          .     10:
        .          .     11:var visitors int64 // must be accessed atomically
        .          .     12:
        .          .     13:func handleHi(w http.ResponseWriter, r *http.Request) {
        .      1.31s     14:if match, _ := regexp.MatchString(`^\w*$`, r.FormValue
                                       ("color")); !match {
        .          .     15:            http.Error(w, "Optional color is invalid",
                                            http.StatusBadRequest)
        .          .     16:                return
        .          .     17:}
        .          .     18:visitNum := atomic.AddInt64(&visitors, 1)
        .       30ms     19:w.Header().Set("Content-Type", "text/html;
                                       charset=utf-8")
        .      500ms     20:w.Write([]byte("<h1 style='color: " + r.FormValue
                                       ("color") +
        .       60ms     21:            "'>Welcome!</h1>You are visitor number
                                       " + fmt.Sprint(visitNum) + "!"))
        .          .     22:}
        .          .     23:
        .          .     24:func main() {
        .          .     25:log.Printf("Starting on port 8080")
        .          .     26:http.HandleFunc("/hi", handleHi)
(pprof)
```

我们看到在 handleHi 中，MatchString 函数调用耗时最长（1.31s）。

3. 第一次优化（step2）

通过前面对 CPU 类性能数据的剖析，我们发现 MatchString 较为耗时。通过阅读代码发现，每次 HTTP 服务接收请求后，都会采用正则表达式对请求中的 color 参数值做一次匹配校验。校验使用的是 regexp 包的 MatchString 函数，该函数每次执行都要重新编译传入的正则表达式，因此速度较慢。我们的优化手段是：**让正则表达式仅编译一次**。下面是优化后的代码：

```
// chapter8/sources/go-pprof-optimization-demo/step2/demo.go

...
var visitors int64
var rxOptionalID = regexp.MustCompile(`^\d*$`)

func handleHi(w http.ResponseWriter, r *http.Request) {
    if !rxOptionalID.MatchString(r.FormValue("color")) {
        http.Error(w, "Optional color is invalid", http.StatusBadRequest)
        return
    }
    ...
}
...
```

在优化后的代码中，我们使用一个代表编译后正则表达式对象的 rxOptionalID 的 MatchString 方法替换掉了每次都需要重新编译正则表达式的 MatchString 函数调用。

重新运行一下性能基准测试：

```
$go test -v -run=^$ -bench=.
goos: darwin
goarch: amd64
pkg: chapter8/sources/go-pprof-optimization-demo/step2
BenchmarkHi
BenchmarkHi-8           2624650                457 ns/op
PASS
ok        chapter8/sources/go-pprof-optimization-demo/step2    1.734s
```

相比于优化前（3218 ns/op），优化后 handleHi 的性能（457 ns/op）提高了 7 倍多。

4. 内存分配采样数据剖析

在对待优化程序完成 CPU 类型性能数据剖析及优化实施之后，再来采集另一种常用的性能采样数据——内存分配类型数据，探索一下在内存分配方面是否还有优化空间。Go 程序内存分配一旦过频过多，就会大幅增加 Go GC 的工作负荷，这不仅会增加 GC 所使用的 CPU 开销，还会导致 GC 延迟增大，从而影响应用的整体性能。因此，优化内存分配行为在一定程度上也是提升应用程序性能的手段。

在 go-pprof-optimization-demo/step2 目录下，为 demo_test.go 中的 BenchmarkHi 增加 Report-Allocs 方法调用，让其输出内存分配信息。然后，通过性能基准测试的执行获取内存分配采样数据：

```
$go test -v -run=^$ -bench=^BenchmarkHi$ -benchtime=2s -memprofile=mem.prof
goos: darwin
goarch: amd64
pkg: chapter8/sources/go-pprof-optimization-demo/step2
BenchmarkHi
BenchmarkHi-8          5243474         455 ns/op        364 B/op       5 allocs/op
PASS
ok        chapter8/sources/go-pprof-optimization-demo/step2    3.052s
```

接下来，使用 pprof 工具剖析输出的内存分配采用数据（mem.prof）：

```
$go tool pprof step2.test mem.prof
File: step2.test
Type: alloc_space
Entering interactive mode (type "help" for commands, "o" for options)
(pprof)
```

在 go tool pprof 的输出中有一行为 Type: alloc_space。这行的含义是当前 pprof 将呈现程序运行期间所有内存分配的采样数据（即使该分配的内存在最后一次采样时已经被释放）。还可以让 pprof 将 Type 切换为 inuse_space，这个类型表示内存数据采样结束时依然在用的内存。

可以在启动 pprof 工具时指定所使用的内存数据呈现类型：

```
$go tool pprof --alloc_space step2.test mem.prof // 遗留方式
$go tool pprof -sample_index=alloc_space step2.test mem.prof //最新方式
```

亦可在进入 pprof 交互模式后，通过 sample_index 命令实现切换：

```
(pprof) sample_index = inuse_space
```

现在以 alloc_space 类型进入 pprof 命令交互界面并执行 top 命令：

```
$go tool pprof -sample_index=alloc_space step2.test mem.prof
File: step2.test
Type: alloc_space
Entering interactive mode (type "help" for commands, "o" for options)
(pprof) top -cum
Showing nodes accounting for 2084.53MB, 99.45% of 2096.03MB total
Showing top 10 nodes out of 11
      flat  flat%   sum%        cum   cum%
         0     0%     0%  2096.03MB   100%   chapter8/sources/go-pprof-optimization-
                                             demo/step2.BenchmarkHi
 840.55MB 40.10% 40.10%  2096.03MB   100%   chapter8/sources/go-pprof-optimization-
                                             demo/step2.handleHi
         0     0% 40.10%  2096.03MB   100%   testing.(*B).launch
         0     0% 40.10%  2096.03MB   100%   testing.(*B).runN
         0     0% 40.10%  1148.98MB 54.82%   bytes.(*Buffer).Write
         0     0% 40.10%  1148.98MB 54.82%   bytes.(*Buffer).grow
1148.98MB 54.82% 94.92%  1148.98MB 54.82%   bytes.makeSlice
         0     0% 94.92%  1148.98MB 54.82%   net/http/httptest.(*ResponseRecorder).
                                             Write
         0     0% 94.92%       95MB  4.53%   net/http.Header.Set (inline)
      95MB  4.53% 99.45%       95MB  4.53%   net/textproto.MIMEHeader.Set (inline)
(pprof)
```

我们看到 handleHi 分配了较多内存。通过 list 命令展开 handleHi 的代码：

```
(pprof) list handleHi
Total: 2.05GB
ROUTINE ========================= chapter8/sources/go-pprof-optimization-demo/
    step2.handleHi in chapter8/sources/go-pprof-optimization-demo/step2/demo.go
  840.55MB    2.05GB (flat, cum)    100% of Total
         .         .      17:    http.Error(w, "Optional color is invalid",
```

```
                                   http.StatusBadRequest)
     .            .      18:     return
     .            .      19:  }
     .            .      20:
     .            .      21:  visitNum := atomic.AddInt64(&visitors, 1)
     .          95MB     22:  w.Header().Set("Content-Type", "text/html;
                                   charset= utf-8")
365.52MB      1.48GB     23:  w.Write([]byte("<h1 style='color: " +
                                   r.FormValue ("color") +
475.02MB    486.53MB     24:     "'>Welcome!</h1>You are visitor number " +
                               fmt.Sprint(visitNum) + "!"))
     .            .      25:}
     .            .      26:
     .            .      27:func main() {
     .            .      28:  log.Printf("Starting on port 8080")
     .            .      29:  http.HandleFunc("/hi", handleHi)
(pprof)
```

通过 list 的输出结果我们可以看到 handleHi 函数的第 23~25 行分配了较多内存（见第一列）。

5. 第二次优化（step3）

这里进行内存分配的优化方法如下：

❑ 删除 w.Header().Set 这行调用；

❑ 使用 fmt.Fprintf 替代 w.Write。

优化后的 handleHi 代码如下：

```go
// go-pprof-optimization-demo/step3/demo.go
...
func handleHi(w http.ResponseWriter, r *http.Request) {
    if !rxOptionalID.MatchString(r.FormValue("color")) {
        http.Error(w, "Optional color is invalid", http.StatusBadRequest)
        return
    }

    visitNum := atomic.AddInt64(&visitors, 1)
    fmt.Fprintf(w, "<html><h1 stype='color: %s'>Welcome!</h1>You are visitor
        number %d!", r.FormValue("color"), visitNum)
}
...
```

再次执行性能基准测试来收集内存采样数据：

```
$go test -v -run=^$ -bench=^BenchmarkHi$ -benchtime=2s -memprofile=mem.prof
goos: darwin
goarch: amd64
pkg: github.com/bigwhite/books/effective-go/chapters/chapter8/sources/go-pprof-
    optimization-demo/step3
BenchmarkHi
BenchmarkHi-8      7090537       346 ns/op       173 B/op       1 allocs/op
PASS
ok      chapter8/sources/go-pprof-optimization-demo/step3       2.925s
```

和优化前的数据对比，内存分配次数由 5 allocs/op 降为 1 allocs/op，每 op 分配的字节数由 364B 降为 173B。

再次通过 pprof 对上面的内存采样数据进行分析，查看 BenchmarkHi 中的内存分配情况：

```
$go tool pprof step3.test mem.prof
File: step3.test
Type: alloc_space
Entering interactive mode (type "help" for commands, "o" for options)
(pprof) list handleHi
Total: 1.27GB
ROUTINE ========================= chapter8/sources/go-pprof-optimization-demo/
    step3.handleHi in chapter8/sources/go-pprof-optimization-demo/step3/demo.go
   51.50MB      1.27GB (flat, cum)    100% of Total
         .            .      17:     http.Error(w, "Optional color is invalid",
                                                    http. StatusBadRequest)
         .            .      18:       return
         .            .      19:     }
         .            .      20:
         .            .      21:     visitNum := atomic.AddInt64(&visitors, 1)
   51.50MB      1.27GB      22:     fmt.Fprintf(w, "<html><h1 stype='color: %s'>Welcome!
                                         </h1>You are visitor number %d!",
                                                r.FormValue ("color"),visitNum)
         .            .      23:}
         .            .      24:
         .            .      25:func main() {
         .            .      26:     log.Printf("Starting on port 8080")
         .            .      27:     http.HandleFunc("/hi", handleHi)
(pprof)
```

我们看到，对比优化前 handleHi 的内存分配的确大幅减少（第一列：365MB+475MB -> 51.5MB）。

6. 零内存分配（step4）

经过一轮内存优化后，handleHi 当前的内存分配集中到下面这行代码：

```
fmt.Fprintf(w, "<html><h1 stype='color: %s'>Welcome!</h1>You are visitor number
    %d!", r.FormValue("color"), visitNum)
```

fmt.Fprintf 的原型如下：

```
$ go doc fmt.Fprintf
func Fprintf(w io.Writer, format string, a ...interface{}) (n int, err error)
```

我们看到 Fprintf 参数列表中的变长参数都是 interface{} 类型。前文曾提到过，一个接口类型占据两个字（word），在 64 位架构下，这两个字就是 16 字节。这意味着我们每次调用 fmt. Fprintf，程序就要为每个变参分配一个占用 16 字节的接口类型变量，然后用传入的类型初始化该接口类型变量。这就是这行代码分配内存较多的原因。

要实现零内存分配，可以像下面这样优化代码：

```
// chapter8/sources/go-pprof-optimization-demo/step4/demo.go
```

```
...
var visitors int64 // 必须被自动访问
var rxOptionalID = regexp.MustCompile(`^\d*$`)

var bufPool = sync.Pool{
    New: func() interface{} {
        return bytes.NewBuffer(make([]byte, 128))
    },
}

func handleHi(w http.ResponseWriter, r *http.Request) {
    if !rxOptionalID.MatchString(r.FormValue("color")) {
        http.Error(w, "Optional color is invalid", http.StatusBadRequest)
        return
    }

    visitNum := atomic.AddInt64(&visitors, 1)
    buf := bufPool.Get().(*bytes.Buffer)
    defer bufPool.Put(buf)
    buf.Reset()
    buf.WriteString("<h1 style='color: ")
    buf.WriteString(r.FormValue("color"))
    buf.WriteString("'>Welcome!</h1>You are visitor number ")
    b := strconv.AppendInt(buf.Bytes(), visitNum, 10)
    b = append(b, '!')
    w.Write(b)
}
```

这里有几点主要优化：

❑ 使用 sync.Pool 减少重新分配 bytes.Buffer 的次数；

❑ 采用预分配底层存储的 bytes.Buffer 拼接输出；

❑ 使用 strconv.AppendInt 将整型数拼接到 bytes.Buffer 中，strconv.AppendInt 的实现如下：

```
// $GOROOT/src/strconv/itoa.go
func AppendInt(dst []byte, i int64, base int) []byte {
    if fastSmalls && 0 <= i && i < nSmalls && base == 10 {
        return append(dst, small(int(i))...)
    }
    dst, _ = formatBits(dst, uint64(i), base, i < 0, true)
    return dst
}
```

我们看到 AppendInt 内置对十进制数的优化。对于我们的代码而言，这个优化的结果就是没有新分配内存，而是利用了传入的 bytes.Buffer 的实例，这样，代码中 strconv.AppendInt 的返回值变量 b 就是 bytes.Buffer 实例的底层存储切片。

运行一下最新优化后代码的性能基准测试并采样内存分配性能数据：

```
$go test -v -run=^$ -bench=^BenchmarkHi$ -benchtime=2s -memprofile=mem.prof
goos: darwin
goarch: amd64
```

```
pkg: chapter8/sources/go-pprof-optimization-demo/step4
BenchmarkHi
BenchmarkHi-8        10765006        234 ns/op        199 B/op        0 allocs/op
PASS
ok        chapter8/sources/go-pprof-optimization-demo/step4        2.884s
```

可以看到，上述性能基准测试的输出结果中每 op 的内存分配次数为 0，而且程序性能也有了提升（346 ns/op → 234 ns/op）。剖析一下输出的内存采样数据：

```
$go tool pprof step4.test mem.prof
File: step4.test
Type: alloc_space
Entering interactive mode (type "help" for commands, "o" for options)
(pprof) list handleHi
Total: 2.12GB
ROUTINE ======================== chapter8/sources/go-pprof-optimization-demo/
    step4.handleHi in chapter8/sources/go-pprof-optimization-demo/step4/demo.go
        0      2.12GB (flat, cum)    100% of Total
        .          .         33:buf.WriteString("<h1 style='color: ")
        .          .         34:buf.WriteString(r.FormValue("color"))
        .          .         35:buf.WriteString("'>Welcome!</h1>You are visitor
                                              number ")
        .          .         36:b := strconv.AppendInt(buf.Bytes(), visitNum, 10)
        .          .         37:b = append(b, '!')
        .      2.12GB        38:w.Write(b)
        .          .         39:}
        .          .         40:
        .          .         41:func main() {
        .          .         42:log.Printf("Starting on port 8080")
        .          .         43:http.HandleFunc("/hi", handleHi)
(pprof)
```

从 handleHi 代码展开的结果中已经看不到内存分配的数据了（第一列）。

7. 查看并发下的阻塞情况（step5）

前面进行的性能基准测试都是顺序执行的，无法反映出 handleHi 在并发下多个 goroutine 的阻塞情况，比如在某个处理环节等待时间过长等。为了了解并发下 handleHi 的表现，我们为它编写了一个并发性能基准测试：

```
// chapter8/sources/go-pprof-optimization-demo/step5/demo_test.go
...
func BenchmarkHiParallel(b *testing.B) {
    r, err := http.ReadRequest(bufio.NewReader(strings.NewReader("GET /hi
        HTTP/1.0\r\n\r\n")))
    if err != nil {
        b.Fatal(err)
    }
    b.ResetTimer()

    b.RunParallel(func(pb *testing.PB) {
        rw := httptest.NewRecorder()
```

```
    for pb.Next() {
        handleHi(rw, r)
    }
})
}
...
```

执行该基准测试，并对阻塞时间类型数据（block.prof）进行采样与剖析：

```
$go test -bench=Parallel -blockprofile=block.prof
goos: darwin
goarch: amd64
pkg: chapter8/sources/go-pprof-optimization-demo/step5
BenchmarkHiParallel-8      15029988                  118 ns/op
PASS
ok         chapter8/sources/go-pprof-optimization-demo/step5    2.092s

$go tool pprof step5.test block.prof
File: step5.test
Type: delay
Entering interactive mode (type "help" for commands, "o" for options)
(pprof) top
Showing nodes accounting for 3.70s, 100% of 3.70s total
Dropped 18 nodes (cum <= 0.02s)
Showing top 10 nodes out of 15
     flat  flat%   sum%        cum   cum%
    1.85s 50.02% 50.02%      1.85s 50.02%  runtime.chanrecv1
    1.85s 49.98%  100%       1.85s 49.98%  sync.(*WaitGroup).Wait
        0    0%   100%       1.85s 49.98%  chapter8/sources/go-pprof-optimization-
                                           demo/step5.BenchmarkHiParallel
        0    0%   100%       1.85s 50.02%  main.main
        0    0%   100%       1.85s 50.02%  runtime.main
        0    0%   100%       1.85s 50.02%  testing.(*B).Run
        0    0%   100%       1.85s 49.98%  testing.(*B).RunParallel
        0    0%   100%       1.85s 50.01%  testing.(*B).doBench
        0    0%   100%       1.85s 49.98%  testing.(*B).launch
        0    0%   100%       1.85s 50.01%  testing.(*B).run
(pprof) list handleHi
Total: 3.70s
ROUTINE ========================= chapter8/sources/go-pprof-optimization-demo/
    step5.handleHi in chapter8/sources/go-pprof-optimization-demo/step5/demo.go
        0    18.78us (flat, cum) 0.00051% of Total
        .          .     19:     return bytes.NewBuffer(make([]byte, 128))
        .          .     20:   },
        .          .     21:}
        .          .     22:
        .          .     23:func handleHi(w http.ResponseWriter, r *http.Request) {
        .    18.78us     24:   if !rxOptionalID.MatchString(r.FormValue("color")) {
        .          .     25:     http.Error(w, "Optional color is invalid",
                                        http. StatusBadRequest)
        .          .     26:     return
        .          .     27:   }
        .          .     28:
```

```
        .            .      29:   visitNum := atomic.AddInt64(&visitors, 1)
  (pprof)
```

handleHi 并未出现在 top10 排名中。进一步展开 handleHi 代码后，我们发现整个函数并没有阻塞 goroutine 过长时间的环节，因此无须对 handleHi 进行任何这方面的优化。当然这也源于 Go 标准库对 regexp 包的 Regexp.MatchString 方法做过针对并发的优化（也是采用 sync.Pool），具体优化方法这里就不赘述了。

小结

在这一条中，我们学习了如何对 Go 程序进行性能剖析，讲解了使用 pprof 工具对 Go 应用进行性能剖析的原理、使用方法，并用一个示例演示了如何实施性能优化。

本条要点：

❏ 通过性能基准测试判定程序是否存在性能瓶颈，如存在，可通过 Go 工具链中的 pprof 对程序性能进行剖析；

❏ 性能剖析分为两个阶段——数据采集和数据剖析；

❏ go tool pprof 工具支持多种数据采集方式，如通过性能基准测试输出采样结果和独立程序的性能数据采集；

❏ go tool pprof 工具支持多种性能数据采样类型，如 CPU 类型（-cpuprofile）、堆内存分配类型（-memprofile）、锁竞争类型（-mutexprofile）、阻塞时间数据类型（-blockprofile）等；

❏ go tool pprof 支持两种主要的性能数据剖析方式，即命令行交互式和 Web 图形化方式；

❏ 在不明确瓶颈原因的情况下，应优先对 CPU 类型和堆内存分配类型性能采样数据进行剖析。

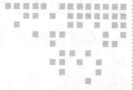

第 48 条 *Suggestion 48*

使用 expvar 输出度量数据，辅助定位性能瓶颈点

上一条提到，要想对 Go 应用存在的性能瓶颈进行剖析，首先就要**对不同类型的性能数据进行收集和采样**。有两种收集和采样数据的方法。在微观层面，采用通过运行性能基准测试收集和采样数据的方法，这种方法适用于定位函数或方法实现中存在性能瓶颈点的情形；在宏观层面，采用独立程序收集和采样数据的方法。但通过独立程序进行性能数据采样时，往往很难快速捕捉到真正的瓶颈点，尤其是对于那些内部结构复杂、业务逻辑过多、内部有较多并发的 Go 程序。我们在对这样的程序进行性能采样时，真正的瓶颈点很可能被其他数据遮盖。

那么**如何能更高效地捕捉到应用的性能瓶颈点呢？**我们需要知道 Go 应用运行的状态。应用运行状态一般以度量数据的形式呈现。通过了解应用关键路径上的度量数据，我们可以确定在某个度量点上应用的性能是符合预期性能指标还是较大偏离预期，这样就可以最大限度地缩小性能瓶颈点的搜索范围，从而快速定位应用中的瓶颈点并进行优化。

这些可以反映应用运行状态的数据也被称为**应用的内省（introspection）数据**。相比于通过查询应用外部特征而获取的探针类（probing）数据（比如查看应用某端口是否有响应并返回正确的数据或状态码），内省数据可以传达更为丰富、更多的有关应用程序状态的上下文信息。这些上下文信息可以是应用对各类资源的占用信息，比如应用运行占用了多少内存空间，也可以是自定义的性能指标信息，比如单位时间处理的外部请求数量、应答延迟、队列积压量等。

传统编程语言（如 C++、Java 等）并没有内置输出应用状态度量数据的设施（接口方式、指标定义方法、数据输出格式等），需要开发者自己通过编码实现或利用第三方库实现。Go 是"自带电池"的编程语言，我们可以轻松地使用 Go 标准库提供的 expvar 包按统一接口、统一数据格式、一致的指标定义方法输出自定义的度量数据。在本条中，我们就一起来看看如何使用 expvar 输出自定义的性能度量数据。

48.1 expvar 包的工作原理

Go 标准库中的 expvar 包提供了一种输出应用内部状态信息的**标准化方案**，这个方案标准化了以下三方面内容：

❑ 数据输出接口形式；

❑ 输出数据的编码格式；

❑ 用户自定义性能指标的方法。

Go 应用通过 expvar 包输出内部状态信息的工作原理如图 48-1 所示。

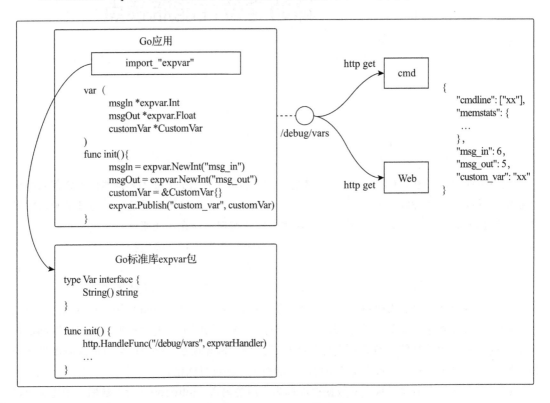

图 48-1　expvar 包工作原理

从图 48-1 中我们看到，Go 应用如果需要输出自身状态数据，需要以下面的形式导入 expvar：

```
import _ "expvar"
```

和 net/http/pprof 类似，expvar 包也在自己的 init 函数中向 http 包的默认请求"路由器" DefaultServeMux 注册一个服务端点 /debug/vars：

```
// $GOROOT/src/expvar/expvar.go

func init() {
    http.HandleFunc("/debug/vars", expvarHandler)
```

```
    ...
}
```

这个服务端点就是 expvar 提供给外部的获取应用内部状态的**唯一标准接口**，外部工具（无论是命令行还是基于 Web 的图形化程序）都可以通过标准的 http get 请求从该服务端点获取应用内部状态数据。下面是一个简单的例子：

```go
// chapter8/sources/expvar_demo1.go
package main

import (
    _ "expvar"
    "fmt"
    "net/http"
)

func main() {
    http.Handle("/hi", http.HandlerFunc(func(w http.ResponseWriter,
        r *http.Request) {
        w.Write([]byte("hi"))
    }))
    fmt.Println(http.ListenAndServe("localhost:8080", nil))
}
```

运行上述示例后，通过浏览器访问 http://localhost:8080/debug/vars 将得到如图 48-2 所示的结果。

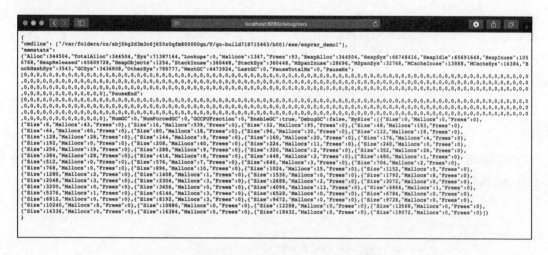

图 48-2　通过浏览器访问 expvar 包注册的服务端点

如果应用程序本身并没有使用默认"路由器"DefaultServeMux，那么我们需要手动将expvar 包的服务端点注册到应用程序所使用的"路由器"上。expvar 包提供了 Handler 函数，该函数可用于其内部 expvarHandler 的注册。

```go
// expvar_demo2.go
```

```go
package main

import (
    "expvar"
    "fmt"
    "net/http"
)

func main() {
    mux := http.NewServeMux()
    mux.Handle("/hi", http.HandlerFunc(func(w http.ResponseWriter,
        r *http.Request) {
        w.Write([]byte("hi"))
    }))
    mux.Handle("/debug/vars", expvar.Handler())
    fmt.Println(http.ListenAndServe("localhost:8080", mux))
}
```

如果应用程序本身并没有启动 HTTP 服务，那么还需在一个单独的 goroutine 中启动一个 HTTP 服务，这样 expvar 提供的服务才能有效。

从图 48-2 中我们还可以看到，expvar 包提供的内部状态服务端点返回的是**标准**的 JSON 格式数据。样例如下：

```json
{
    "cmdline": ["/var/folders/cz/sbj5kg2d3m3c6j650z0qfm800000gn/T/go-build507091832/
        b001/exe/expvar_demo2"],
    "memstats": {
        "Alloc": 223808,
        "TotalAlloc": 223808,
        "Sys": 71387144,
        "Lookups": 0,
        "Mallocs": 743,
        "Frees": 11,
        ...
    }
}
```

在默认返回的状态数据中包含了两个字段：cmdline 和 memstats。这两个输出数据是 expvar 包在 init 函数中就已经发布（Publish）了的变量：

```go
//$GOROOT/src/expvar/expvar.go

func init() {
    http.HandleFunc("/debug/vars", expvarHandler)
    Publish("cmdline", Func(cmdline))
    Publish("memstats", Func(memstats))
}
```

cmdline 字段的含义是输出数据的应用名，这里因为是通过 go run 运行的应用，所以 cmdline 的值是一个临时路径下的应用。

而 memstats 输出的数据对应的是 runtime.Memstats 结构体，反映的是应用在运行期间堆内存分配、栈内存分配及 GC 的状态。runtime.Memstats 结构体的字段可能会随着 Go 版本的演进而发生变化，其字段具体含义可以参考 Memstats 结构体中的注释。

```
//$GOROOT/src/expvar/expvar.go
func memstats() interface{} {
    stats := new(runtime.MemStats)
    runtime.ReadMemStats(stats)
    return *stats
}
```

48.2　自定义应用通过 expvar 输出的度量数据

expvar 包为 Go 应用输出内部状态提供了标准化方案，前面已经提到了其中的两个标准。

❑ 标准的接口：通过 http get（默认从 /debug/vars 服务端点获取数据）。

❑ 标准的数据编码格式：JSON。

在这一节中，我们来介绍一下第三个标准：**自定义输出的度量数据的标准方法**。

在图 48-1 中我们发现，从 debug/vars 服务端点获取到的 JSON 结果数据中有一个名为 custom_var 的字段，这是一个自定义的度量数据。那么它是如何被"允许"进入返回结果中的呢？

在图 48-1 中的 Go 应用的 init 函数中，我们发现了下面的代码：

```
func init() {
    expvar.Publish("custom_var", customVar)
}
```

expvar 包提供了 Publish 函数，该函数用于发布通过 debug/vars 服务端点输出的数据，上面 expvar 内置输出的 cmdline 和 memstats 就是通过 Publish 函数发布的。Publish 函数的原型如下：

```
// $GOROOT/src/expvar/expvar.go
func Publish(name string, v Var)
```

该函数接收两个参数：name 和 v。name 是对应字段在输出结果中的字段名，而 v 是字段值。v 的类型为 Var，这是一个接口类型：

```
// $GOROOT/src/expvar/expvar.go
type Var interface {
    String() string
}
```

所有实现了该接口类型的变量都可以被发布并作为输出的应用内部状态的一部分。通过下面的例子我们可以更直观地理解这一点：

```
// chapter8/sources/expvar_demo3.go

type CustomVar struct {
    value int64
}
```

```go
func (v *CustomVar) String() string {
    return strconv.FormatInt(atomic.LoadInt64(&v.value), 10)
}

func init() {
    customVar := &CustomVar{
        value: 17,
    }
    expvar.Publish("customVar", customVar)
}

func main() {
    http.Handle("/hi", http.HandlerFunc(func(w http.ResponseWriter,
        r *http.Request) {
        w.Write([]byte("hi"))
    }))
    fmt.Println(http.ListenAndServe("localhost:8080", nil))
}
```

在这个例子中，我们定义了一个新的结构体类型 CustomVar，该类型实现了 exp.Var 接口，这样我们可以通过 expvar.Publish 函数将该类型变量作为程序内部状态的组成部分输出：

```
{
    "cmdline": ["/var/folders/cz/sbj5kg2d3m3c6j650z0qfm800000gn/T/go-build507091832/
        b001/exe/expvar_demo2"],
    "customVar": 17,
    "memstats": {
        ...
    }
}
```

为了便于在业务代码中使用 CustomVar 类型，我们为之增加两个方法 Add 和 Set：

```go
// chapter8/sources/expvar_demo3.go
func (v *CustomVar) Add(delta int64) {
    atomic.AddInt64(&v.value, delta)
}

func (v *CustomVar) Set(value int64) {
    atomic.StoreInt64(&v.value, value)
}
```

这样业务代码可以通过 Add 对该自定义指标进行自增，也可以通过 Set 重置该指标值。

我们在设计能反映 Go 应用内部状态的自定义指标时，经常会设计下面两类指标。

❏ **测量型**：这类指标是数字，支持上下增减。我们定期获取该指标的快照。常见的 CPU、内存使用率等指标都可归为此类型。在业务层面，当前网站上的在线访客数量、当前业务系统平均响应延迟等都属于这类指标。

❏ **计数型**：这类指标也是数字，它的特点是随着时间的推移，其数值不会减少。虽然它们永远不会减少，但有时可以将其重置为零，它们会再次开始递增。系统正常运行时间、某端口收发包的字节数、24 小时内入队列的消息数量等都是此类指标。计数型指标的一个优势在于可以用来计算变化率：将 T+1 时刻获取的指标值与 T 时刻的指标值做比较，即可获得两个时刻之间的变化率。

针对上述两类常见指标，我们无须像上面示例中的 CustomVar 那样自行实现，expvar 包提供了对常用指标类型的原生支持，比如整型指标、浮点型指标以及像 memstats 那样的 Map 型复合指标等。以最常用的整型指标为例：

```
//$GOROOT/src/expvar/expvar.go
type Int struct {
    i int64
}

func (v *Int) Value() int64 {
    return atomic.LoadInt64(&v.i)
}

func (v *Int) String() string {
    return strconv.FormatInt(atomic.LoadInt64(&v.i), 10)
}

func (v *Int) Add(delta int64) {
    atomic.AddInt64(&v.i, delta)
}

func (v *Int) Set(value int64) {
    atomic.StoreInt64(&v.i, value)
}
```

之前的例子其实也是参考 expvar.Int 类型实现的。expvar.Int 类型在满足 Var 接口的同时，还实现了 Add、Set 和 Value 方法，方便我们使用它来创建测量型、计数型指标，并且对其值的修改是**并发安全**的。针对 expvar.Int 类型，expvar 包还提供了创建即发布的 NewInt 函数，这样我们就无须再自行调用 Publish 函数发布指标了：

```
func NewInt(name string) *Int {
    v := new(Int)
    Publish(name, v)
    return v
}
```

将上面示例中的 customVar 指标改为使用 expvar.Int 实现：

```
// chapter8/sources/expvar_demo4.go

var customVar *expvar.Int

func init() {
    customVar = expvar.NewInt("customVar")
    customVar.Set(17)
}
```

```
func main() {
    http.Handle("/hi", http.HandlerFunc(func(w http.ResponseWriter,
        r *http.Request) {
        w.Write([]byte("hi"))
    }))

    // 模拟业务逻辑
    go func() {
        // ...
        for {
            customVar.Add(1)
            time.Sleep(time.Second)
        }
    }()

    fmt.Println(http.ListenAndServe("localhost:8080", nil))
}
```

可以看到利用 expvar.Int 实现自定义性能指标让代码更为简洁。

接下来，看一下使用 expvar.Map 类型定义一个像 memstats 那样的复合指标的例子：

```
// chapter8/sources/expvar_demo5.go
...
var customVar *expvar.Map

func init() {
    customVar = expvar.NewMap("customVar")

    var field1 expvar.Int
    var field2 expvar.Float
    customVar.Set("field1", &field1)
    customVar.Set("field2", &field2)
}

func main() {
    http.Handle("/hi", http.HandlerFunc(func(w http.ResponseWriter,
        r *http.Request) {
        w.Write([]byte("hi"))
    }))

    // 模拟业务逻辑
    go func() {
        // ...
        for {
            customVar.Add("field1", 1)
            customVar.AddFloat("field2", 0.001)
            time.Sleep(time.Second)
        }
    }()

    fmt.Println(http.ListenAndServe("localhost:8080", nil))
}
```

如以上示例所示，定义一个 expvar.Map 类型变量后，可以向该复合指标变量中添加指标，比如示例中的 "field1"。在业务逻辑中，可以通过 expvar.Map 提供的 Add、AddFloat 等方法对复合指标内部的单个指标值进行更新。

上述示例运行后，通过 /debug/vars 服务端点获取的数据格式如下：

```
{
    "cmdline": ["/var/folders/cz/sbj5kg2d3m3c6j650z0qfm800000gn/T/go-
        build354886518/b001/exe/expvar_demo5"],
    "customVar": {"field1": 2, "field2": 0.002},
    "memstats": {...}
}
```

如果想将一个结构体类型当作一个复合指标直接输出，expvar 包也提供了很好的支持。来看一个这方面的例子：

```go
// chapter8/sources/expvar_demo6.go
...
type CustomVar struct {
    Field1 int64   `json:"field1"`
    Field2 float64 `json:"field2"`
}

var (
    field1 expvar.Int
    field2 expvar.Float
)

func exportStruct() interface{} {
    return CustomVar{
        Field1: field1.Value(),
        Field2: field2.Value(),
    }
}

func init() {
    expvar.Publish("customVar", expvar.Func(exportStruct))
}

func main() {
    http.Handle("/hi", http.HandlerFunc(func(w http.ResponseWriter,
        r *http.Request) {
        w.Write([]byte("hi"))
    }))

    // 模拟业务逻辑
    go func() {
        // ...
        for {
            field1.Add(1)
            field2.Add(0.001)
            time.Sleep(time.Second)
```

```
        }
    }()

    fmt.Println(http.ListenAndServe("localhost:8080", nil))
}
```

我们看到，针对结构体类型，expvar 包并未提供像对整型、浮点型或 Map 型那样的直接支持。我们是通过实现一个返回 interface{} 类型的函数（这里是 exportStruct），并通过 Publish 函数将该函数发布出去的（expvar.Func(exportStruct)）。注意，这个返回 interface{} 类型的函数的返回值底层类型必须是一个支持序列化为 JSON 格式的类型。在上面的示例中，这个返回值的底层类型为 CustomVar 结构体类型，该类型本身支持被序列化为一个 JSON 文本。**理论上，通过这种通用的方法可以发布任何类型的自定义指标。**

上述示例运行后，通过 /debug/vars 服务端点获取的数据格式如下：

```
{
    "cmdline": ["/var/folders/cz/sbj5kg2d3m3c6j650z0qfm800000gn/T/go-
build678449773/b001/exe/expvar_demo6"],
    "customVar": {"field1":5,"field2":0.005},
    "memstats": {...}
}
```

48.3　输出数据的展示

通过 /debug/vars 服务端点，我们可以得到标准 JSON 格式的应用内部状态数据，数据采集出来后可根据不同开发者的需求进行转换和展示。

JSON 格式文本很容易反序列化，开发者可自行解析后使用，比如：编写一个 Prometheus exporter，将数据导入 Prometheus 背后的存储（比如 InfluxDB）中，并利用一些基于 Web 图形化的方式直观展示出来；或者导入 Elasticsearch，再通过 Kibana 或 Grafana 的页面展示出来。

Go 开发者 Ivan Daniluk 开发了一款名为 expvarmon 的开源工具，该工具支持将从 expvar 输出的数据以基于终端的图形化方式展示出来。这种方式可以让开发者以最快的速度看到自定义的指标数据。这里我们就来简单介绍一下这个工具的使用方法。

使用下面的命令安装 expvarmon：

```
$go get github.com/divan/expvarmon
```

成功安装后的 expvarmon 将存放在 $GOPATH/bin 下面，请确保 $GOPATH/bin 这个路径在 \PATH 环境变量中已配置。

expvarmon 使用起来非常简单，只需为其制定 Go 应用输出指标信息的服务地址、服务端点以及要查看的指标名称列表即可。以上面的 expvar_demo6 为例，我们使用 expvarmon 展示从 expvar_demo6 输出的内部状态数据（见图 48-3）：

```
$expvarmon -ports="8080" -vars="custom:customVar.field1,custom:customVar.
    field2,mem:memstats.Alloc,mem:memstats.Sys,mem:memstats.HeapAlloc,mem:memstats.
    HeapInuse,duration:memstats.PauseNs,duration:memstats.PauseTotalNs"
```

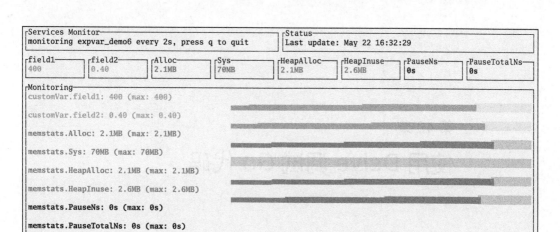

图 48-3　通过 expvarmon 展示应用内部状态

我们在指标名称列表参数中指定了一组指标，包括我们自定义的复合指标 customVar 中的两个指标——field1 和 field2 以及 memstats 的多个指标。expvarmon 基于终端生成的图形化展示页面是定期刷新的，可以通过 -i 命令行选项指定刷新时间。我们看到，通过 expvarmon 可以快速将应用内部状态展示出来，而无须安装任何依赖。

小结

在本条中，我们学习了如何使用 Go 标准库的 expvar 包输出应用程序内省数据来辅助定位应用性能瓶颈点。expvar 包不仅可用于辅助缩小定位性能瓶颈的范围，还可以用来输出度量数据以对应用的运行状态进行监控，这样当程序出现问题时，我们可以快速发现问题并利用输出的度量数据对程序进行诊断并快速定位问题。

本条要点：

❏ 将应用内部状态以度量指标数据的形式输出，可以帮助我们最大限度地缩小性能瓶颈的搜索范围并快速定位瓶颈点；

❏ 了解 expvar 包的工作原理；

❏ 使用 expvar 包提供的内置类型实现应用要输出的度量指标；

❏ 通过 expvarmon 等第三方工具快速展示应用内部状态信息。

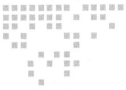

第 49 条

使用 Delve 调试 Go 代码

提到程序员，多数人的第一反应就是编码。但我们知道软件开发可不只是编码，**调试**也是每个程序员的必备技能，占据了程序员很大一部分精力。调试的目标是修正代码中确认存在的bug。bug 是什么呢？ **bug 就是编码过程的伴生品**。既然将之称为"伴生品"，那就意味着**"凡是软件，必有 bug"**。也许有人不同意这个观点，但无关大碍，因为如何看待 bug 本身就是一个哲学范畴的话题，见仁见智。程序调试离不开工具的支持，在本条中，我们就来深入学习一款在 Go 调试领域应用极为广泛的工具：Delve。一旦掌握了这柄调试利器，bug 在我们面前就再也无法遁形了。

49.1 关于调试，你首先应该知道的几件事

在正式介绍 Delve 调试工具前，我们先来了解几个有关软件调试的重要内容。

1. 调试前，首先做好心理准备

调试 bug 的过程可以用"艰苦卓绝"来形容，特别是一些"又臭又硬"的 bug：难于重现、难于定位，甚至在我们投入相当大的精力后仍然无法修复。所以，调试 bug 前要摆正心态，保持清醒，保持耐心，甚至要做好打"持久战"的打算。要知道，Unix/Linux 下有一些 bug 是在隐藏了几十年后才被修复的。

2. 预防 bug 的发生，降低 bug 的发生概率

bug 可简单分为产品发布前 bug 和产品发布后的 bug。无论哪一种，你都要经历收集数据、重现 bug、定位问题、修正问题和修正后的版本验证等多个步骤。这其中发布后的 bug 花费的成本更高。既然事实证明**调试 bug 的成本比编码更高**，那我们何不采用一些手段来预防 bug 的发生，降低 bug 发生的概率呢？

虽然从一个软件的整个生命周期来看，保证软件质量应从需求开始，但这里我们主要关注编码阶段。对于个体开发者，可以从以下几个方面考虑。

（1）充分的代码检查

充分利用你手头上的工具对你编写的代码进行严格的检查，这些工具包括编译器（尽可能将警告级别提升到你可以接受的最高级别）、静态代码检查工具（linter，如 go vet）等。这将帮助你将代码中潜在的细小问题一一发掘出来，避免这些问题在事后成为隐藏的 bug。

（2）为调试版添加断言

充分利用断言这把发现 bug 的利器，借鉴契约式编程的一些规则，在你的调试版代码中适当的地方添加断言（Go 没有提供原生断言机制，可以自行简单实现或利用第三方库），这样的方法同样可以帮助你及时发现代码中隐藏的缺陷。

（3）充分的单元测试

充分的单元测试能提高代码的测试覆盖率，减少业务逻辑理解失误或遗失导致的 bug。单元测试用例还可以结合断言发现更多的程序潜在问题。如果能做到测试先行，效果会更好。

（4）代码同级评审

充分授权其他人来审核你的代码，提前帮你发现潜在的问题。

从组织的角度来看，持续集成 / 交付的实践可以及时地发现编码阶段的问题，不让问题遗漏到后面阶段成为严重 bug。

很好地实施上述这些手段，你的 bug 发生率将大大降低。近些年来，编程语言的编译器日渐强大，各种静态代码检查工具（linter，如 go vet）的运用以及测试驱动开发的广泛被接纳（至少能编写更多的单元测试），使得调试阶段在程序员总付出时间中的占比有所减少。

3. bug 的原因定位和修正

前面说过：**bug 不能避免**。一旦 bug 发生，我们该怎么办？其实与 bug 做艰苦卓绝的斗争也是有一定方法的。

（1）收集"现场数据"

bug 是表象，要发现内部原因需要利用更多的表象数据去推理，需要收集足够多的"现场数据"。我们可以通过编程语言内置的输出语句（如 Go 的 print、fmt.Printf 等）输出我们需要的信息，而更为专业的方法是通过编程语言提供的专业调试工具（如 GDB）设置断点来采集现场数据或重现 bug。

（2）定位问题所在

有了"现场数据"，接下来你需要用"火眼金睛"从中找出你真正需要的数据。如果无法直接识别出真数据，那么可以根据数据做几组不同数据组合的模拟测试，在数据变化中去伪存真，找到真数据。有了可信赖的真实数据，你一般都可以根据代码逻辑推理出问题所在。但有些时候还是需要通过隔离代码、缩小嫌疑代码范围等方法才能锁定一些较难 bug 的具体问题所在。

（3）修正并验证

既然找到了问题所在，那剩下的工作就是修正它并重现验证。为验证问题已经修复而添加的新测试用例同时也补充了你的单元测试用例库。如果修正失败，那就从头开始新一轮分析。

最后，定期回顾你自己"出产"的 bug 列表，你可能会发现很多 bug 是你在预防阶段做得不够好导致的。这样回过头来思考如何在上一个阶段预防此类"漏网之鱼"，就会形成良性循环。

49.2 Go 调试工具的选择

通过上面的描述，我们了解了调试的艰辛及方法。接下来，我们就来聚焦于 Go 代码调试。"工欲善其事，必先利其器。"我们首先要选择调试工具。

在 Go 官方的 2019 年 Go 开发者调查报告（https://blog.golang.org/survey2019-results）中，有关 Go 开发过程依赖的调试工具与技术的调查结果如图 49-1 所示。

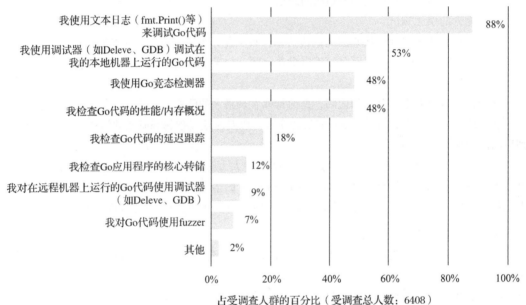

图 49-1　2019 年 Go 开发者调查报告中有关调试的调查结果

从图 49-1 中我们看到排前两名的分别是**使用文本输出（fmt.Print 等）调试 Go 代码**和**使用专业调试器（如 Delve、GDB）在本机上调试 Go 代码**。这里我将采用第一种方法的称为"**print派**"，将采用第二种方法的称为"**专业工具派**"。

通过编程语言内置的输出语句（如 Go 的 fmt.Println）在代码特定位置输出特定信息来辅助调试，这是目前最为常见的调试方法，不仅在 Go 语言中如此，在其他主流语言中亦是如此。就像 *Go Programming Blueprints* 一书的作者 Mat Ryer 所说的那样："使用调试器进行调试比仅打印出值和思考要慢得多。"显然 print 派的开发者更青睐于通过打印语句输出调试信息这种方式的**简单快捷、灵活直观且无须对外部有任何依赖**。

但开发界似乎总有一种偏见：不使用专业调试器的程序员是不专业的。那么到底哪一派的观点更能站得住脚呢？笔者认为：用 print 语句辅助调试与采用专业调试器对代码进行调试并不矛盾，它们之间是互相补充和相辅相成的。

"print 辅助调试" 更多用于代码可修改的本地环境，通过**"在特定位置添加打印值→编译执行→根据输出结果调查思考"**的调试循环来逐渐逼近"真相"。针对本地环境下的代码调试，专业调试器具有同样的功能，只是调试循环略烦琐，包括**启动调试器→设置断点→在调试器内运行程序→断点处使用命令打印需要的信息→单步调试等→退出调试器**。但专业调试器可以运用在 "print 辅助调试" 无法胜任的场景下，比如：

- ❑ 与 IDE 集成，通过图形化操作可大幅简化专业调试器的调试循环，提供更佳的体验；
- ❑ 事后调查（postmortem）
    - ■ 调试 core dump 文件；
    - ■ 在生产环境通过挂接（attach）应用进程，深入应用进程内部进行调试。

Go 早期版本（Go 1.0 版本之前）曾自带了一个名为 **OGLE** 的专业调试器（绝大多数 Gopher 都没有见识过，笔者也没有），但该调试器并未随着 Go 正式发布，也就是说 Go 官方工具链中并未提供专门的调试器工具。在 Go 发行版中，除了标准的 Go 编译器之外，还有一个名为 gccgo 的编译器。和标准 Go 编译器相比，gccgo 具有如下特点：

- ❑ gccgo 是 GCC 编译器的新前端；
- ❑ Go 语言由 Go 语言规范（https://tip.golang.org/ref/spec）定义和驱动演进，gccgo 是另一个实现了该语言规范的编译器，但与标准 Go 编译器实现的侧重点有所不同；
- ❑ gccgo 编译速度较慢，但具有更为强大的优化能力；
- ❑ gccgo 复用了 GCC 后端，因此支持的处理器架构更多；
- ❑ gccgo 的演进速度与标准 Go 编译器的速度并不一致，按照最新官方文档（https://tip.golang.org/doc/install/gccgo），gcc8 等价于 go 1.10.1 的实现，而 gcc9 等价于 Go 1.12.2 的实现。

我们看到，通过 gccgo 编译而成的 Go 程序可以得到 GCC 成熟工具链集合的原生支持，包括使用强大的 GDB 进行调试。但由于 gccgo 不是主流，也不是我们重点考虑的内容，因此我们这里考虑的是基于标准 Go 编译器编译的代码的调试。

那么 GDB 调试器是否可以调试通过标准 Go 编译器编译生成的 Go 程序呢？答案是肯定的。但 GDB 对标准 Go 编译器输出的程序的支持是不完善的，主要体现在 GDB 并不十分了解 Go 程序：

- ❑ Go 的栈管理、线程模型、运行时等与 GDB 所了解的执行模型有很大不同，这会导致 GDB 在调试过程中输出错误的结果，尤其是针对拥有大量并发的 Go 程序时，GDB 并不是一个可靠的调试器；
- ❑ 使用复杂，需加载插件（$GOROOT/src/runtime/runtime-gdb.py）才能更好地理解 Go 符号；
- ❑ GDB 无法理解一些 Go 类型信息、名称限定等，导致输出的栈信息和打印的变量类型信息难于识别、查看和分析；
- ❑ Go 1.11 后，编译后的可执行文件中调试信息默认是压缩的，低版本的 GDB 无法加载这些压缩的调试信息，除非显式使用 go build -ldflags=-compressdwarf=false 设置不执行调
试信息压缩。

综上，GDB 显然也不是 Go 调试工具的最佳选择，虽然其适用于调试带有 cgo 代码的 Go 程
序或事后调查调试。

Delve（https://github.com/go-delve/delve）是另一个 Go 语言调试器，该调试器工程于 2014
年由 Derek Parker 创建。Delve 旨在为 Go 提供一个简单、功能齐全、易用使用和调用的调试
工具。它紧跟 Go 语言版本演进，是目前 Go 调试器的**事实标准**。和 GDB 相比，Delve 的优势
在于它可以更好地理解 Go 的一切，对并发程序有着很好的支持，支持跨平台（支持 Windows、
macOS、Linux 三大主流平台），而且前后端分离的设计使得它可以非常容易地被集成到各种 IDE
（如 GoLand）、编译器插件（vscode go、vim-go 等）、图形化调试器前端（如 gdlv）中。接下来，
我们就来看看如何使用 Delve 调试 Go 程序。

49.3　Delve 调试基础、原理与架构

1. 安装 Delve
在任何平台上都可以通过下面的命令安装 Delve 的可执行程序（本书写作时，Delve 的最新
版本为 1.4.1）：

```
$go get github.com/go-delve/delve/cmd/dlv
```

安装成功后，可执行文件 dlv 将出现在 $GOPATH/bin 下，确保你的环境变量 PATH 中包含
该路径：

```
$dlv version
Delve Debugger
Version: 1.4.1
Build: $Id: bda606147ff48b58bde39e20b9e11378eaa4db46
```

2. 使用 Delve 调试 Go 代码示例
下面来看一个使用 Delve 调试 Go 代码的示例。示例代码（delve-demo1）本身十分简单，我
们主要关注 Delve 的调试循环。示例代码的目录结构如下：

```
// chapter8/sources/delve-demo1
$tree .
.
├── cmd
│   └── delve-demo1
│       └── main.go
├── go.mod
└── pkg
    └── foo
        └── foo.go
```

列出示例中的主要代码：

```
// chapter8/sources/delve-demo1/go.mod
module github.com/bigwhite/delve-demo1

go 1.14

// chapter8/sources/delve-demo1/cmd/delve-demo1/main.go
 1 package main
 2
 3 import (
 4     "fmt"
 5
 6     "github.com/bigwhite/delve-demo1/pkg/foo"
 7 )
 8
 9 func main() {
10     a := 3
11     b := 10
12     c := foo.Foo(a, b)
13     fmt.Println(c)
14 }

// chapter8/sources/delve-demo1/pkg/foo/foo.go
1 package foo
2
3 func Foo(step, count int) int {
4     sum := 0
5     for i := 0; i < count; i++ {
6         sum += step
7     }
8     return sum
9 }
```

在 delve-demo1 目录下可以通过 dlv debug 命令来直接调试 delve-demo1 的 main 包：

```
$cd delve-demo1
$dlv debug github.com/bigwhite/delve-demo1/cmd/delve-demo1
Type 'help' for list of commands.
(dlv)
```

注意，在 macOS 下，执行 dlv debug 前，我们需要首先通过以下命令赋予 dlv 使用系统调试 API 的权限：sudo /usr/sbin/DevToolsSecurity -enable。

执行 dlv 后，dlv 会对被调试 Go 包进行编译并在当前工作目录下生成一个临时的二进制文件用于调试：

```
delve-demo1/__debug_bin*
```

接下来，需要在待收集信息的"现场"前后设置断点。Delve 提供了 break 命令来设置断点，可简写为 b：

```
(dlv) b main.go:12
```

```
Breakpoint 1 set at 0x10c2431 for main.main() ./main.go:12
(dlv) bp
Breakpoint runtime-fatal-throw at 0x1033970 for runtime.fatalthrow() $GOROOT/
    src/runtime/panic.go:1158 (0)
Breakpoint unrecovered-panic at 0x10339e0 for runtime.fatalpanic() $GOROOT/src/
    runtime/panic.go:1185 (0)
    print runtime.curg._panic.arg
Breakpoint 1 at 0x10c2431 for main.main() ./main.go:12 (0)
(dlv)
```

我们在 main.go 源文件的第 12 行代码处设置了一个断点，通过 breakpoints 命令（可简写为 bp）可以查看已设置的断点列表。不过注意上面这个断点没有名字，只有编号，是个匿名断点。如果要为断点起一个名字便于后续记忆、管理和使用，可以这样做：

```
(dlv) clear 1
Breakpoint 1 cleared at 0x10c2431 for main.main() ./main.go:12
(dlv) b b1 main.go:12
Breakpoint b1 set at 0x10c2431 for main.main() ./main.go:12
(dlv) bp
Breakpoint runtime-fatal-throw at 0x1033970 for runtime.fatalthrow() $GOROOT/
    src/runtime/panic.go:1158 (0)
Breakpoint unrecovered-panic at 0x10339e0 for runtime.fatalpanic() $GOROOT/src/
    runtime/panic.go:1185 (0)
    print runtime.curg._panic.arg
Breakpoint b1 at 0x10c2431 for main.main() ./main.go:12 (0)
(dlv)
```

由于前面已经在 main.go 第 12 行设置了断点，我们要先清除掉这个断点（使用 clear 命令），然后在相同位置（main.go 的第 12 行）设置一个具名断点：b1。

Delve 还支持设置**条件断点**。所谓条件断点，指的就是当满足某个条件时，被调试的目标程序才会在该断点处暂停。在 foo.Foo 中设置一个条件断点 b2：

```
(dlv) list foo.Foo
Showing chapter8/sources/delve-demo1/pkg/foo/foo.go:3 (PC: 0x10c2380)
   1:package foo
   2:
   3:func Foo(step, count int) int {
   4:     sum := 0
   5:     for i := 0; i < count; i++ {
   6:             sum += step
   7:     }
   8:     return sum
(dlv) b b2 foo.go:6
Breakpoint b2 set at 0x10c23b8 for github.com/bigwhite/delve-demo1/pkg/foo.Foo()
    ./pkg/foo/foo.go:6
(dlv) cond b2 sum > 10
```

设置完断点后，就可以运行程序了。可以通过 Delve 提供的 continue 命令（可简写为 c）执行程序，执行后的程序会在下一个断点处停下来，如果没有断点，程序会一直执行下去，直到程序终止：

```
(dlv) c
> [b1] main.main()  ./cmd/delve-demo1/main.go:12  (hits goroutine(1):1 total:1)
   (PC: 0x10c2431)
    7:    )
    8:
    9:    func main() {
   10:        a := 3
   11:        b := 10
=> 12:        c := foo.Foo(a, b)
   13:        fmt.Println(c)
   14:    }
(dlv)
```

我们看到，通过 continue 执行程序后，调试页面停在了我们设置的第一个断点 b1 的位置。此时可以通过 Delve 提供的程序状态和内存查看命令收集一些"现场数据"：

```
(dlv) whatis a
int
(dlv) whatis b
int
(dlv) p a
3
(dlv) p b
10
(dlv) regs
    Rip = 0x00000000010c2431
    Rsp = 0x000000c0000a5ef8
    Rax = 0x000000c0000a5f78
    Rbx = 0x0000000000000000
    Rcx = 0x000000c000000180
    Rdx = 0x00000000010f9cc8
    Rsi = 0x0000000000000001
    Rdi = 0x000000c0000901d0
    Rbp = 0x000000c0000a5f78
     R8 = 0x000000000880480e
     R9 = 0x0000000000000011
    R10 = 0x00000000010a0dc0
    R11 = 0x0000000000000246
    R12 = 0x0000000000203000
    R13 = 0x0000000000000000
    R14 = 0x00000000000000c8
    R15 = 0x00000000000000d0
 Rflags = 0x0000000000000212            [AF IF IOPL=0]
     Cs = 0x000000000000002b
     Fs = 0x0000000000000000
     Gs = 0x0000000000000000

(dlv) locals
a = 3
b = 10
c = 18390264
(dlv) x 0x10c2431
```

```
0x10c2431:    0x48
(dlv)
```

常用的查看命令如下。

❑ print（简写为 p）：输出源码中变量的值。

❑ whatis：输出后面的表达式的类型。

❑ regs：当前寄存器中的值。

❑ locals：当前函数栈本地变量列表（包括变量的值）。

❑ args：当前函数栈参数和返回值列表（包括参数和返回值的值）。

❑ examinemem（简写为 x）：查看某一内存地址上的值。

接下来，可以继续使用 continue 让程序继续执行到下一个断点或结束，亦可以使用 Delve 提供的 next 和 step 命令做单步调试。

使用 next 命令（可简写为 n）可以让程序执行到断点处的下一行代码：

```
> [b1] main.main() ./cmd/delve-demo1/main.go:12 (hits goroutine(1):1 total:1)
   (PC: 0x10c2431)
     7:    )
     8:
     9:    func main() {
    10:        a := 3
    11:        b := 10
=>  12:        c := foo.Foo(a, b)
    13:        fmt.Println(c)
    14:    }
(dlv) n
> main.main() ./cmd/delve-demo1/main.go:13 (PC: 0x10c2452)
     8:
     9:    func main() {
    10:        a := 3
    11:        b := 10
    12:        c := foo.Foo(a, b)
=>  13:        fmt.Println(c)
    14:    }
(dlv)
```

而使用 step 命令（简写为 s）也是单步调试，但如果断点处有函数调用，step 命令会进入断点所在行调用的函数：

```
> [b1] main.main() ./cmd/delve-demo1/main.go:12 (hits goroutine(1):1 total:1)
   (PC: 0x10c2431)
     7:    )
     8:
     9:    func main() {
    10:        a := 3
    11:        b := 10
=>  12:        c := foo.Foo(a, b)
    13:        fmt.Println(c)
    14:    }
```

```
(dlv) s
> github.com/bigwhite/delve-demo1/pkg/foo.Foo()  ./pkg/foo/foo.go:3 (PC:
    0x10c2380)
      1:    package foo
      2:
=>    3:    func Foo(step, count int) int {
      4:            sum := 0
      5:            for i := 0; i < count; i++ {
      6:                    sum += step
      7:            }
      8:            return sum
(dlv)
```

如果此时再执行 continue，程序将会在断点 b2 处停下来：

```
(dlv) c
> [b2] github.com/bigwhite/delve-demo1/pkg/foo.Foo()  ./pkg/foo/foo.go:6 (hits
    goroutine(1):1 total:1) (PC: 0x10c23b8)
      1:    package foo
      2:
      3:    func Foo(step, count int) int {
      4:            sum := 0
      5:            for i := 0; i < count; i++ {
=>    6:                    sum += step
      7:            }
      8:            return sum
      9:    }
(dlv) locals
sum = 12
i = 4
```

由于断点 b2 是一个条件断点，程序执行到满足断点条件 num > 10 才停了下来（此时 sum = 12）。

在此处通过 stack 命令（可简写为 bt）可以输出函数调用栈信息：

```
(dlv) bt
0  0x00000000010c23b8 in github.com/bigwhite/delve-demo1/pkg/foo.Foo
   at ./pkg/foo/foo.go:6
1  0x00000000010c2448 in main.main
   at ./cmd/delve-demo1/main.go:12
2  0x0000000001035e88 in runtime.main
   at $GOROOT/src/runtime/proc.go:203
3  0x0000000001063a31 in runtime.goexit
   at $GOROOT/src/runtime/asm_amd64.s:1373
(dlv)
```

通过 up 和 down 命令，可以在函数调用栈的栈帧间进行跳转：

```
(dlv) up
> [b2] github.com/bigwhite/delve-demo1/pkg/foo.Foo()  ./pkg/foo/foo.go:6 (hits
    goroutine(1):1 total:1) (PC: 0x10c23b8)
Frame 1: ./cmd/delve-demo1/main.go:12 (PC: 10c2448)
```

```
     7:    )
     8:
     9:    func main() {
    10:        a := 3
    11:        b := 10
=>  12:        c := foo.Foo(a, b)
    13:        fmt.Println(c)
    14:    }
(dlv) up
> [b2] github.com/bigwhite/delve-demo1/pkg/foo.Foo()  ./pkg/foo/foo.go:6  (hits
    goroutine(1):1 total:1) (PC: 0x10c23b8)
Frame 2: $GOROOT/src/runtime/proc.go:203 (PC: 1035e88)
   198:                    // 一人以-buildmode=c-archive或c-shared编写的程序
   199:                    // 有一个main，但它没有被执行
   200:                        return
   201:                    }
   202:            fn := main_main
=> 203:            fn()
   204:            if raceenabled {
   205:                    racefini()
   206:            }
   207:
   208:            //（如果发生恐慌）让客户程序发挥作用
(dlv) down
> [b2] github.com/bigwhite/delve-demo1/pkg/foo.Foo()  ./pkg/foo/foo.go:6  (hits
    goroutine(1):1 total:1) (PC: 0x10c23b8)
Frame 1: ./cmd/delve-demo1/main.go:12 (PC: 10c2448)
     7:    )
     8:
     9:    func main() {
    10:        a := 3
    11:        b := 10
=>  12:        c := foo.Foo(a, b)
    13:        fmt.Println(c)
    14:    }
(dlv)
```

接下来，再执行几次 continue 直到 for 循环结束，程序将正常退出，我们也完成了一次调试循环：

```
(dlv) c
30
Process 69045 has exited with status 0
```

如果要重启调试，无须退出 Delve，只需执行 restart（简写为 r）重启程序即可：

```
(dlv) r
Process restarted with PID 69081
```

Delve 还支持在调试过程中修改变量的值，并手工调用函数（试验功能），这样开发者就无须通过修改代码、重入调试来做某些验证了：

```
(dlv) b b1 main.go:12
```

```
Breakpoint b1 set at 0x10c2431 for main.main() ./cmd/delve-demo1/main.go:12
(dlv) c
> [b1] main.main() ./cmd/delve-demo1/main.go:12 (hits goroutine(1):1 total:1)
    (PC: 0x10c2431)
     7:    )
     8:
     9:    func main() {
    10:            a := 3
    11:            b := 10
=>  12:            c := foo.Foo(a, b)
    13:            fmt.Println(c)
    14:    }
(dlv) set a = 4
(dlv) p a
4
(dlv) call foo.Foo(a, b)
> [b1] main.main() ./cmd/delve-demo1/main.go:12 (hits goroutine(1):2 total:2)
    (PC: 0x10c2431)
Values returned:
    ~r2: 40

     7:    )
     8:
     9:    func main() {
    10:            a := 3
    11:            b := 10
=>  12:            c := foo.Foo(a, b)
    13:            fmt.Println(c)
    14:    }
(dlv)
```

我们看到在手工重新设置 a = 40 后，再手工调用 call 命令执行 foo.Foo(a, b) 后的结果为 40。Delve 也可以通过直接调试源码文件的方式启动调试流程，这样的方式与调试包是等价的：

```
$dlv debug cmd/delve-demo1/main.go
```

Delve 还可以通过 exec 子命令直接调试已经构建完的 Go 二进制程序文件，比如：

```
$go build github.com/bigwhite/delve-demo1/cmd/delve-demo1
$dlv exec ./delve-demo1
Type 'help' for list of commands.
(dlv) b b1 main.go:12
Breakpoint b1 set at 0x109ced1 for main.main() ./cmd/delve-demo1/main.go:12
(dlv) list main.go:12
Showing chapter8/sources/delve-demo1/cmd/delve-demo1/main.go:12 (PC: 0x109ced1)
     7:    )
     8:
     9:    func main() {
    10:            a := 3
    11:            b := 10
    12:            c := foo.Foo(a, b)
    13:            fmt.Println(c)
    14:    }
```

```
(dlv)
```

在直接调试二进制文件时，Delve 会根据二进制文件中保存的源文件位置到对应的路径下寻找对应的源文件并展示对应源码。如果把那个路径下的源文件挪走，那么再通过 list 命令展示源码就会出现错误：

```
(dlv) list main.go:12
Showing chapter8/sources/delve-demo1/cmd/delve-demo1/main.go:12 (PC: 0x109ced1)
Command failed: open chapter8/sources/delve-demo1/cmd/delve-demo1/main.go: no
such file or directory
(dlv)
```

某些时候，通过 Delve 直接调试构建后的二进制文件可能会出现如下错误（下面仅是模拟示例）：

```
(dlv) break main.go:12
Command failed: could not find statement at chapter8/sources/delve-demo1/cmd/
    delve-demo1/main.go:12, please use a line with a statement
```

main.go 的第 12 行明明是一个函数调用，但 Delve 就是提示这行没有 Go 语句。出现这个问题的原因很可能是 Go 编译器对目标代码做了优化，比如将 foo.Foo 内联掉了。为了避免这样的问题，我们可以在编译的时候加入关闭优化的标志位，这样 Delve 就不会因目标代码优化而报出错误的信息了。

```
$go build -gcflags=all="-N -l" github.com/bigwhite/delve-demo1/cmd/delve-demo1
```

3. Delve 架构与原理

为了便于各种调试器前端（命令行、IDE、编辑器插件、图形化前端）与 Delve 集成，Delve 采用了一个前后分离的架构，如图 49-2 所示。

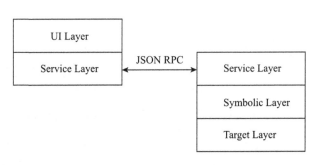

图 49-2 中的 UI Layer 对应的就是我们使用的 dlv 命令行或 Goland/vim-go 中的调试器前端，而 Service Layer 显然用于前后端通信。Delve 真正施展的"魔法"是由 Symbolic Layer 和 Target Layer 两层合作实现的。

图 49-2　Delve 分层架构

Target Layer 通过各个操作系统提供的系统 API 来控制被调试目标进程，它对被调试目标的源码没有任何了解，实现的功能包括：

❑ 挂接（attach）/ 分离（detach）目标进程；

❑ 枚举目标进程中的线程；

❑ 启动 / 停止单个线程（或整个进程）；

❑ 接收和处理"调试事件"（线程创建 / 退出以及线程在断点处暂停）；

❑ 读写目标进程的内存；

❑ 读写停止线程的 CPU 寄存器；

❑ 读取 core dump 文件。

真正了解被调试目标源码文件的是 Symbolic Layer，这一层通过读取 Go 编译器（包括链接器）以 DWARF 格式（一种标准的调试信息格式）写入目标二进制文件中的调试符号信息来了解被调试目标源码，并实现了被调试目标进程中的地址、二进制文件中的调试符号及源码相关信息三者之间的关系映射，如图 49-3 所示。

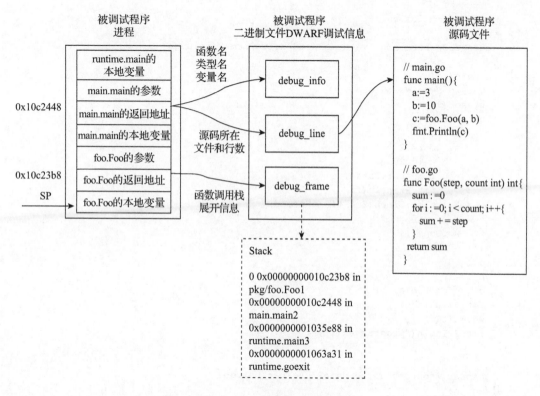

图 49-3　Delve Symbolic 层原理

49.4　并发、Coredump 文件与挂接进程调试

1. Delve 调试并发程序

Go 是原生支持并发的语言，并发的基本执行单元是 goroutine。前面提到过 GDB 对 Go 语言不够了解，尤其是在 Go 程序由大量 goroutine 并发组成时。Delve 对并发 Go 程序则有着良好的支持，通过 Delve 提供调试命令，我们可以在各个运行的 goroutine 间切换。我们来看一个调试并发程序的例子 delve-demo2。下面列出 delve-demo2 示例的部分代码，便于后面说明：

```
// chapter8/sources/delve-demo2的目录结构
$tree .
.
├── cmd
│   └── delve-demo2
│       └── main.go
├── go.mod
└── pkg
    ├── bar
    │   └── bar.go
    └── foo
        └── foo.go

// chapter8/sources/delve-demo2/cmd/delve-demo2/main.go
...
func main() {
    var wg sync.WaitGroup
    wg.Add(1)
    go func() {
        for {
            d := 2
            e := 20
            f := bar.Bar(d, e)
            fmt.Println(f)
            time.Sleep(2 * time.Second)
        }
        wg.Done()
    }()
    a := 3
    b := 10
    c := foo.Foo(a, b)
    fmt.Println(c)
    wg.Wait()
    fmt.Println("program exit")
}

// chapter8/sources/delve-demo2/pkg/bar/bar.go
package bar

func Bar(step, count int) int {
    sum := 1
    for i := 0; i < count; i++ {
        sum *= step
    }
    return sum
}
```

调试并发程序与普通程序并没有两样，我们同样可以通过 dlv debug 来调试对应包的方式启动调试：

```
$dlv debug github.com/bigwhite/delve-demo2/cmd/delve-demo2
Type 'help' for list of commands.
```

```
(dlv)
```

依然通过 break 命令设置断点，这次在新创建的 goroutine 中设置一个断点：

```
(dlv) list main.go:19
Showing chapter8/sources/delve-demo2/cmd/delve-demo2/main.go:19 (PC: 0x10c2d95)
  14:            wg.Add(1)
  15:            go func() {
  16:                    for {
  17:                            d := 2
  18:                            e := 20
  19:                            f := bar.Bar(d, e)
  20:                            fmt.Println(f)
  21:                            time.Sleep(2 * time.Second)
  22:                    }
  23:                    wg.Done()
  24:            }()
(dlv) b b1 main.go:19
Breakpoint b1 set at 0x10c2d95 for main.main.func1() ./cmd/delve-demo2/main.go:19
(dlv)
```

让 Delve 执行目标程序：

```
(dlv) c
30
> [b1] main.main.func1() ./cmd/delve-demo2/main.go:19 (hits goroutine(6):1
    total:1) (PC: 0x10c2d95)
     14:            wg.Add(1)
     15:            go func() {
     16:                    for {
     17:                            d := 2
     18:                            e := 20
=>   19:                            f := bar.Bar(d, e)
     20:                            fmt.Println(f)
     21:                            time.Sleep(2 * time.Second)
     22:                    }
     23:                    wg.Done()
     24:            }()
(dlv)
```

我们看到，main goroutine 输出了 foo.Foo 调用的返回结果 30，然后调试程序在 main.go 的第 19 行停了下来。这时通过 Delve 提供的 goroutines 命令来查看当前程序内的 goroutine 列表：

```
(dlv) goroutines
  Goroutine 1 - User: $GOROOT/src/runtime/sema.go:56 sync.runtime_Semacquire
    (0x1045382)
  Goroutine 2 - User: $GOROOT/src/runtime/proc.go:305 runtime.gopark (0x103623b)
  Goroutine 3 - User: $GOROOT/src/runtime/proc.go:305 runtime.gopark (0x103623b)
  Goroutine 4 - User: $GOROOT/src/runtime/proc.go:305 runtime.gopark (0x103623b)
  Goroutine 5 - User: $GOROOT/src/runtime/proc.go:305 runtime.gopark (0x103623b)
* Goroutine 6 - User: ./cmd/delve-demo2/main.go:19 main.main.func1 (0x10c2d95)
    (thread 2076364)
[6 goroutines]
```

```
(dlv)
```

我们看到当前被调试的目标程序共启动了 6 个 goroutine，Delve 已经将当前上下文自动切换到断点 b1 所在的 goroutine 6，即前面有一个星号的那个 goroutine 中。接下来的命令操作都是在当前 goroutine 下执行的：

```
(dlv) list
> [b1] main.main.func1() ./cmd/delve-demo2/main.go:19 (hits goroutine(6):1
   total:1) (PC: 0x10c2d95)
       14:            wg.Add(1)
       15:            go func() {
       16:                  for {
       17:                        d := 2
       18:                        e := 20
=> 19:                        f := bar.Bar(d, e)
       20:                        fmt.Println(f)
       21:                        time.Sleep(2 * time.Second)
       22:                  }
       23:                  wg.Done()
       24:            }()
(dlv) n
> main.main.func1() ./cmd/delve-demo2/main.go:20 (PC: 0x10c2db6)
       15:            go func() {
       16:                  for {
       17:                        d := 2
       18:                        e := 20
       19:                        f := bar.Bar(d, e)
=> 20:                        fmt.Println(f)
       21:                        time.Sleep(2 * time.Second)
       22:                  }
       23:                  wg.Done()
       24:            }()
       25:      a := 3
(dlv) p f
1048576
(dlv) bt
0  0x00000000010c2db6 in main.main.func1
   at ./cmd/delve-demo2/main.go:20
1  0x0000000001063cc1 in runtime.goexit
   at /Users/tonybai/.bin/go1.14/src/runtime/asm_amd64.s:1373
```

可以通过 goroutine 命令切换到其他 goroutine 中，比如切换到 main goroutine（goroutine 1）中：

```
(dlv) goroutine 1
Switched from 6 to 1 (thread 2076364)
(dlv) bt
0  0x000000000103623b in runtime.gopark
   at /Users/tonybai/.bin/go1.14/src/runtime/proc.go:305
1  0x00000000010362f3 in runtime.goparkunlock
   at /Users/tonybai/.bin/go1.14/src/runtime/proc.go:310
2  0x000000000104570b in runtime.semacquire1
   at /Users/tonybai/.bin/go1.14/src/runtime/sema.go:144
```

```
3  0x0000000001045382 in sync.runtime_Semacquire
   at /Users/tonybai/.bin/go1.14/src/runtime/sema.go:56
4  0x000000000107cdc6 in sync.(*WaitGroup).Wait
   at /Users/tonybai/.bin/go1.14/src/sync/waitgroup.go:130
5  0x00000000010c2cb9 in main.main
   at ./cmd/delve-demo2/main.go:29
6  0x0000000001035e88 in runtime.main
   at /Users/tonybai/.bin/go1.14/src/runtime/proc.go:203
7  0x0000000001063cc1 in runtime.goexit
   at /Users/tonybai/.bin/go1.14/src/runtime/asm_amd64.s:1373
(dlv)
```

我们看到，main goroutine 由于执行了 sync.WaitGroup.Wait，正处于挂起状态。

Delve 还提供了 thread 和 threads 命令，通过这两个命令我们可以查看当前启动的线程列表并在各个线程间切换，就像上面在 goroutine 间切换调试一样：

```
(dlv) threads
  Thread 2075562 at :0
  Thread 2076362 at :0
  Thread 2076363 at :0
* Thread 2076364 at 0x10c2db6 ./cmd/delve-demo2/main.go:20 main.main.func1
  Thread 2076365 at :0
(dlv)
```

Delve 调试并发程序可以像调试普通程序一样简单、方便。

2. 使用 Delve 调试 core dump 文件

core dump 文件是在程序异常终止或崩溃时操作系统对程序当时的内存状态进行记录并保存而生成的一个数据文件，该文件以 core 命名，也被称为**核心转储文件**。通过对操作系统记录的 core 文件中的数据的分析诊断，开发人员可以快速定位程序中存在的 bug，这尤其适用于生产环境中的调试。根据 Delve 官方文档的描述，Delve 目前支持对 linux/amd64、linux/arm64 架构下产生的 core 文件的调试，以及 Windows/amd64 架构下产生的 minidump 小转储文件的调试。在这里我们以 linux/amd64 架构为例，看看如何使用 Delve 调试 core dump 文件。

建立一个明显会崩溃的 Go 程序：

```
// chapter8/sources/delve-demo3/main.go

func main() {
    var p *int
    *p = 1
    fmt.Println("program exit")
}
```

这个程序运行后将因为空指针解引用而崩溃。我们在 Linux/amd64 下（Ubuntu 18.04，Go 1.14，Delve 1.4.1）进行这次调试。要想在 Linux 下让 Go 程序崩溃时产生 core 文件，我们需要进行一些设置（因为默认情况下 Go 程序崩溃并不会产生 core 文件）：

```
$ulimit -c unlimited // 不限制core文件大小
```

```
$go build main.go
$GOTRACEBACK=crash ./main
panic: runtime error: invalid memory address or nil pointer dereference
[signal SIGSEGV: segmentation violation code=0x1 addr=0x0 pc=0x49142f]

goroutine 1 [running]:
panic(0x4a6ee0, 0x55c880)
    /root/.bin/go1.14/src/runtime/panic.go:1060 +0x420 fp=0xc000068ef8 sp=0xc000068e50
        pc=0x42e7f0
runtime.panicmem(...)
    /root/.bin/go1.14/src/runtime/panic.go:212
runtime.sigpanic()
    /root/.bin/go1.14/src/runtime/signal_unix.go:687 +0x3da fp=0xc000068f28
        sp=0xc000068ef8 pc=0x4429ea
main.main()
    /root/test/go/delve/main.go:8 +0x1f fp=0xc000068f88 sp=0xc000068f28
        pc=0x49142f
runtime.main()
    /root/.bin/go1.14/src/runtime/proc.go:203 +0x212 fp=0xc000068fe0
        sp=0xc000068f88 pc=0x431222
runtime.goexit()
    /root/.bin/go1.14/src/runtime/asm_amd64.s:1373 +0x1 fp=0xc000068fe8
        sp=0xc000068fe0 pc=0x45b911
...
goroutine 5 [runnable]:
runtime.runfinq()
    /root/.bin/go1.14/src/runtime/mfinal.go:161 fp=0xc0000307e0 sp=0xc0000307d8
        pc=0x414f60
runtime.goexit()
    /root/.bin/go1.14/src/runtime/asm_amd64.s:1373 +0x1 fp=0xc0000307e8
        sp=0xc0000307e0 pc=0x45b911
created by runtime.createfing
    /root/.bin/go1.14/src/runtime/mfinal.go:156 +0x61
Aborted (core dumped)
```

程序如预期崩溃并输出 core dumped。在当前目录下，我们能看到 core 文件已经产生了并且其体积不小（103MB）：

```
$ls -1h
total 103M
-rw------- 1 root root 101M May 28 14:55 core
-rwxr-xr-x 1 root root 2.0M May 28 14:55 main
-rw-r--r-- 1 root root  102 May 28 14:54 main.go
```

接下来就轮到 Delve 登场了，我们假装并不知道问题出在哪里。使用 dlv core 命令对产生的 core 文件进行调试：

```
$dlv core ./main ./core
Type 'help' for list of commands.
(dlv) bt
 0  0x000000000045d4a1 in runtime.raise
    at /root/.bin/go1.14/src/runtime/sys_linux_amd64.s:165
```

```
 1   0x0000000000442acb in runtime.dieFromSignal
       at /root/.bin/go1.14/src/runtime/signal_unix.go:721
 2   0x0000000000442f5e in runtime.sigfwdgo
       at /root/.bin/go1.14/src/runtime/signal_unix.go:935
 3   0x00000000004419d4 in runtime.sigtrampgo
       at /root/.bin/go1.14/src/runtime/signal_unix.go:404
 4   0x000000000045d803 in runtime.sigtramp
       at /root/.bin/go1.14/src/runtime/sys_linux_amd64.s:389
 5   0x000000000045d8f0 in runtime.sigreturn
       at /root/.bin/go1.14/src/runtime/sys_linux_amd64.s:481
 6   0x0000000000442c5a in runtime.crash
       at /root/.bin/go1.14/src/runtime/signal_unix.go:813
 7   0x000000000042ee54 in runtime.fatalpanic
       at /root/.bin/go1.14/src/runtime/panic.go:1212
 8   0x000000000042e7f0 in runtime.gopanic
       at /root/.bin/go1.14/src/runtime/panic.go:1060
 9   0x00000000004429ea in runtime.panicmem
       at /root/.bin/go1.14/src/runtime/panic.go:212
10   0x00000000004429ea in runtime.sigpanic
       at /root/.bin/go1.14/src/runtime/signal_unix.go:687
11   0x000000000049142f in main.main
       at ./main.go:8
12   0x0000000000431222 in runtime.main
       at /root/.bin/go1.14/src/runtime/proc.go:203
13   0x000000000045b911 in runtime.goexit
       at /root/.bin/go1.14/src/runtime/asm_amd64.s:1373
(dlv)
```

通过 stack（简写为 bt）命令输出的函数调用栈多为 Go 运行时的函数，我们唯一熟悉的就是
main.main，于是，通过 frame 命令跳到 main.main 这个函数栈帧中：

```
(dlv) frame 11
> runtime.raise() /root/.bin/go1.14/src/runtime/sys_linux_amd64.s:165 (PC:
    0x45d4a1)
Warning: debugging optimized function
Frame 11: ./main.go:8 (PC: 49142f)
     3:     import "fmt"
     4:
     5:     func main() {
     6:             var p *int
     7:             p = nil
=>   8:             *p = 1
     9:             fmt.Println("program exit")
    10:     }
(dlv)
```

因为代码简单，这里我们一眼就能看出 => 所指的那一行代码存在的问题。如果代码复杂且
涉及函数调用较多，我们还可以继续通过 up 和 down 在各层函数栈帧中搜寻问题的原因。

3. 使用 Delve 挂接到正在运行的进程进行调试

在一些特定的情况下，我们可能需要对正在运行的 Go 应用进程进行调试。不过这类调试是

有较大风险的：调试器一旦成功挂接到正在运行的进程中，调试器就掌握了进程执行的指挥权，并且正在运行的 goroutine 都会暂停，等待调试器的进一步指令。因此，不到万不得已，请不要在生产环境中使用这种调试方法。

我们以 delve-demo2 为例简要说明一下通过 Delve 挂接到进程进行调试的方法。首先编译并运行 delve-demo2：

```
$cd delve-demo2
$go build github.com/bigwhite/delve-demo2/cmd/delve-demo2
$./delve-demo2
30
1048576
1048576
...
```

接下来，使用 delve attach 命令来切入 delve-demo2 应用正在运行的进程：

```
$ps -ef|grep delve-demo2
  501 75863 63197   0  3:33下午 ttys011    0:00.02 ./delve-demo2

$dlv attach 75863 ./delve-demo2
Type 'help' for list of commands.
(dlv)
```

Delve 一旦成功切入 delve-demo2 进程，delve-demo2 进程内的所有 goroutine 都将暂停运行，等待 Delve 的进一步指令。现在可以利用之前使用过的所有命令操作被调试进程了，比如查看 goroutine 列表、设置断点、在断点处暂停调试等。

```
(dlv) goroutines
  Goroutine 1 - User: $GOROOT/src/runtime/sema.go:56 sync.runtime_Semacquire
     (0x103f472)
  Goroutine 2 - User: $GOROOT/src/runtime/proc.go:305 runtime.gopark (0x1030f60)
  Goroutine 3 - User: $GOROOT/src/runtime/proc.go:305 runtime.gopark (0x1030f60)
  Goroutine 4 - User: $GOROOT/src/runtime/proc.go:305 runtime.gopark (0x1030f60)
  Goroutine 17 - User: $GOROOT/src/runtime/proc.go:305 runtime.gopark (0x1030f60)
  Goroutine 18 - User: $GOROOT/src/runtime/time.go:198 time.Sleep (0x104ba7a)
[6 goroutines]
(dlv) b b1 main.go:19
Breakpoint b1 set at 0x109d511 for main.main.func1() ./cmd/delve-demo2/main.
   go:19
(dlv) c
> [b1] main.main.func1() ./cmd/delve-demo2/main.go:19 (hits goroutine(18):1
   total:1) (PC: 0x109d511)
Warning: debugging optimized function
    14:            wg.Add(1)
    15:            go func() {
    16:                    for {
    17:                            d := 2
    18:                            e := 20
=>  19:                            f := bar.Bar(d, e)
    20:                            fmt.Println(f)
    21:                            time.Sleep(2 * time.Second)
```

```
22:                    }
23:                    wg.Done()
24:            }()
(dlv)
```

被调试的进程将在调试器的"指挥"下执行并在代码执行到 I/O 输出时向标准输出输出对应的变量值。

小结

Delve 的功能不限于上面的这些调试场景，比如 Delve 还支持调试单元测试代码（delve test）等。鉴于篇幅有限，这里不一一细说。另外 Delve 的单步调试使其非常适合做源码分析辅助工具，在 Delve 这柄"放大镜"面前，再深奥复杂的源码流程也会被看得一清二楚。

本条要点：

❏ 通过编译器、静态代码检查工具（linter）、编写单元测试等最佳实践尽量降低调试在整个开发过程中的比例；

❏ 通过编程语言内置的 print 语句辅助调试与采用专门的调试器调试代码是相辅相成的；

❏ 专门的调试器适用于与外部调试前端集成（编辑器插件、IDE、其他图形化前端）；

❏ 专门的调试器适用于对 core dump 文件的调试分析以及生产环境的挂接进程调试；

❏ 相比于 GDB，Delve 能更好地理解 Go 程序，并支持对 Go 并发程序、core 文件、在线挂接进程及单元测试的调试。

标准库、反射与 cgo

Go 拥有功能强大且质量上乘的标准库，多数情况我们仅使用标准库所提供的功能而不借助第三方库就可实现应用的大部分功能，这大幅降低学习成本以及代码依赖的管理成本。本部分将详细说明高频使用的标准库包，如 net/http、strings、bytes、time 等的正确使用方式，以及 reflect 包、cgo 在使用时的注意事项。

第 50 条

理解 Go TCP Socket 网络编程模型

Go 语言经过十多年的发展，得到了全世界开发者的广泛接纳和应用，其应用领域广泛，涵盖 Web 服务、数据库、网络编程、系统编程、DevOps、安全检测与管控、数据科学以及人工智能等。图 50-1 所示为 2019 年 Go 官方开发者调查中 Go 语言的应用领域的结果。

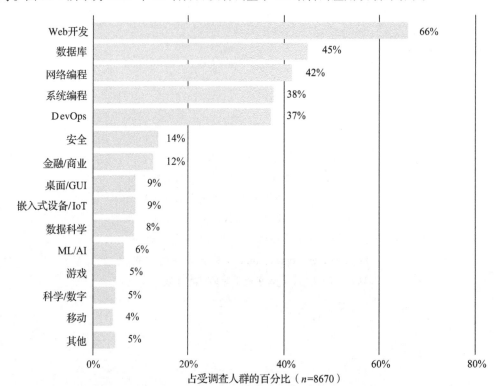

图 50-1　2019 年 Go 官方开发者调查之 Go 语言的应用领域

可以看到 Web 开发和网络编程分列第一、三名，这个应用领域数据分布与 Go 语言面向大规模分布式网络服务的设计初衷十分契合。

网络通信是服务端程序必不可少也是至关重要的一部分。在日常编程中，我们可以看到 Go 语言中的 net 包及其子目录下的包（如 http）均自带高频和刚需的主角光环。而基于 TCP Socket（套接字）的通信则是网络编程的主流，即便你没有直接用过 net 包中有关 TCP Socket 的函数 / 方法或接口，你也总用过 net/http 包。http 包实现的是 HTTP 这个应用层协议，其在传输层使用的依旧是 TCP Socket。

TCP Socket 编程是最常见的网络编程。在 POSIX 标准发布后，Socket 得到了各大主流操作系统平台的很好的支持。关于 TCP 编程，最好的资料莫过于 W. Richard Stevens 的网络编程"圣经"《UNIX 网络编程 卷 1：套接字联网 API（第 3 版）》了，该书对 TCP Socket 接口的各种使用方法、行为模式、异常处理进行了事无巨细的讲解。

Go 是自带运行时的跨平台编程语言，Go 中暴露给语言使用者的 TCP Socket 接口是建立在操作系统原生 TCP Socket 接口之上的。由于 Go 运行时调度的需要，Go 设计了一套适合自己的 TCP Socket 网络编程模型。在本条中我们就来理解一下这个模型，并了解在该模型下 Go TCP Socket 在各个场景下的使用方法、行为特点及注意事项。

50.1　TCP Socket 网络编程模型

自 TCP Socket 诞生以来，其网络编程模型（网络 I/O 模型）已几经演进。网络 I/O 模型定义的是应用线程与操作系统内核之间的交互行为模式。我们通常用阻塞（Blocking）和非阻塞（Non-Blocking）来描述网络 I/O 模型。不同标准对于网络 I/O 模型的说法有所不同，比如 POSIX.1 标准还定义了同步（Sync）和异步（Async）这两个术语来描述模型。

阻塞和非阻塞是以内核是否等数据全部就绪才返回（给发起系统调用的应用线程）来区分的。如果内核一直等到全部数据就绪才返回，则这种行为模式称为阻塞；如果内核查看数据就绪状态后，即便没有就绪也立即返回错误（给发起系统调用的应用线程），则这种行为模式称为非阻塞。

常用的网络 I/O 模型包括如下几种。

1. 阻塞 I/O 模型

阻塞 I/O 模型是最常用的模型，该模型下应用线程与操作系统内核之间的交互行为模式如图 50-2 所示。

我们看到在阻塞 I/O 模型下，在用户空间应用线程向操作系统内核发起 I/O 请求后（一般为操作系统提供的 I/O 系统调用），内核将尝试执行该 I/O 操作，并等所有数据就绪后，将数据从内核空间复制到用户空间，最后系统调用从内核空间返回。而在这期间，用户空间应用线程将阻塞在该 I/O 系统调用上，无法进行后续处理，只能等待。因此，在这样的模型下，所有 Socket 默认都是阻塞的。一个线程仅能处理一个网络连接上的数据通信。即便连接上没有数据，线程也只能阻塞在对 Socket 的读操作上，等待对端的数据。不过，虽然该模型对应用整体而言是低效的，但对开发人员来说，基于该模型开发网络通信应用却是最容易的。

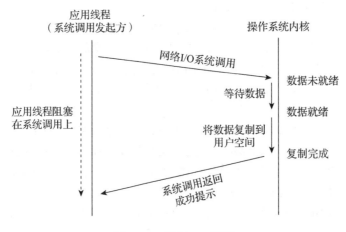

图 50-2 阻塞 I/O 模型

2. 非阻塞 I/O 模型

如图 50-3 所示，和阻塞 I/O 模型正好相反，在**非阻塞模型**下，在用户空间线程向操作系统内核发起 I/O 请求后，内核会执行该 I/O 操作。如果此刻数据尚未就绪，则会立即将"未就绪"的状态以错误码形式（如 EAGAIN/EWOULDBLOCK）返回给此次 I/O 系统调用的发起者。而后者则根据系统调用的返回状态决定下一步如何做。在非阻塞模型下，位于用户空间的 I/O 请求发起者通常会通过轮询的方式一次次发起 I/O 请求，直到读到所需的数据。不过，这样的轮询是对 CPU 计算资源的极大浪费，因此非阻塞 I/O 模型单独应用的比例并不高。阻塞的 Socket 默认可以通过 fcntl 调用转变为非阻塞 Socket。

3. I/O 多路复用模型

为了避免非阻塞 I/O 模型轮询对计算资源的浪费以及阻塞 I/O 模型的低效，开发人员开始首选 I/O 多路复用模型作为网络 I/O 模型。I/O 多路复用模型建立在操作系统提供的 select/poll 等多路复用函数（以及性能更好的 epoll 等函数）的基础上。在该模型下，应用线程与内核之间的交互行为模式如图 50-4 所示。

从图 50-4 中我们看到，在该模型下，应用线程首先将需要进行 I/O 操作的 Socket 都添加到多路复用函数中（这里以 select 为例），接着阻塞，等待 select 系统调用返回。当内核发现有数据到达时，对应的 Socket 具备通信条件，select 函数返回。然后用户线程针对该 Socket 再次发起网络 I/O 请求（如 read）。由于数据已就绪，因此即便 Socket 是阻塞的，第二次网络 I/O 操作也非常快。

阻塞模型一个线程仅能处理一个 Socket，而在 I/O 多路复用模型中，应用线程可以同时处理多个 Socket；虽然可同时处理多个 Socket，但 I/O 多路复用模型由内核实现可读 / 可写事件的通知，避免了非阻塞模型中轮询带来的 CPU 计算资源的浪费。

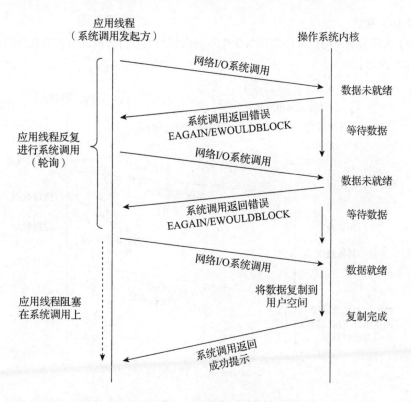

图 50-3　非阻塞 I/O 模型

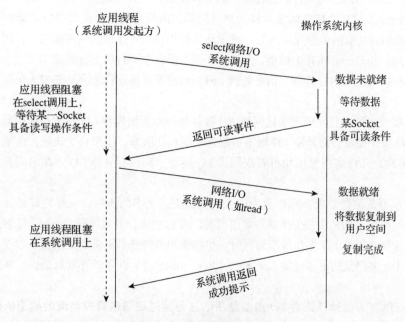

图 50-4　I/O 多路复用模型

4. 异步 I/O 模型

在异步 I/O 模型下，用户应用线程与操作系统内核的交互行为模式与在前几种模型下差异较大，如图 50-5 所示。

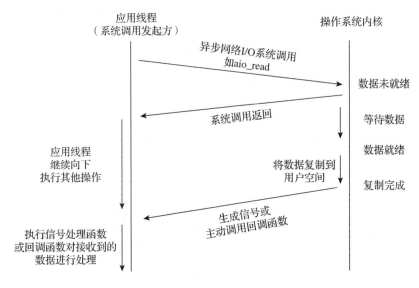

图 50-5 异步 I/O 模型

我们看到，用户应用线程发起异步 I/O 调用后，内核将启动等待数据的操作并马上返回。之后，用户应用线程可以继续执行其他操作，既无须阻塞，也无须轮询并再次发起 I/O 调用。在内核空间数据就绪并被从内核空间复制到用户空间后，内核会**主动**生成信号以驱动执行用户线程在异步 I/O 调用时注册的信号处理函数，或主动执行用户线程注册的回调函数，让用户线程完成对数据的处理。相较于上述几个模型，异步 I/O 模型受各个平台的支持程度不一，且使用起来复杂度较高，在如何进行内存管理、信号处理 / 回调函数等逻辑设计上会给开发人员带来不小的心智负担。

有些标准使用同步和异步来描述网络 I/O 操作模型。所谓**同步 I/O** 指的是能引起请求线程阻塞，直到 I/O 操作完成；而异步 I/O 则不引起请求线程的阻塞。按照这个说法，前面提到的阻塞 I/O、非阻塞 I/O、I/O 多路复用均可看成同步 I/O 模型，而只有异步 I/O 才是名副其实的"异步 I/O"模型。

伴随着模型的演进，服务程序愈发强大，可以支持更多的连接，获得更好的处理性能。目前主流网络服务器采用的多是 I/O 多路复用模型，有的也结合了多线程。不过 I/O **多路复用**模型在支持更多连接、提升 I/O 操作效率的同时，也给使用者带来了不低的复杂性，以至于出现了许多高性能的 I/O 多路复用框架（如 libevent、libev、libuv 等）以降低开发复杂性，减轻开发者的心智负担。

不过 Go 语言的设计者认为 I/O **多路复用**的这种**通过回调割裂控制流**的模型依旧复杂，且有悖于一般顺序的逻辑设计，为此他们结合 Go 语言的自身特点，将该"复杂性"隐藏在了 Go

运行时中。这样，在大多数情况下，Go 开发者无须关心 Socket 是不是阻塞的，也无须亲自将 Socket 文件描述符的回调函数注册到类似 select 这样的系统调用中，而只需在每个连接对应的 goroutine 中以最简单、最易用的**阻塞 I/O 模型**的方式进行 Socket 操作即可，这种设计大大减轻了网络应用开发人员的心智负担。

一个典型的 Go 网络服务端程序大致如下：

```
// chapter9/sources/go-tcpsock/server.go
func handleConn(c net.Conn) {
    defer c.Close()
    for {
        // 从连接上读取数据
        // ...
        // 向连接上写入数据
        // ...
    }
}

func main() {
    l, err := net.Listen("tcp", ":8888")
    if err != nil {
        fmt.Println("listen error:", err)
        return
    }

    for {
        c, err := l.Accept()
        if err != nil {
            fmt.Println("accept error:", err)
            break
        }
        // 启动一个新的goroutine处理这个新连接
        go handleConn(c)
    }
}
```

在 Go 程序的用户层（相对于 Go 运行时层）看来，goroutine 采用了"阻塞 I/O 模型"进行网络 I/O 操作，Socket 都是"阻塞"的。但实际上，这样的假象是 Go 运行时中的 netpoller（网络轮询器）通过 I/O **多路复用机制**模拟出来的，对应的底层操作系统 Socket 实际上是非阻塞的：

```
// $GOROOT/src/net/sock_cloexec.go
func sysSocket(family, sotype, proto int) (int, error) {
    ...
    if err = syscall.SetNonblock(s, true); err != nil {
        poll.CloseFunc(s)
        return -1, os.NewSyscallError("setnonblock", err)
    }
    ...
}
```

只是运行时拦截了针对底层 Socket 的系统调用返回的错误码，并通过 netpoller 和 goroutine 调度让 goroutine "阻塞"在用户层所看到的 Socket 描述符上。比如：当用户层针对某个 Socket 描述符发起 read 操作时，如果该 Socket 对应的连接上尚无数据，那么 Go 运行时会将该 Socket 描述符加入 netpoller 中监听，直到 Go 运行时收到该 Socket 数据可读的通知，Go 运行时才会重新唤醒等待在该 Socket 上准备读数据的那个 goroutine。而这个过程从 goroutine 的视角来看，就像是 read 操作一直阻塞在那个 Socket 描述符上似的。

　　Go 语言在 netpoller 中采用了 I/O 多路复用模型。考虑到最常见的多路复用系统调用 select 有比较多的限制，比如监听 Socket 的数量有上限（1024）、时间复杂度高等，Go 运行时选择了在不同操作系统上使用操作系统各自实现的高性能多路复用函数，比如 Linux 上的 epoll、Windows 上的 iocp、FreeBSD/macOS 上的 kqueue、Solaris 上的 event port 等，这样可以最大限度地提高 netpoller 的调度和执行性能。

50.2　TCP 连接的建立

　　众所周知，建立 TCP Socket 连接需要经历客户端和服务端的三次握手过程。在连接的建立过程中，服务端是一个标准的 Listen+Accept 的结构（可参考上面的代码），而在客户端 Go 语言使用 Dial 或 DialTimeout 函数发起连接建立请求。

　　Dial 在调用后将一直阻塞，直到连接建立成功或失败。

```
conn, err := net.Dial("tcp", "taobao.com:80")
if err != nil {
    // 处理错误
}
// 连接建立成功，可以进行读写操作
```

DialTimeout 是带有超时机制的 Dial：

```
conn, err := net.DialTimeout("tcp", "localhost:8080", 2 * time.Second)
if err != nil {
    // 处理错误
}
// 连接建立成功，可以进行读写操作
```

对于客户端而言，建立连接时可能会遇到如下几种情形。

1. 网络不可达或对方服务未启动
　　如果传给 Dial 的服务端地址是网络不可达的，或者服务地址中端口对应的服务并没有启动，端口未被监听（Listen），则 Dial 几乎会立即返回错误。我们用一个例子来说明一下：

```
// chapter9/sources/go-tcpsock/conn_establish/client1.go
...
func main() {
    log.Println("begin dial...")
    conn, err := net.Dial("tcp", ":8888")
    if err != nil {
        log.Println("dial error:", err)
        return
```

```
    }
    defer conn.Close()
    log.Println("dial ok")
}
```

如果本机 8888 端口没有服务程序监听，那么执行上面的程序，Dial 会很快返回错误：

```
$go run client1.go
2020/11/16 14:37:41 begin dial...
2020/11/16 14:37:41 dial error: dial tcp :8888: getsockopt: connection refused
```

2. 对方服务的 listen backlog 队列满了

还有一种场景是对方服务器很忙，瞬间有大量客户端尝试与服务端建立连接，服务端可能会出现 listen backlog 队列满了，接收连接（accept）不及时的情况，这将导致客户端的 Dial 调用阻塞。（通常，即便服务端不调用 accept 接收客户端连接，在 backlog 数量范围之内，客户端的连接操作也都是会成功的，因为新的连接已经加入服务端的内核 listen 队列中了，accept 操作只是从这个队列中取出一个连接而已。）我们还是通过例子来感受一下 Dial 的行为特点。下面是服务端示例代码：

```
// chapter9/sources/go-tcpsock/conn_establish/server2.go
...
func main() {
    l, err := net.Listen("tcp", ":8888")
    if err != nil {
        log.Println("error listen:", err)
        return
    }
    defer l.Close()
    log.Println("listen ok")

    var i int
    for {
        time.Sleep(time.Second * 10)
        if _, err := l.Accept(); err != nil {
            log.Println("accept error:", err)
            break
        }
        i++
        log.Printf("%d: accept a new connection\n", i)
    }
}
```

客户端示例代码如下：

```
// chapter9/sources/go-tcpsock/conn_establish/client2.go
...
func establishConn(i int) net.Conn {
    conn, err := net.Dial("tcp", ":8888")
    if err != nil {
        log.Printf("%d: dial error: %s", i, err)
```

```
            return nil
        }
        log.Println(i, ":connect to server ok")
        return conn
}

func main() {
        var sl []net.Conn
        for i := 1; i < 1000; i++ {
                conn := establishConn(i)
                if conn != nil {
                        sl = append(sl, conn)
                }
        }

        time.Sleep(time.Second * 10000)
}
```

从示例代码可以看出，服务端在调用 listen 成功后，每隔 10 秒钟接收（accept）一个连接，而客户端则是串行地尝试建立连接。这两个程序在 macOS（10.14.6）下的执行结果如下：

```
$go run server2.go
2020/11/16 21:55:41 listen ok
2020/11/16 21:55:51 1: accept a new connection
2020/11/16 21:56:01 2: accept a new connection
...

$go run client2.go
2020/11/16 21:55:44 1 :connect to server ok
2020/11/16 21:55:44 2 :connect to server ok
2020/11/16 21:55:44 3 :connect to server ok
...
2020/11/16 21:55:52 129 :connect to server ok
2020/11/16 21:56:03 130 :connect to server ok
2020/11/16 21:56:14 131 :connect to server ok
...
```

从上述输出结果可以看出，客户端初始时成功地一次性建立了 128 个连接，后续每阻塞近 10 秒才能成功建立一个连接。也就是说在服务端 backlog 满时（未及时执行 accept 操作），客户端将阻塞在 Dial 调用上，直到服务端执行一次 accept 操作（从 backlog 队列中腾出一个槽位）。至于为什么是 128，这与 macOS 下的默认设置有关：

```
$sysctl -a|grep kern.ipc.somaxconn
kern.ipc.somaxconn: 128
```

如果在 Ubuntu 18.04 上运行上述示例，客户端初始可以成功建立的最大连接数与系统中 net.ipv4.tcp_max_syn_backlog 的设置有关。

如果服务端一直不执行 accept 操作，那么客户端会一直阻塞吗？这里去掉服务端的 accept 后，在 macOS 下客户端会阻塞一分多钟才会返回超时错误：

```
2020/11/16 22:03:31 128 :connect to server ok
```

```
2020/11/16 22:04:48 129: dial error: dial tcp :8888: getsockopt: operation timed out
```

而如果服务端运行在 Ubuntu 18.04 上，客户端的 Dial 调用在两分多钟后提示超时错误。

3. 若网络延迟较大，Dial 将阻塞并超时

如果网络延迟较大，TCP 握手过程将更加艰难坎坷（经历各种丢包），时间消耗自然也会更长，Dial 此时会阻塞。如果经过长时间阻塞后依旧无法建立连接，那么 Dial 也会返回类似 "getsockopt: operation timed out" 的错误。

在连接建立阶段，多数情况下 Dial 是可以满足需求的，即便是阻塞一小会儿。但对于那些有严格的连接时间限定的 Go 应用，如果一定时间内没能成功建立连接，程序可能需要执行一段异常处理逻辑，为此我们就需要 DialTimeout 函数了。

下面的例子将连接的最长阻塞时间限定在 2 秒，如果超出这个时长，函数将返回超时错误：

```
// chapter9/sources/go-tcpsock/conn_establish/client3.go
...
func main() {
    log.Println("begin dial...")
    conn, err := net.DialTimeout("tcp", "105.236.176.96:80", 2*time.Second)
    if err != nil {
        log.Println("dial error:", err)
        return
    }
    defer conn.Close()
    log.Println("dial ok")
}
```

该示例的执行结果如下（需要模拟一个延迟较大的糟糕网络环境，注意不是不可达）：

```
$go run client3.go
2020/11/17 09:28:34 begin dial...
2020/11/17 09:28:36 dial error: dial tcp 105.236.176.96:80: i/o timeout
```

50.3　Socket 读写

连接建立起来后，我们就要在连接上进行读写以完成业务逻辑。前面说过，Go 运行时隐藏了 I/O 多路复用的复杂性。语言使用者只需采用 goroutine+ 阻塞 I/O 模型即可满足大部分场景需求。Dial 连接成功后会返回一个 net.Conn 接口类型的变量值，这个接口变量的底层类型为一个 *TCPConn：

```
//$GOROOT/src/net/tcpsock_posix.go
type TCPConn struct {
    conn
}
```

如下列代码所示，TCPConn 内嵌了一个非导出类型 conn，因此 "继承" 了 conn 类型的 Read 和 Write 方法，后续通过 Dial 函数返回值调用的 Write 和 Read 方法均是 net.conn 的方法：

```
//$GOROOT/src/net/net.go
type conn struct {
    fd *netFD
}

func (c *conn) ok() bool { return c != nil && c.fd != nil }

// 实现Conn接口

func (c *conn) Read(b []byte) (int, error) {
    if !c.ok() {
        return 0, syscall.EINVAL
    }
    n, err := c.fd.Read(b)
    if err != nil && err != io.EOF {
        err = &OpError{Op: "read", Net: c.fd.net, Source: c.fd.laddr,
            Addr: c.fd.raddr, Err: err}
    }
    return n, err
}

func (c *conn) Write(b []byte) (int, error) {
    if !c.ok() {
        return 0, syscall.EINVAL
    }
    n, err := c.fd.Write(b)
    if err != nil {
        err = &OpError{Op: "write", Net: c.fd.net, Source: c.fd.laddr,
            Addr: c.fd.raddr, Err: err}
    }
    return n, err
}
```

下面我们通过几个场景来总结一下 conn.Read 的行为特点。

1. Socket 中无数据

连接建立后，如果客户端未发送数据，服务端会阻塞在 Socket 的读操作上，这和前面提到的阻塞 I/O 模型的行为模式是一致的。执行该读操作的 goroutine 也会被挂起。Go 运行时会监视该 Socket，直到其有数据读事件才会重新调度该 Socket 对应的 goroutine 完成读操作。由于篇幅原因，这里就不放代码了，例子对应的代码文件是 go-tcpsock/read_write 下的 client1.go 和 server1.go。

2. Socket 中有部分数据

如果 Socket 中有部分数据就绪，且数据数量小于一次读操作所期望读出的数据长度，那么读操作将会成功读出这部分数据并返回，而不是等待期望长度数据全部读取后再返回。我们来看一下例子。

客户端代码:

```go
// chapter9/sources/go-tcpsock/read_write/client2.go
...
func main() {
    if len(os.Args) <= 1 {
        fmt.Println("usage: go run client2.go YOUR_CONTENT")
        return
    }
    log.Println("begin dial...")
    conn, err := net.Dial("tcp", ":8888")
    if err != nil {
        log.Println("dial error:", err)
        return
    }
    defer conn.Close()
    log.Println("dial ok")

    time.Sleep(time.Second * 2)
    data := os.Args[1]
    conn.Write([]byte(data))
    log.Println("send data ok")

    time.Sleep(time.Second * 10000)
}
```

服务端代码:

```go
// chapter9/sources/go-tcpsock/read_write/server2.go
...
func handleConn(c net.Conn) {
    defer c.Close()
    for {
        // 从连接上读取数据
        var buf = make([]byte, 10)
        log.Println("start to read from conn")
        n, err := c.Read(buf)
        if err != nil {
            log.Println("conn read error:", err)
            return
        }
        log.Printf("read %d bytes, content is %s\n", n, string(buf[:n]))
    }
}
...
```

我们通过 client2.go 向服务端发送 "hi":

```
$go run client2.go hi
2020/11/17 13:30:53 begin dial...
2020/11/17 13:30:53 dial ok
2020/11/17 13:30:55 send data ok

$go run server2.go
2020/11/17 13:33:45 accept a new connection
```

```
2020/11/17 13:33:45 start to read from conn
2020/11/17 13:33:47 read 2 bytes, content is hi
...
```

客户端在已经建立的连接上写入 2 字节数据（"hi"），服务端创建一个 len = 10 的切片作为接收数据的缓冲区，等待 Read 操作将读取的数据放入切片；服务端随后读取到那 2 字节数据 "hi"。Read 成功返回 n = 2, err = nil。

3. Socket 中有足够多的数据

如果连接上有数据，且数据长度大于或等于一次 Read 操作所期望读出的数据长度，那么 Read 将会成功读出这部分数据并返回。这个情景是最符合我们对 Read 的期待的：Read 在用连接上的数据将我们传入的切片缓冲区填满后返回 n = 10, err = nil。

我们通过 client2.go 向 Server2 发送如下内容：abcdefghij12345。执行结果如下：

```
$go run client2.go abcdefghij12345
2020/11/17 13:38:00 begin dial...
2020/11/17 13:38:00 dial ok
2020/11/17 13:38:02 send data ok

$go run server2.go
2020/11/17 13:38:00 accept a new connection
2020/11/17 13:38:00 start to read from conn
2020/11/17 13:38:02 read 10 bytes, content is abcdefghij
2020/11/17 13:38:02 start to read from conn
2020/11/17 13:38:02 read 5 bytes, content is 12345
```

客户端发送的内容长度为 15 字节，服务端传给 Read 的切片长度为 10，因此服务端执行一次 Read 只会读取 10 字节；网络上还剩 5 字节数据，服务端在再次读取时就会把剩余数据全部读出。

4. Socket 关闭

如果客户端主动关闭了 Socket，那么服务端的 Read 将会读到什么呢？这里要分**有数据关闭**和**无数据关闭**两种情况。

有数据关闭是指在客户端关闭连接（Socket）时，Socket 中还有服务端尚未读取的数据。我们在 go-tcpsock/read_write/client3.go 和 server3.go 中模拟这种情况。

服务端代码：

```
// chapter9/sources/go-tcpsock/read_write/server3.go
...
func handleConn(c net.Conn) {
    defer c.Close()
    for {
        // 从连接上读取数据
        time.Sleep(10 * time.Second)
        var buf = make([]byte, 10)
        log.Println("start to read from conn")
        n, err := c.Read(buf)
```

```
        if err != nil {
          log.Println("conn read error:", err)
          return
        }
        log.Printf("read %d bytes, content is %s\n", n, string(buf[:n]))
    }
}
```

运行 server3.go 和 client3.go，结果如下：

```
$go run client3.go hello
2020/11/17 13:50:57 begin dial...
2020/11/17 13:50:57 dial ok
2020/11/17 13:50:59 send data ok

$go run server3.go
2020/11/17 13:50:57 accept a new connection
2020/11/17 13:51:07 start to read from conn
2020/11/17 13:51:07 read 5 bytes, content is hello
2020/11/17 13:51:17 start to read from conn
2020/11/17 13:51:17 conn read error: EOF
```

从输出结果来看，在客户端关闭 Socket 并退出后，server3 依旧没有开始执行 Read 操作。10 秒后的第一次 Read 操作成功读出了 5 字节的数据；当执行第二次 Read 操作时，由于此时客户端已经关闭 Socket 并退出了，Read 返回了错误 EOF（代表连接断开）。

通过上面这个例子，我们可以大致猜测出无数据关闭情形下的结果，那就是服务端调用 Read 后直接返回 EOF。

5. 读操作超时

有些场合对读操作的阻塞时间有严格限制，在这种情况下，读操作的行为到底是什么样的呢？在返回超时错误时，是否也同时读出了一部分数据呢？这个实验比较难于模拟，下面的测试结果也未必能反映出所有可能的结果。笔者编写了 client4.go 和 server4.go 来模拟这一情形：

```
// chapter9/sources/go-tcpsock/read_write/client4.go
...
func main() {
    log.Println("begin dial...")
    conn, err := net.Dial("tcp", ":8888")
    if err != nil {
        log.Println("dial error:", err)
        return
    }
    defer conn.Close()
    log.Println("dial ok")

    data := make([]byte, 65536)
    conn.Write(data)
    log.Println("send data ok")

    time.Sleep(time.Second * 10000)
```

```
    }

// chapter9/sources/go-tcpsock/read_write/server4.go
...
func handleConn(c net.Conn) {
    defer c.Close()
    for {
        // 从连接上读取数据
        time.Sleep(10 * time.Second)
        var buf = make([]byte, 65536)
        log.Println("start to read from conn")
        c.SetReadDeadline(time.Now().Add(time.Microsecond * 10))
        n, err := c.Read(buf)
        if err != nil {
            log.Printf("conn read %d bytes,  error: %s", n, err)
            if nerr, ok := err.(net.Error); ok && nerr.Timeout() {
                continue
            }
            return
        }
        log.Printf("read %d bytes, content is %s\n", n, string(buf[:n]))
    }
}
```

在服务端，我们通过 Conn 类型的 SetReadDeadline 方法设置了 10 微秒的读超时时间。服务端的执行结果如下：

```
$go run server4.go

2020/11/17 14:21:17 accept a new connection
2020/11/17 14:21:27 start to read from conn
2020/11/17 14:21:27 conn read 0 bytes,  error: read tcp 127.0.0.1:8888->
    127.0.0.1:60970: i/o timeout
2020/11/17 14:21:37 start to read from conn
2020/11/17 14:21:37 read 65536 bytes, content is
```

虽然每次设置的都是 10 微秒超时，但结果不同：第一次读取超时，读出数据长度为 0；第二次成功读取所有数据，没有超时。反复执行了多次，没出现读出部分数据且返回超时错误的情况。

6. 成功写

前面的例子着重于读，客户端在调用 Write 时并未判断 Write 的返回值。所谓"成功写"指的就是 Write 调用返回的 n 与预期要写入的数据长度相等，且 error = nil。这是我们在调用 Write 时最常见的情形，这里不再举例了。

7. 写阻塞

TCP 通信连接两端的操作系统内核都会为该连接保留数据缓冲区，一端调用 Write 后，实际上数据是写入操作系统协议栈的数据缓冲区中的。TCP 是全双工通信，因此每个方向都有独立的数据缓冲区。当发送方将对方的接收缓冲区及自身的发送缓冲区都写满后，Write 调用就会阻塞。我们来看一个例子：

```go
// chapter9/sources/go-tcpsock/read_write/client5.go
...
func main() {
    log.Println("begin dial...")
    conn, err := net.Dial("tcp", ":8888")
    if err != nil {
        log.Println("dial error:", err)
        return
    }
    defer conn.Close()
    log.Println("dial ok")

    data := make([]byte, 65536)
    var total int
    for {
        n, err := conn.Write(data)
        if err != nil {
            total += n
            log.Printf("write %d bytes, error:%s\n", n, err)
            break
        }
        total += n
        log.Printf("write %d bytes this time, %d bytes in total\n", n, total)
    }

    log.Printf("write %d bytes in total\n", total)
    time.Sleep(time.Second * 10000)
}
```

```go
// chapter9/sources/go-tcpsock/read_write/server5.go
...
func handleConn(c net.Conn) {
    defer c.Close()
    time.Sleep(time.Second * 10)
    for {
        // 从连接上读取数据
        time.Sleep(5 * time.Second)
        var buf = make([]byte, 60000)
        log.Println("start to read from conn")
        n, err := c.Read(buf)
        if err != nil {
            log.Printf("conn read %d bytes,  error: %s", n, err)
            if nerr, ok := err.(net.Error); ok && nerr.Timeout() {
                continue
            }
        }

        log.Printf("read %d bytes, content is %s\n", n, string(buf[:n]))
    }
}
...
```

server5 在前 10 秒中并不读取数据，因此当 client5 一直调用 Write 尝试写入数据时，写到一定量后就会发生阻塞：

```
$go run client5.go

2020/11/17 14:57:33 begin dial...
2020/11/17 14:57:33 dial ok
2020/11/17 14:57:33 write 65536 bytes this time, 65536 bytes in total
2020/11/17 14:57:33 write 65536 bytes this time, 131072 bytes in total
2020/11/17 14:57:33 write 65536 bytes this time, 196608 bytes in total
2020/11/17 14:57:33 write 65536 bytes this time, 262144 bytes in total
2020/11/17 14:57:33 write 65536 bytes this time, 327680 bytes in total
2020/11/17 14:57:33 write 65536 bytes this time, 393216 bytes in total
2020/11/17 14:57:33 write 65536 bytes this time, 458752 bytes in total
2020/11/17 14:57:33 write 65536 bytes this time, 524288 bytes in total
2020/11/17 14:57:33 write 65536 bytes this time, 589824 bytes in total
2020/11/17 14:57:33 write 65536 bytes this time, 655360 bytes in total
```

在 macOS 上，这个数据量大约为 679 468 字节。后续当 server5 每隔 5 秒进行一次读操作时，内核 Socket 缓冲区腾出了空间，client5 就又可以写入了：

```
$go run server5.go
2020/11/17 15:07:01 accept a new connection
2020/11/17 15:07:16 start to read from conn
2020/11/17 15:07:16 read 60000 bytes, content is
2020/11/17 15:07:21 start to read from conn
2020/11/17 15:07:21 read 60000 bytes, content is
2020/11/17 15:07:26 start to read from conn
2020/11/17 15:07:26 read 60000 bytes, content is
...
```

客户端：

```
2020/11/17 15:07:01 write 65536 bytes this time, 720896 bytes in total
2020/11/17 15:07:06 write 65536 bytes this time, 786432 bytes in total
2020/11/17 15:07:16 write 65536 bytes this time, 851968 bytes in total
2020/11/17 15:07:16 write 65536 bytes this time, 917504 bytes in total
2020/11/17 15:07:27 write 65536 bytes this time, 983040 bytes in total
2020/11/17 15:07:27 write 65536 bytes this time, 1048576 bytes in total
...
```

8. 写入部分数据

Write 操作存在写入部分数据的情况，比如在上面的例子中，当 client5 输出日志停留在"write 65536 bytes this time, 655360 bytes in total"时，我们杀掉 server5，这时会看到 client5 输出以下日志：

```
...
2020/11/17 15:19:14 write 65536 bytes this time, 655360 bytes in total
2020/11/17 15:19:16 write 24108 bytes, error:write tcp 127.0.0.1:62245->
```

```
    127.0.0.1:8888: write: broken pipe
2020/11/17 15:19:16 write 679468 bytes in total
```

显然 Write 并不是在写入 655 360 字节时阻塞的，而是在又写入 24 108 字节后才发生阻塞。服务端 Socket 关闭后，我们看到客户端 client5 又写入 24 108 字节后才返回 broken pipe 错误，因此，程序需要考虑对这 24 108 字节数据进行特殊处理。

9. 写入超时

如果非要给 Write 增加一个期限，我们可以调用 SetWriteDeadline 方法。复制一份 client5.go 并命名为 client6.go，在 client6.go 的 Write 之前增加一行超时时间设置代码：

```
conn.SetWriteDeadline(time.Now().Add(time.Microsecond * 10))
```

启动 server6.go 和 client6.go，可以看到在写入超时的情况下 Write 的返回结果：

```
$go run client6.go
2020/11/17 15:26:34 begin dial...
2020/11/17 15:26:34 dial ok
2020/11/17 15:26:34 write 65536 bytes this time, 65536 bytes in total
...
2020/11/17 15:26:34 write 65536 bytes this time, 655360 bytes in total
2020/11/17 15:26:34 write 24108 bytes, error:write tcp 127.0.0.1:62325->
    127.0.0.1:8888: i/o timeout
2020/11/17 15:26:34 write 679468 bytes in total
```

可以看到在写入超时时，依旧存在**数据部分写入**的情况。

综合以上例子可知，虽然 Go 提供了阻塞 I/O 的便利，但在调用 Read 和 Write 时依旧要结合这两个方法返回的 n 和 err 的结果来做出正确处理。

10. goroutine 安全的并发读写

goroutine 的网络编程模型决定了存在不同 goroutine 间共享 conn 的情况，那么 conn 的读写是不是 goroutine 并发安全的呢？在深入探讨这个问题之前，我们先从应用的角度来看看并发 Read 操作和 Write 操作的 goroutine 安全的必要性。

对于 Read 操作而言，由于 TCP 是面向字节流的，conn.Read 无法正确区分数据的业务边界，因此多个 goroutine 对同一个 conn 进行 Read 操作的意义不大，goroutine 读到不完整的业务包反倒增加了业务处理的难度。

对于 Write 操作而言，倒是有多个 goroutine 并发写的情况。不过要测试 conn 读写是不是 goroutine 安全的并不容易，我们先深入研究一下运行时代码，从理论上为这个问题定个性。

net.conn 只是 *netFD 的外层包裹结构，最终 Write 和 Read 都会落在其中的 fd 字段上：

```
//$GOROOT/src/net/net.go
type conn struct {
    fd *netFD
}
```

netFD 在不同平台上有着不同的实现，这里以 net/fd_unix.go 中的 netFD 为例：

```
// $GOROOT/src/net/fd_unix.go
```

```
// 网络文件描述符
type netFD struct {
    // sysfd的锁，保证读写顺序进行
    fdmu fdMutex
    ...
}
```

我们看到 netFD 类型中包含一个运行时实现的 fdMutex 类型字段，从其注释来看，该 fdMutex 用来串行化对该 netFD 对应 sysfd 的 Write 和 Read 操作。也就是说，所有对 conn 的 Read 和 Write 操作都是由 fdMutex 来同步的。netFD 的 Read 和 Write 方法的实现也证实了这一点：

```go
// $GOROOT/src/net/fd_unix.go

func (fd *netFD) Read(p []byte) (n int, err error) {
    if err := fd.readLock(); err != nil {
        return 0, err
    }
    defer fd.readUnlock()
    if err := fd.pd.PrepareRead(); err != nil {
        return 0, err
    }
    for {
        n, err = syscall.Read(fd.sysfd, p)
        if err != nil {
            n = 0
            if err == syscall.EAGAIN {
                if err = fd.pd.WaitRead(); err == nil {
                    continue
                }
            }
        }
        err = fd.eofError(n, err)
        break
    }
    if _, ok := err.(syscall.Errno); ok {
        err = os.NewSyscallError("read", err)
    }
    return
}

func (fd *netFD) Write(p []byte) (nn int, err error) {
    if err := fd.writeLock(); err != nil {
        return 0, err
    }
    defer fd.writeUnlock()
    if err := fd.pd.PrepareWrite(); err != nil {
        return 0, err
    }
    for {
        var n int
```

```
      n, err = syscall.Write(fd.sysfd, p[nn:])
      if n > 0 {
          nn += n
      }
      if nn == len(p) {
          break
      }
      if err == syscall.EAGAIN {
          if err = fd.pd.WaitWrite(); err == nil {
              continue
          }
      }
      if err != nil {
          break
      }
      if n == 0 {
          err = io.ErrUnexpectedEOF
          break
      }
  }
  if _, ok := err.(syscall.Errno); ok {
      err = os.NewSyscallError("write", err)
  }
  return nn, err
}
```

每次 Write 操作都是受锁保护的，直到此次数据全部写完。因此在应用层面，要想保证多个 goroutine 在一个 conn 上的 Write 操作是安全的，需要让每一次 Write 操作完整地写入一个业务包。一旦将业务包的写入拆分为多次 Write 操作，就无法保证某个 goroutine 的某业务包数据在 conn 上发送的连续性。

同时可以看出，即便是 Read 操作，也是有锁保护的。多个 goroutine 对同一 conn 的并发读不会出现读出内容重叠的情况，但内容断点是依运行时调度来随机确定的。存在一个业务包数据三分之一的内容被 goroutine-1 读走，而另三分之二被 goroutine-2 读走的情况。比如一个完整数据包 "world"。当 goroutine 的读缓冲区长度小于 5 时，存在这样一种可能：一个 goroutine 读出 "worl"，而另一个 goroutine 读出 "d"。

50.4　Socket 属性

原生 Socket API 提供了丰富的 sockopt 设置接口，而 Go 有自己的网络编程模型。Go 提供的 socket options 接口也是基于上述模型的必要的属性设置，包括 SetKeepAlive、SetKeep-AlivePeriod、SetLinger、SetNoDelay（默认为 no delay）、SetWriteBuffer、SetReadBuffer。

不过上面的方法是 TCPConn 类型的，而不是 Conn 类型的。要使用上面的方法，需要进行类型断言（type assertion）操作：

```
tcpConn, ok := c.(*TCPConn)
```

```
if !ok {
    // 错误处理
}

tcpConn.SetNoDelay(true)
```

对于 listener 的监听 Socket，Go 默认设置了 SO_REUSEADDR，这样当你重启服务程序时，不会因为 address in use 的错误而重启失败。

50.5 关闭连接

和前面的方法相比，关闭连接算是十分简单的操作了。由于 Socket 是全双工的，客户端和服务端在己方已关闭 Socket 和对方已关闭 Socket 上操作的结果有所不同，看下面的例子：

```go
// chapter9/sources/go-tcpsock/conn_close/client1.go
...
func main() {
    log.Println("begin dial...")
    conn, err := net.Dial("tcp", ":8888")
    if err != nil {
        log.Println("dial error:", err)
        return
    }
    conn.Close()
    log.Println("close ok")

    var buf = make([]byte, 32)
    n, err := conn.Read(buf)
    if err != nil {
        log.Println("read error:", err)
    } else {
        log.Printf("read % bytes, content is %s\n", n, string(buf[:n]))
    }

    n, err = conn.Write(buf)
    if err != nil {
        log.Println("write error:", err)
    } else {
        log.Printf("write % bytes, content is %s\n", n, string(buf[:n]))
    }

    time.Sleep(time.Second * 1000)
}


// chapter9/sources/go-tcpsock/conn_close/server1.go
...
func handleConn(c net.Conn) {
    defer c.Close()

    // 从连接上读取数据
```

```
    var buf = make([]byte, 10)
    log.Println("start to read from conn")
    n, err := c.Read(buf)
    if err != nil {
        log.Println("conn read error:", err)
    } else {
        log.Printf("read %d bytes, content is %s\n", n, string(buf[:n]))
    }

    n, err = c.Write(buf)
    if err != nil {
        log.Println("conn write error:", err)
    } else {
        log.Printf("write %d bytes, content is %s\n", n, string(buf[:n]))
    }
}
...
```

上述例子的执行结果如下：

```
$go run server1.go
2020/11/17 17:00:51 accept a new connection
2020/11/17 17:00:51 start to read from conn
2020/11/17 17:00:51 conn read error: EOF
2020/11/17 17:00:51 write 10 bytes, content is

$go run client1.go
2020/11/17 17:00:51 begin dial...
2020/11/17 17:00:51 close ok
2020/11/17 17:00:51 read error: read tcp 127.0.0.1:64195->127.0.0.1:8888: use of
    closed network connection
2020/11/17 17:00:51 write error: write tcp 127.0.0.1:64195->127.0.0.1:8888: use
    of closed network connection
```

从 client1 的运行结果来看，在己方已经关闭的 Socket 上再进行 Read 和 Write 操作，会得到 "use of closed network connection" 的错误。而从 server1 的执行结果来看，在对方关闭的 Socket 上执行 Read 操作会得到 EOF 错误，但 Write 操作依然会成功，因为数据会成功写入己方的内核 Socket 缓冲区中，即便最终发不到对方的 Socket 缓冲区（因为己方 Socket 尚未关闭）。因此当发现对方 Socket 关闭时，己方应该正确处理自己的 Socket，再继续进行 Write 操作已经无任何意义了。

小结

在这一条中，我们学习了常见的网络 I/O 模型，了解了 Go 基于非阻塞 Socket+I/O 多路复用模型的网络编程模型的优点，包括降低通信复杂性，大幅减轻开发者的心智负担等，最后通过实例说明了在 Go 网络编程模型下，建立 TCP 连接、Socket 读写（包括并发读写）、Socket 属性设置及关闭连接的行为特点和注意事项。

第 51 条

使用 net/http 包实现安全通信

在上一条的开头，我们引用了 2019 年 Go 官方开发者调查中"Go 语言应用领域"这一调查项的结果。在这份结果中，**Web 开发**以 **66%** 的比例位居第一。Go 在 Web 开发领域的广泛应用得益于 Go 标准库内置了 net/http 包，使用该包我们用十几行代码就能快速实现一个"Hello, World!"级别的 Web 服务：

```
// chapter9/sources/go-https/hello_world_server.go
func main() {
    http.HandleFunc("/", func(w http.ResponseWriter, r *http.Request) {
        fmt.Fprintf(w, "Hello, World!\n")
    })
    http.ListenAndServe("localhost:8080", nil)
}
```

基于 net/http 包较高的开发效率以及 Go 程序优异的执行性能，Go Web 开发为 Go 社区吸引了大量来自 PHP、Python、Ruby 等语言阵营的开发者。

HTTP 协议是目前 Web 服务中使用**最广泛**的应用层协议。不过 HTTP 协议是采用**明文传输**的，在这样一个不安全的互联网世界里，采用 HTTP 协议传输的数据存在如下风险：

❑ 使用不加密的明文进行通信，内容可能会被窃听；

❑ 不验证通信方的身份，可能遭遇伪装；

❑ 无法证明报文的完整性，内容可能遭篡改。

因此 HTTP 协议显然不能满足现在站点或服务日益提高的安全要求。在这一条中，我们一起来看看基于标准库的 net/http 包如何实现互联网上的安全通信。

51.1　HTTPS：在安全传输层上运行的 HTTP 协议

运行一下上面 hello_world_server.go 的例子：

```
$go run hello_world_server.go
```

　　然后，打开 Chrome 浏览器，在地址栏中输入 http://localhost:8080 访问上面启动的 HTTP 服务，返回结果见图 51-1。

图 51-1　使用 HTTP 协议访问 Web 服务 1

　　我们看到浏览器页面正常显示了 Web 服务返回的 "Hello,World!" 内容。但 Chrome 浏览器在紧邻地址栏左侧的安全提示标识框中使用了ⓘ标识。点击该标识，我们看到浏览器给出了安全提示：**浏览器与 Web 服务之间建立的连接是不安全的**。

　　我们再使用该浏览器访问一下 GitHub 站点的 Go 项目主页 https://github.com/golang/go，图 51-2 是返回结果的页面截图。

图 51-2　使用 HTTPS 协议访问 Web 服务 2

　　我们看到与图 51-1 不同的是，访问 GitHub 站点后，Chrome 浏览器的安全提示标识框中是一把"小锁头"，这表明浏览器与 GitHub 站点之间建立的连接是**安全**的。而这条安全的连接是建构在 **HTTPS 协议**之上的。

　　HTTPS 协议就是用来解决传统 HTTP 协议明文传输不安全的问题的。与普通 HTTP 协议不同，HTTPS 协议在传输层（TCP 协议）和应用层（HTTP 协议）之间增加了一个**安全传输层**，如图 51-3 所示。

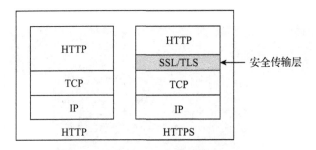

图 51-3　HTTP 和 HTTPS 的对比

采用 HTTPS 协议后，新网络协议栈在应用层和传输层之间新增了一个**安全传输层**。**安全传输层**通常采用 SSL（Secure Socket Layer）或 TLS（Transport Layer Security）协议实现（Go 标准库支持 TLS 1.3 版本协议）。这一层负责 HTTP 协议传输的内容加密、通信双方身份验证等。有了这一层后，HTTP 协议就摇身一变，成为拥有加密、证书身份验证和内容完整性保护功能的 HTTPS 协议了。或者反过来说，**HTTPS 协议就是在安全传输层上运行的 HTTP 协议**。

Go 标准库 net/http 包同样提供了对采用 HTTPS 协议的 Web 服务的支持。只需修改一行代码就能将上面示例中的那个基于 HTTP 协议的 Web 服务改为一个采用 HTTPS 协议的 Web 服务：

```go
// chapter9/sources/go-https/https_hello_world_server.go
func main() {
    http.HandleFunc("/", func(w http.ResponseWriter, r *http.Request) {
        fmt.Fprintf(w, "Hello, World!\n")
    })
    fmt.Println(http.ListenAndServeTLS("localhost:8081", "server.crt", "server.
        key", nil))
}
```

在这个示例中，我们仅用 http.ListenAndServeTLS 函数替换掉 http.ListenAndServe 就实现了将一个 HTTP Web 服务转换为一个 HTTPS Web 服务的目的。不过相比 ListenAndServe，ListenAndServeTLS 这个函数多了两个参数——certFile 和 keyFile：

```go
// $GOROOT/src/net/http/server.go
func ListenAndServeTLS(addr, certFile, keyFile string, handler Handler) error
```

certFile 和 keyFile 这两个参数是 http 包针对 HTTPS 协议进行内容加密、身份验证和内容完整性验证的前提（关于这两个参数的功能原理后续会有详细说明）。利用 openssl 工具可以生成该示例中 HTTPS Web 服务所需的 server.key 和 server.crt，并让这个示例中的服务运行起来，操作步骤如下：

```
$openssl genrsa -out server.key 2048
Generating RSA private key, 2048 bit long modulus
.........................................+++
```

```
...+++
e is 65537 (0x10001)

$openssl req -new -x509 -key server.key -out server.crt -days 365
```

执行该示例程序：

```
$go run https_hello_world_server.go
```

通过 Chrome 浏览器访问 https://localhost:8081，浏览器会显示⚠警告页面（因为我们使用的是自签名证书），如图 51-4 所示。

图 51-4　访问示例 HTTPS Web 服务，浏览器给出的警告页面

单击页面上的"高级"按钮，再单击"继续前往不安全页面"链接后，我们期望的"**Hello, World!**"**字样**的结果才会显示在结果页面上。

也可以使用 curl 工具验证这个 HTTPS Web 服务：

```
$curl -k https://localhost:8081
Hello, World!
```

注意，如果不加 -k 参数，curl 会报如下错误：

```
$curl https://localhost:8081
curl: (60) SSL certificate problem: self signed certificate
```

从 curl 的错误输出来看，报错的主要原因是示例中 HTTPS Web 服务所使用证书（server.crt）是我们自己生成的自签名证书，curl 使用测试环境系统中内置的各种数字证书授权机构的公钥证书无法对其进行验证。而 -k 选项则表示忽略对示例中 HTTPS Web 服务的服务端证书的校验。

51.2　HTTPS 安全传输层的工作机制

HTTPS 是建构在基于 SSL/TLS 协议实现的传输安全层之上的 HTTP 协议，也就是说，一旦通信双方在传输安全层上成功建立连接，那么后续的通信就和普通 HTTP 协议一样，只不过所有的 HTTP 协议数据经过安全层传输时都会被自动加密 / 解密。

安全传输层是整个 HTTPS 协议的核心，了解其工作机制对理解 HTTPS 协议至关重要。下面就来看看 HTTPS 的安全传输层是如何建立连接并进行数据通信的。

为了探究安全传输层连接的建立过程，我们通过 curl 命令再次访问上面的 HTTPS Web 示例服务，不过这次加上了 -v 参数，让 curl 输出更为详细的日志：

```
$curl -v -k https://127.0.0.1:8081
* Rebuilt URL to: https://127.0.0.1:8081/
*   Trying 127.0.0.1...
* TCP_NODELAY set
* Connected to 127.0.0.1 (127.0.0.1) port 8081 (#0)
* ALPN, offering h2
* ALPN, offering http/1.1
* Cipher selection: ALL:!EXPORT:!EXPORT40:!EXPORT56:!aNULL:!LOW:!RC4:@STRENGTH
* successfully set certificate verify locations:
*   CAfile: /etc/ssl/cert.pem
  CApath: none
* TLSv1.2 (OUT), TLS handshake, Client hello (1):
* TLSv1.2 (IN), TLS handshake, Server hello (2):
* TLSv1.2 (IN), TLS handshake, Certificate (11):
* TLSv1.2 (IN), TLS handshake, Server key exchange (12):
* TLSv1.2 (IN), TLS handshake, Server finished (14):
* TLSv1.2 (OUT), TLS handshake, Client key exchange (16):
* TLSv1.2 (OUT), TLS change cipher, Client hello (1):
* TLSv1.2 (OUT), TLS handshake, Finished (20):
* TLSv1.2 (IN), TLS change cipher, Client hello (1):
* TLSv1.2 (IN), TLS handshake, Finished (20):
* SSL connection using TLSv1.2 / ECDHE-RSA-AES128-GCM-SHA256
...
```

我们将上述 curl 命令（作为客户端）与 https_hello_world_server（作为服务端）的通信过程归纳为图 51-5。

安全传输层建立连接的过程也称为**"握手阶段"**（handshake）。从图 51-5 中可以看出，这个握手阶段涉及四轮通信，下面逐一简单说明。

（1）ClientHello（客户端 → 服务端）

客户端向服务端发出建立安全层传输连接，构建加密通信通道的请求。在这个请求中，客户端会向服务端提供本地最新 TLS 版本、支持的加密算法组合的集合（比如上面 curl 示例所建立的安全层传输会话最终选择的 ECDHE-RSA-AES128-GCM-SHA256 组合）以及随机数等。

（2）ServerHello & Server certificate &ServerKeyExchange（服务端 → 客户端）

这一轮通信分为三个重要步骤。

第一步，服务端收到客户端过来的 ClientHello 请求后，用客户端发来的信息与自己本地支持的 TLS 版本、加密算法组合的集合做比较，选出一个 TLS 版本和一个合适的加密算法组合，然后生成一个随机数，一起打包到 ServerHello 中返回给客户端。

第二步，服务器会将自己的**服务端公钥证书**发送给客户端（Server certificate），这个服务端公钥证书身兼两大职责：客户端对服务端身份的验证以及后续双方会话密钥的协商和生成。

图 51-5　HTTPS 安全传输层建立连接的过程

如果服务端要验证客户端身份（可选的），那么这里服务端还会发送一个 CertificateRequest 的请求给客户端，要求对客户端的公钥证书进行验证。

第三步，发送开启双方会话密钥协商的请求（ServerKeyExchange）。相比非对称加密算法，对称加密算法的性能要高出几个数量级，因此 HTTPS 在开始真正传输应用层的用户数据之前，选择了在非对称加密算法的帮助下协商一个基于对称加密算法的密钥。在密钥协商环节，通常会使用到 Diffie-Hellman（DH）密钥交换算法，这是一种密钥协商的协议，支持通信双方在不安全的通道上生成对称加密算法所需的共享密钥。因此，在这个步骤的请求中，服务端会向客户端发送密钥交换算法的相关参数信息。

最后，服务端以 Server Finished（又称为 ServerDone）作为该轮通信的结束标志。

（3）ClientKeyExchange & ClientChangeCipher & Finished（客户端 → 服务端）

客户端在收到服务端的公钥证书后会对服务端的身份进行验证（当然也可以选择不验证），如果验证失败，则此次安全传输层连接建立就会以失败告终。如果验证通过，那么客户端将从证书中提取出服务端的公钥，用于加密后续协商密钥时发送给服务端的信息。

如果服务端要求对客户端进行身份验证（接到服务端发送的 CertificateRequest 请求），那么客户端还需通过 ClientCertificate 将自己的公钥证书发送给服务端进行验证。

收到服务端对称加密共享密钥协商的请求后，客户端根据之前的随机数、确定的加密算法组合以及服务端发来的参数计算出最终的会话密钥，然后将服务端单独计算出会话密钥所需的信息用服务端的公钥加密后以 ClientKeyExchange 请求发送给服务端。

随后客户端用 ClientChangeCipher 通知服务端从现在开始发送的消息都是加密过的。

最后，伴随着 ClientChangeCipher 消息，总会有一个 Finished 消息来验证双方的对称加密共享密钥协商是否成功。其验证的方法就是通过协商好的新共享密钥和对称加密算法对一段特定内容进行加密，并以服务端是否能够正确解密该请求报文作为密钥协商成功与否的判定标准。而被加密的这段特定内容包含的是连接至今的全部报文内容。Finished 报文作为该轮通信的结束标志，也是客户端发出的第一条使用协商密钥加密的信息。

（4）ServerChangeCipher & Finished（服务端 → 客户端）

服务端收到客户端发过来的 ClientKeyExchange 中的参数后，也将单独计算出会话密钥。之后和客户端一样，服务端用 ServerChangeCipher 通知客户端从现在开始发送的消息都是加密过的。

最后，服务端用一个 Finished 消息跟在 ServerChangeCipher 后面，既用于标识该轮握手结束，也用于验证对方计算出来的共享密钥是否有效。这也是服务端发出的第一条使用协商密钥加密的信息。

一旦 HTTPS 安全传输层的连接成功建立起来，后续双方通信的内容（应用层的 HTTP 协议）就会在一个经过加密处理的**安全通道**中得以传输。

51.3 非对称加密和公钥证书

在上面 HTTPS 安全传输层连接的建立过程中，服务端的公钥证书在验证服务端身份以及辅助对称加密算法共享密钥的协商和生成方面起到了关键作用。

公钥证书（public-key certificate）是非对称加密体系的重要内容。所谓**非对称加密体系**，又称公钥加密体系，是和我们熟知的对称加密体系相对的，两者的对比见图 51-6。

从图 51-6 中我们看到：**对称加密**指的是通信双方使用一个**共享密钥**，该密钥既用于传输数据的加密（发送方），也用于数据的解密（接收方）；而**非对称加密**则指通信的每一方都有两个密钥，一个公钥（public key），一个私钥（private key）。通信的发送方（如图 51-6 中的 A）使用对方（如图 51-6 中的 B）的公钥对数据进行加密，数据接收方（如图 51-6 中 B）使用自己的私钥对数据进行解密。

对称加密和非对称加密**各有优缺点**。对称加密性能好，但密钥的保存、管理和分发存在较大安全风险；而非对称加密就是为了解决对称加密的密钥分发安全隐患而设计的。在非对称加密体系中，任何参与通信的一方都有两把密钥，一把是需要自己保存好的私钥，一把则是**对外公开的**、用于加密的公钥。以图 51-6 中的 A 为例，任何想与 A 通信的另一方都可以获取到 A 的公钥，并将通过这把公钥加密的消息发给 A。A 使用自己的私钥可以对收到的消息进行解密。由于公钥是公开的，因此其分发的安全风险显然要比对称加密低很多。不过，非对称加密的性能相较于对称加密要差很多，这也是在实际应用（比如 HTTPS 的传输安全层）中会将两种加密方式结合使用的原因。

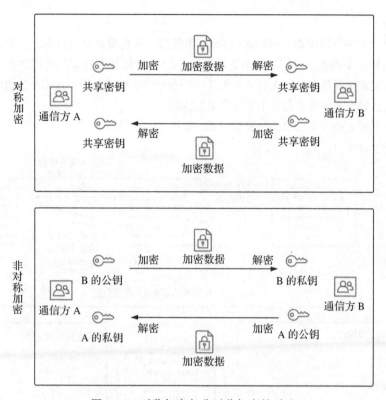

图 51-6　对称加密与非对称加密的对比

　　非对称加密体系的公钥是对外公开的，这大大降低了密钥分发的复杂性。但直接分发公钥信息仍然可能存在安全隐患。比如上面 HTTPS 协议安全传输层连接建立的过程中，如何保证 HTTPS 服务端发送给客户端的公钥信息没有被篡改呢？我们也看到了 HTTPS 建立连接的过程并非直接传输公钥信息，而是使用携带公钥信息的**数字证书**来保证公钥信息的正确性和完整性。

　　数字证书，被称为互联网上的"身份证"，用于唯一标识网络上的一个域名地址或一台服务器主机，这就好比我们日常生活中使用的"居民身份证"，用于唯一标识一个公民。服务端将包含公钥信息的数字证书传输给客户端，客户端如何校验这个证书的真伪呢？我们知道居民身份证是由国家统一制作和颁发的，个体公民向户口所在地公安机关申请办理。只有国家颁发的身份证才是具有法律效力的，在中国境内这个身份证都是有效和可被接纳的。大悦城的会员卡也是一种身份标识，但你不能用它去买机票，因为航空公司不认大悦城的会员卡，只认居民身份证。网站的证书也是同样的道理。一般来说，数字证书是从受信的权威证书授权机构（CA）买来的，当然也有免费的。一般浏览器或操作系统在出厂时就内置了诸多知名 CA（如 Verisign、GoDaddy、CNNIC 等）的公钥数字证书，这些 CA 的公钥证书可以用于验证这些 CA 机构为网站颁发的公钥证书。对于这些内置 CA 公钥证书无法识别的证书，浏览器就会报错，就像上面 Chrome 浏览器针对我们的那个自签名证书报错那样。

　　那么 **CA 的公钥证书是如何校验服务端公钥证书的有效性的呢？**这就涉及数字公钥证书到底

是什么的问题了。

我们可以通过浏览器中的"HTTPS/SSL 证书管理"来查看证书的内容。一般公钥证书都会包含站点的名称、主机名、公钥、证书签发机构（CA）名称和来自签发机构的签名等。我们重点关注来自签发机构的签名，因为对于公钥证书的校验方法就是使用本地 CA 公钥证书来验证来自通信对端的公钥证书中的签名是不是这个 CA 签的。

下面就来看看公钥证书的申请与校验过程，如图 51-7 所示。

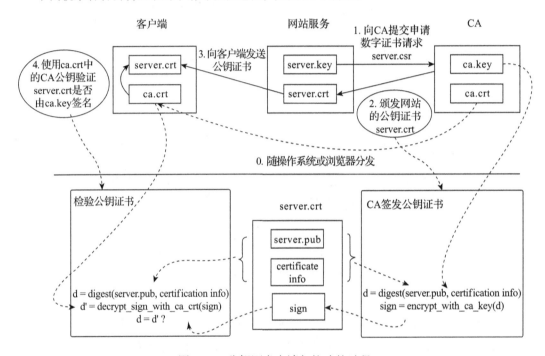

图 51-7　公钥证书申请与校验的过程

图 51-7 展示了"公钥证书申请"与"公钥证书校验"两个过程，我们分别来说明一下。

图 51-7 的右上部分展示的是"公钥证书申请"过程。如果某个互联网服务站点要启用 HTTPS 访问，那么它就需要向 CA 提交数字证书申请请求。这个请求以证书签名请求（Certificate Signing Request，CSR）文件的形式提供。通过 openssl 命令可以基于申请者的私钥生成证书签名请求文件。可以使用上面例子中的 server.key 来生成一个 server.csr 并查看其内容：

```
$openssl req -new -key server.key -subj "/CN=localhost" -out server.csr

$openssl req -in server.csr -noout -text
Certificate Request:
    Data:
        Version: 0 (0x0)
        Subject: CN=localhost
        Subject Public Key Info:
            Public Key Algorithm: rsaEncryption
```

```
                        Public-Key: (2048 bit)
                        Modulus:
                            00:b5:84:83:d3:10:48:fa:da:cd:dd:b4:5e:c8:47:
                            ...
                            48:c0:8f:e7:99:3b:1a:05:db:61:79:7e:7f:4b:33:
                            e9:f5
                        Exponent: 65537 (0x10001)
                Attributes:
                    a0:00
        Signature Algorithm: sha256WithRSAEncryption
            29:70:cc:aa:0f:3d:88:55:88:73:d6:03:07:e1:6d:18:f8:ba:
            ...
            ae:b1:34:b7:dc:7d:5b:1c:d1:1e:12:71:9f:ab:ff:aa:62:56:
            b4:bf:b2:29
```

我们看到 server.csr 内包含了证书申请人的信息，如国家、邮件、域名等，另一个重要信息就是申请者的公钥信息。

CA 收到客户的证书申请后，会按照标准数字证书规范生成该申请人的数字公钥证书。我们通过示例来演示一下 CA 签发证书的过程。首先创建一个模拟 CA。CA 的核心就是一个**私钥**以及由该私钥自签名的 **CA 公钥证书**（内置到操作系统和浏览器中分发）。这里通过 openssl 命令创建 CA 私钥（ca.key）及其公钥证书（ca.crt）：

```
$openssl genrsa -out ca.key 2040
Generating RSA private key, 2048 bit long modulus
.....................+++
...................+++
e is 65537 (0x10001)

$openssl req -x509 -new -nodes -key ca.key -subj "/CN=myca.com" -days 5000 -out
    ca.crt
```

接下来就可以用 ca.key 和 ca.crt 处理前面提交的数字证书申请请求（server.csr）了：

```
$openssl x509 -req -in server.csr -CA ca.crt -CAkey ca.key -CAcreateserial -out
    server-signed-by-ca.crt -days 5000
Signature ok
subject=/CN=localhost
Getting CA Private Key
```

生成的 server-signed-by-ca.crt 就是我们的 CA 为上面示例中的服务端（localhost）创建的公钥证书。这个证书格式符合 X509 数字证书基本规范。X509 证书由公钥和用户标识符组成，此外还包括版本号、证书序列号、CA 标识符、签名算法标识、签发者名称、证书有效期等信息。可以通过 openssl 命令查看生成的公钥证书文件：

```
$openssl x509 -in server-signed-by-ca.crt -noout -text
Certificate:
    Data:
        Version: 1 (0x0)
        Serial Number: 12186770843341339017 (0xa9201b838472b989)
    Signature Algorithm: sha1WithRSAEncryption
```

```
        Issuer: CN=myca.com
        Validity
            Not Before: Jun 10 14:24:39 2020 GMT
            Not After : Feb 17 14:24:39 2034 GMT
        Subject: CN=localhost
        Subject Public Key Info:
            Public Key Algorithm: rsaEncryption
                Public-Key: (2048 bit)
                Modulus:
                    00:b5:84:83:d3:10:48:fa:da:cd:dd:b4:5e:c8:47:
                    ...
                    48:c0:8f:e7:99:3b:1a:05:db:61:79:7e:7f:4b:33:
                    e9:f5
                Exponent: 65537 (0x10001)
    Signature Algorithm: sha1WithRSAEncryption
        05:e6:58:ff:94:89:f6:ea:05:ee:1a:2a:55:d8:0c:0c:2e:66:
        ...
        d7:b9:43:af:78:b0:2b:be:30:00:a0:49:a3:db:bb:c7:48:a5:
        1f:f5:a6:89
```

接下来了解一下客户端是如何通过内置的 ca.crt 对服务端下发的 server.crt 进行校验的。从上面 server-signed-by-ca.crt 的内容来看，其主要包含三部分：

❑ 服务端公钥（server.pub）；

❑ 证书相关属性信息，如域名、有效期等；

❑ 证书颁发机构的签名信息。

在这三部分信息中，**证书颁发机构的签名信息**在检验证书环节起到至关重要的作用。我们知道在非对称加密体系中，我们使用公钥对数据进行加密，使用私钥对数据进行解密。私钥和公钥还有另一个重要功能，那就是**验证信息来源与保证数据完整性**。而这一功能也恰**被用在对通信对方的公钥证书的校验**上了。当一对私钥和公钥被用于验证信息来源以及保证数据完整性时，我们**使用私钥对数据（或数据摘要）进行签名（加密），然后用公钥对签过名的数据进行校验（解密）**。这样一个签名和校验的过程，同样可以用 openssl 工具来演示。

首先创建一个待签名的数据文件 hello.txt，接着使用 ca.key 对其进行签名，生成签名后的数据文件为 hello.signed，然后使用 ca.crt 对 hello.signed 进行检验（解密），校验后的结果文件为 hello.verify。如果一切顺利，hello.verify 应该与 hello.txt 一模一样：

```
$echo "hello,world" > hello.txt

$openssl rsautl -sign -in hello.txt -inkey ca.key -out hello.signed
$openssl rsautl -verify -in hello.signed -inkey ca.crt -certin -out hello.verify

$cat hello.verify
hello,world
```

也可以直接使用 openssl 命令来查看 ca.crt 对 server-signed-by-ca.crt 的验证结果：

```
$openssl verify -CAfile ca.crt server-signed-by-ca.crt
server-signed-by-ca.crt: OK
```

server-signed-by-ca.crt 公钥证书中签名信息的由来与 hello.signed 大同小异。公钥证书中的签名信息就是使用 ca.key 对证书中公钥信息与证书属性信息的摘要信息（这里使用 sha1 算法制作摘要）进行加密而得来的：

```
d = digest(server.pub, certificate info) // server.pub为公钥信息
sign = encrypt_with_ca_key(d)   // 使用ca.key对d进行加密（签名）
```

这样当客户端使用 ca.crt 对服务端发来的公钥证书进行校验时，客户端会直接使用 ca.crt 中的公钥对公钥证书中的签名信息进行解密：

```
d' = decrypt_with_ca_crt(sign)
```

然后用解密得到的 d' 与使用相同摘要算法对证书中公钥信息与证书属性信息进行摘要计算后的结果 d 进行比较，如果一致，则说明证书校验通过；否则，证书校验失败。一旦签名校验通过，我们因为信任这个 CA（的公钥证书），所以信任这个服务端证书。由此也可以看出，CA 机构的最大资本就是其信用度。通过对证书签名信息的校验可以保证证书内容未被中途篡改，同时也确定了证书归属（可与我们访问的站点对比，如果一致，则说明是安全的）。

51.4　对服务端公钥证书的校验

有了 CA 的公钥证书 ca.crt，也有了 CA 签发的服务端证书 server-signed-by-ca.crt，我们来用 Go 实现一下客户端对服务端公钥证书的校验。

创建一个新的 HTTPS Web 服务，该服务使用我们通过 CA 新签发的证书 server-signed-by-ca.crt：

```
// chapter9/sources/go-https/verify-server-cert/hello_world_server.go
...
func main() {
    http.HandleFunc("/", func(w http.ResponseWriter, r *http.Request) {
        fmt.Fprintf(w, "Hello, World!\n")
    })
    fmt.Println(http.ListenAndServeTLS("localhost:8081",
        "../server-signed-by-ca.crt",
        "../server.key", nil))
}
```

启动该服务端：

```
$ cd go-https/verify-server-cert
$go run hello_world_server.go
```

现在创建一个客户端，尝试访问上述服务端：

```
// chapter9/sources/go-https/verify-server-cert/client_without_cacert.go
...
func main() {
    resp, err := http.Get("https://localhost:8081")
    if err != nil {
```

```
        fmt.Println("error:", err)
        return
    }
    defer resp.Body.Close()
    body, err := ioutil.ReadAll(resp.Body)
    fmt.Println(string(body))
}
```

在这一版客户端里，我们没有定制客户端，而是直接使用 net/http 包的 Get 函数来尝试访问上面的服务端。这样实现的客户端默认情况下会对服务端的证书进行检验。运行该客户端：

```
$go run client_without_cacert.go
error: Get "https://localhost:8081": x509: certificate signed by unknown
    authority
```

我们看到，客户端输出了一段错误日志。这段日志的意思是，**服务端发过来的服务端公钥证书的签发者是一个未知的 CA**。也就是说，客户端在对服务端证书进行校验时，在本地环境中没有找到签发该证书的那个 CA。

如果客户端信任这个服务端，可以忽略对服务端证书的校验：

```
// chapter9/sources/go-https/verify-server-cert/client_skip_verify.go
...
func main() {
    tr := &http.Transport{
        TLSClientConfig: &tls.Config{InsecureSkipVerify: true},
    }
    client := &http.Client{Transport: tr}
    resp, err := client.Get("https://localhost:8081")

    if err != nil {
        fmt.Println("error:", err)
        return
    }
    defer resp.Body.Close()
    body, err := ioutil.ReadAll(resp.Body)
    fmt.Println(string(body))
}
```

在这第二版的客户端代码中，我们没有再直接使用 http.Get，而是定义了一个 http.Client 类型的变量 client 来代表客户端。在初始化该 client 的结构时，我们将其内部的 Transport 字段设置为一个忽略证书检查的 http.Transport 实例。这样我们运行这个客户端就可以成功得到服务端的应答数据：

```
$go run client_skip_verify.go
Hello, World!
```

不过大多数时候，我们是要对服务端证书进行检验的，这时我们就需要让客户端知晓并加载 CA 的公钥证书。下面的代码演示了如何在客户端加载 CA 公钥证书：

```
// chapter9/sources/go-https/verify-server-cert/client_verify_by_cacert.go
```

```
func main() {
    pool := x509.NewCertPool()
    caCertPath := "../ca.crt"

    caCrt, err := ioutil.ReadFile(caCertPath)
    if err != nil {
        fmt.Println("ReadFile err:", err)
        return
    }
    pool.AppendCertsFromPEM(caCrt)

    tr := &http.Transport{
        TLSClientConfig: &tls.Config{RootCAs: pool},
    }
    client := &http.Client{Transport: tr}
    resp, err := client.Get("https://localhost:8081")
    if err != nil {
        fmt.Println("Get error:", err)
        return
    }
    defer resp.Body.Close()
    body, err := ioutil.ReadAll(resp.Body)
    fmt.Println(string(body))
}
```

上面这版客户端代码创建了一个 x509.CertPool 实例（公钥证书池），并将我们的 CA 公钥证书添加到该证书池实例中，然后将这个公钥证书池实例赋值给我们新建的 http.Client 实例的 TLSClientConfig 属性的 RootCAs 字段。

运行这个版本的客户端：

```
$go run client_verify_by_cacert.go
Hello, World!
```

我们看到客户端使用 CA 的公钥证书成功对服务端发送的公钥证书进行了校验并输出了服务端的应答结果。

也可以将自签名的 CA 公钥证书导入系统 CA 证书存储目录下。如图 51-8 所示，在 macOS 下，我们可以使用 "钥匙串访问" 导入 ca.crt（其他主流操作系统都有自己的导入数字证书的方法）。导入后，在 "信任" → "使用此证书时" 的下拉选项中选择 "始终信任"。

这样，我们就无须再显式地为客户端传入 ca.crt 了。再运行一下使用默认 http.Get 函数访问服务端的那一版客户端实现：

```
$cd go-https/verify-server-cert
$go run client_without_cacert.go
Hello, World!
```

这次，client_without_cacert 使用上面导入的、位于系统默认位置的 ca.crt 对服务端的证书进行了成功校验，并顺利打印出服务端的返回应答。

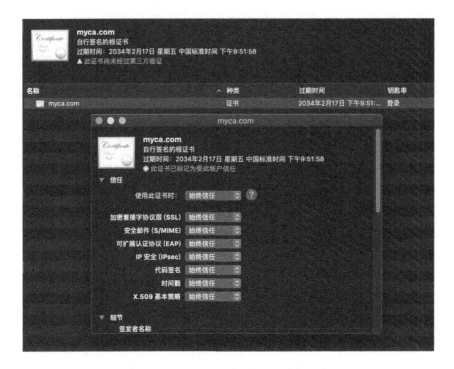

图 51-8　macOS 下导入的 CA 公钥证书

51.5　对客户端公钥证书的校验

在一些对安全要求十分严格的场景下（比如金融服务），服务端也可以要求对客户端的公钥
证书进行校验，以更严格地识别客户端的身份，限制不合法身份的客户端访问。

要对客户端公钥证书进行校验，首先客户端需要有自己的证书，这里我们仍然使用上面的
CA 作为我们的客户端签发证书。

```
$openssl genrsa -out client.key 2048
Generating RSA private key, 2048 bit long modulus
.....................+++
.....................+++
e is 65537 (0x10001)
$openssl req -new -key client.key -subj "/CN=tonybai" -out client.csr
$openssl x509 -req -in client.csr -CA ca.crt -CAkey ca.key -CAcreateserial -out
client.crt -days 5000
Signature ok
subject=/CN=tonybai_cn
Getting CA Private Key
```

接下来改造我们的程序（改造之前先将上面的 ca.crt 从操作系统钥匙串访问中移除），首先
是服务端。服务端需要增加校验客户端公钥证书的设置，并加载用于校验公钥证书的 ca.crt：

```
// chapter9/sources/go-https/verify-dual-cert/hello_world_server.go
```

```
...
func main() {
    pool := x509.NewCertPool()
    caCertPath := "../ca.crt"

    caCrt, err := ioutil.ReadFile(caCertPath)
    if err != nil {
        fmt.Println("ReadFile err:", err)
        return
    }
    pool.AppendCertsFromPEM(caCrt)

    s := &http.Server{
        Addr: "localhost:8081",
        Handler: http.HandlerFunc(func(w http.ResponseWriter, r *http.Request) {
            fmt.Fprintf(w, "Hello, World!\n")
        }),
        TLSConfig: &tls.Config{
            ClientCAs:  pool,
            ClientAuth: tls.RequireAndVerifyClientCert,
        },
    }

    fmt.Println(s.ListenAndServeTLS("../server-signed-by-ca.crt",
        "../server.key"))
}
```

上面新版服务端的代码通过将 tls.Config.ClientAuth 赋值为 tls.RequireAndVerifyClientCert 来实现服务端强制校验客户端证书。ClientCAs 是用来存储校验客户端证书的 CA 公钥证书的池。

将上面服务端运行起来，并使用前面示例中的 client_verify_by_cacert.go 这版客户端访问这版服务：

```
$go run client_verify_by_cacert.go
Get error: Get "https://localhost:8081": remote error: tls: bad certificate
```

我们看到客户端报错了。而服务端出现了下面的错误日志：

```
2020/06/11 10:47:53 http: TLS handshake error from 127.0.0.1:63047: tls: client
    didn't provide a certificate
```

服务端的错误日志很明显地指出了问题缘由：**客户端没有按照服务端的要求提供公钥证书。** 下面我们就来实现一版提供客户端公钥证书的客户端：

```
// chapter9/sources/go-https/verify-dual-cert/client_provide_cert.go
...
func main() {
    pool := x509.NewCertPool()
    caCertPath := "../ca.crt"

    caCrt, err := ioutil.ReadFile(caCertPath)
    if err != nil {
        fmt.Println("ReadFile err:", err)
        return
    }
```

```
pool.AppendCertsFromPEM(caCrt)

cliCrt, err := tls.LoadX509KeyPair("../client.crt", "../client.key")
if err != nil {
    fmt.Println("Loadx509keypair err:", err)
    return
}

tr := &http.Transport{
    TLSClientConfig: &tls.Config{
        RootCAs:      pool,
        Certificates: []tls.Certificate{cliCrt},
    },
}

client := &http.Client{Transport: tr}
resp, err := client.Get("https://localhost:8081")
if err != nil {
    fmt.Println("Get error:", err)
    return
}
defer resp.Body.Close()
body, err := ioutil.ReadAll(resp.Body)
fmt.Println(string(body))
}
```

　　和之前的 client_verify_by_cacert.go 相比，这一版客户端增加了对 client.crt 和 client.key 的加载代码，并通过 tls.Config.Certificates 字段将客户端证书内容传给 http.Client。运行一下这版客户端：

```
$go run client_provide_cert.go
Hello, World!
```

　　我们看到服务端成功地校验了客户端提供的公钥证书，也就是说在这个示例中我们实现了**双向公钥证书校验**。

小结

　　在本条中，我们了解了如何利用 Go 标准库提供的 net/http、crypto/tls 及 crypto/x509 等包建立一条安全的 HTTPS 协议通信通道。

　　本条要点：

❏ 了解 HTTP 协议的优点与不足；

❏ 了解 HTTPS 协议安全传输层的建立过程；

❏ 理解非对称加密体系以及数字证书的组成与功用；

❏ 数字证书就是使用 CA 私钥对证书申请者的公钥和证书相关信息进行签名后的满足标准证书格式的信息；

❏ 了解如何使用 Go 实现对服务端和客户端证书的双向校验。

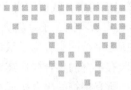

掌握字符集的原理和字符编码
方案间的转换

Go 语言源码默认使用 Unicode 字符集，并采用 UTF-8 编码方案，Go 还提供了 rune 原生类型来表示 Unicode 字符。在大多数情况下，你并不需要深入了解字符集和字符编码方案，但在涉及不同字符集间的转换或同一字符集的不同编码方案之间的转换时，了解字符集原理及字符编码方案就显得非常有必要了。在这一条中，我们就来深入学习一下字符集原理、Go 中的 Unicode 字符表示以及如何使用 Go 进行字符编码方案间的转换。

52.1 字符与字符集

计算机**字符**是我们在平时编程过程中最常见的元素。在最初接触计算机或者接受计算机教育的时候，我们被告知，**计算机能识别的只有 010101…010 这样的二进制数据**。早期人类与计算机的交互也是用的**二进制方式**：通过扳动计算机庞大面板上的无数个开关来向计算机输入（二进制）信息，或者使用打孔卡片来向计算机输入（二进制）指令和数据。

为了提高与计算机交互（指令与数据的输入 / 输出）的效率，计算机工程师发明了汇编语言、高级语言，人们与计算机之间的操作界面不再是面板开关或读卡器，而是由终端与键盘组成的**新人机操作界面**。在使用这些中高级语言编写程序时，程序员直接操作的不再是二进制数据，而是由计算机编码表示的代表人类自然语言符号的**字符**（Character）。当向计算机输入指令或数据时，翻译程序会将**字符**翻译为计算机能识别的二进制数据；当从计算机读取数据时，字符驱动程序会将二进制数据翻译为**字符**并显示在终端上。

那么在计算机中是如何表示这些字符的呢？计算机中数据存储和传输都使用的是比特（bit），**因此字符也是用比特来表示的**。接下来的问题就是究竟用多少比特来表示一个字符呢？这就变成确定编码空间的问题了。要确定编码空间，就要知道在计算机中要使用的字符总数是多少，

而所有这些字符组成的集合就被称为（计算机）**字符集**。显然，不同国家、地域、行业等使用的
字符和字符总数会有所不同，于是就会存在多种字符集，比如：

- ❏ 汉语中所有字符的集合构成**汉语字符集**；
- ❏ 英语中所有字符的集合构成**英语字符集**；
- ❏ 拉丁语中所有字符的集合构成**拉丁语字符集**；
- ❏ 日语中所有字符的集合构成**日语字符集**。

由于要编码（encode）的字符集不同（字符不同，字符总数也不同），不同国家在设计适合
自己的字符集的编码时所采用的编码空间和编码方式也都各不相同。比如：当年美国人在做字
符集编码设计时将字符集的编码空间设定为：**所有能用到的有现实意义的字符不超过 256 个**。
当时美国人只用到了 128 个字符，预留 128 个备用，而要表示这 256 个字符的字符集，用 8 比
特就够了，这就是举世闻名的**美国标准信息交换代码**（American Standard Code for Information
Interchange, ASCII 码）。而这 8 比特恰好与计算机中的基本存储数据单元——**字节**的比特数相
同，这样一字节就恰好可以表示 ASCII 字符集中的一个字符。

计算机字符集中的每个字符都有两个属性：**码点**（code point）和表示这个码点的内存编码
（位模式，表示这个字符码点的二进制比特串）。所谓码点（这里借用了 Unicode 字符集中码点的
概念）是指将字符集中所有字符"排成一队"，字符在队伍中的唯一序号值。以 ASCII 字符集中
的字符为例，见表 52-1。

表 52-1 ASCII 字符集中字符的码点与内存编码

码点（十进制）	字符	含义	内存编码表示（位模式，二进制）
0	（不可见）	空字符	0000 0000
……	……	……	……
65	A	字母 A	0100 0001
66	B	字母 B	0100 0010
67	C	字母 C	0100 0011
……	……	……	……
127	（不可见）	DEL	1111 1111

我们看到，ASCII 字符集中每个字符的码点与其内存编码表示是一致的。例如：ASCII 字符
A 在 ASCII 码表中的码点（序号）为 65，其内存编码值也为 0100 0001（对应十进制的 65）。

但是对于非英语国家，如中日韩等亚洲国家来说，ASCII 字符集是远远不能满足需要的。中
华文明源远流长，上下五千年积淀下来的文明怎是 ASCII 字符集这 128 个字符所能表达的。我
们也要制定自己的计算机字符集。同样日本、韩国也都是这么做的。这样一来，世界范围内就
多了 GB18030、BIG5、SHIFT_JIS 等在某个国家或地区使用的本地化字符集编码标准。

每个国家和地区都使用自己的字符集标准，如果仅限于国家和地区内部传播和使用，这当然
是没有问题的。但互联网的飞速发展促进了全球化的交流，数据开始在全球各个国家和地区存储、
传输、交换和展示。当一个网民使用采用繁体汉字 BIG5 字符集标准的浏览器浏览一家位于中国
上海的使用简体汉字 GB18030 字符集存储和传输数据的网站时，**乱码问题便出现了**！假设该网站

上的某篇科普文章中包含"地球"这两个简体汉字，该网站在存储和传输这两个汉字时使用的是 GB18030 字符集编码，其位模式分别为 0xB5D8 和 0xC7F2。当这 4 字节数据被传输并加载到采用 BIG5 字符集标准的浏览器中时，浏览器会根据 BIG5 字符集编码标准将 0xB5D8 和 0xC7F2 这两个位模式分别翻译为"華"和"⑩"，这样这篇文章的语义就被完全破坏掉了，如图 52-1 所示。

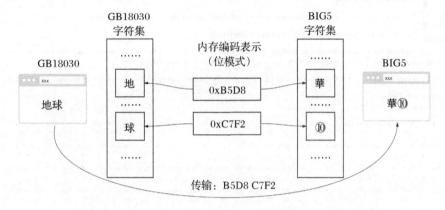

图 52-1　同一内存编码表示对应不同字符集中的不同字符

我们看到，乱码的主要原因是**字符集不兼容**，即一个内存编码表示（位模式）在不同的字符集中对应的是不同的字符。这种不兼容的情况在一段时间内长期存在，导致因字符集不兼容造成的传输、处理、呈现、存储等问题时常发生，严重掣肘了不同国家和地区人们的交流与信息交换。

52.2　Unicode 字符集的诞生与 UTF-8 编码方案

直到 Unicode（万国码 / 统一码）在 1994 年发布，人类才终于有了以收纳人类所有字符为目的的统一字符集。Unicode 是 Universal Multiple-Octet Coded Character Set 的缩写，其中文含义是**"通用多字节编码字符集"**。它是由一个名为 Unicode 学会（Unicode Consortium）的机构制定的字符集系统。

Unicode 字符集致力于为全世界现存的每种语言中的每个字符分配一个统一且唯一的字符编号，以满足跨语言、跨平台进行文本数据交换、处理、存储和显示的需求，使世界范围的人们可以毫无障碍地通过计算机进行沟通。更直白地说，Unicode 字符集就是将世界上存在的绝大多数常用字符进行统一排队和编号的结果。图 52-2 是 Unicode 字符集码点表的示意图。

我们看到这个表中有两列：序号和字符。**序号**就是为全世界所有语言文字的符号分配的唯一编号。序号的范围从 0x000000 到 0x10FFFF，一共可以容纳 110 多万个字符，这个序号也被称为 Unicode **码点**。第二列的字符就称为" Unicode

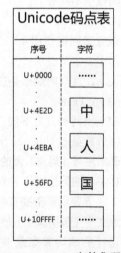

图 52-2　Unicode 字符集码点表

字符"。考虑到与目前使用最多也是最基础的 ASCII 字符集的码点兼容性，Unicode 的前 128 个码点与 ASCII 字符码点是一一对应的，如图 52-3 所示。

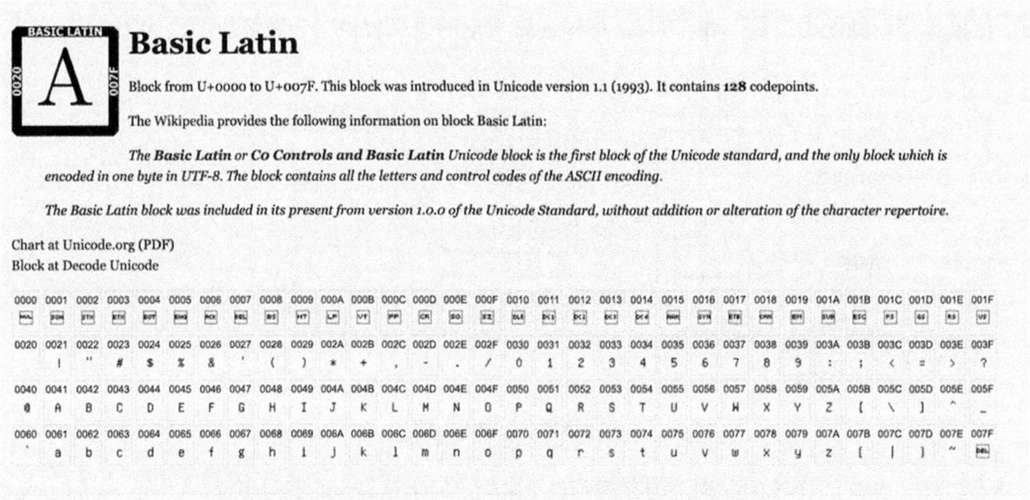

图 52-3　拉丁字符对应的 Unicode 表段，即与 ASCII 字符集兼容的前 128 个码点

现在 Unicode 字符集的码点表有了，我们还需知道每个码点在计算机中的内存编码表示（位模式）。我们知道 ASCII 字符集的内存编码表示（位模式）使用的是与其字符码点相同的数值，那么 Unicode 采用的是什么内存编码表示方案呢？答案是**方案不唯一**。目前较为常用的有三种。

（1）UTF-16

该方案使用 2 或 4 字节表示每个 Unicode 字符码点。它的优点是编解码简单，因为所有字符都用偶数字节表示；其不足也很明显，比如存在字节序问题、不兼容 ASCII 字符内存表示以及空间效率不高等。

（2）UTF-32

该方案固定使用 4 字节表示每个 Unicode 字符码点。它的优点也是编解码简单，因为所有字符都用 4 字节表示；其不足也和 UTF-16 一样明显，同样存在字节序问题、不兼容 ASCII 字符内存表示，且空间效率是这三种方案中最差的。

（3）UTF-8

和上面两种方案不同，UTF-8 使用变长度字节对 Unicode 字符（的码点）进行编码。编码采用的字节数量与 Unicode 字符在码点表中的序号有关：**表示序号（码点）小的字符使用的字节就少，表示序号（码点）大的字符使用的字节就多**。

UTF-8 编码使用的字节从 1 到 4 不等。前 128 个与 ASCII 字符重合的码点（U+0000~U+007F）使用 1 字节表示；带变音符号的拉丁文、希腊文、西里尔字母、阿拉伯文等使用 2 字节来表示；而东亚文字（包括汉字）使用 3 字节表示；其他极少使用的语言的字符则使用 4 字节表示。

这样的编码方案是兼容 ASCII 字符内存表示的，这意味着采用 UTF-8 方案在内存中表示 Unicode 字符时，已有的 ASCII 字符可以被直接当成 Unicode 字符进行存储和传输，无须做任何改变。

此外，UTF-8 的编码单元为 1 字节（也就是一次编解码 1 字节），所以在处理 UTF-8 方案表示的 Unicode 字符时就不需要像 UTF-16 或 UTF-32 那样考虑字节序问题了。在这三种方案中，UTF-8 方案的空间效率是最高的。

下面我们直观地看一下使用上述三种编码方案对 Unicode 字符 A 的编码结果。其中，LE 表示小端字节序（Little Endian），BE 表示大端字节序（Big Endian）。

```
Unicode字符: A
Unicode码点(码点表中的序号): 0x000041
UTF-8编码: 0x41
UTF-16BE编码: 0xFEFF0041
UTF-16LE编码: 0xFFFE4100
UTF-32BE编码: 0x0000FEFF00000041
UTF-32LE编码: 0xFFFE000041000000
```

由于 UTF-16 和 UTF-32 编码方案存在字节序问题，因此上面针对每个方案各自给出两个结果。以 UTF-16 的小端字节序结果 0xFFFE4100 为例，这个编码结果由 4 字节组成，前两字节为 0xFEFE，这个特定位模式是字节序标记（Byte Order Mark，BOM）。Unicode 规范中对字节序标记的约定如下：

```
FF FE          UTF-16 小端字节序
FE FF          UTF-16 大端字节序
FF FE 00 00    UTF-32 小端字节序
00 00 FE FF    UTF-32 大端字节序
EF BB BF       UTF-8
```

如果没有提供字节序标记，则默认采用大端字节序解码。另外我们注意到，Unicode 规范为 UTF-8 也准备了一个字节序标记 EF BB BF，但由于 UTF-8 没有字节序问题，因此这个 BOM 只是用于表明该数据流采用的是 UTF-8 编码方案，算是一个编码方案类型标记了。

UTF-8 编码方案由于优点众多，经过多年发展，**已经成为 Unicode 字符在计算机中内存编码表示（位模式）方案的事实标准**。Go 语言顺应了这一趋势，其源码文件的字符编码采用的也是 UTF-8 编码。

52.3　字符编码方案间的转换

日常编码中，我们经常涉及在不同字符集的字符编码方案间进行转换，以满足字符在不同的字符编码环境下的解析、处理、呈现和存储的需求。这里以 UTF-8 字符编码环境与 GB18030 字符编码环境为例，看看如何使用 Go 实现这两个字符编码环境下的字符编码的转换。

> 说明　GB18030，全称是"信息技术中文编码字符集"，是中华人民共和国国家标准所规定的变长多字节字符集，是我国计算机系统必须遵循的基础性标准之一。该字符集采用变长多字节编码，每个字符可以由 1、2 或 4 字节编码表示，因此其编码空间庞大，可定义 160 多万个字符。

Go 语言默认源码文件中的字符是采用 UTF-8 编码方案的 Unicode 字符。在 Go 中，**每个 rune 对应一个 Unicode 字符的码点**，而 Unicode 字符在内存中的编码表示则放在 [] byte 类型中。从 rune 类型转换为 []byte 类型，称为"编码"（encode），而反过来则称为"解码"（decode），如图 52-4 所示。

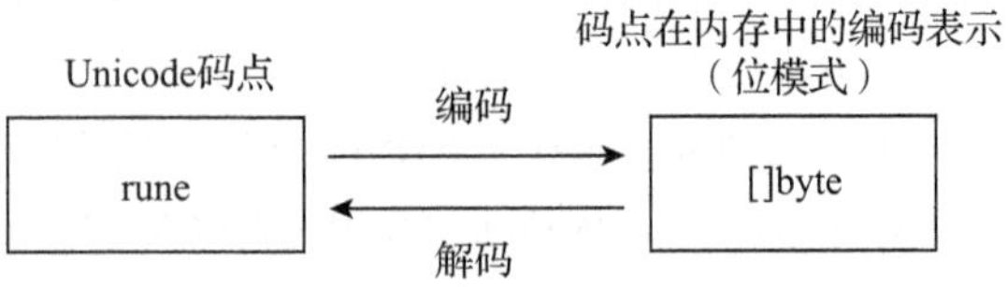

图 52-4　Go 语言中 Unicode 字符的编解码

我们可以通过标准库提供的 unicode/utf8 包对 rune 进行编解码操作，看下面的示例：

```go
// chapter9/sources/go-character-set-encoding/rune_encode_and_decode.go

// rune -> []byte
func encodeRune() {
    var r rune = 0x4E2D // 0x4E2D为Unicode字符"中"的码点
    buf := make([]byte, 3)
    n := utf8.EncodeRune(buf, r)

    fmt.Printf("the byte slice after encoding rune 0x4E2D is ")
    fmt.Printf("[ ")
    for i := 0; i < n; i++ {
        fmt.Printf("0x%X ", buf[i])
    }
    fmt.Printf("]\n")
    fmt.Printf("the unicode charactor is %s\n", string(buf))
}

// []byte -> rune
func decodeRune() {
    var buf = []byte{0xE4, 0xB8, 0xAD}
    r, _ := utf8.DecodeRune(buf)
    fmt.Printf("the rune after decoding [0xE4, 0xB8, 0xAD] is 0x%X\n", r)
}

func main() {
    encodeRune()
    decodeRune()
}
```

运行该示例：

```
$go run rune_encode_and_decode.go
the byte slice after encoding rune 0x4E2D is [ 0xE4 0xB8 0xAD ]
the unicode character is 中
the rune after decoding [0xE4, 0xB8, 0xAD] is 0x4E2D
```

我们再通过打印字符字面量底层的内存空间内容来验证示例输出结果的正确性：

```go
// chapter9/sources/go-character-set-encoding/dump_utf8_encoding_of_string.go

func main() {
    var s = "中"
    fmt.Printf("Unicode字符: %s => 其UTF-8内存编码表示为: ", s)
```

```
    for _, v := range []byte(s) {
        fmt.Printf("0x%X ", v)
    }
    fmt.Printf("\n")
}
```

运行该实例，我们看到 Unicode 字符 "中" 底层的内存空间内容与其 UTF-8 编码后的切片中的内容是一样的：

```
$go run dump_utf8_encoding_of_string.go
Unicode字符: 中 => 其UTF-8内存编码表示为: 0xE4 0xB8 0xAD
```

接下来，将 UTF-8 编码环境下的 "中国人" 三个字转换成 GB18030 编码环境下的编码表示（位模式），并验证转换后的结果在 GB18030 下能否被正确解析和呈现。图 52-5 可以更直观地说明这个转换过程。

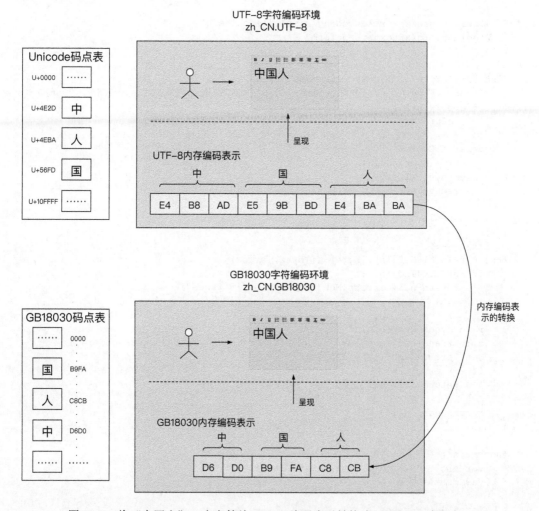

图 52-5　将 "中国人" 三个字符从 UTF-8 编码表示转换为 GB18030 编码表示

Go 标准库没有直接提供简体中文编码与 UTF-8 编码之间的转换实现，但 Go 标准库依赖的 golang.org/x/text 模块中提供了相关转换实现。golang.org/x/text 同样是 Go 核心团队维护的工具包，我认为我们可以将该模块下的包当作标准库，只是 **Go1 兼容性**并不保证这些包对外提供的 API 的稳定性。下面是转换的实现代码：

```go
// chapter9/sources/go-character-set-encoding/convert_utf8_to_gb18030.go
package main

import (
    "bytes"
    "errors"
    "fmt"
    "io/ioutil"
    "os"
    "unicode/utf8"

    "golang.org/x/text/encoding/simplifiedchinese"
    "golang.org/x/text/transform"
)

func dumpToFile(in []byte, filename string) error {
    f, err := os.OpenFile(filename, os.O_CREATE|os.O_TRUNC|os.O_RDWR, 0666)
    if err != nil {
        return err
    }
    defer f.Close()
    _, err = f.Write(in)
    if err != nil {
        return err
    }
    return nil
}

func utf8ToGB18030(in []byte) ([]byte, error) {
    if !utf8.Valid(in) {
        return nil, errors.New("invalid utf-8 runes")
    }

    r := bytes.NewReader(in)
    t := transform.NewReader(r, simplifiedchinese.GB18030.NewEncoder())
    out, err := ioutil.ReadAll(t)
    if err != nil {
        return nil, err
    }
    return out, nil
}

func main() {
    var src = "中国人" // <=> "\u4E2D\u56FD\u4EBA"
    var dst []byte

    for i, v := range src {
```

```
    fmt.Printf("Unicode字符: %s <=> 码点(rune): %X <=> UTF8编码内存表示: ",
        string(v), v)
    s := src[i : i+3]
    for _, v := range []byte(s) {
        fmt.Printf("0x%X ", v)
    }

    t, _ := utf8ToGB18030([]byte(s))
    fmt.Printf("<=> GB18030编码内存表示: ")
    for _, v := range t {
        fmt.Printf("0x%X ", v)
    }
    fmt.Printf("\n")

    dst = append(dst, t...)
}

dumpToFile(dst, "gb18030.txt")
}
```

在这个实现中，真正执行 UTF-8 到 GB18030 编码形式转换的是 simplifiedchinese.GB18030.
NewEncoder 方法，它读取以 UTF-8 编码表示形式存在的字节流（[]byte），并将其转换为以
GB18030 编码表示形式的字节流返回。

运行上述代码：

```
$go run convert_utf8_to_gb18030.go
Unicode字符: 中 <=> 码点(rune): 4E2D <=> UTF8编码内存表示: 0xE4 0xB8 0xAD <=>
    GB18030编码内存表示: 0xD6 0xD0
Unicode字符: 国 <=> 码点(rune): 56FD <=> UTF8编码内存表示: 0xE5 0x9B 0xBD <=>
    GB18030编码内存表示: 0xB9 0xFA
Unicode字符: 人 <=> 码点(rune): 4EBA <=> UTF8编码内存表示: 0xE4 0xBA 0xBA <=>
    GB18030编码内存表示: 0xC8 0xCB
```

该示例代码除了输出上面的信息之外，还将转换后的 GB18030 编码数据写入 gb18030.txt 文
件。我们在 UTF-8 编码环境下输出该文件的内容：

```
$cat gb18030.txt
?й???%
```

输出的内容为乱码。在 macOS 系统中，我们将环境变量中涉及字符集编码的变量都设置为
GB18030，然后在新标签窗口中再次输出 gb18030.txt 文件的内容：

```
$locale
LANG="zh_CN.GB18030"
LC_COLLATE="zh_CN.GB18030"
LC_CTYPE="zh_CN.GB18030"
LC_MESSAGES="zh_CN.GB18030"
LC_MONETARY="zh_CN.GB18030"
LC_NUMERIC="zh_CN.GB18030"
LC_TIME="zh_CN.GB18030"
LC_ALL=
```

```
$cat gb18030.txt
中国人
```

这回终端上文件内容中的乱码消失了，取而代之的是正确的内容："中国人"。

使用 Go 标准库及其依赖库 golang.org/x/text 下的包，我们不仅可以实现 Go 默认字符编码 UTF-8 与其他字符集编码的相互转换，还可以实现任意字符集编码之间的相互转换。下面再来看一个将 GB18030 编码数据转换为 UTF-16 和 UTF-32 的示例（将上面示例生成的 gb18030.txt 作为输入数据源）：

```go
// chapter9/sources/go-character-set-encoding/convert_gb18030_to_utf16_and_utf32.go

func catFile(filename string) ([]byte, error) {
    f, err := os.Open(filename)
    if err != nil {
        return nil, err
    }
    defer f.Close()

    return ioutil.ReadAll(f)
}

func gb18030ToUtf16BE(in []byte) ([]byte, error) {
    r := bytes.NewReader(in) //gb18030

    s := transform.NewReader(r, simplifiedchinese.GB18030.NewDecoder())
    d := transform.NewReader(s,
            unicode.UTF16(unicode.BigEndian, unicode.IgnoreBOM).NewEncoder())

    out, err := ioutil.ReadAll(d)
    if err != nil {
        return nil, err
    }
    return out, nil
}

func gb18030ToUtf32BE(in []byte) ([]byte, error) {
    r := bytes.NewReader(in) //gb18030

    s := transform.NewReader(r, simplifiedchinese.GB18030.NewDecoder())
    d := transform.NewReader(s,
            utf32.UTF32(utf32.BigEndian, utf32.IgnoreBOM).NewEncoder())

    out, err := ioutil.ReadAll(d)
    if err != nil {
        return nil, err
    }
    return out, nil
}

func main() {
    src, err := catFile("gb18030.txt")
    if err != nil {
        fmt.Println("open file error:", err)
```

```
        return
    }

    // 从gb18030到utf-16be
    dst, err := gb18030ToUtf16BE(src)
    if err != nil {
        fmt.Println("convert error:", err)
        return
    }

    fmt.Printf("UTF-16BE(no BOM)编码: ")
    for _, v := range dst {
        fmt.Printf("0x%X ", v)
    }
    fmt.Printf("\n")

    // 从gb18030到utf-32be
    dst1, err := gb18030ToUtf32BE(src)
    if err != nil {
        fmt.Println("convert error:", err)
        return
    }

    fmt.Printf("UTF-32BE(no BOM)编码: ")
    for _, v := range dst1 {
        fmt.Printf("0x%X ", v)
    }
    fmt.Printf("\n")
}
```

图 52-6 描绘了上面示例的逻辑轮廓。

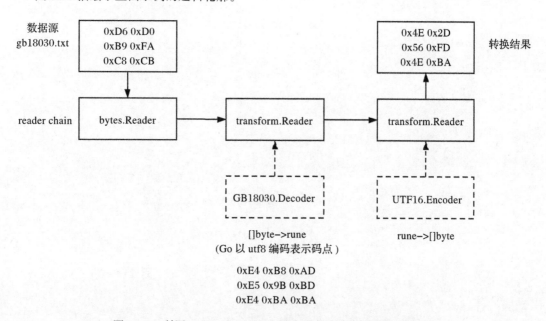

图 52-6　利用 transform.Reader 链实现任意字符编码间的转换

从图 52-6 中我们看到，我们使用了一个惯用的 Reader 链结构完成了数据从 gb18030 编码
到 UTF-16 和 UTF-32 编码的转换。以 gb18030 到 UTF-16 的转换为例：第一个 transform.Reader
在 GB18030.Decoder 的帮助下，将 gb18030 编码的源数据（[]byte）转换为了 rune，即 unicode
码点，并以 Go 默认的 UTF-8 编码格式保存在内存中；而第二个 transform.Reader 则在 UTF16.
Encoder 的帮助下，将 rune 再编码转换为最终数据。

下面是该示例的运行结果：

```
$go run convert_gb18030_to_utf16_and_utf32.go
UTF-16BE(no BOM)编码：0x4E 0x2D 0x56 0xFD 0x4E 0xBA
UTF-32BE(no BOM)编码：0x0 0x0 0x4E 0x2D 0x0 0x0 0x56 0xFD 0x0 0x0 0x4E 0xBA
```

小结

在本条中，我们学习了 Go 默认字符集 Unicode 以及采用的编码方案 UTF-8，深入理解了字
符、字符集的属性——码点和内存编码表示（位模式）以及它们之间的关系，并通过实例讲解了
如何利用 Go 标准库及扩展包实现不同字符编码方案间的转换。

掌握使用 time 包的正确方式

时间作为人类认知世界的一把标尺，与人类活动密切相关。而软件已经渗透到人类生活的方方面面，伴随着人类思维和认知的演变。软件通过时间记录人类活动的发生时刻，维护人类活动秩序（比较时间的前后顺序），驱动着人类活动的良性运转。

我们现在编写的大部分现代应用程序离不开**与时间相关的操作**。常见的时间操作有获取当前时间、时间比较、时区相关的时间操作、时间格式化、定时器（一次性定时器 timer 和重复定时器 ticker）的使用等。Go 语言通过标准库的 time 包为常见时间操作提供了全面的支持。在这一条中，我们就来一起解锁一下使用 Go 标准库 time 包的正确方式。

53.1 时间的基础操作

1. 获取当前时间

获取当前时间是最常用的时间操作。time 包提供了 Now 函数，该函数用于获取当前时间：

```
// chapter9/sources/go-time-operations/get_current_time.go

func main() {
    t := time.Now()
    fmt.Println(t) //输出当前时间
}
```

运行上述例子：

```
$go run get_current_time.go
2020-06-18 10:59:33.166871 +0800 CST m=+0.000073341
```

我们看到，该 Now 函数以一个 Time 类型的结构体类型作为返回值。time 包将 Time 类型用作对一个**即时时间**（time instant）的抽象。在 Go 1.14 版本中，time.Time 的结构如下：

```
// $GOROOT/src/time.go(go1.14)

type Time struct {
    wall uint64
    ext  int64
    loc *Location
}
```

由三个字段组成的 Time 结构体要同时表示两种时间——**挂钟时间**（wall time）和**单调时间**（monotonic time），并且精度级别为**纳秒**。

Time 结构体表示的这个抽象的挂钟时间主要用于**告知当前时间**。和我们日常真实使用的墙上的挂钟行为非常相似，它时快时慢，可以人为重新设定时间，比如：根据夏令时和冬令时对其进行调整，或者为了消除时钟误差、闰秒影响等对其进行调整。这和手动设定计算机时间或通过 NTP（网络时间同步协议）同步调整挂钟时间十分相似。从其行为特征来看，连续两次通过 Now 函数获取的挂钟时间之间的差值不一定都是正值。在 Go 1.9 版本中加入对单调时间的支持之前，Cloudflare 公司的 DNS 系统就曾因两次采集的挂钟时间之差为负值（遇到闰秒）而出现过严重故障。

单调时间则是永远不会出现"时间倒流"现象的。单调时间表示的是程序进程启动之后**流逝的时间**，两次采集的单调时间之差永远不可能为负数。Go 1.9 版本中加入了对单调时间的支持，单调时间常被用于**两个即时时间之间的比较和间隔计算**。

time.Time 结构体字段 wall 的最高比特位是一个名为 hasMonotonic 的**标志比特位**。当 hasMonotonic 被置为 1 时，time.Time 表示的即时时间中既包含挂钟时间，也包含单调时间。图 53-1 是当 Time 同时包含这两种时间表示时（hasMonotonic 比特位被置为 1）的原理示意图（基于 Go 1.14 版本）。

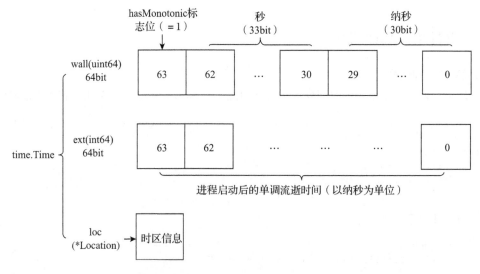

图 53-1　当 hasMonotonic 为 1 时，time.Time 表示时间的原理

- ❑ time.Time 结构体中的 wall 字段表示**挂钟时间**，它是一个 64 位无符号整型。它的内部又被分成三段，分别表示 hasMonotonic（1bit）、秒数（33bit，挂钟时间的整秒数，距 1885 年 1 月 1 日的秒数）和纳秒数（30bit，挂钟时间的非整秒数）。
- ❑ 在 hasMonotonic 比特位为 1 的情况下，ext 字段表示程序进程启动后的单调流逝时间，以纳秒为单位。
- ❑ loc 字段是一个指向时区信息的指针。通过 Now 函数获取的即时时间是时区相关的。如果未显式指定时区，则默认使用系统时区。在 Linux/macOS 上，默认使用的是 /etc/localtime 指向的时区数据：

```
$ls -l /etc/localtime
lrwxr-xr-x  1 root  wheel  39  7 25  2019 /etc/localtime@ -> /var/db/timezone/
    zoneinfo/ Asia/Shanghai
```

而当 hasMonotonic 为 0 时，time.Time 结构体仅表示挂钟时间，其原理如图 53-2 所示。

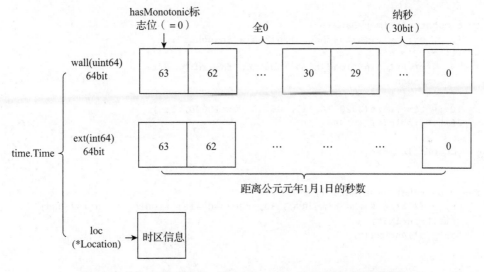

图 53-2　当 hasMonotonic 为 0 时，time.Time 表示时间的原理

- ❑ time.Time 结构体中的 wall 字段的 hasMonotonic（1bit）和秒数（33bit）两部分均被置为 0，纳秒数（30bit）依旧用于表示挂钟时间的非整数秒部分。
- ❑ 而在 hasMonotonic 比特位为 0 的情况下，ext 字段整个用于表示挂钟时间的整秒部分，其含义为距公元元年 1 月 1 日的秒数。
- ❑ loc 字段含义不变，依然是指向时区信息的指针。

通过 time.Parse、time.Date 或 time.Unix 构建的 time.Time 结构体，其中的 hasMonotonic 均为 0，即这样构建的 Time 实例仅表示挂钟时间，而没有单调时间。我们通过下面的示例验证一下这点：

```
// chapter9/sources/go-time-operations/construct_time_with_func_date.go
```

```go
func dumpWallAndExt(t time.Time) {
    var hasMonotonic int

    // 输出wall字段的值
    pWall := (*uint64)(unsafe.Pointer(&t))
    fmt.Printf("0x%X\n", *pWall)
    if (1<<63)&(*pWall) != 0 {
        hasMonotonic = 1
    }
    fmt.Printf("hasMonotonic = %d\n", hasMonotonic)

    // 输出ext字段的值
    pExt := (*int64)(unsafe.Pointer((uintptr(unsafe.Pointer(&t))
        + unsafe.Sizeof (uint64(0)))))
    fmt.Printf("0x%X\n", *pExt)
    fmt.Printf("%d\n", *pExt/86400/365) // 粗略计算距今的年数
}

func constructTimeByDate() {
    loc, err := time.LoadLocation("Asia/Shanghai")
    if err != nil {
        fmt.Println("load time location failed:", err)
        return
    }
    t := time.Date(2020, 6, 18, 06, 0, 0, 10000, loc)
    fmt.Println(t)

    dumpWallAndExt(t)
}

func constructTimeByParse() {
    t, _ := time.Parse(time.RFC3339, "2020-06-18T06:00:00.00001+08:00")
    fmt.Println(t)
    dumpWallAndExt(t)
}

func main() {
    constructTimeByDate()
    constructTimeByParse()
}
```

运行该示例：

```
$go run construct_time_with_func_date.go
2020-06-18 06:00:00.00001 +0800 CST
0x2710
hasMonotonic = 0
0xED67C8960
2020
2020-06-18 06:00:00.00001 +0800 CST
0x2710
hasMonotonic = 0
```

```
0xED67C8960
2020
```

而通过 time.Now 函数获取的当前时间中则既包含挂钟时间，也包含单调时间：

```
// chapter9/sources/go-time-operations/construct_time_with_func_now.go
...
func main() {
    t := time.Now()
    dumpWallAndExt(t)
}

$go run construct_time_with_func_now.go
0xBFB31A7A72BC57A0
hasMonotonic = 1
0x1164E
0
```

time.Now 函数调用 now 函数获取系统即时时间，但在 time 包中 now 函数仅有一个原型声明，并没有函数体：

```
// $GOROOT/src/time/time.go
func now() (sec int64, nsec int32, mono int64)
```

now 函数的真正实现是 runtime 包的 time_now 函数，从下面的实现可以看到，该函数有三个返回值，分别是挂钟时间的秒数、纳秒数及单调时间的纳秒数。Go 链接器会将 time_now 链接为 time.now：

```
// $GOROOT/src/runtime/timestub.go
...
//go:linkname time_now time.now
func time_now() (sec int64, nsec int32, mono int64) {
    sec, nsec = walltime()
    return sec, nsec, nanotime()
}
```

walltime 和 nanotime 函数也都是"过渡"函数：

```
// $GOROOT/src/runtime/time_nofake.go

//go:nosplit
func nanotime() int64 {
    return nanotime1()
}

func walltime() (sec int64, nsec int32) {
    return walltime1()
}
```

真正获取系统时间的操作是在下面的汇编代码中通过系统调用（system call）实现的（以 Linux 为例）：

```
// $GOROOT/src/runtime/sys_linux_amd64.s
TEXT runtime·walltime1(SB),NOSPLIT,$8-12
...

noswitch:
    SUBQ    $16, SP          // 为结果预留空间
    ANDQ    $~15, SP         // 为C代码进行对齐

    MOVQ    runtime·vdsoClockgettimeSym(SB), AX
    CMPQ    AX, $0
    JEQ     fallback
    MOVL    $0, DI // CLOCK_REALTIME
    LEAQ    0(SP), SI
    CALL    AX
...

TEXT runtime·nanotime1(SB),NOSPLIT,$8-8
...
noswitch:
    SUBQ    $16, SP          // 为结果预留空间
    ANDQ    $~15, SP         // 为C代码进行对齐

    MOVQ    runtime·vdsoClockgettimeSym(SB), AX
    CMPQ    AX, $0
    JEQ     fallback
...
```

2. 获取特定时区的当前时间

如果要获取特定时区（而不是本地时区）的当前时间，可以使用下面几种方法。

（1）设置 TZ 环境变量

time.Now 函数在获取当前时间时会考虑时区信息，如果 TZ 环境变量不为空，那么它将尝试读取该环境变量指定的时区信息并输出对应时区的即时时间表示。下面的示例输出美国东部纽约所在时区的当前时间（并对比北京时间）：

```
$TZ=America/New_York go run get_current_time.go // 美国东部纽约时间
2020-06-18 16:13:55.703867 -0400 EDT m=+0.000064934

$go run get_current_time.go   //北京时间
2020-06-19 04:13:55.182577 +0800 CST m=+0.000068535
```

如果 TZ 环境变量提供的时区信息有误或显式设置为 ""，time.Now 根据其值在时区数据库中找不到对应的时区信息，那么它将使用 UTC 时间（Coordinated Universal Time，国际协调时间）：

```
$TZ=America/New_York1 go run get_current_time.go
2020-06-18 20:13:55.805963 +0000 UTC m=+0.000074006

$TZ="" go run get_current_time.go
2020-06-18 20:13:55.805963 +0000 UTC m=+0.000074006
```

（2）显式加载时区信息

如果不想设置 TZ 环境变量，还可以在代码中利用 time 包提供的 LoadLocation 函数显式加载特定时区信息，并将本地当前时间转换为特定时区的即时时间：

```
// chapter9/sources/go-time-operations/get_time_with_tz.go
func main() {
    t := time.Now()
    fmt.Println(t) //北京时间

    loc, err := time.LoadLocation("America/New_York")
    if err != nil {
        fmt.Println("load time location failed:", err)
        return
    }

    t1 := t.In(loc) // 转换成美国东部纽约时间表示
    fmt.Println(t1)
}
```

运行该示例：

```
$go run get_time_with_tz.go
2020-06-19 04:21:51.973803 +0800 CST m=+0.000171913
2020-06-18 16:21:51.973803 -0400 EDT
```

显然这种方法也可用于任意时区间的时间转换，比如美国东西部时区时间的转换：

```
// chapter9/sources/go-time-operations/convert_time_between_tz.go

func main() {
    locSrc, err := time.LoadLocation("America/Los_Angeles")
    if err != nil {
        fmt.Println("load time location failed:", err)
        return
    }

    t := time.Date(2020, 6, 18, 06, 0, 0, 0, locSrc)
    fmt.Println(t) // 美国西部洛杉矶时间，即太平洋时间

    locTo, err := time.LoadLocation("America/New_York")
    if err != nil {
        fmt.Println("load time location failed:", err)
        return
    }

    t1 := t.In(locTo) // 转换成美国东部纽约时间表示
    fmt.Println(t1)
}
```

运行该示例：

```
$go run convert_time_between_tz.go
2020-06-18 06:00:00 -0700 PDT
2020-06-18 09:00:00 -0400 EDT
```

3. 时间的比较与运算

由上述 time.Time 类型表示即时时间的原理可知，如果直接用 == 和 != 来比较两个 Time 类型示例，那么参与比较的不仅有挂钟时间，还有单调时间和时区信息，这样就会出现**在不同时区表示地球上同一时刻的两个 Time 实例是不相等的情况**，这违背了人的一贯认知。见下面的示例：

```
// chapter9/sources/go-time-operations/compare_two_time_with_operator.go

func main() {
    t := time.Now()
    fmt.Println(t) //北京时间

    loc, err := time.LoadLocation("America/New_York")
    if err != nil {
        fmt.Println("load time location failed:", err)
        return
    }

    t1 := t.In(loc) // 转换成美国东部纽约时间表示
    fmt.Println(t == t1)
}
```

运行该示例：

```
$go run compare_two_time_with_operator.go
2020-06-19 10:05:53.16005 +0800 CST m=+0.000075281
2020-06-18 22:05:53.16005 -0400 EDT
false
```

因此直接用 == 和 != 来做比较是不适宜的，这也是 time.Time 类型**不应被用作 map 类型的 key 值的原因**。time.Time 提供了 Equal 方法，该方法专用于对两个 Time 实例的比较：

```
// $GOROOT/src/time/time.go (go 1.14)
func (t Time) Equal(u Time) bool {
    if t.wall&u.wall&hasMonotonic != 0 {
        return t.ext == u.ext
    }
    return t.sec() == u.sec() && t.nsec() == u.nsec()
}
```

Equal 方法的比较逻辑是这样的：当两个 Time 实例均带有单调时间数据时（hasMonotonic 都为 1），那么直接比较两者的**单调时间是否相等**；否则，分别比较两个时间的**整秒部分（sec）和非整秒部分（nsec）**。如果两个部分分别相等，那么两个时间相同，否则不同。将上面的例子改为用 Equal 方法比较：

```
// chapter9/sources/go-time-operations/compare_two_time_with_equal.go
func main() {
    t := time.Now()
    fmt.Println(t) //北京时间
```

```
    loc, err := time.LoadLocation("America/New_York")
    if err != nil {
        fmt.Println("load time location failed:", err)
        return
    }

    t1 := t.In(loc) // 转换成美国东部纽约时间表示
    fmt.Println(t1)
    fmt.Println(t.Equal(t1))
}
```

运行上述例子：

```
$go run compare_two_time_with_equal.go
2020-06-19 10:21:25.474152 +0800 CST m=+0.000063104
2020-06-18 22:21:25.474152 -0400 EDT
true
```

这回得到的结果与我们对时间的认知是一致的。

Time 类型还提供了 Before 和 After 方法，用于判断两个即时时间的先后关系。和 Equal 的实现逻辑类似，这两个即时时间的实现逻辑也分成两种情形，即它们都包含单调时间信息和其他情况：

```
// $GOROOT/src/time/time.go (go 1.14)

func (t Time) After(u Time) bool {
    if t.wall&u.wall&hasMonotonic != 0 {
        return t.ext > u.ext
    }
    ts := t.sec()
    us := u.sec()
    return ts > us || ts == us && t.nsec() > u.nsec()
}

func (t Time) Before(u Time) bool {
    if t.wall&u.wall&hasMonotonic != 0 {
        return t.ext < u.ext
    }
    return t.sec() < u.sec() || t.sec() == u.sec() && t.nsec() < u.nsec()
}
```

除了对两个 Time 实例的比较关系操作提供支持之外，time 包还可以用来对两个即时时间进行时间运算，其中最主要的运算就是由 Sub 方法提供的差值运算（Since 和 Until 方法均是基于 Sub 方法实现的）。我们看一个例子：

```
// chapter9/sources/go-time-operations/diff_two_time_with_sub.go

func subTwoTimeHasMonotonic() {
    t1 := time.Now()
    time.Sleep(time.Second * 5)
    t2 := time.Now()
```

```
    diff := t2.Sub(t1)
    fmt.Printf("[hasMonotonic = 1] t2 - t1 = %v\n", diff)
}

func subTwoTimeNoMonotonic() {
    t1 := time.Date(2020, 6, 18, 0, 0, 0, 0, time.UTC)
    t2 := time.Date(2020, 6, 18, 12, 0, 0, 0, time.UTC)
    diff := t2.Sub(t1)
    fmt.Printf("[hasMonotonic = 0] t2 - t1 = %v\n", diff)
}

func main() {
    subTwoTimeHasMonotonic()
    subTwoTimeNoMonotonic()
}
```

运行该示例：

```
$go run diff_two_time_with_sub.go
[hasMonotonic = 1] t2 - t1 = 5.004840087s
[hasMonotonic = 0] t2 - t1 = 12h0m0s
```

Sub 方法的返回值是 time.Duration 类型，这是一个纳秒值，上面的输出是其字符串化后的结果。和上面 Equal 的逻辑相似，Sub 方法对两个 Time 实例的差值处理也分为两种情况：如果两个实例都含有单调时间信息（hasMonotonic=1），那么 Sub 方法直接返回两个实例的 ext 字段的差；否则，分别算出整秒部分的差与非整秒部分的差，然后加和后返回。

53.2　时间的格式化输出

时间的格式化输出是日常编程中经常遇到的"题目"。在使用 C 语言编程时，我们使用 C 标准库提供的 strftime 对时间进行格式化。来看这样一段 C 代码：

```
// chapter9/sources/go-time-operations/strftime_in_c.c
#include <stdio.h>
#include <time.h>

int main() {
    time_t now = time(NULL);

    struct tm *localTm;
    localTm = localtime(&now);

    char strTime[100];
    strftime(strTime, sizeof(strTime), "%Y-%m-%d %H:%M:%S", localTm);
    printf("%s\n", strTime);

    return 0;
}
```

这段 C 代码的输出结果是：

```
2020-06-18 16:07:00
```

我们看到 strftime 采用**字符化**的占位符（如 %Y、%m 等）拼接出时间的目标输出格式布局
（如上面例子中的 %Y-%m-%d %H:%M:%S）。这种方式不仅被 C 语言采用，也被很多其他主流编
程语言采用，比如 Shell、Python、Ruby、Java 等。这似乎已成为各种编程语言支持时间格式化
输出的标准方案。这些占位符对应的字符（比如 Y、M、H）是对应英文单词的首字母（比如 Y
是 Year 的首字母），因此相对容易记忆。

但是如果你在 Go 语言中使用类似 strftime 的这套"标准"，看到输出结果的那一刻，你肯
定要大失所望：

```
// chapter9/sources/go-time-operations/timeformat_in_c_way.go

func main() {
    fmt.Println(time.Now().Format("%Y-%m-%d %H:%M:%S"))
}
```

上述 Go 代码的输出结果如下：

```
$go run timeformat_in_c_way.go
%Y-%m-%d %H:%M:%S
```

Go 居然将"时间格式占位符字符串"原封不动地输出了！

这是因为 Go 另辟蹊径，采用了不同于 strftime 的时间格式化输出方案。Go 的设计者主要
出于这样的考虑：虽然 strftime 的单个占位符使用了对应单词首字母的形式，但是真正写起代码
来，不打开 strftime 函数的手册或查看网页版的 strftime 助记符说明（http://strftime.org），很难
拼出一个复杂的时间格式。并且对于一个 "%Y-%m-%d %H:%M:%S" 的格式串，如果不对照文
档，很难在大脑中准确给出格式化后的时间结果。比如 %Y 和 %y 有何不同？%M 和 %m 又有
何差别呢？

Go 语言采用了更为直观的**参考时间（reference time）**替代 strftime 的各种标准占位符，使
用参考时间构造出来的时间格式串与最终输出串是一模一样的，这就省去了程序员再次在大脑
中对格式串进行解析的过程。我们通过下例看看 Go 方案的输出结果：

```
// chapter9/sources/go-time-operations/timeformat_in_go_way.go
func main() {
    fmt.Println(time.Now().Format("2006年01月02日 15时04分05秒"))
}
```

运行该示例：

```
$go run timeformat_in_go_way.go
2020年06月18日 12时27分32秒
```

例子中我们使用的格式字符串：

```
"2006年01月02日 15时04分05秒"
```

输出结果：

2020年06月18日 12时27分32秒

是不是有点所见即所得的意味？

Go 文档中给出的标准的参考时间如下：

2006-01-02 15:04:05 PM -07:00 Jan Mon MST

这个绝对时间本身并没有什么实际意义，仅是出于**好记**的考虑，我们将这个参考时间换为另一种时间输出格式：

01/02 03:04:05PM '06 -0700

可见 Go 设计者的良苦用心！这个时间格式串恰好是**将助记符从小到大排序（从 01 到 07）的结果**，可以理解为：01 对应的是 %M，02 对应的是 %d，依次类推。图 53-3 形象地展示了参考时间、格式串与最终格式化的输出结果之间的关系。

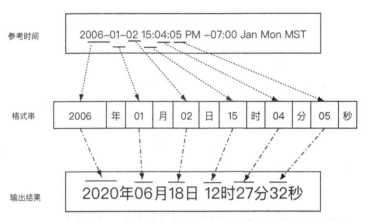

图 53-3　参考时间、格式串与最终格式化的输出结果之间的关系

就笔者使用 Go 的经历来看，在做时间格式化输出时，尤其是构建略微复杂的时间格式化输出时，还是要通过 go doc time 命令行或打开 time 包的参考手册页面的。从社区的反馈来看，很多 Gopher 也有类似的经历，尤其是那些已经用惯了 strftime 方案的 Gopher。

下面是一个格式化字符串与实际输出结果的**速查表**，由 go-time-operations/timeformat_cheatsheet.go 生成，可以作为日常在 Go 中进行时间格式化输出的参考。速查表的第一列为含义，第二列为格式串写法，第三列为对应格式串写法下的输出结果（取当前时间）：

```
2020-06-19 14:44:58 PM +08:00 Jun Fri CST

Year          | 2006        | 2020
Year          | 06          | 20
Month         | 01          | 06
Month         | 1           | 6
Month         | Jan         | Jun
Month         | January     | June
```

```
Day             | 02             | 19
Day             | 2              | 19
Week day        | Mon            | Fri
Week day        | Monday         | Friday
Hours           | 03             | 02
Hours           | 3              | 2
Hours           | 15             | 14
Minutes         | 04             | 44
Minutes         | 4              | 44
Seconds         | 05             | 58
Seconds         | 5              | 58
AM or PM        | PM             | PM
Miliseconds     | .000           | .906
Microseconds    | .000000        | .906783
Nanoseconds     | .000000000     | .906783000
Timezone offset | -0700          | +0800
Timezone offset | -07:00         | +08:00
Timezone offset | Z0700          | +0800
Timezone offset | Z07:00         | +08:00
Timezone        | MST            | CST
--------------- + -----------　+ ------------
```

53.3　定时器的使用

time 包的一个重要功用就是为 Gopher 提供**定时器**的实现。time 包提供了两类定时器：一次性定时器 Timer 和重复定时器 Ticker。顾名思义，Timer 只能进行一次定时器到期事件触发（fire），而 Ticker 则可以按一定时间间隔多次触发定时器到期事件。下面以一次性定时器 Timer 为例，看看如何使用 time 包提供的定时器。

1. Timer 的创建

time 包提供了多种创建 Timer 定时器的方式，我们通过一个示例来看一下：

```go
// chapter9/sources/go-time-operations/timer_create.go

func create_timer_by_afterfunc() {
    _ = time.AfterFunc(1*time.Second, func() {
        fmt.Println("timer created by afterfunc fired!")
    })
}

func create_timer_by_newtimer() {
    timer := time.NewTimer(2 * time.Second)
    select {
    case <-timer.C:
        fmt.Println("timer created by newtimer fired!")
    }
}

func create_timer_by_after() {
    select {
    case <-time.After(2 * time.Second):
```

```
        fmt.Println("timer created by after fired!")
    }
}

func main() {
    create_timer_by_afterfunc()
    create_timer_by_newtimer()
    create_timer_by_after()
}
```

运行该示例：

```
$go run timer_create.go
timer created by afterfunc fired!
timer created by newtimer fired!
timer created by after fired!
```

从上面的示例中我们看到了 Timer 的三种创建方式：NewTimer、AfterFunc 和 After。虽然创建方式稍有差别，但殊途同归，它们背后的原理是一样。图 53-4 所示为 Timer 创建及触发原理的示意图。

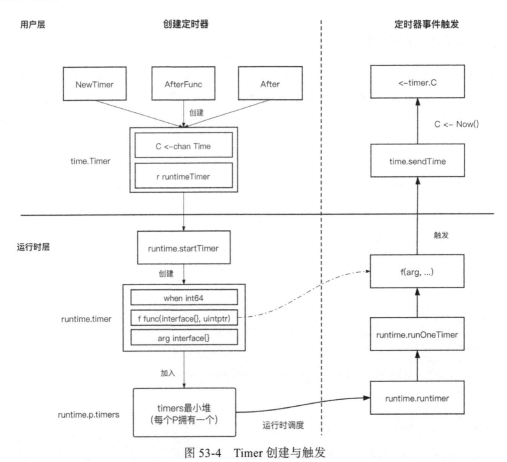

图 53-4 Timer 创建与触发

　　从图 53-4 中我们看到，无论采用哪种方式创建 Timer，本质上都是在用户层实例化一个 time.Timer 结构体：

```
// $GOROOT/src/time/sleep.go (go 1.14)
type Timer struct {
    C <-chan Time
    r runtimeTimer
}

func NewTimer(d Duration) *Timer {
    c := make(chan Time, 1)
    t := &Timer{
        C: c,
        r: runtimeTimer{
            when: when(d),
            f:    sendTime,
            arg:  c,
        },
    }
    startTimer(&t.r)
    return t
}
```

　　该结构体包含两个字段 C 和 r，其中 C 是用户层用户接收定时器触发事件的 channel，而 r 则是一个与 runtime.timer（runtime/time.go）对应且要保持一致的结构。另外我们注意到，NewTimer 创建的用于接收定时器触发事件的 channel 是一个带缓冲的 channel。

　　被实例化后的 Timer 将交给运行时层的 startTimer 函数，后者使用其初始化运行时层面的 runtime.timer 结构，并将 runtime.timer 加入为每个 P 分配的**定时器最小堆**中进行管理。

　　在老版本的 Go 中（Go 1.9 版本之前），运行时维护一个由互斥锁保护的全局最小堆（minheap），定时器最小堆的维护操作都要对其互斥锁进行加解锁操作，导致其性能和伸缩性很差。最新的定时器管理调度方案（Go 1.14）抛弃了全局唯一最小堆方案，而是为每个 P（goroutine 调度器中的那个 P）创建一个定时器最小堆，并通过网络轮询器（net poller）在运行时调度的协助下对各个定时器最小堆进行统一管理和调度：

```
// $GOROOT/src/runtime/runtime2.go (go 1.14)

type p struct {
    ...
    timersLock mutex
    timers []*timer
    ...
```

　　当运行时调度时发现某个定时器的时间已到，就会将该定时器从其所在最小堆中移除，并在 runtime.runOneTimer 中调用相应 runtime.timer 的触发函数 f。在前面 NewTimer 中我们看到这个 f 被赋值为 time.sendTime：

```
// $GOROOT/src/time/sleep.go (go 1.14)
```

```
func sendTime(c interface{}, seq uintptr) {
    select {
    case c.(chan Time) <- Now():
    default:
    }
}
```

之前提到过 time.Timer.C 是一个带缓冲的 channel，目的就是防止运行时在执行 sendTime 时被阻塞在该 channel 上。我们看到 sendTime 还加了双保险：通过一个 select 判断 channel c 的缓冲区是否已满，一旦满了，则会执行 default 分支而直接退出。一旦 sendTime 成功将数据写入 time.Timer.C，则用户层的代码就会收到该定时器触发事件。

2. Timer 的资源释放

很多 Go 初学者在使用 Timer 时担心 Timer 的创建会占用系统资源。从上面的 Timer 创建和触发原理来看，Go 中的定时器是在 Go 运行时层面实现的，并不会占用系统资源。尤其是新版本定时器的管理和调度已经与运行时网络轮询器融合在一起，一个定时器占用的资源仅限于对应数据结构占用的内存以及一个带缓冲 channel（通过 AfterFunc 创建的定时器还会启动一个额外的 goroutine 来执行用户传入的函数）。在定时器被从最小堆移除并触发事件后，其占用的内存资源、channel 等都会在后续被垃圾收集器回收。

不过再好的方案在面对大量的定时器时依然会有达到瓶颈的时候，因此作为 Timer 的使用者，我们要做的就是尽量减少在使用 Timer 时对最小堆管理和垃圾回收的压力，即及时调用定时器的 Stop 方法从最小堆删除定时器或重用（Reset）处于活跃状态的定时器。

3. 停止 Timer

Timer 提供了 Stop 方法来将尚未触发的定时器从 P 中的最小堆中移除，使之失效，这样可以减小最小堆管理和垃圾回收的压力。因此，使用定时器时及时调用 Stop 方法是一个很好的 Go 语言实践。来看一个例子：

```
// chapter9/sources/go-time-operations/timer_stop.go
...
func consume(c <-chan bool) bool {
    timer := time.NewTimer(time.Second * 5)
    defer timer.Stop()
    select {
    case b := <-c:
        if b == false {
            log.Printf("recv false, continue")
            return true
        }
        log.Printf("recv true, return")
        return false
    case <-timer.C:
        log.Printf("timer expired")
        return true
    }
}
```

```
func main() {
    c := make(chan bool)
    var wg sync.WaitGroup
    wg.Add(2)

    // 生产者
    go func() {
        for i := 0; i < 5; i++ {
            time.Sleep(time.Second * 1)
            c <- false
        }

        time.Sleep(time.Second * 1)
        c <- true
        wg.Done()
    }()

    // 消费者
    go func() {
        for {
            if b := consume(c); !b {
                wg.Done()
                return
            }
        }
    }()

    wg.Wait()
}
```

　　这是个很典型的生产者 – 消费者的例子，我们启动了两个 goroutine 分别代表生产者和消费者。生产者每隔 1 秒发送一个布尔值给消费者。生产者通过布尔值为 true 的消息通知消费者自己已经停止生产、退出了。消费者始终处于一个消费循环中，直到收到布尔值为 true 的消息才会退出。消费者每次消费时都会启动一个定时器以将每次接收消息等待的时间约束在 5 秒之内，一旦触发超时将进行新一轮的消息接收。

　　如果不及时调用 Timer.Stop 方法，那么前五轮启动的定时器都将存放在运行时层的最小堆中（尚未到触发时间），这显然不是我们期望看到的，于是我们通过 defer 实现函数返回即停止定时器，这样一来运行时层最小堆中仅存放我们正在使用的定时器。

　　运行该示例：

```
$go run timer_stop.go
2020/06/20 19:54:43 recv false, continue
2020/06/20 19:54:44 recv false, continue
2020/06/20 19:54:45 recv false, continue
2020/06/20 19:54:46 recv false, continue
2020/06/20 19:54:47 recv false, continue
2020/06/20 19:54:48 recv true, return
```

4. 重用 Timer

在上面的例子中，即便我们及时调用了 Stop 方法让尚未触发的定时器失效，也依旧要创建多个定时器。如果不想重复创建这么多 Timer 实例，而是重用现有的 Timer 实例，那么就要用到 Timer 的 Reset 方法。Go 官方文档建议只对如下两种定时器调用 Reset 方法：

❑ 已经停止了的定时器（Stopped）；

❑ 已经触发过且 Timer.C 中的数据已经被读空。

Go 官方文档还给出了推荐的使用模式：

```
if !t.Stop() {
    <-t.C
}
t.Reset(d)
```

接下来，我们就将上面的例子改造为只使用一个定时器。

```
// chapter9/sources/go-time-operations/timer_reset_1.go

func consume(c <-chan bool, timer *time.Timer) bool {
    if !timer.Stop() {
        <-timer.C
    }
    timer.Reset(5 * time.Second)

    select {
    case b := <-c:
        if b == false {
            log.Printf("recv false, continue")
            return true
        }
        log.Printf("recv true, return")
        return false
    case <-timer.C:
            log.Printf("timer expired")
            return true
    }
}

func main() {
    c := make(chan bool)
    var wg sync.WaitGroup
    wg.Add(2)

    go func() {
        for i := 0; i < 5; i++ {
            time.Sleep(time.Second * 1)
            c <- false
        }

        time.Sleep(time.Second * 1)
        c <- true
```

```
            wg.Done()
        }()

        go func() {
            timer := time.NewTimer(time.Second * 5)
            for {
                if b := consume(c, timer); !b {
                    wg.Done()
                    return
                }
            }
        }()

        wg.Wait()
    }
```

使用 Reset 改造后的代码中生产者的行为并未改变，在实际执行时每次循环中，定时器在被重置之前都没有触发（fire），因此 timer.Stop 的调用均返回 true，即成功将 timer 停止。该示例的执行结果如下：

```
$go run timer_reset_1.go
2020/06/21 05:10:20 recv false, continue
2020/06/21 05:10:21 recv false, continue
2020/06/21 05:10:22 recv false, continue
2020/06/21 05:10:23 recv false, continue
2020/06/21 05:10:24 recv false, continue
2020/06/21 05:10:25 recv true, return
```

这个输出结果与前面使用 Stop 的示例并无二致。

现在我们来改变一下生产者的发送行为：从之前每隔 1 秒“生产”一次数据变成每隔 7 秒“生产”一次数据，而消费者的行为不变。考虑到篇幅，这里仅列出变化的生产者的代码：

```
// chapter9/sources/go-time-operations/timer_reset_2.go
...
func main() {
    c := make(chan bool)
    var wg sync.WaitGroup
    wg.Add(2)

    go func() {
        for i := 0; i < 5; i++ {
            time.Sleep(time.Second * 7)
            c <- false
        }

        time.Sleep(time.Second * 7)
        c <- true
        wg.Done()
    }()
    ...
}
```

我们来看看生产者行为变更后的执行结果：

```
$go run timer_reset_2.go
2020/06/21 05:14:23 timer expired
fatal error: all goroutines are asleep - deadlock!
...
```

这次运行的程序**死锁**了！为什么会出现这种情况呢？我们来分析一下。生产者的"生产"行为发生了变化，导致消费者在收到第一个数据前有了一次定时器触发（对应上面输出结果的第一行），for 循环重启一轮接收。这时 timer.Stop 方法返回的不再是 true 而是 false，因为这个将被重用的 timer 已经触发过。于是按照预定逻辑，消费者将尝试抽干（drain）timer.C 中的数据，但 timer.C 中此时并没有数据，于是消费者 goroutine 就会阻塞在对该 channel 的读取操作上。而此时生产者处于 sleep 状态，主 goroutine 处于 wait 状态，Go 运行时判断所有 goroutine 均不能前进执行，于是报了 deadlock 错误。

问题的根源在于，已经触发且其对应的 channel 已经被取空的 timer 符合直接使用 Reset 的前提，但我们仍然尝试去抽干该定时器的 channel，导致消费者 goroutine 阻塞。我们来改进一下该示例：在 timer.C 无数据可读的情况下，也不要阻塞在这个 channel 上。代码如下：

```go
// chapter9/sources/go-time-operations/timer_reset_3.go
func consume(c <-chan bool, timer *time.Timer) bool {
    if !timer.Stop() {
        select {
        case <-timer.C:
        default:
        }
    }
    timer.Reset(5 * time.Second)

    select {
    case b := <-c:
        if b == false {
            log.Printf("recv false, continue")
            return true
        }
        log.Printf("recv true, return")
        return false
    case <-timer.C:
        log.Printf("timer expired")
        return true
    }
}
```

在上面的改进版示例中，我们使用了一个小技巧：通过带有 default 分支的 select 来处理 timer.C。这样当 timer.C 中无数据时，代码可以通过 default 分支继续向下处理，而不会再阻塞在对 timer.C 的读取上了。运行结果与预期相符：

```
$go run timer_reset_3.go
2020/06/21 05:40:51 timer expired
```

```
2020/06/21 05:40:53 recv false, continue
2020/06/21 05:40:58 timer expired
2020/06/21 05:41:00 recv false, continue
2020/06/21 05:41:05 timer expired
2020/06/21 05:41:07 recv false, continue
2020/06/21 05:41:12 timer expired
2020/06/21 05:41:14 recv false, continue
2020/06/21 05:41:19 timer expired
2020/06/21 05:41:21 recv false, continue
2020/06/21 05:41:26 timer expired
2020/06/21 05:41:28 recv true, return
```

5. 重用 Timer 时存在的竞态条件

当一个定时器触发时，运行时会调用 runtime.runOneTimer 调用定时器关联的触发函数：

```
// $GOROOT/src/runtime/time.go (Go 1.14)

func runOneTimer(pp *p, t *timer, now int64) {
    ...
    unlock(&pp.timersLock)

    f(arg, seq)

    lock(&pp.timersLock)
    ...
}
```

我们看到在 runOneTimer 执行 f(arg, seq) 函数前，runOneTimer 对 p 的 timersLock 进行了解锁操作，也就是说 f 的执行并不在锁内。f 执行的是什么呢？

❑ 对于通过 AfterFunc 创建的定时器来说，就是启动一个新 goroutine，并在这个新 goroutine 中执行用户传入的函数；

❑ 对于通过 After 或 NewTimer 创建的定时器而言，f 的执行就是 time.sendTime 函数，也就是将当前时间写入定时器的通知 channel 中。

这个时候会有一个竞态条件出现：定时器触发的过程中，f 函数的执行与用户层重置定时器前抽干 channel 的操作是分别在两个 goroutine 中执行的，谁先谁后，完全依靠运行时调度。于是 timer_reset_3.go 中的看似没有问题的代码，也可能存在问题（当然需要时间粒度足够小，比如毫秒级的定时器）。以通过 After 或 NewTimer 创建的定时器为例（即 f 函数为 time.sendTime）。

❑ 如果 sendTime 的执行发生在抽干 channel 动作之前，那么就是 timer_reset_3.go 中的执行结果：Stop 方法返回 false（因为定时器已经触发了），显式抽干 channel 的动作是可以读出数据的。后续定时器重置后，定时器将继续正常运行。

❑ 如果 sendTime 的执行发生在抽干 channel 动作之后，那么就有问题了。虽然 Stop 方法返回 false（因为定时器已经触发了），但抽干 channel 的动作并没有读出任何数据。之后，sendTime 将数据写到 channel 中。这样定时器重置后的定时器 channel 中实际上已经有了数据，于是当消费者进入下面的 select 语句时，case <-timer.C 这一分支因有数

据而被直接选中，没有起到超时等待的作用。也就是说定时器被重置之后居然又立即触发了。

目前这个竞态问题[⊖]尚无理想解决方案，不过大多数情况下按照 timer_reset_3.go 中 Reset 的使用方法是可以正常工作的。

小结

在本条中，我们学习了 time 包对即时时间的表示，理解了挂钟时间与单调时间的原理与差别，用实例讲解了时间基本操作的方法，包括获取特定时区的当前时间、时间的比较与运算、时间格式化等，最后分析了 Go 定时器的实现原理、使用方法及注意事项。

⊖ http://github.com/golang/go/issues/11513

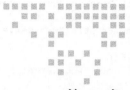

不要忽略对系统信号的处理

Go 多用于后端应用编程，而后端应用多以守护进程（daemon）的方式运行于机器上。守护程序对健壮性的要求甚高，即便是在退出时也要求做好收尾和清理工作，我们称之为**优雅退出**。在 Go 中，通过系统信号是实现**优雅退出**的一种常见手段。在本条中我们就来看看在 Go 中系统信号的处理方法以及如何使用系统信号实现优雅退出。

54.1 为什么不能忽略对系统信号的处理

系统信号（signal）是一种软件中断，它提供了一种异步的事件处理机制，用于操作系统内核或其他应用进程通知某一应用进程发生了某种事件。比如：一个在终端前台启动的程序，当用户按下中断键（一般是 ctrl+c）时，该程序的进程将会收到内核发来的中断信号（SIGINT）。我们用下面的示例来说明一下应用进程收到 SIGINT 中断信号后的情况：

```
// chapter9/sources/go-signal/go-program-without-signal-handling.go
func main() {
    var wg sync.WaitGroup
    errChan := make(chan error, 1)
    http.HandleFunc("/", func(w http.ResponseWriter, r *http.Request) {
        fmt.Fprintf(w, "Hello, Signal!\n")
    })
    wg.Add(1)
    go func() {
        errChan <- http.ListenAndServe("localhost:8080", nil)
        wg.Done()
    }()

    select {
    case <-time.After(2 * time.Second):
```

```
        fmt.Println("web server start ok")
    case err := <-errChan:
        fmt.Println("web server start failed:", err)
    }
    wg.Wait()
    fmt.Println("web server shutdown ok")
}
```

这是一个"Hello, World"级别的 HTTP 服务示例。编译该程序并在终端前台启动它：

```
$go build -o httpserv go-program-without-signal-handling.go
$./httpserv
web server start ok
```

接下来通过键盘按下中断键（ctrl+c），我们发现程序直接退出了，并且终端控制器上并没有出现我们期望的程序退出提示"web server shutdown ok"。

应用程序收到系统信号后，一般有三种处理方式。

（1）执行系统默认处理动作

对于中断键触发的 SIGINT 信号，系统的默认处理动作是终止该应用进程，这是以上示例采用的信号处理方式，也是以上示例没有输出退出提示就退出了的原因。对于大多数系统信号，系统默认的处理动作是终止该进程。

（2）忽略信号

如果应用选择忽略对某些信号的处理，那么在应用进程收到这些信号后，既不会执行系统默认处理动作，也不会执行其他自定义的处理动作，信号被忽略掉了，就好像该信号从来就没有发生过似的。系统的大多数信号可使用这种方式进行处理。

（3）捕捉信号并执行自定义处理动作

如果应用进程对于某些信号，既不想执行系统默认处理动作，也不想忽略信号，那么它可以预先**提供一个包含自定义处理动作的函数**，并告知系统在接收到某些信号时调用这个函数。系统中有两个系统信号是不能被捕捉的：终止程序信号 SIGKILL 和挂起程序信号 SIGSTOP。

服务端程序一般都是以守护进程的形式运行在后台的，并且我们一般都是通过**系统信号**通知这些守护程序执行退出操作的。在这样的情况下，如果我们选择以系统默认处理方式处理这些退出通知信号，那么守护进程将会被直接杀死，没有任何机会执行清理和收尾工作，比如：等待尚未处理完的事务执行完毕，将未保存的数据强制落盘，将某些尚未处理的消息序列化到磁盘（等下次启动后处理）等。这将导致某些处理过程被强制中断而丢失消息，留下无法恢复的现场，导致消息被破坏，甚至会影响下次应用的启动运行。

因此，对于运行在生产环境下的程序，**我们不要忽略对系统信号的处理**，而应**采用捕捉退出信号的方式执行自定义的收尾处理函数**。

54.2 Go 语言对系统信号处理的支持

信号机制的历史久远，早在最初的 Unix 系统版本上就能看到它的身影。信号机制也一直在演进，从最初的**不可靠信号机制**到后来的**可靠信号机制**，直到 POSIX.1 将其标准化，系统信号机制才稳定下来，但各个平台对信号机制的支持仍有差异。可以通过 kill -l 命令查看各个系统对信号的支持情况：

```
// Ubuntu 18.04
$kill -l
 1) SIGHUP       2) SIGINT       3) SIGQUIT      4) SIGILL       5) SIGTRAP
 6) SIGABRT      7) SIGBUS       8) SIGFPE       9) SIGKILL     10) SIGUSR1
11) SIGSEGV     12) SIGUSR2     13) SIGPIPE     14) SIGALRM     15) SIGTERM
16) SIGSTKFLT   17) SIGCHLD     18) SIGCONT     19) SIGSTOP     20) SIGTSTP
21) SIGTTIN     22) SIGTTOU     23) SIGURG      24) SIGXCPU     25) SIGXFSZ
26) SIGVTALRM   27) SIGPROF     28) SIGWINCH    29) SIGIO       30) SIGPWR
31) SIGSYS      34) SIGRTMIN    35) SIGRTMIN+1  36) SIGRTMIN+2  37) SIGRTMIN+3
38) SIGRTMIN+4  39) SIGRTMIN+5  40) SIGRTMIN+6  41) SIGRTMIN+7  42) SIGRTMIN+8
43) SIGRTMIN+9  44) SIGRTMIN+10 45) SIGRTMIN+11 46) SIGRTMIN+12 47) SIGRTMIN+13
48) SIGRTMIN+14 49) SIGRTMIN+15 50) SIGRTMAX-14 51) SIGRTMAX-13 52) SIGRTMAX-12
53) SIGRTMAX-11 54) SIGRTMAX-10 55) SIGRTMAX-9  56) SIGRTMAX-8  57) SIGRTMAX-7
58) SIGRTMAX-6  59) SIGRTMAX-5  60) SIGRTMAX-4  61) SIGRTMAX-3  62) SIGRTMAX-2
63) SIGRTMAX-1  64) SIGRTMAX

// macOS 10.14.6
$kill -l
HUP INT QUIT ILL TRAP ABRT EMT FPE KILL BUS SEGV SYS PIPE ALRM TERM URG STOP TSTP
CONT CHLD TTIN TTOU IO XCPU XFSZ VTALRM PROF WINCH INFO USR1 USR2
```

我们看到 kill -l 列出了每个平台支持的信号的列表，其中每个信号都包含信号名称（signal name，比如：SIGINT）和信号编号（signal number，比如：SIGINT 的编号是 2）。

使用 kill 命令，我们可以将特定信号（通过信号名称或信号编号）发送给某应用进程：

```
$kill -s signal_name pid // 如kill -s SIGINT 20023
$kill -signal_number pid // 如kill -2 20023
```

信号机制经过多年演进，已经变得十分复杂和烦琐（考虑多种平台对标准的支持程度不一），比如不可靠信号、可靠信号、阻塞信号、信号处理函数的可重入等。如果让开发人员自己来处理这些复杂性，那么势必是一份不小的心智负担。Go 语言将这些复杂性留给了运行时层，为用户层提供了体验相当友好接口——os/signal 包。

Go 语言在标准库的 os/signal 包中提供了 5 个函数（截至 Go 1.14 版本），其中最主要的函数是 Notify 函数：

```
func Notify(c chan<- os.Signal, sig ...os.Signal)
```

该函数用来设置捕捉那些应用关注的系统信号，并在 Go 运行时层与 Go 用户层之间用一个 channel 相连。Go 运行时捕捉到应用关注的信号后，会将信号写入 channel，这样监听该 channel 的用户层代码便可收到该信号通知。图 54-1 形象地展示了 Go 运行时进行系统信号处理以及与用户层交互的原理。

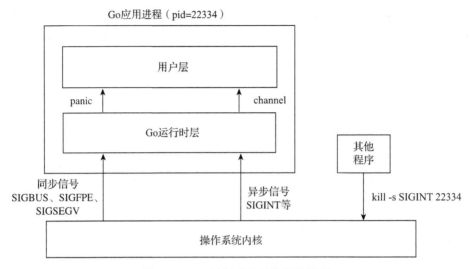

图 54-1 Go 运行时处理信号的原理

在图 54-1 中我们看到，Go 运行时与用户层有两个交互点，一个是上面所说的承载信号交互的 channel，而另一个则是运行时层引发的 panic。

这里 Go 将信号分为两大类：一类是同步信号，另一类是异步信号。

（1）同步信号

同步信号是指那些由程序执行错误引发的信号，包括 SIGBUS（总线错误 / 硬件异常）、SIGFPE（算术异常）和 SIGSEGV（段错误 / 无效内存引用）。一旦应用进程中的 Go 运行时收到这三个信号中的一个，意味着应用极大可能出现了严重 bug，无法继续执行下去，这时 Go 运行时不会简单地将信号通过 channel 发送到用户层并等待用户层的异步处理，而是直接将信号转换成一个运行时 panic 并抛出。如果用户层没有专门的 panic 恢复代码，那么 Go 应用将默认异常退出。

（2）异步信号

同步信号之外的信号都被 Go 划归为异步信号。异步信号不是由程序执行错误引起的，而是由其他程序或操作系统内核发出的。异步信号的默认处理行为因信号而异。 SIGHUP、SIGINT 和 SIGTERM 这三个信号将导致程序直接退出；SIGQUIT、SIGILL、SIGTRAP、SIGABRT、SIGSTKFLT、SIGEMT 和 SIGSYS 在导致程序退出的同时，还会将程序退出时的栈状态打印出来；SIGPROF 信号则是被 Go 运行时用于实现运行时 CPU 性能剖析指标采集。其他信号不常用，均采用操作系统的默认处理动作。对于用户层通过 Notify 函数捕获的信号，Go 运行时则通过 channel 将信号发给用户层。

到这里，我们知道了 Notify 无法捕捉 SIGKILL 和 SIGSTOP（操作系统机制决定的），也无法捕捉同步信号（Go 运行时决定的），只有捕捉异步信号才是有意义的。下面的例子直观展示了无法被捕获的信号、同步信号及异步信号的运作机制：

```
// chapter9/sources/go-signal/go-program-notify-sync-and-async-signal.go

func catchAsyncSignal(c chan os.Signal) {
    for {
        s := <-c
        fmt.Println("收到异步信号:", s)
    }
}

func triggerSyncSignal() {
    time.Sleep(3 * time.Second)
    defer func() {
        if e := recover(); e != nil {
            fmt.Println("恢复panic:", e)
            return
        }
    }()

    var a, b = 1, 0
    fmt.Println(a / b)
}

func main() {
    var wg sync.WaitGroup
    c := make(chan os.Signal, 1)
    signal.Notify(c, syscall.SIGFPE,
        syscall.SIGINT,
        syscall.SIGKILL)

    wg.Add(2)
    go func() {
        catchAsyncSignal(c)
        wg.Done()
    }()

    go func() {
        triggerSyncSignal()
        wg.Done()
    }()

    wg.Wait()
}
```

　　构建并运行该例子后，先不断按中断组合键（ctrl+c）查看异步信号的处理动作；3 秒后，同步信号被**除 0 计算**触发；最后用 kill 命令向该应用进程发送一个 SIGKILL 的不可捕获信号。我们来看看示例程序的运行结果：

```
$go build -o notify-signal go-program-notify-sync-and-async-signal.go
$./notify-signal
^C收到异步信号: interrupt
```

```
^C收到异步信号: interrupt
恢复panic: runtime error: integer divide by zero
[1]    94498 killed     ./notify-signal
```

如果多次调用 Notify 拦截某信号，但每次调用使用的 channel 不同，那么当应用进程收到异步信号时，Go 运行时会给每个 channel 发送一份异步信号副本：

```go
// chapter9/sources/go-signal/go-program-notify-signal-twice.go
...
func main() {
    c1 := make(chan os.Signal, 1)
    c2 := make(chan os.Signal, 1)

    signal.Notify(c1, syscall.SIGINT, syscall.SIGTERM)
    signal.Notify(c2, syscall.SIGINT, syscall.SIGTERM)

    go func() {
        s := <-c1
        fmt.Println("c1: 收到异步信号", s)
    }()

    s := <-c2
    fmt.Println("c2: 收到异步信号", s)
    time.Sleep(5 * time.Second)
}
```

运行该示例后，按下中断组合键 ctrl+c，可以看到如下结果：

```
$go run go-program-notify-signal-twice.go
^Cc2: 收到异步信号 interrupt
c1: 收到异步信号 interrupt
```

我们看到虽然只触发一次异步信号，但由于有两个 channel "订阅" 对该信号的拦截事件，于是运行时在向 c1 发送一份信号的同时，又向 c2 发送了一份信号副本。

如果上述例子中 c1 == c2，即在同一个 channel 上两次调用 Notify 函数（拦截同一异步信号），那么在信号触发后这个 channel 会不会收到两个信号呢？运行下面的示例，我们就能得到结果：

```go
// chapter9/sources/go-signal/go-program-notify-signal-twice-on-same-channel.go
...
func main() {
    var wg sync.WaitGroup
    c := make(chan os.Signal, 2)

    signal.Notify(c, syscall.SIGINT)
    signal.Notify(c, syscall.SIGINT)

    wg.Add(1)
    go func() {
        for {
            s := <-c
```

```
            fmt.Println("c: 收到异步信号", s)
        }
        wg.Done()
    }()
    wg.Wait()
}
```

运行该示例后，不断按中断组合键 ctrl+c，我们发现每次触发 SIGINT 信号，该程序都仅输出一行日志，即 channel 仅收到一个信号：

```
$go run go-program-notify-signal-twice-on-same-channel.go
^Cc: 收到异步信号 interrupt
^Cc: 收到异步信号 interrupt
^Cc: 收到异步信号 interrupt
^Cc: 收到异步信号 interrupt
^\SIGQUIT: quit
...
```

使用 Notify 函数后，用户层与运行时层的唯一联系就是 channel。运行时收到异步信号后，会将信号写入 channel。如果在用户层尚未来得及接收信号的时间段内，运行时连续多次收到触发信号，用户层是否可以收到全部信号呢？来看下面这个示例：

```
// chapter9/sources/go-signal/go-program-notify-lost-signal.go
...
func main() {
    c := make(chan os.Signal, 1)
    signal.Notify(c, syscall.SIGINT)

    // 在这10s期间，多次触发SIGINT信号
    time.Sleep(10 * time.Second)

    for {
        select {
        case s := <-c:
            fmt.Println("c: 获取异步信号", s)
        default:
            fmt.Println("c: 没有信号，退出")
            return
        }
    }
}
```

运行该示例后，在 10s 内连续按 5 次中断组合键，10s 后可以看到下面的输出结果：

```
$go run go-program-notify-block-signal.go
^C^C^C^C^Cc: 获取异步信号 interrupt
c: 没有信号，退出
```

我们看到用户层仅收到一个 SIGINT 信号，其他四个都被"丢弃"了。我们将 channel 的缓冲区大小由 1 改为 5，再来试一下：

```
$go run go-program-notify-block-signal.go
```

```
^C^C^C^C^Cc: 获取异步信号 interrupt
c: 获取异步信号 interrupt
c: 获取异步信号 interrupt
c: 获取异步信号 interrupt
c: 获取异步信号 interrupt
c: 没有信号，退出
```

这回用户层收到了全部五个 SIGINT 信号。因此在使用 Notify 函数时，要根据业务场景的要求，适当选择 channel 缓冲区的大小。

54.3 使用系统信号实现程序的优雅退出

所谓优雅退出（gracefully exit），指的就是程序在退出前有机会等待尚未完成的事务处理、清理资源（比如关闭文件描述符、关闭 socket）、保存必要中间状态、持久化内存数据（比如将内存中的数据落盘到文件中）等。

与优雅退出对立的是强制退出，也就是我们常说的使用 kill -9，即 kill -s SIGKILL pid。这个机制不会给目标进程任何时间空隙，而是直接将进程杀死，无论进程当前在做何种操作，这种操作常常导致"不一致"状态的出现。前面提过，SIGKILL 是不可捕捉信号，进程无法有效针对该信号设置处理工作函数，因此我们不应该使用该信号作为优雅退出的触发机制。

Go 常用来编写 HTTP 服务，HTTP 服务如何优雅退出也是 Gopher 经常要考虑的问题。下面就用一个示例来说明如何结合系统信号的使用来实现 HTTP 服务的优雅退出：

```go
// chapter9/sources/go-signal/go-program-exit-gracefully-with-notify.go
...
func main() {
    var wg sync.WaitGroup

    http.HandleFunc("/", func(w http.ResponseWriter, r *http.Request) {
        fmt.Fprintf(w, "Hello, Signal!\n")
    })
    var srv = http.Server{
        Addr: "localhost:8080",
    }

    srv.RegisterOnShutdown(func() {
        // 在一个单独的goroutine中执行
        fmt.Println("clean resources on shutdown...")
        time.Sleep(2 * time.Second)
        fmt.Println("clean resources ok")
        wg.Done()
    })

    wg.Add(2)
    go func() {
        quit := make(chan os.Signal, 1)
        signal.Notify(quit, syscall.SIGINT,
            syscall.SIGTERM,
```

```
        syscall.SIGQUIT,
        syscall.SIGHUP)

    <-quit

    timeoutCtx, cf := context.WithTimeout(context.Background(),
        time.Second*5)
    defer cf()
    var done = make(chan struct{}, 1)
    go func() {
        if err := srv.Shutdown(timeoutCtx); err != nil {
            fmt.Printf("web server shutdown error: %v", err)
        } else {
            fmt.Println("web server shutdown ok")
        }
        done <- struct{}{}
        wg.Done()
    }()

    select {
    case <-timeoutCtx.Done():
        fmt.Println("web server shutdown timeout")
    case <-done:
    }
}()

err := srv.ListenAndServe()
if err != nil {
    if err != http.ErrServerClosed {
        fmt.Printf("web server start failed: %v\n", err)
        return
    }
}
wg.Wait()
fmt.Println("program exit ok")
}
```

这是一个实现 HTTP 服务优雅退出的典型方案。

1）通过 Notify 捕获 SIGINT、SIGTERM、SIGQUIT 和 SIGHUP 这四个系统信号，这样当这四个信号中的任何一个触发时，HTTP 服务都有机会在退出前做一些清理工作。

2）使用 http 包提供的 Shutdown 来实现 HTTP 服务内部的退出清理工作，包括立即关闭所有 listener、关闭所有空闲的连接、等待处于活动状态的连接处理完毕（变成空闲连接）等。

3）http.Server 还提供了 RegisterOnShutdown 方法以允许开发者注册 shutdown 时的回调函数。这是个在服务关闭前清理其他资源、做收尾工作的**好场所**，注册的函数将在一个单独的 goroutine 中执行，但 Shutdown 不会等待这些回调函数执行完毕。示例中我们使用一个 time.Sleep 来模拟清理函数带来的延时。

运行一下上面的示例。启动示例后，按下中断组合键 ctrl+c 开启 HTTP 服务的优雅退出过程：

```
$go run go-program-exit-gracefully-with-notify.go
```

```
^\web server shutdown ok
clean resources on shutdown...
clean resources ok
program exit ok
```

小结

在本条中，我们了解了系统信号的工作原理以及应用收到信号后的三种处理方式，学习了 Go 对系统信号的封装原理（同步信号由 Go 运行时转换为运行时 panic，异步信号通过 channel 发送给用户层），分析了 signal.Notify 函数的行为和使用注意事项，最后演示了利用系统信号实现程序优雅退出的典型方案。

使用 crypto 下的密码学包构建安全应用

密码学（cryptography）是对信息及其传输的数学性研究。在人类进入信息社会，尤其是步入计算机互联网时代之后，现代密码学便成为整个互联网安全的**基石**，为人类在数字世界的活动**保驾护航**。近几年新兴的互联网技术，如区块链等，无不是律构在现代密码学的基础之上的。可以说，密码学是互联网的信任之源。

密码学本质上是数学，密码学的算法多由专业的密码学研究人员设计和实现。因此大多数开发人员无须亲自设计和实现加密算法，仅需了解密码学的基础知识并使用现成的密码学算法实现去构建安全应用即可。

"自带电池"是 Go 语言的一大特点，Go 语言在标准库 crypto 下的相关包中为广大 Gopher 提供了各种主流密码学算法的实现。在这一条中，我们就来了解一下如何使用 crypto 下的密码学相关包构建安全的应用。

55.1　Go 密码学包概览与设计原则

Go 核心团队维护的密码学包由两部分组成：一部分就是我们在标准库 crypto 目录下看到的相关包；另一部分则是扩展包，位于 golang.org/x/crypto 下（其仓库镜像地址在 github.com/golang/crypto）。扩展包中包含了更多的密码学算法实现，并且后面的扩展包很多已经成为标准库包的依赖包。因此，和过去允许扩展包不稳定不同，如今 Go 核心团队对待这两部分的态度已经趋于一致了。不同之处就在于标准库下的密码学包是与 Go 语言一起发布的（本条内容仅针对标准库下的密码学包）。

密码学涉及的算法较多，Go 密码学包实现了其中的主流算法，并且 Go 密码学包与时俱进的步伐并不慢，一些新发布的密码学算法一旦得到业界的公认，很快就可以在 Go 标准库包或扩展包中得到支持。根据密码学技术的类别，标准库下已经实现的密码学包大致可分为如下几类：

❑ 分组密码（block cipher）

■ cipher 包：实现了分组密码算法的五种标准分组模式（block mode），包括 ECB 模式（Electronic CodeBook mode，电子密码本模式）、CBC 模式（Cipher Block Chaining mode，密码分组链接模式）、CFB 模式（Cipher Feedback mode，密文反馈模式）、OFB 模式（Output Feedback mode，输出反馈模式）和 CTR 模式（CounTeR mode，计数器模式）。

■ des 包：实现了对称密码（symmetric cryptography）标准中的 Data Encryption Standard（DES）和 Triple Data Encryption（TDEA）算法，后者也称**三重 DES**。

■ aes 包：实现了对称密码标准中的 Advanced Encryption Standard（AES，亦称 Rijndael 算法）。

❑ 公钥密码（public-key cryptography，亦称非对称密码 asymmetric cryptography）与数字签名（digital signature）

■ tls 包：实现了 TLS 1.2（RFC 5246）和 TLS 1.3（RFC 8446）协议。

■ x509 包：实现了对 X.509 编码格式的密钥和证书的解析。

■ rsa 包：实现了由 Ron Rivest、Adi Shamir 和 Leonard Adleman 共同提出的并以他们名字首字母组合命名的 RSA 公钥密码算法，用于进行公钥加密和私钥签名操作。

■ elliptic 包：实现了在素数域上的几个标准椭圆曲线算法。

■ dsa 包：实现了美国国家标准技术研究所（NIST）的"数字签名算法（DSA）"规范。

■ ecdsa 包：实现了一种利用椭圆曲线密码来实现的数字签名算法，该算法标准同样由 NIST 发布。

■ ed25519 包：实现了由著名密码学家 Daniel J. Bernstein 在 2006 年独立设计的椭圆曲线签名算法 Ed25519（http://ed25519.cr.yp.to/）。

❑ 单向散列函数，亦称消息摘要（digest）或指纹（fingerprint）

■ md5 包：实现了 RFC 1321 中定义的 MD5 哈希算法。

■ sha1 包：实现了 RFC 3174 中定义的 SHA-1 哈希算法。

■ sha256 包：实现了 NIST 标准中的 SHA224 和 SHA256 哈希算法。

■ sha512 包：实现了 NIST 标准中的 SHA384 和 SHA512 哈希算法。

❑ 消息认证码（Message Authentication Code，MAC）

hmac 包：实现了 NIST 标准中的基于单向散列函数的消息认证码（HMAC）算法。

❑ 随机数生成

rand 包：支持生成密码学安全的随机数。

Go 密码学包的目标是帮助 Go 开发人员构建安全应用，因此它的演进设计原则如下。

❑ 实现安全（secure）：以提供一个没有安全漏洞的安全实现为第一原则。

❑ 使用安全（safe）：密码学包应该易于安全使用，因为密码学包滥用与使用存在安全漏洞的密码学包对应用的危害是一样大的。

❑ 简单实用（practical）：聚焦于常见的、通用的应用场景。

❑ 与时俱进（modern）：与密码学工程的最新进展保持同步。

上述这些原则是按优先级从高到低排序的，也就是说**实现安全**是最重要的。不安全的实现或不安全的 API，无论它多么符合其他原则，性能有多好，都是不能接受的。由此可见，**秉持这些设计原则的 Go 密码学包是一个安全且值得信赖的实现**。

55.2　分组密码算法

密码算法可以分为分组密码（block cipher）和流密码（stream cipher）两种。流密码是对数据流进行连续处理的一类算法，而我们日常使用最多的 DES、AES 加密算法则都归于分组密码算法范畴。**分组密码**是一种一次仅能处理**固定长度数据块**的算法。而这个数据块的固定长度（比特数量）则称为该分组密码算法的**分组长度（block length）**。图 55-1 是分组密码算法的加密流程示意图。

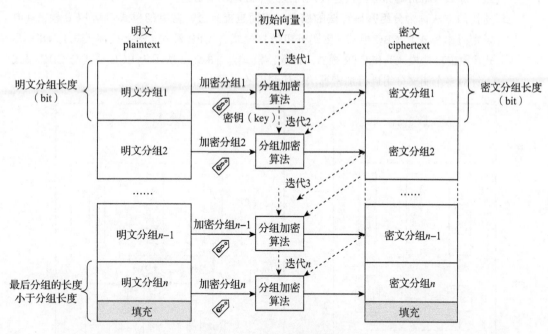

图 55-1　分组密码加密流程

从图 55-1 中我们可以看出以下信息。

❑ 明文（plaintext）按照**分组密码算法的分组长度**进行分组。如果明文总长度超过分组长度且不是分组长度的整数倍，那么最后一个明文分组需通过**填充（padding）**使其满足分组长度要求。

❑ 填充是为了保证每个明文分组长度都满足算法分组长度要求。对密文解密后，我们还需要根据（加密方和解密方约定好的）填充方案将填充数据从得到的解密结果中剔除以真正还原明文。常见的填充方案有以下几种。

- ISO10126：填充字符串由一个字节序列组成，该字节序列的最后一个字节标识填充字节序列的长度，序列中的其余字节为随机数据。
- PKCS#7：填充字符串由一个字节序列组成，该序列中每字节的值都是该填充字节序列的长度。该方案适合分组长度为 1～255 字节的情况。
- PKCS#5：该填充方案和 PKCS#7 方案原理上没有实质区别，只是它仅适合分组长度为 8 字节的情况。（该方案不适合 AES 算法，因为该算法的分组长度至少为 16 字节。）也就是说，当分组长度为 8 字节时，采用 PKCS#5 方案和采用 PKCS#7 方案得到的填充字节序列是一样的。
- 由 0x80 和 0x00 组成的填充字节序列：在这种填充方式中，填充字符串的第一个字节值是 0x80，后面的每个字节值都是 0x00。

❑ 分组密码算法每次**仅加密一个明文分组**。如果明文因总长度超过分组长度而存在多个分组，那么分组密码算法会被迭代调用以逐个处理明文分组。

❑ 迭代的方法称为**分组密码算法的模式**。前面也提到过，常见的模式包括 ECB 模式（电子密码本模式）、CBC 模式（密码分组链接模式）、CFB 模式（密文反馈模式）、OFB 模式（输出反馈模式）和 CTR 模式（计数器模式）。图 55-2 所示为 ECB 模式与 CBC 模式下针对多个明文分组进行加密算法迭代调用的流程。

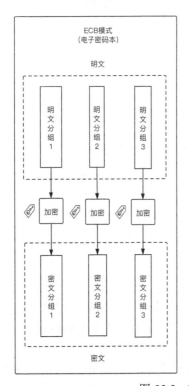
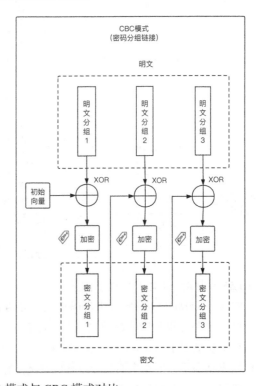

图 55-2　ECB 模式与 CBC 模式对比

从图 55-2 中我们可以看到，ECB 模式是相对简单的分组密码算法的迭代模式：每个明文分组加密后得到对应的密文分组，然后所有密文分组组合成为最终的密文。而 CBC 模式则相对复杂：每个明文分组与前一个密文分组进行异或（XOR）运算后再进行加密，得到对应的密文分组，全部明文分组处理完后得到的所有密文分组组合成为最终的密文。第一个明文分组由于不存在前一个密文分组，因此使用了一个被称为 **"初始向量"**（initialization vector, IV）的随机数据。这个初始向量在解密时也会被用到，因此加密方和解密方需事先就初始向量的生成方式达成一致。比如：一种惯用法是将初始向量字符串包含在密文的头部，长度为分组长度。

不同分组密码迭代模式有各自的优缺点。从安全性考虑，ECB 模式（电子密码本）虽然简单、快速，但不应在生产中使用，因为它对攻击的抵御能力是这些模式中最弱的。

了解了分组密码的原理后，我们可以总结出利用分组密码进行加解密的伪代码。

加密过程伪代码：

```
// chapter9/sources/go-crypto/block_cipher_encrypt.pseudocode
func main() {
    // 密钥(key)
    key := "这是用于分组密码算法加密的密钥串"

    // 创建分组密码算法实例
    XXXCipher := NewXXXCiper(key)

    // 初始向量(可选)
    IV := "这是初始向量"

    // 创建分组模式的实例(用于加密)
    BlockModeEncrypter := NewBlockModeEncrypter(XXXCipher, IV)

    // 待加密的明文字符串
    plaintext := "这是用于待加密的明文字符串"

    // 加密
    ciphertext := BlockModeEncrypter.EncryptBlocks(plaintext)

    // 输出密文
    fmt.Printf("%x\n", ciphertext)
}
```

解密过程伪代码：

```
// chapter9/sources/go-crypto/block_cipher_decrypt.pseudocode

func main() {
    // 密钥(key)
    key := "这是用于分组密码算法解密的密钥串"

    // 创建分组密码算法实例
    XXXCipher := NewXXXCiper(key)

    // 初始向量(可选)，亦可从密文字符串中提取(需加密方与解密方协商确定)
```

```
    IV := "这是初始向量"

    // 创建分组模式的实例(用于解密)
    BlockModeDecrypter := NewBlockModeDecrypter(XXXCipher, IV)

    // 待解密的密文数据
    ciphertext := []byte{...}

    // 解密
    plaintext := BlockModeDecrypter.DecryptBlocks(ciphertext)

    // 输出明文
    fmt.Printf("%x\n", plaintext)
}
```

我们可以通过图 55-3 来更直观地了解上述两段伪代码。

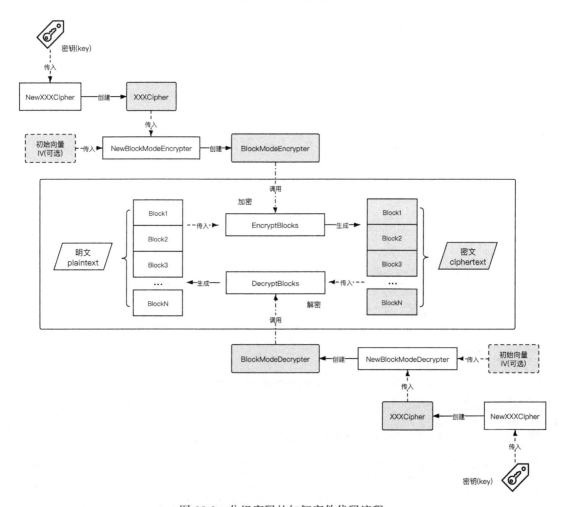

图 55-3 分组密码的加解密伪代码流程

从图 55-3 中我们看到，分组密码模式的实例 BlockModeEncrypter 和 BlockModeDecrypter 扮演着类似总调度的角色，将生产物资（明文分组和密文分组）源源不断地送入生产机器（分组密码算法 Cipher），生产出密文或明文。

对称密码是典型的分组密码，之所以称为**对称**，是因为加密和解密所采用的是同一把**密钥**（key），如图 55-4 所示。

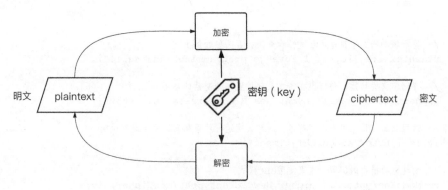

图 55-4　分组密码之对称密码算法

Go 语言实现的 DES、3 重 DES（TDEA）和 AES 算法都是对称密码算法。在这三个算法中，DES 已经可以用暴力破解手段在现实时间内实现破解，因此我们不应再将 DES 算法应用在实际生产中；3 重 DES 加解密性能不高，仅在一些重视兼容性（与 DES 兼容）的场合有所应用；而 AES 是标准机构 NIST 公开选拔的、用于取代 DES 的新对称密码标准，它安全快速，可以在各种平台上工作，是对称密码算法的首选，因此我们以 AES 算法作为对称密码的代表算法予以举例说明。

Go crypto/aes 包提供了 AES 相关算法的实现。在硬件支持且开启 AES 扩展指令的系统（如 amd64）上，aes 包的相关操作均可做到常数时间的时间复杂度。

AES 标准使用的分组长度为固定的 128 比特，即 16 字节：

```
// $GOROOT/src/crypto/aes/cipher.go

// AES 分组长度(字节)
const BlockSize = 16
```

aes 可根据创建 aesCipher 实例时传入的密钥长度选择不同的 AES 算法方案：

```
key长度 = 16字节(即128比特) => AES-128
key长度 = 24字节(即192比特) => AES-192
key长度 = 32字节(即256比特) => AES-256
```

接下来根据上面对称密码的伪代码套路来编写一个使用 crypto/aes 包进行加解密的例子，这里我们使用 CBC 模式（密码分组链接模式）。先看使用 AES 进行加密的示例代码：

```
// chapter9/sources/go-crypto/aes_cbc_cipher_encrypt.go
```

```go
func main() {
    // 密钥(key) 32字节 => AES-256
    key := []byte("12345678123456781234567812345678")

    // 创建AES分组密码算法实例
    aesCipher, err := aes.NewCipher(key)
    if err != nil {
        panic(err)
    }

    // 待加密的明文字符串（长度恰为分组长度的整数倍）
    plaintext := []byte("I love go programming language!!")

    // 存储密文的切片，预留出在密文头部放置初始变量的空间
    ciphertext := make([]byte, aes.BlockSize+len(plaintext))

    // 这里初始变量采用固定字符串，这样多次运行结果相同，便于示例说明
    iv := []byte("abcdefghijklmnop")

    // 创建分组模式的实例，这里使用CBC模式
    cbcModeEncrypter := cipher.NewCBCEncrypter(aesCipher, iv)

    // 对明文进行加密
    cbcModeEncrypter.CryptBlocks(ciphertext[aes.BlockSize:], plaintext)

    // 这里将初始变量放在密文的头部（初始变量的长度 = block length）
    copy(ciphertext[:aes.BlockSize], []byte("abcdefghijklmnop"))

    fmt.Printf("明文: %s\n", plaintext)
    fmt.Printf("密文(包含IV): %x\n", ciphertext)
}
```

对照前面的伪代码及伪代码流程示意图，这个示例并不难理解。在这个例子中，我们首先用密钥（key）实例化了一个 aes.aesCipher 实例，该实例实现了 cipher.Block 接口；然后将该实例传入创建 CBC 模式实例的函数 cipher.NewCBCEncrypter，这样作为总调度角色的 cbcModeEncrypter 就可以调用 aes.aesCipher 这个"机器"生产针对明文分组的密文了。这里使用了一个固定的初始向量，这样多次运行该示例程序得到的加密结果都是相同的。初始向量与加密得到的密文串接在一起输出，这样解密程序得到这串结果后，便可以提取出初始向量。

运行该示例程序：

```
$go run aes_cbc_cipher_encrypt.go
明文: I love go programming language!!
密文(包含IV): 6162636465666768696a6b6c6d6e6f70bc93b5cb1a081b47357f73d40966e3ce53c2
    9db21a13bec2f9be4f76d8f09f2b
```

上述加密程序对应的解密程序如下：

```go
// chapter9/sources/go-crypto/aes_cbc_cipher_decrypt.go

func main() {
```

```go
// 密钥(key) 32字节 => AES-256
key := []byte("12345678123456781234567812345678")

// 带有初始向量的密文数据（前16字节为初始向量）
ciphertextWithIV, err := hex.DecodeString("6162636465666768696a6b6c6d6e6f70b
    c93b5cb1a081b47357f73d40966e3ce53c29db21a13bec2f9be4f76d8f09f2b")
if err != nil {
    panic(err)
}

// 从密文数据中提取初始向量数据
iv := ciphertextWithIV[:aes.BlockSize]

// 待解密的密文数据
ciphertext := ciphertextWithIV[aes.BlockSize:]

// 创建AES分组密码算法实例
aesCipher, err := aes.NewCipher(key)
if err != nil {
    panic(err)
}

// 解密后存放明文的字节切片
plaintext := make([]byte, len(ciphertext))

// 创建分组模式的实例，这里使用CBC模式
cbcModeDecrypter := cipher.NewCBCDecrypter(aesCipher, iv)

// 对密文进行解密
cbcModeDecrypter.CryptBlocks(plaintext, ciphertext)

fmt.Printf("密文(包含IV): %x\n", ciphertextWithIV)
fmt.Printf("明文: %s\n", plaintext)
}
```

理解了加密过程，这个解密过程也不难理解。程序从带有初始向量的密文中提取出 16 字节（aes.BlockSize）的初始向量，然后创建 cipher.NewCBCDecrypter 分组密码模式实例并对密文进行解密。

运行该示例：

```
$go run aes_cbc_cipher_decrypt.go
密文(包含IV): 6162636465666768696a6b6c6d6e6f70bc93b5cb1a081b47357f73d40966e3ce53c2
    9db21a13bec2f9be4f76d8f09f2b
明文: I love go programming language!!
```

在上述 AES 解密示例中，我们单独分配了明文的存储空间，但这一步不是必需的，因为 CryptBlocks 支持 "原地替换"，即当传入的两个参数一致时（比如都是 ciphertext），该方法会直接将解出来的明文结果更新到 ciphertext 中。

```go
// 直接利用ciphertext存储解密后的明文
cbcModeDecrypter.CryptBlocks(ciphertext, ciphertext)
```

55.3 公钥密码

在对称密码系统中，加密与解密使用相同的密钥。如果在通信系统中使用对称密码系统，那么用于解密的密钥必须被配送给数据接收者，这就会涉及密钥的配送问题。常见的密钥配送方案有事先共享密钥（事先以安全的方式将密钥交给通信方）、密钥分配中心（每个通信方要事先与密钥分配中心共享密钥）、Diffie-Hellman 密钥交换算法、公钥密码等。这里着重介绍公钥密码。

在公钥密码系统中，每个通信方都会生成两把密钥：**私有密钥**（private key，简称私钥）和**公共密钥**（public key，简称公钥）。以通信方甲为例，甲生成两把密钥后，自己会保留私钥，而公钥则会分发给所有通信对端。当通信对端向甲传输消息时，可以用甲的公钥对消息数据进行加密；而在收到这些通信对端发过来的消息后，甲可以用自己的私钥对加密的消息进行解密以还原明文。因此公钥也被称为**加密密钥**，而私钥也被称为**解密密钥**。图 55-5 就是通过公钥密码系统进行密钥分发及加解密的流程，图中的数据接收方可理解为甲。

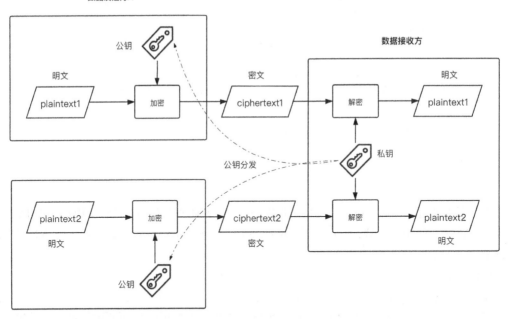

图 55-5　公钥密钥分发与加解密流程

RSA 是世界上使用最广泛的公钥密码算法，Go 语言的 crypto/rsa 包提供了对 RSA 算法的实现。使用 RSA 算法的第一步是生成一对密钥：

```
// chapter9/sources/go-crypto/rsa_key_generate.go
```

```
func main() {
    privateKey, err := rsa.GenerateKey(rand.Reader, 2048)
    if err != nil {
        panic(err)
    }
    publicKey := privateKey.PublicKey

    fmt.Printf("Private Key's size = %d bits\n", privateKey.Size()*8) // 2048
    fmt.Printf("Public Key's size = %d bits\n", publicKey.Size()*8) // 2048
}
```

我们看到，要生成一个 RSA 密钥对，需要传入一个随机值生成源（通常使用 crypto.rand.
Reader）和一个密钥位数（这里是 2048 位）。理论上位数越多，生成的密钥的算法强度越高。

和前面的对称密码算法的密钥不同，RSA 算法中的密钥由数字组成。下面是 rsa 包中对应公
钥和私钥的抽象结构：

```
// $GOROOT/src/crypto/rsa/rsa.go
type PublicKey struct {
    N *big.Int // modulus 模数
    E int      // public exponent 指数
}

type PrivateKey struct {
    PublicKey             // 公钥部分
    D        *big.Int     // 私钥组件
    Primes   []*big.Int   // N的质因数，有2个或2个以上元素
    ...
}
```

RSA 的公钥可以看成数对 (E, N)，而私钥可以看成数对 (D, N)，图 55-6 是使用 RSA 密钥对
参与加解密的原理示意图。

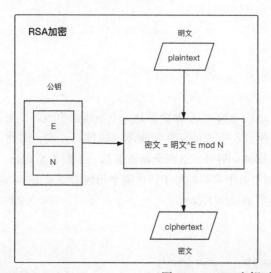
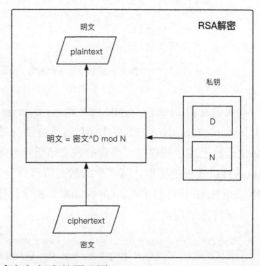

图 55-6　RSA 密钥对参与加解密的原理图

我们看到：

❑ RSA 加密：RSA 密文就是对代表明文的数字的 E 次方求 mod N 的结果。

❑ RSA 解密：明文就是对代表 RSA 密文的数字的 D 次方求 mod N 的结果。

RSA 加解密默认使用 PKCS#1 v1.5 填充方案，但该方案在面对 Chosen Ciphertext Attacks（选择密文攻击）时强度不足（虽然无法破译 RSA，但攻击者可能获取到密文对应的明文的少量信息），而 RSA-OAEP（Optimal Asymmetric Encryption Padding，最优非对称加密填充）则被认为是一种可信赖、满足强度要求的填充方案。下面就使用该填充方案来看看 RSA 加解密的例子：

```go
// chapter9/sources/go-crypto/rsa_oaep_encrypt_and_decrypt.go

func main() {
    privateKey, err := rsa.GenerateKey(rand.Reader, 2048)
    if err != nil {
        panic(err)
    }
    publicKey := privateKey.PublicKey

    // 待加密的明文
    plaintext := []byte("I love go programming language!!")
    fmt.Printf("待加密明文: %s\n", plaintext)

    // 使用公钥加密
    ciphertext, err := rsa.EncryptOAEP(sha256.New(), rand.Reader,
            &publicKey, plaintext, nil)
    if err != nil {
        panic(err)
    }
    fmt.Printf("密文: %x\n", ciphertext)

    // 使用私钥解密
    textDecrypted, err := rsa.DecryptOAEP(sha256.New(), rand.Reader,
            privateKey, ciphertext, nil)
    if err != nil {
        panic(err)
    }
    fmt.Printf("解密出的明文: %s\n", textDecrypted)
}
```

我们看到，rsa.EncryptOAEP 和 rsa.DecryptOAEP 的第二个参数都是一个随机数生成器（这里传入 rand.Reader），RSA-OAEP 会通过随机数使每次生成的密文呈现不同的排列方式，因此多次运行上述示例程序所得到的密文结果都是不同的。另外，这两个函数的第一个参数是 hash.Hash 接口实现的实例，其产生的散列值可作为随机数生成器的种子。这两个函数需要采用同一种 hash.Hash 接口的实现，Go 标准库文档推荐使用 sha256.New()。

运行该示例：

```
$go run rsa_oaep_encrypt_and_decrypt.go
待加密明文: I love go programming language!!
密文: 10332850c1669d5e402fa80a71bf22255a8ee7685d87e391aeff375c0ac4ee7f7bf02a10677
```

```
883b4c1a197f72e834cb9d03db998b9ee8aaa8b378617bcb93dfe5a06cfd56b4379f3855aee2b
a70a415e700b0356bb4e5ca466ed634e2a281dcdb2f7509d5072d0e8000cc465899bc836b011e
ec5a4ee7938928849ddac366874d0e7ab66247b1ff228f530c2b9286042521c6f047594605a89
b756e078e479468b9fd37067f46ad304d9c23a070f49a3b49335b3dd89354d6b35ee97bb4e0e3
b756c7849e04d121ce5960ff8a790e3dcb7e8fdb96b56d66344b54abce9872e452585a8de82d9
f19ee219a8211421c469bc8681ff63265f4d974d9bdebaa37e6c
```
解密出的明文: I love go programming language!!

RSA 算法对待处理的数据长度是有要求的，采用 RSA-OAEP 填充时，加密函数 EncryptOAEP 支持的最大明文长度为 RSA 密钥长度（字节数）− 单向散列结果长度 ×2−2。在上面的例子中，加密函数支持的最大明文长度为 256−32×2−2=190（字节）。

55.4　单向散列函数

单向散列函数（one-way hash function）是一个接受**不定长输入**但产生**定长输出**的函数，这个**定长输出**被称为"**摘要**"（digest）或"**指纹**"（fingerprint）。如图 55-7 所示，单向散列函数的输入可以是任何长度的比特序列代表的事物，比如用户口令、大段文本、图片或音视频数据、磁盘上的各种格式的文件数据等。

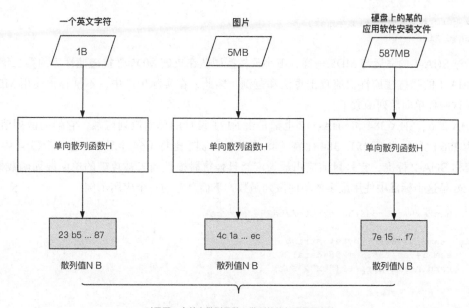

图 55-7　对于同一个单向散列函数，散列值的长度是固定的

除了输出长度固定、计算快速之外，密码学级别的单向散列函数还具有如下性质。

❏ 强抗碰撞性：要找到散列值（摘要值）相同的两条不同的消息是**非常困难**的。

❏ 单向性：无法通过散列值（摘要值）反算出输入的消息原文。

由于具有上述性质，密码学级别单向散列函数被广泛用于检测下载文件是否被篡改、基于口令的身份验证、数字签名、消息认证码以及随机数生成器当中。

Go 标准库密码学包提供了多种主流单向散列函数标准的实现，包括 MD5、SHA-1、SHA-256、SHA-384 和 SHA-512 等。Go 语言还在扩展包 golang.org/x/crypto/sha3 中提供了最新的 SHA-3 标准的实现。

MD5（Message Digest）是于 1991 年诞生的单向散列函数，能够产生 128 比特（16 字节）的散列值（摘要值）：

```
// $GOROOT/src/crypto/md5/md5.go

// MD5校验和的大小（以字节计）
const Size = 16
```

不过 MD5 散列函数的强抗碰撞性已经被中国科学院院士王小云教授攻破，即可以在短时间内产生具有相同散列值的两条不同消息，达到对输入信息篡改但不影响摘要值的目的。

SHA-1 是由美国国家标准技术研究所（NIST）制定的单向散列函数标准，它能产生 160 比特（20 字节）的散列值：

```
// $GOROOT/src/crypto/sha1/sha1.go

// SHA-1校验和的大小（以字节计）
const Size = 20
```

不过 SHA-1 的命运与 MD5 一样，王小云教授团队在攻破 MD5 强抗碰撞性后的第二年又提出了 SHA-1 的强抗碰撞性快速攻击算法和范例。因此，在实际生产中，不推荐再使用 MD5 或 SHA-1 这两种单向散列函数了。

SHA-256、SHA-384 和 SHA-512 也都是由 NIST 设计的单向散列函数，它们的散列值长度分别为 256 比特（32 字节）、384 比特（48 字节）和 512 比特（64 字节）。这三个散列函数合起来统称 SHA-2 标准，它是目前应用最为广泛且强抗碰撞性尚未被攻破的单向散列函数标准。SHA-256 是这个标准中使用最多的单向散列函数，下面是它的一个应用示例：

```
// chapter9/sources/go-crypto/sha256_sum.go

func sum256(data []byte) string {
    sum := sha256.Sum256(data)
    return fmt.Sprintf("%x", sum)
}

func main() {
    s := "I love go programming language!!"
    fmt.Println(sum256([]byte(s)))
}
```

sha256 包的使用非常简单：仅需将要计算摘要值的内容传递给 sha256.Sum256，该函数就会以 []byte 类型值的形式返回对应的哈希值。在示例中，我们通过格式化输出函数将返回的散列值转换为对应的**十六进制字符串**的形式（每字节用两个字符表示，比如 0x56 会被转化为 "56"）

以便展示、存储和传输：

```
$go run sha256_sum.go
56a9fde45456d7d399559834b11bd2db111d84351142563e97fb56310c596689
```

55.5　消息认证码

前面讲过，如果参与通信的一方在发送消息的同时，还发送了消息的散列值（摘要），那么接收消息的一方便可以通过单向散列函数实现对消息的完整性检查。哪怕消息中的一比特发生了变动，单向散列后的输出结果都会是不一样的。但有些时候光有完整性检查是不够的，见图 55-8。

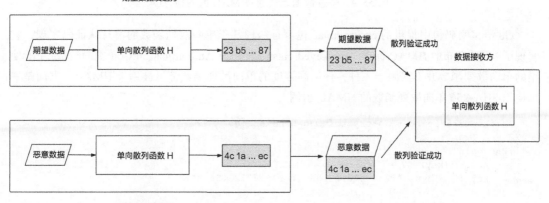

图 55-8　恶意数据也能通过单向散列函数的完整性检查

从图 55-8 中我们看到，带有摘要数据的恶意数据也能通过数据接收方的数据完整性检查（通过单向散列函数和摘要）。由此可见，单向散列函数虽然能辨别出数据是否被篡改，但却无法辨别出数据是不是伪装的。因此，在这样的场合下，我们还需要对消息进行认证（Authentication），即校验消息的来源是不是我们所期望的。而用于解决这一问题的常见密码技术就是**消息认证码**（Message Authentication Code，MAC）。

消息认证码是一种不仅能确认数据完整性，还能保证消息来自期望来源的密码技术。消息认证码技术是以通信双方共享密钥为前提的。对于任意长度的消息，我们都可以计算出一个固定长度的消息认证码数据，这个数据被称为 MAC 值。

参与通信的一方在发送消息的同时，还发送消息的 MAC 值，那么数据接收方就可以通过这个MAC 值校验出哪个消息来自期望的发送方，哪个消息来自恶意发送方了，如图 55-9 所示。

因此，我们可以将消息认证码理解成一种与密钥相关联的单向散列函数。消息认证码有多种实现方式，包括使用单向散列函数实现、使用分组密码实现、公钥密码实现等。这里我们重点看一下**使用单向散列函数的实现**。

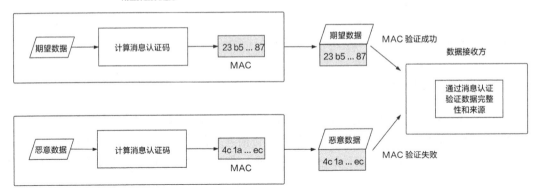

图 55-9 恶意数据无法通过 MAC 值的检查

Go 语言密码包中提供的 crypto/hmac 包就是一种基于单向散列函数的消息认证码实现，它实现了 NIST 发布的 HMAC 标准（the keyed-Hash Message Authentication Code）。该标准中所使用的单向散列函数并不局限于一种，任何高强度的单向散列函数都可被用于 HMAC。下面是一个使用 SHA-256 单向散列函数的 HMAC 示例：

```
// chapter9/sources/go-crypto/hmac_generate.go

func main() {
    // 密钥(key) 32字节
    key := []byte("12345678123456781234567812345678")

    // 要传递的消息
    message := []byte("I love go programming language!!")

    // 创建hmac实例（使用SHA-256单向散列函数）
    mac := hmac.New(sha256.New, key)
    mac.Write(message)

    // 计算mac值
    m := mac.Sum(nil)
    ms := fmt.Sprintf("%x", m) // mac到string
    fmt.Printf("mac值 = %s\n", ms)
}
```

运行该示例：

```
$go run hmac_generate.go
mac值 = 6803ece49b20453121e9c5a4bbcb48d2b4f1ee8f1c71ae11df8ab9ba2c895dff
```

我们看到 hmac 的使用与单向散列函数类似，只是多了一个密钥而已。

在实际使用中，对数据进行对称加密且携带 MAC 值的方式被称为 "认证加密"（Authenticated Encryption with Associated Data，AEAD）。认证加密同时满足了机密性（对称加密）、完整性（MAC 中的单向散列）以及认证（MAC）的特性，在生产中有着广泛的应用。

认证加密主要有以下三种方式。

❏ Encrypt-then-MAC：先用对称密码对明文进行加密，然后计算密文的 MAC 值。

❏ Encrypt-and-MAC：将明文用对称密码加密，并计算明文的 MAC 值。

❏ MAC-then-Encrypt：先计算明文的 MAC 值，然后将明文和 MAC 值一起用对称密码加密。

分组密码中的 GCM（Galois Counter Mode）就是一种认证加密模式，它使用 CTR（计数器）分组模式和 128 比特分组长度的 AES 加密算法进行加密，并使用 Carter-Wegman MAC 算法实现 MAC 值计算。Go 标准库在 crypto/cipher 包中提供了 GCM 的实现，由于篇幅原因，这里就不展开了。

55.6　数字签名

消息认证码虽然解决了消息发送者的身份认证问题，但由于采用消息认证码的通信双方**共享密钥**，因此对于一条通过了 MAC 验证的消息，通信双方依旧无法向第三方证明这条消息就是对方发送的。同时任何一方也都没有办法防止对方否认该条消息是自己发送的。也就是说单凭消息认证码无法**防止否认**（non-repudiation）。

数字签名（Digital Signature）就是专为解决上述问题而被发明的密码技术。在消息认证码中，生成 MAC 和验证 MAC 使用的是同一密钥，这是无法**防止否认**问题的根源。因此数字签名技术对生成签名的密钥和验证签名的密钥进行了区分（见图 55-10），签名密钥只能由签名一方持有，它的所有通信对端将持有用于验证签名的密钥。

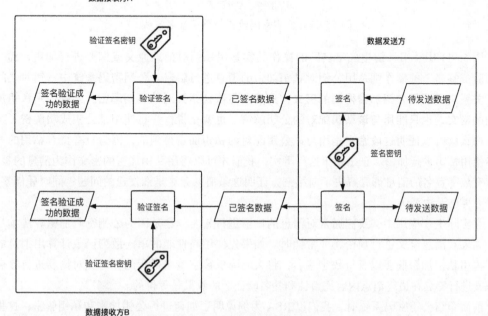

图 55-10　签名与验证签名

回顾前面提到过的密码技术，涉及两个不同密钥的只有**公钥密码**。大家是否有这样一种感觉，图 55-10 与公钥密码系统中的"公钥加密，私钥解密"的流程十分相似？

没错，这就是前面公钥密码系统的**逆过程**。数字签名就是通过将公钥密码反过来用而实现的，如图 55-11 所示。

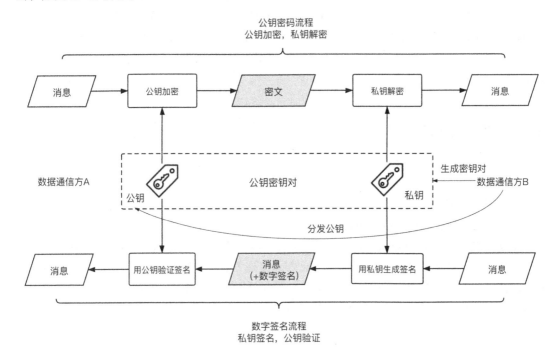

图 55-11 公钥密码流程与数字签名流程

图 55-11 中"用私钥生成签名"的操作其实是用私钥对消息原文或摘要进行加密，而"用公钥验证签名"的操作则是用公钥对私钥加密的消息进行解密。公钥密码系统中密钥对之间的**数学关系决定了用公钥加密得到的密文，只能用与该公钥配对的私钥解密；同样，用私钥加密得到的密文，也只能用与该私钥配对的公钥解密**。也就是说，一旦使用某公钥成功解密了某密文，那么就可以证明这段密文是用与该公钥配对的私钥加密得到的，因为只有持有私钥的一方才能使用私钥进行加密。正是基于这一事实，我们才可以将用私钥加密的密文作为消息的签名，而带有数字签名的消息彻底解决了向第三方证明这条消息究竟是谁发送的问题；同时凭借签名，发送方再也无法否认。

在实际生产应用中，我们通常对消息的摘要进行签名。这是因为公钥密码加密算法本身很慢，如果对消息全文进行加密将非常耗时。如果先使用高性能的单向散列函数计算出消息的摘要，再用私钥加密摘要以获得数字签名，将大幅降低数字签名过程的耗时。对摘要进行签名与对原文进行签名在最终消息内容完整性和签名验证上的效果是等价的。

前面介绍公钥密码系统时，我们以 RSA 为例说明了如何进行公钥加密和私钥解密，这里继续以 RSA 为例说明一下如何进行私钥签名和公钥验证（签名）。

　　和公钥加密一样，RSA 签名默认使用 PKCS#1 v1.5 方案，但该方案存在潜在伪造签名的可能。为了应对**潜在伪造**，RSA-PSS 算法（Probabilistic Signature Scheme）被设计出来。RSA-PSS 算法通过采用对消息摘要进行签名，并在计算散列值时对消息加盐（salt）的方式来提高安全性（这样对同一条消息进行多次签名，每次得到的签名都不同）。下面就是一个使用 RSA-PSS 进行消息签名和验证的示例：

```
// chapter9/sources/go-crypto/cat rsa_pss_sign_and_verify.go

func main() {
    // 生成公钥密码的密钥对
    privateKey, err := rsa.GenerateKey(rand.Reader, 2048)
    if err != nil {
        panic(err)
    }
    publicKey := privateKey.PublicKey

    // 待签名消息
    msg := []byte("I love go programming language!!")

    // 计算摘要
    digest := sha256.Sum256(msg)

    // 用私钥签名
    sign, err := rsa.SignPSS(rand.Reader, privateKey, crypto.SHA256, digest[:], nil)
    if err != nil {
        panic(err)
    }
    fmt.Printf("签名: %s\n", fmt.Sprintf("%x", sign))

    // 用公钥验证签名
    err = rsa.VerifyPSS(&publicKey, crypto.SHA256, digest[:], sign, nil)
    if err != nil {
        panic(err)
    }
    fmt.Printf("签名验证成功!\n")
}
```

运行该示例：

```
$go run rsa_pss_sign_and_verify.go
签名: c4f30291fa82e878fd6536a6f04b21adb997c0831e68e13d73838d196d0dd13c68f9fcdc9ee
    cdfe6f4fc57ea8424beb4afc545c3b7f3badb799be4295e0f0b5ae4d7375d9edd03b0f15f4e43
    ba7ab51f63fc50eb953b1e98fadb532158aa34f0d116acaaf737fba909665b8e8c06605b8ef87
    dd3184c8fffce6c2b3ff35c9227f030d9ca0f4d59420f6b5ff6a116cb535ad410bd82d53a61ee
    6f8ad4d3f1bc7c0287a82d59a101a6ce28feead3d3feed0e2f31bfe8c818a0775ffb5f7bb14f2
    87d84566d07dd5e93d193ae5239ae1d845ba86a2bc20d754757a82bf5f7e8ff030b5385d1822a
    6e322df8fed3ac136b549c9c1f0eacec7b7cea61e993dad58681
签名验证成功!
```

我们看到数字签名既可以识别篡改和伪装，还可以防止否认，这让计算机网络通信从这一技术中获益匪浅。但数字签名的正确运用有一个大前提，那就是**公钥属于真正的发送者**。如果公钥是伪造的，那么再强大的数字签名算法也会完全失效。这就涉及公钥分发的问题。在第 51 条中，我们讲解过数字证书的概念。数字证书本质上就是将公钥当作消息，由一个可信的第三方证书签发授权组织（CA）使用私钥对其进行签名。公钥内容和签名共同构成了数字证书。

Go 语言标准库还提供了 dsa、ecdsa、ed25519 等签名算法的实现，这些包在使用方法上与 rsa 包大同小异，考虑到篇幅，这里就不展开说明了。

55.7　随机数生成

如果说密码学是建立在随机数基础上的，相信大家都没有异议。随机数是密码学中一个基础且十分重要的工具，前面提到的密钥对生成、初始化向量生成、生成盐等场景都离不开随机数。随机数源产生的随机数随机性越强，使用这些随机数的密码学算法的安全效能越好。

Go 密码学包 crypto/rand 提供了密码学级别的随机数生成器实现 rand.Reader，在不同平台上 rand.Reader 使用的数据源有所不同。在类 Unix 操作系统上，它使用的是该平台上密码学应用的首选随机数源 /dev/urandom：

```
// $GOROOT/src/crypto/rand/rand_unix.go
const urandomDevice = "/dev/urandom"

func init() {
    if runtime.GOOS == "plan9" {
        Reader = newReader(nil)
    } else {
        Reader = &devReader{name: urandomDevice}
    }
}
```

crypto 下相关密码包大多依赖 rand.Reader 这个随机数生成器（见前面的诸多示例代码）。如果我们自己要使用随机数，可以使用 rand.Read 函数，该函数本质上是对 rand.Reader 的浅封装：

```
// $GOROOT/src/crypto/rand/rand.go
func Read(b []byte) (n int, err error) {
    return io.ReadFull(Reader, b)
}
```

需要多少长度的随机数，直接向 rand.Read 传入对应长度的字节切片即可：

```
// chapter9/sources/go-crypto/rand_generate.go
package main

import (
    "crypto/rand"
    "fmt"
)

func main() {
```

```
    c := 32
    b := make([]byte, c)
    _, err := rand.Read(b)
    if err != nil {
        panic(err)
    }
    fmt.Printf("%x\n", b)
}
```

运行该示例:

```
$go run rand_generate.go
16d851468f343d188cd0288791b17bf4cdf96d48508c3d974a69ff07ec0aceba
```

小结

本条讲解了密码学中常用的几种工具以及在 Go 中对应的实现包与使用方法。

❑ 对称密码 (分组密码): 解决数据机密性的问题。

❑ 公钥密码: 解决密钥分发的问题。

❑ 单向散列函数: 解决消息完整性检查问题。

❑ 消息认证码: 可以识别伪装者。

❑ 数字签名: 解决消息究竟是谁所发的问题, 防止否认。

❑ 随机数: 密码学建构的基础。

本条并未深入涉及各种密码算法的加解密原理, 因为密码学是一个专业的领域, 仅密码学算法原理本身就可以单独写成一本书了。对这些密码背后算法感兴趣的读者可以自行阅读相关密码学专著。

第 56 条

掌握 bytes 包和 strings 包的基本操作

对数据类型为字节切片（[]byte）或字符串（string）的对象的处理是我们在 Go 语言编程过程中最常见的操作。经过前面的学习，我们知道**字节切片**本质上是一个**三元组**（array, len, cap），而**字符串**则是一个**二元组**（str, len），如图 56-1 所示。

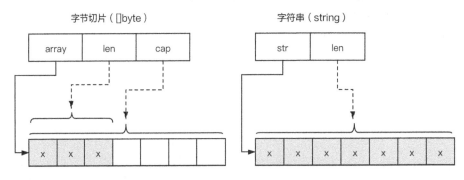

图 56-1　字节切片与字符串的运行时表示

Go 字节切片为内存中的**字节序列**提供了抽象，而 Go 字符串则代表了采用 UTF-8 编码的 Unicode 字符的数组。Go 标准库中的 bytes 包和 strings 包分别为字节切片和字符串这两种抽象类型提供了基本操作类 API。这里之所以将这两个标准库包放在一起说明，是因为它们提供的 API 十分相似。在后面阅读具体 API 使用示例时大家会有直观感受。

bytes 和 strings 包提供的 API 几乎涵盖了所有基本操作，大致可分为如下几类：

❑ 查找与替换；

❑ 比较；

❑ 拆分；

❑ 拼接；

❑ 修剪和变换；

❑ 快速创建实现了 io.Reader 接口的实例。

在本条中，我们就来了解一下如何使用这两个包对字节切片和字符串实现上述几类基本操作。一旦熟练掌握了这些基本操作的使用方法，处理字节切片和字符串以及由它们组成的复合类型数据对象时就游刃有余了。

56.1　查找与替换

针对一个字符串 / 字节切片，我们经常做的操作包括查找其中是否存在某一个字符串。如果存在，那么返回该字符串在原字符串 / 字节切片中第一次出现时的位置信息（下标）。有些时候，我们还会用另一个字符串 / 字节切片对其进行替换。

1. 定性查找

所谓"定性查找"就是指返回有（true）和无（false）的查找。bytes 包和 strings 提供了一组名字相同的定性查找 API，包括 Contains 系列、HasPrefix 和 HasSuffix。我们看下面的用法示例（示例源码位于 go-bytes-and-strings/search_and_replace.go 中）。

（1）Contains 函数

```
fmt.Println(strings.Contains("Golang", "Go")) // true
fmt.Println(strings.Contains("Golang", "go")) // false
fmt.Println(strings.Contains("Golang", "l"))  // true
fmt.Println(strings.Contains("Golang", ""))   // true
fmt.Println(strings.Contains("", ""))         // true

fmt.Println(bytes.Contains([]byte("Golang"), []byte("Go"))) // true
fmt.Println(bytes.Contains([]byte("Golang"), []byte("go"))) // false
fmt.Println(bytes.Contains([]byte("Golang"), []byte("l")))  // true
fmt.Println(bytes.Contains([]byte("Golang"), []byte("")))   // true
fmt.Println(bytes.Contains([]byte("Golang"), nil))          // true
fmt.Println(bytes.Contains([]byte("Golang"), []byte{}))     // true
fmt.Println(bytes.Contains(nil, nil))                       // true
```

Contains 函数返回的是第一个参数代表的字符串 / 字节切片中是否包含第二个参数代表的字符串 / 字节切片。值得注意的是，在这个函数的语义中，**任意字符串都包含空串（""），任意字节切片也都包含空字节切片（[]byte{}）及 nil 切片**。

（2）ContainsAny 函数

```
fmt.Println(strings.ContainsAny("Golang", "java"))   // true
fmt.Println(strings.ContainsAny("Golang", "python")) // true
fmt.Println(strings.ContainsAny("Golang", "c"))      // false
fmt.Println(strings.ContainsAny("Golang", ""))       // false
fmt.Println(strings.ContainsAny("", ""))             // false
```

```
fmt.Println(bytes.ContainsAny([]byte("Golang"), "java")) // true
fmt.Println(bytes.ContainsAny([]byte("Golang"), "c"))    // false
fmt.Println(bytes.ContainsAny([]byte("Golang"), ""))     // false
fmt.Println(bytes.ContainsAny(nil, ""))                  // false
```

ContainsAny 函数的语义是，将其两个参数看成两个 Unicode 字符的集合，如果两个集合存在不为空的交集，则返回 true。以 strings.ContainsAny("Golang", "java") 为例，第一个参数对应的 Unicode 字符集合为 {'G', 'o', 'l', 'a', 'n', 'g'}，第二个参数对应的集合为 {'j', 'a', 'v', 'a'}，两个集合存在不为空的交集 {'a'}，因此该函数返回 true。

（3）ContainsRune 函数

```
fmt.Println(strings.ContainsRune("Golang", 97))        // true，字符[a]的Unicode
                                                       //       码点 = 97
fmt.Println(strings.ContainsRune("Golang", rune('中'))) // false

fmt.Println(bytes.ContainsRune([]byte("Golang"), 97))  // true，字符[a]的Unicode
                                                       //       码点 = 97
fmt.Println(bytes.ContainsRune([]byte("Golang"), rune('中'))) // false
```

ContainsRune 用于判断某一个 Unicode 字符（以码点形式即 rune 类型值传入）是否包含在第一个参数代表的字符串或字节切片中。

（4）HasPrefix 和 HasSuffix 函数

```
fmt.Println(strings.HasPrefix("Golang", "Go"))    // true
fmt.Println(strings.HasPrefix("Golang", "Golang")) // true
fmt.Println(strings.HasPrefix("Golang", "lang"))  // false
fmt.Println(strings.HasPrefix("Golang", ""))      // true
fmt.Println(strings.HasPrefix("", ""))            // true

fmt.Println(strings.HasSuffix("Golang", "Go"))    // false
fmt.Println(strings.HasSuffix("Golang", "Golang")) // true
fmt.Println(strings.HasSuffix("Golang", "lang"))  // true
fmt.Println(strings.HasSuffix("Golang", ""))      // true
fmt.Println(strings.HasSuffix("", ""))            // true

fmt.Println(bytes.HasPrefix([]byte("Golang"), []byte("Go")))     // true
fmt.Println(bytes.HasPrefix([]byte("Golang"), []byte("Golang"))) // true
fmt.Println(bytes.HasPrefix([]byte("Golang"), []byte("lang")))   // false
fmt.Println(bytes.HasPrefix([]byte("Golang"), []byte{}))         // true
fmt.Println(bytes.HasPrefix([]byte("Golang"), nil))              // true
fmt.Println(bytes.HasPrefix(nil, nil))                           // true

fmt.Println(bytes.HasSuffix([]byte("Golang"), []byte("Go")))     // false
fmt.Println(bytes.HasSuffix([]byte("Golang"), []byte("Golang"))) // true
fmt.Println(bytes.HasSuffix([]byte("Golang"), []byte("lang")))   // true
fmt.Println(bytes.HasSuffix([]byte("Golang"), []byte{}))         // true
fmt.Println(bytes.HasSuffix([]byte("Golang"), nil))              // true
fmt.Println(bytes.HasSuffix(nil, nil))                           // true
```

HasPrefix 函数用于判断第二个参数代表的字符串 / 字节切片是不是第一个参数的前缀，同理，HasSuffix 函数则用于判断第二个参数是不是第一个参数的后缀。要注意的是，在这两个函

数的语义中，空字符串（""）是任何字符串的前缀和后缀，空字节切片（[]byte{}）和 nil 切片也
是任何字节切片的前缀和后缀。

2. 定位查找

和定性查找不同，定位相关查找函数会给出第二个参数代表的字符串 / 字节切片在第一个参
数中**第一次**出现的位置（下标），如果没有找到，则返回 −1。另外定位查找还有**方向性**，从左到
右为正向定位查找（Index 系列），反之为反向定位查找（LastIndex 系列）。

```
// 定位查找（string）
fmt.Println(strings.Index("Learn Golang, Go!", "Go"))           // 6
fmt.Println(strings.Index("Learn Golang, Go!", ""))             // 0
fmt.Println(strings.Index("Learn Golang, Go!", "Java"))         // -1
fmt.Println(strings.IndexAny("Learn Golang, Go!", "Java"))      // 2
fmt.Println(strings.IndexRune("Learn Golang, Go!", rune('a')))  // 2

// 定位查找（[]byte）
fmt.Println(bytes.Index([]byte("Learn Golang, Go!"), []byte("Go")))    // 6
fmt.Println(bytes.Index([]byte("Learn Golang, Go!"), nil))             // 0
fmt.Println(bytes.Index([]byte("Learn Golang, Go!"), []byte("Java")))  // -1
fmt.Println(bytes.IndexAny([]byte("Learn Golang, Go!"), "Java"))       // 2
fmt.Println(bytes.IndexRune([]byte("Learn Golang, Go!"), rune('a')))   // 2

// 反向定位查找（string）
fmt.Println(strings.LastIndex("Learn Golang, Go!", "Go"))       // 14
fmt.Println(strings.LastIndex("Learn Golang, Go!", ""))         // 17
fmt.Println(strings.LastIndex("Learn Golang, Go!", "Java"))     // -1
fmt.Println(strings.LastIndexAny("Learn Golang, Go!", "Java"))  // 9

// 反向定位查找（[]byte）
fmt.Println(bytes.LastIndex([]byte("Learn Golang, Go!"), []byte("Go")))    // 14
fmt.Println(bytes.LastIndex([]byte("Learn Golang, Go!"), nil))             // 17
fmt.Println(bytes.LastIndex([]byte("Learn Golang, Go!"), []byte("Java")))  // -1
fmt.Println(bytes.LastIndexAny([]byte("Learn Golang, Go!"), "Java"))       // 9
```

和 ContainsAny 只查看交集是否为空不同，IndexAny 函数返回非空交集中第一个字符在第
一个参数中的位置信息。另外要注意，反向查找空串或 nil 切片，返回的是第一个参数的长度，
但作为位置（下标）信息，这个值已经**越界**了。

说明　strings 包并未提供模糊查找功能，基于正则表达式的模糊查找可以使用标准库在 regexp
包中提供的实现。

3. 替换

Go 标准库在 strings 包中提供了两种进行字符串替换的方法：Replace 函数与 Replacer 类型。
bytes 包中则只提供了 Replace 函数用于字节切片的替换。示例如下：

```
// 替换（string）
fmt.Println(strings.Replace("I love java, java, java!!",
    "java", "go", 1)) // I love go, java, java!!
```

```
fmt.Println(strings.Replace("I love java, java, java!!",
    "java", "go", 2))                    // I love go, go, java!!
fmt.Println(strings.Replace("I love java, java, java!!",
    "java", "go", -1))                   // I love go, go, go!!
fmt.Println(strings.Replace("math", "", "go", -1))
                                         // gomgoagotgohgo
fmt.Println(strings.ReplaceAll("I love java, java,
    java!!", "java", "go"))              // I love go, go, go!!
replacer := strings.NewReplacer("java", "go", "python", "go")
fmt.Println(replacer.Replace("I love java, python, go!!"))
                                         // I love go, go, go!!

// 替换([]byte)
fmt.Printf("%s\n", bytes.Replace([]byte("I love java, java, java!!"),
    []byte("java"), []byte("go"), 1))    // I love go, java, java!!
fmt.Printf("%s\n", bytes.Replace([]byte("I love java, java, java!!"),
    []byte("java"), []byte("go"), 2))    // I love go, go, java!!
fmt.Printf("%s\n", bytes.Replace([]byte("I love java, java, java!!"),
    []byte("java"), []byte("go"), -1))   // I love go, go, go!!
fmt.Printf("%s\n", bytes.Replace([]byte("math"), nil,
    []byte("go"), -1))                   // gomgoagotgohgo
fmt.Printf("%s\n", bytes.ReplaceAll([]byte("I love java, java, java!!"),
    []byte("java"), []byte("go")))       // I love go, go, go!!
```

通过上述示例我们看到，Replace 函数广泛用于简单的字符串／字节切片替换。它的最后一个参数是一个整型数，用于控制替换的次数。如果传入 –1，则全部替换。而 ReplaceAll 函数本质上等价于最后一个参数传入 –1 的 Replace 函数：

```
// $GOROOT/src/strings/strings.go

func Replace(s, old, new string, n int) string {
    ...
}
func ReplaceAll(s, old, new string) string {
    return Replace(s, old, new, -1)
}
```

当参数 old 传入空字符串 "" 或 nil（仅字节切片）时，Replace 会将 new 参数所表示的要替入的字符串／字节切片插入原字符串／字节切片的每两个字符（字节）间的"空隙"中。当然原字符串／字节切片的首尾也会被各插入一个 new 参数值。

Replace 函数一次只能传入一组 old（替出）和 new（替入）字符串，而 Replacer 类型实例化时则可以传入多组 old 和 new 参数，这样后续在使用 Replacer.Replace 方法对原字符串进行替换时，可以一次实施多组不同字符串的替换。

56.2 比较

1. 等值比较
根据 Go 语言规范，切片类型变量之间不能直接通过操作符进行等值比较，但可以与 nil 做等值比较：

```
// chapter9/sources/go-bytes-and-strings/byte_slice_test_equality_with_operator.go
...
func main() {
    var a = []byte{'a', 'b', 'c'}
    var b = []byte{'a', 'b', 'd'}

    if a == b { // 错误: invalid operation: a == b
        fmt.Println("slice a is equal to slice b")
    } else {
        fmt.Println("slice a is not equal to slice b")
    }

    if a != nil { // 正确: valid operation
        fmt.Println("slice a is not nil")
    }
}
```

但 Go 语言原生支持通过操作符 == 或 != 对 string 类型变量进行等值比较，因此 strings 包未像 bytes 包一样提供 Equal 函数。而 bytes 包的 Equal 函数的实现也是基于原生字符串类型的等值比较的：

```
// $GOROOT/src/bytes/bytes.go
func Equal(a, b []byte) bool {
    return string(a) == string(b)
}
```

Go 编译器会为上面这个函数实现中的显式类型转换提供默认优化，不会额外为显式类型转换分配内存空间。明确了实现原理，下面例子输出的结果就很容易理解了。

```
// chapter9/sources/go-bytes-and-strings/byte_slice_equality.go
...
func main() {
    fmt.Println(bytes.Equal([]byte{'a', 'b', 'c'}, []byte{'a', 'b', 'd'}))
                                            // false "abc" != "abd"
    fmt.Println(bytes.Equal([]byte{'a', 'b', 'c'}, []byte{'a', 'b', 'c'}))
                                            // true  "abc" == "abc"
    fmt.Println(bytes.Equal([]byte{'a', 'b', 'c'}, []byte{'b', 'a', 'c'}))
                                            // false "abc" != "bac"
    fmt.Println(bytes.Equal([]byte{}, nil))     // true  "" == ""
}
```

strings 和 bytes 包还共同提供了 EqualFold 函数，用于进行不区分大小写的 Unicode 字符的等值比较。字节切片在比较时，切片内的字节序列将被解释成字符的 UTF-8 编码表示后再进行比较：

```
// chapter9/sources/go-bytes-and-strings/equalfold.go
...
func main() {
    fmt.Println(strings.EqualFold("GoLang", "golang"))            // true
```

```
    fmt.Println(bytes.Equal([]byte("GoLang"), []byte("Golang")))     // false
    fmt.Println(bytes.EqualFold([]byte("GoLang"), []byte("Golang"))) // true
}
```

2. 排序比较

bytes 包和 strings 包均提供了 Compare 方法来对两个字符串 / 字节切片做排序比较。但 Go 原生支持通过操作符 >、>=、< 和 <= 对字符串类型变量进行排序比较，因此 strings 包中 Compare 函数存在的意义更多是为了与 bytes 包尽量保持 API 一致，其自身也是使用原生排序比较操作符实现的：

```
// $GOROOT/src/strings/compare.go
func Compare(a, b string) int {
    if a == b {
        return 0
    }
    if a < b {
        return -1
    }
    return +1
}
```

实际应用中，我们很少使用 strings.Compare，更多的是直接使用**排序比较操作符**对字符串类型变量进行比较。

bytes 包的 Compare 按字典序对两个字节切片中的内容进行比较，下面是其应用示例：

```
// chapter9/sources/go-bytes-and-strings/bytes_compare.go
...
func main() {
    var a = []byte{'a', 'b', 'c'}
    var b = []byte{'a', 'b', 'd'}
    var c = []byte{} //empty slice
    var d []byte      //nil slice

    fmt.Println(bytes.Compare(a, b))    // -1 (a < b)
    fmt.Println(bytes.Compare(b, a))    // 1 (b < a)
    fmt.Println(bytes.Compare(c, d))    // 0
    fmt.Println(bytes.Compare(c, nil))  // 0
    fmt.Println(bytes.Compare(d, nil))  // 0
    fmt.Println(bytes.Compare(nil, nil)) // 0 (nil == nil)
}
```

56.3　分割

在日常开发中我们经常遇到从类似 CSV（逗号分隔）格式数据中提取分段数据的场景，比如从 CVS 数据 "tonybai,programmer,China" 中提取出数据 ["tonybai", "programmer", "China"]。

利用 Go 标准库的 strings 包和 bytes 包提供的对字符串 / 字节切片进行分割（Split）的 API，我们可以轻松应对这些问题。

1. Fields 相关函数

空白分割的字符串是最简单且最常见的由特定分隔符分隔的数据。strings 包和 bytes 包中的 Fields 函数可直接用于处理这类数据的分割，我们看下面的示例：

```
// chapter9/sources/go-bytes-and-strings/split_and_fields.go
fmt.Printf("%q\n", strings.Fields("go java python")) // ["go" "java" "python"]
fmt.Printf("%q\n", strings.Fields("\tgo  \f \u0085 \u00a0 java \n\rpython"))
                                                    // ["go" "java" "python"]
fmt.Printf("%q\n", strings.Fields(" \t \n\r   ")) // []

fmt.Printf("%q\n", bytes.Fields([]byte("go java python")))
                                                    // ["go" "java" "python"]
fmt.Printf("%q\n", bytes.Fields([]byte("\tgo  \f \u0085 \u00a0 java \n\rpython")))
                                                    // ["go" "java" "python"]
fmt.Printf("%q\n", bytes.Fields([]byte(" \t \n\r  ")))   // []
```

Fields 函数采用了 Unicode 空白字符的定义，下面的字符均会被识别为空白字符：

```
// $GOROOT/src/unicode/graphic.go
'\t', '\n', '\v', '\f', '\r', ' ', U+0085 (NEL), U+00A0 (NBSP)
```

从示例中我们看到，Fields 会忽略输入数据前后的空白字符以及中间连续的空白字符；如果输入数据仅包含空白字符，那么该函数将返回一个空的 string 类型切片。

Go 标准库还提供了灵活定制分割逻辑的 FieldsFunc 函数，通过传入一个用于指示是否为"空白"字符的函数，我们可以实现按自定义逻辑对原字符串进行分割：

```
// go-bytes-and-strings/split_and_fields.go
splitFunc := func(r rune) bool {
    return r == rune('\n')
}
fmt.Printf("%q\n", strings.FieldsFunc("\tgo  \f \u0085 \u00a0 java \n\n\rpython",
    splitFunc)) // ["\tgo  \f \u0085 \u00a0 java " "\rpython"]
fmt.Printf("%q\n", bytes.FieldsFunc([]byte("\tgo  \f \u0085 \u00a0 java
    \n\n\rpython"), splitFunc)) // ["\tgo  \f \u0085 \u00a0 java " "\rpython"]
```

在上面这个例子中，我们通过传入的 splitFunc 指示 FieldsFunc 仅 \n 是空白字符，于是 FieldsFunc 仅将原字符串分割为两个字符串（或字节切片）。

2. Split 相关函数

我们不仅可以使用空白对字符串进行分隔，理论上可使用任意字符作为字符串的分隔符。Go 标准库提供了 Split 相关函数，可以更为通用地对字符串或字节切片进行分割：

```
// chapter9/sources/go-bytes-and-strings/split_and_fields.go

// 使用Split相关函数分割字符串
fmt.Printf("%q\n", strings.Split("a,b,c", ",")) // ["a" "b" "c"]
fmt.Printf("%q\n", strings.Split("a,b,c", "b")) // ["a," ",c"]
fmt.Printf("%q\n", strings.Split("Go社区欢迎你", "")) // ["G" "o" "社" "区" "欢" "迎" "你"]
fmt.Printf("%q\n", strings.Split("abc", "de")) // ["abc"]
```

```
fmt.Printf("%q\n", strings.SplitN("a,b,c,d", ",", 2))    // ["a" "b,c,d"]
fmt.Printf("%q\n", strings.SplitN("a,b,c,d", ",", 3))    // ["a" "b" "c,d"]
fmt.Printf("%q\n", strings.SplitAfter("a,b,c,d", ","))   // ["a," "b," "c," "d"]
fmt.Printf("%q\n", strings.SplitAfterN("a,b,c,d", ",", 2)) // ["a," "b,c,d"]

// 使用Split相关函数分割字节切片
fmt.Printf("%q\n", bytes.Split([]byte("a,b,c"), []byte(",")))  // ["a" "b" "c"]
fmt.Printf("%q\n", bytes.Split([]byte("a,b,c"), []byte("b")))  // ["a," ",c"]
fmt.Printf("%q\n", bytes.Split([]byte("Go社区欢迎你"), nil))    // ["G" "o" "社" "区" "欢"
                                                               // "迎" "你"]
fmt.Printf("%q\n", bytes.Split([]byte("abc"), []byte("de")))   // ["abc"]
fmt.Printf("%q\n", bytes.SplitN([]byte("a,b,c,d"), []byte(","), 2)) // ["a" "b,c,d"]
fmt.Printf("%q\n", bytes.SplitN([]byte("a,b,c,d"), []byte(","), 3)) // ["a" "b" "c,d"]
fmt.Printf("%q\n", bytes.SplitAfter([]byte("a,b,c,d"), []byte(",")))
                                                               // ["a," "b," "c," "d"]
fmt.Printf("%q\n", bytes.SplitAfterN([]byte("a,b,c,d"), []byte(","), 2))
                                                               // ["a," "b,c,d"]
```

通过上面的示例，我们看到：

❑ Split 函数既可以处理以逗号作为分隔符的字符串，也可以处理以普通字母 b 为分隔符的字符串。当传入空串（或 bytes.Split 被传入 nil 切片）作为分隔符时，Split 函数会按 UTF-8 的字符编码边界对 Unicode 进行分割，即每个 Unicode 字符都会被视为一个分割后的子字符串。如果原字符串中没有传入的分隔符，那么 Split 会将原字符串作为返回的字符串切片中的唯一元素。

❑ SplitN 函数的最后一个参数表示对原字符串进行分割后产生的分段数量，Split 函数等价于 SplitN 函数的最后一个参数被传入 –1。

❑ SplitAfter 不同于 Split 的地方在于它对原字符串 / 字节切片的分割点在每个分隔符的后面，由于分隔符并未真正起到分隔的作用，因此它不会被剔除，而会作为子串的一部分返回。SplitAfterN 函数的最后一个参数表示对原字符串进行分割后产生的分段数量，SplitAfter 函数等价于 SplitAfterN 函数的最后一个参数被传入 –1。

56.4　拼接

拼接（Concatenate）是分割的逆过程。strings 和 bytes 包分别提供了各自的 Join 函数用于实现字符串或字节切片的拼接。

```
// chapter9/sources/go-bytes-and-strings/join_and_builder.go

s := []string{"I", "love", "Go"}
fmt.Println(strings.Join(s, " ")) // I love Go
b := [][]byte{[]byte("I"), []byte("love"), []byte("Go")}
fmt.Printf("%q\n", bytes.Join(b, []byte(" "))) // "I love Go"
```

strings 包还提供了 Builder 类型及相关方法用于高效地构建字符串，而 bytes 包与之对应的用于拼接切片的则是 Buffer 类型及相关方法：

```
// chapter9/sources/go-bytes-and-strings/join_and_builder.go

s := []string{"I", "love", "Go"}
var builder strings.Builder
for i, w := range s {
    builder.WriteString(w)
    if i != len(s)-1 {
        builder.WriteString(" ")
    }
}
fmt.Printf("%s\n", builder.String()) // I love Go

b := [][]byte{[]byte("I"), []byte("love"), []byte("Go")}
var buf bytes.Buffer
for i, w := range b {
    buf.Write(w)
    if i != len(b)-1 {
        buf.WriteString(" ")
    }
}
fmt.Printf("%s\n", buf.String()) // I love Go
```

> 说明　在第 15 条中我们曾对多种字符串构造方式的性能做过横向比较，对字符串构建性能有要求的读者可以回顾相关的内容。

56.5　修剪与变换

1. 修剪

在处理输入的数据之前，我们经常会对其进行修剪，比如去除输入数据中首部和尾部多余的空白、去掉特定后缀信息等。Go 标准库的 bytes 包和 strings 包提供了一系列 Trim API 可以辅助你完成对输入数据的修剪。

（1）TrimSpace

TrimSpace 函数去除输入字符串 / 字节切片首部和尾部的空白字符，它对空白字符的定义与前面 Fields 函数采用的空白字符定义相同：

```
// chapter9/sources/go-bytes-and-strings/trim_and_transform.go

// TrimSpace(string)
fmt.Println(strings.TrimSpace("\t\n\f I love Go!! \n\r")) // I love Go!!
fmt.Println(strings.TrimSpace("I love Go!! \f\v \n\r"))   // I love Go!!
fmt.Println(strings.TrimSpace("I love Go!!"))             // I love Go!!

// TrimSpace([]byte)
fmt.Printf("%q\n", bytes.TrimSpace([]byte("\t\n\f I love Go!! \n\r"))) // "I love Go!!"
fmt.Printf("%q\n", bytes.TrimSpace([]byte("I love Go!! \f\v \n\r")))   // "I love Go!!"
fmt.Printf("%q\n", bytes.TrimSpace([]byte("I love Go!!")))             // "I love Go!!"
```

（2）Trim、TrimRight 和 TrimLeft

TrimSpace 仅能修剪掉输入数据前后的空白字符，而 Trim 函数允许我们自定义要修剪掉的字符集合：

```
// Trim、TrimLeft、TrimRight(string)
fmt.Println(strings.Trim("\t\n fffI love Go!!\n \rffff", "\t\n\r f"))
                                                    // I love Go!!
fmt.Printf("%q\n", strings.TrimLeft("\t\n fffI love Go!!\n \rffff", "\t\n\r f"))
                                                    // "I love Go!!\n \rffff"
fmt.Printf("%q\n", strings.TrimRight("\t\n fffI love Go!!\n \rffff", "\t\n\r f"))
                                                    // "\t\n fffI love Go!!"

// Trim、TrimLeft、TrimRight([]byte)
fmt.Printf("%q\n", bytes.Trim([]byte("\t\n fffI love Go!!\n \rffff"), "\t\n\r f"))
                                                    // I love Go!!
fmt.Printf("%q\n", bytes.TrimLeft([]byte("\t\n fffI love Go!!\n \rffff"), "\t\n\r f"))
                                                    // "I love Go!!\n \rffff"
fmt.Printf("%q\n", bytes.TrimRight([]byte("\t\n fffI love Go!!\n \rffff"), "\t\n\r f"))
                                                    // "\t\n fffI love Go!!"
```

Trim 函数的逻辑很简单，就是从输入数据的首尾两端分别找到第一个不在修剪字符集合（cutset）中的字符，然后将位于这两个字符中间的内容连同这两个字符作为返回值返回。不同于 Trim 函数的首尾兼顾，TrimLeft 仅在输入的首部从左向右找出第一个不在修剪字符集合中的字符，然后将该字符后面的字符序列连同该字符作为返回值返回。同理，TrimRight 仅在输入的尾部从右向左找出第一个不在修剪字符集合中的字符，然后将该字符前面的字符序列连同该字符作为返回值返回，如图 56-2 所示。

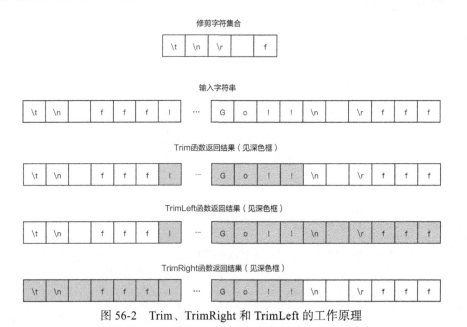

图 56-2　Trim、TrimRight 和 TrimLeft 的工作原理

（3）TrimPrefix 和 TrimSuffix

TrimPrefix 和 TrimSuffix 函数分别用于修剪输入数据中的前缀字符串和后缀字符串。不过初

学者很容易将这两个函数与 TrimLeft 和 TrimRight 弄混。以 TrimPrefix 和 TrimLeft 为例，它们的原型如下：

```
// $GOROOT/src/strings/strings.go
func TrimLeft(s, cutset string) string
func TrimPrefix(s, prefix string) string
```

两个函数的原型完全一样，区别在于对第二个参数的理解：TrimLeft 的第二个参数应理解为一个**字符的集合**，而 TrimPrefix 的第二个参数应理解为一个整体的字符串。通过下面的例子我们就很容易理解这两个函数的差别了：

```
fmt.Printf("%q\n", strings.TrimLeft("prefix,prefix I love Go!!", "prefix,"))
                                                    // " I love Go!!"
fmt.Printf("%q\n", strings.TrimPrefix("prefix,prefix I love Go!!", "prefix,"))
                                                    // "prefix I love Go!!"
```

TrimPrefix 将第二个参数 "prefix," 当成一个整体字符串在原字符串首部进行查找，找到第一个匹配的字符串后将其剔除掉，返回剩余字符串，即 "prefix I love Go!!"；而 TrimLeft 将第二个参数 "prefix," 视为字符集合 {'p', 'r', 'e', 'f', 'i', 'x', ','}，在原输入字符串从左到右查找第一个不在该集合中的字符，即 I 左边的空格，于是将空格及后面的字符串返回，得到 "I love Go!!"。

2. 变换

在处理输入字符串 / 字节切片数据之前对其进行适当的变换也是我们日常经常遇到的情况，比如大小写转换、替换输入中某些特定字符等。

（1）大小写转换

strings 和 bytes 包提供了 ToUpper 和 ToLower 函数，分别用于对输入数据进行大写转换和小写转换：

```
// ToUpper、ToLower(string)
fmt.Printf("%q\n", strings.ToUpper("i LoVe gOlaNg!!")) // "I LOVE GOLANG!!"
fmt.Printf("%q\n", strings.ToLower("i LoVe gOlaNg!!")) // "i love golang!!"

// ToUpper、ToLower([]byte)
fmt.Printf("%q\n", bytes.ToUpper([]byte("i LoVe gOlaNg!!"))) // "I LOVE GOLANG!!"
fmt.Printf("%q\n", bytes.ToLower([]byte("i LoVe gOlaNg!!"))) // "i love golang!!"
```

（2）Map 函数

Go 标准库在 strings 和 bytes 包中提供了 Map 函数。顾名思义，该函数用于将原字符串 / 字节切片中的部分数据按照传入的映射规则变换为新数据。在下面的示例中，我们通过这种方式将原输入数据中的 python 变换为了 golang：

```
// Map(string)
trans := func(r rune) rune {
    switch {
    case r == 'p':
        return 'g'
    case r == 'y':
```

```
            return 'o'
        case r == 't':
            return 'l'
        case r == 'h':
            return 'a'
        case r == 'o':
            return 'n'
        case r == 'n':
            return 'g'
        }
        return r
    }
    fmt.Printf("%q\n", strings.Map(trans, "I like python!!")) // "I like golang!!"

    // Map([]byte)
    fmt.Printf("%q\n", bytes.Map(trans, []byte("I like python!!")))
                                                        // "I like golang!!"
```

56.6 快速对接 I/O 模型

Go 语言的整个 I/O 模型都建立在 io.Writer 及 io.Reader 这两个神奇的接口类型之上，标准库中绝大多数进行 I/O 操作的函数或方法均将它们作为参与 I/O 操作的参数的类型：

```
// $GOROOT/src/net/http/client.go
func Post(url, contentType string, body io.Reader) (resp *Response, err error)

// $GOROOT/src/net/http/request.go
func NewRequest(method, url string, body io.Reader) (*Request, error)

// $GOROOT/src/net/tcpsock.go
func (c *TCPConn) ReadFrom(r io.Reader) (int64, error)

// $GOROOT/src/log/log.go
func New(out io.Writer, prefix string, flag int) *Logger

// $GOROOT/src/io/io.go
func Copy(dst io.Writer, src io.Reader) (written int64, err error)
```

字符串类型与字节切片也常被作为数据源传递给提供 I/O 操作的函数或方法，但我们不能直接将字符串类型/字节切片型变量传递给 io.Reader 类型的参数。如果每次都要自己实现 io.Reader 接口的 Read 方法又十分烦琐。好在 strings 和 bytes 包提供了快速创建满足 io.Reader 接口的方案。利用这两个包的 NewReader 函数并传入我们的数据域即可创建一个满足 io.Reader 接口的实例，见下面的示例：

```
// chapter9/sources/go-bytes-and-strings/string_and_bytes_reader.go
...
func main() {
    var buf bytes.Buffer
    var s = "I love Go!!"
```

```
    _, err := io.Copy(&buf, strings.NewReader(s))
    if err != nil {
        panic(err)
    }
    fmt.Printf("%q\n", buf.String()) // "I love Go!!"

    buf.Reset()
    var b = []byte("I love Go!!")
    _, err = io.Copy(&buf, bytes.NewReader(b))
    if err != nil {
        panic(err)
    }
    fmt.Printf("%q\n", buf.String()) // "I love Go!!"
}
```

通过创建的 strings.Reader 或 bytes.Reader 新实例，我们就可以读取作为数据源的字符串或字节切片中的数据。

小结

本条介绍了标准库的 strings 包和 bytes 包中主要 API 的使用方法和注意事项，请牢记以下要点：

❏ strings 包和 bytes 包提供的 API 具有较高相似性，可相互参照学习和使用；
❏ 按类别了解 strings 包和 bytes 包 API 的使用可取得事半功倍的效果；
❏ 理解一些表面相似的 API 的行为差异，比如 TrimLeft 和 TrimPrefix 等。

第 57 条

理解标准库的读写模型

Go 语言追求"简单"的设计哲学，这体现在 Go 语言的各个角落，标准库也不例外。Go 基于 io.Writer 和 io.Reader 这两个简单的接口类型构建了图 57-1 所示的 **Go 标准库读写模型**。

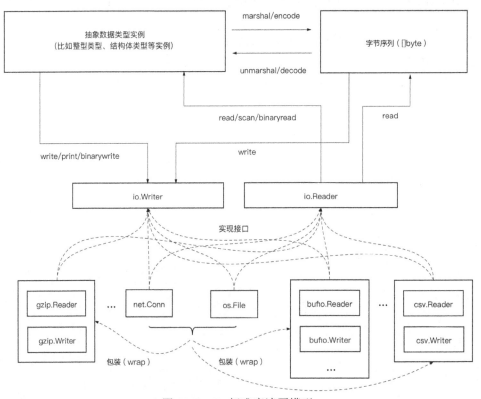

图 57-1　Go 标准库读写模型

从图 57-1 中我们看到，模型支持通过 io.Writer 接口的 Write 方法将 []byte 类型的字节序列写入存储数据或传输数据的实体抽象，同时也支持通过 io.Reader 的 Read 方法将数据从这些实体抽象中读取出来并填充到 []byte 类型的变量实例中。

模型支持通过 io.Writer 将抽象数据类型（如原生整型、自定义的结构体类型等）直接写入存储数据或传输数据的实体抽象（如文件、网络连接等），同时也支持通过 io.Reader 将数据从这些实体抽象中读取出来并填充到抽象数据类型的实例中。本质上，模型所支持的这种直接写入抽象数据类型实例也先进行了编码转换，比如：格式化输出函数 fmt.Fprintf 会按照 format 参数的格式对传入的抽象数据类型实例进行格式化，binary.Write 则会按照字节序要求对抽象数据类型实例进行编码。将编码后得到的数据再写入网络连接、文件这些实体抽象。

标准库中的 os.File、net.Conn 等类型实现了 io.Writer 和 io.Reader 接口，可以作为存储数据或传输数据的实体抽象；同时，通过接口的包裹函数（见第 29 条）模式，我们可以很简单地在这些实体抽象的基础上实现有缓冲读写、数据变换等特性。

抽象数据类型支持通过标准库包提供的各种编码方案（JSON、XML 等）转换（encode/marshal）为 []byte 类型承载的字节序列；反之，通过标准库包提供的各种解码方案，我们可以将以特定编码格式存储数据的 []byte 类型实例转换（decode/unmarshal）成抽象数据类型的实例。

在本条中，我们就来了解一下围绕 io.Writer 和 io.Reader 这两个核心接口，各个相关标准库包在这个读写模型下的运作方式。

57.1　直接读写字节序列

对应文件实体抽象的 os.File 结构体类型实现了 io.Writer 和 io.Reader 接口，因此通过 Read 和 Writer 方法直接读写字节序列（见图 57-2）是最自然的直接读写文件数据的方法。

下面是一个非常常见的直接从文件读写字节序列的例子：

```go
// chapter9/sources/go-read-and-write/direct_read_and_write_byte_slice.go

func directWriteByteSliceToFile(path string,
    data []byte) (int, error) {
    f, err := os.OpenFile(path,
        os.O_RDWR|os.O_CREATE|os.O_APPEND, 0666)
    if err != nil {
        fmt.Println("open file error:", err)
        return 0, err
    }

    defer func() {
        f.Sync()
        f.Close()
    }()

    return f.Write(data)
}
```

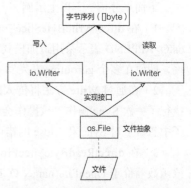

图 57-2　通过 Read 和 Write 方法
直接读写字节序列

```go
func directReadByteSliceFromFile(path string, data []byte) (int, error) {
    f, err := os.Open(path)
    if err != nil {
        fmt.Println("open file error:", err)
        return 0, err
    }
    defer f.Close()

    return f.Read(data)
}

func main() {
    file := "./foo.txt"
    text := "hello, gopher"
    buf := make([]byte, 20)

    n, err := directWriteByteSliceToFile(file, []byte(text))
    if err != nil {
        fmt.Println("write file error:", err)
        return
    }
    fmt.Printf("write %d bytes to file.\n", n)

    n, err = directReadByteSliceFromFile(file, buf)
    if err != nil {
        fmt.Println("read file error:", err)
        return
    }
    fmt.Printf("read %d bytes from file: %q\n", n, buf)
}
```

运行该示例：

```
$go run direct_read_and_write_byte_slice.go
write 13 bytes to file.
read 13 bytes from file: "hello, gopher\x00\x00\x00\x00\x00\x00\x00"
```

下面来分析一下以上示例。

1）在 directWriteByteSliceToFile 函数中，我们使用 os.OpenFile 创建并打开文件，传入的 os.O_APPEND 表示采用追加模式打开文件并写入数据。在这种模式下，数据总是会写到文件末尾，即便在多个 goroutine 并发写入的情况下亦是如此。

2）在通过 Write 方法将传入的字节序列写入代表文件抽象的 f 后，我们在关闭文件句柄前执行了一次 Sync 操作，该操作会完成数据落盘，即将尚处于内存中的数据写入磁盘。注意，例子中忽略了对 Sync 和 Close 的错误处理，用于生产的代码应该加上这些。

3）在 directReadByteSliceFromFile 函数中，我们使用了不同的文件打开方式——os.Open，该函数等价于 OpenFile(name, O_RDONLY, 0)，即以只读方式打开实体文件。经由 os.Open 返回的 File 实例对文件数据的读取将从文件起始处开始。Read 方法会用读取到的内容填充传入的字节切片；如果剩余数据长度小于切片长度，那么也只会使用这些剩余数据填充切片，并返回实际读取的数据长度；只有当剩余长度为 0 时，才会返回 io.EOF 表示读到了文件末尾，如下面这个示例：

```go
// chapter9/sources/go-read-and-write/direct_read_byte_slice_meets_eof.go
func main() {
    file := "./foo.txt"
    text := "hello, gopher"
    buf := make([]byte, 13)

    n, err := directWriteByteSliceToFile(file, []byte(text))
    if err != nil {
        fmt.Println("write file error:", err)
        return
    }
    fmt.Printf("write %d bytes to file.\n", n)

    f, err := os.Open(file)
    if err != nil {
        fmt.Println("open file error:", err)
        return
    }
    defer f.Close()
    for {
        n, err = f.Read(buf)
        if err != nil {
            if err == io.EOF {
                fmt.Println("read meets EOF")
                return
            }
            fmt.Println("read file error:", err)
        }
        fmt.Printf("read %d bytes from file: %q\n", n, buf)
    }
}
```

我们在示例中故意造出读取到文件末尾的情况：文件中写入了 13 字节的数据，而我们在读取时传入的切片长度恰为 13，这样在执行第二次读取时我们就会遇到剩余数据长度为 0 且**读到文件末尾的情况**。代码如下：

```
$go run direct_read_byte_slice_meets_eof.go
write 13 bytes to file.
read 13 bytes from file: "hello, gopher"
read meets EOF
```

57.2　直接读写抽象数据类型实例

有些时候，我们无须先将数据转换成 []byte 类型字节序列后再写入文件或将文件中的数据读取到 []byte 类型中，借助标准库的包就可以直接将抽象数据类型实例写入文件或将从文件中读取的数据填充到抽象数据类型实例中，如图 57-3 所示。

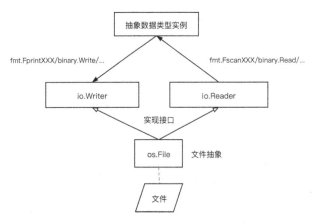

图 57-3　直接读写抽象数据类型实例

　　实质上，在这个过程中，标准库的 API 隐式地帮我们在抽象数据类型实例和 []byte 类型的字节序列之间进行了特定的编码形式转换。

1. 利用 fmt.Fscan 和 fmt.Fprint 系列函数进行读写

　　fmt.Fprint 系列函数支持将任意抽象数据类型实例按照 format 参数的格式写入某 io.Writer 实例，之后通过 fmt.Fscan 系列函数可以将从 io.Reader 中读取的数据还原。

　　下面的代码将一个名为 Player 的结构体按照自定义的格式写入文件 players.dat：

```
// chapter9/sources/go-read-and-write/direct_read_and_write_adt_in_fmt.go
...
type Player struct {
    name   string
    age    int
    gender string
}

func (p Player) String() string {
    return fmt.Sprintf("%s %d %s", p.name, p.age, p.gender)
}

func directWriteADTToFile(path string, players []Player) error {
    f, err := os.Create(path)
    if err != nil {
        fmt.Println("open file error:", err)
        return err
    }
    defer func() {
        f.Sync()
        f.Close()
    }()

    for _, player := range players {
        _, err = fmt.Fprintf(f, "%s\n", player)
```

```
        if err != nil {
            return err
        }
    }

    return nil
}

func main() {
    var players = []Player{
        {"Tommy", 18, "male"},
        {"Lucy", 17, "female"},
        {"George", 19, "male"},
    }
    err := directWriteADTToFile("players.dat", players)
    if err != nil {
        fmt.Println("write file error: ", err)
        return
    }
    ...
}
```

在这个例子中，我们向 players.dat 文件写入了三行数据，由于 Player 结构体类型实现了 String 方法，这样当使用 fmt.Fprintf 向文件（io.Writer 实例）写入数据时（通过 %s），Player 类型的 String 方法便会被调用，因此每行的数据格式均为自定义的 name age gender（以空格分隔）。

接下来，使用 fmt.Fscanf 将 players.dat 中的数据还原到 Player 类型实例中：

```
// chapter9/sources/go-read-and-write/direct_read_and_write_adt_in_fmt.go
...
func main() {
    ...
    f, err := os.Open("players.dat")
    if err != nil {
        fmt.Println("open file error: ", err)
        return
    }

    var player Player
    for {
        _, err := fmt.Fscanf(f, "%s %d %s", &player)
        if err == io.EOF {
            fmt.Println("read meet EOF")
            return
        }
        if err != nil {
            fmt.Println("read file error: ", err)
            return
        }
        fmt.Printf("%s %d %s\n", player.name, player.age, player.gender)
    }
}
```

运行上面的代码：

```
$go run direct_read_and_write_adt_in_fmt.go
read file error: can't scan type: *main.Player
```

咦！居然提示不支持对 *main.Player 类型进行扫描。fmt.Fscanf 仅支持扫描原生类型或底层类型为原生类型的数据。对上面代码做些许改动，将直接还原到 Player 实例换成分别还原为 Player 结构中的三个字段：

```
// chapter9/sources/go-read-and-write/direct_read_and_write_adt_in_fmt.go
...
func main() {
    ...
    var player Player
    for {
        _, err := fmt.Fscanf(f, "%s %d %s", &player.name, &player.age,
            &player.gender)
        ...
        fmt.Printf("%s %d %s\n", player.name, player.age, player.gender)
    }
}
```

改动后再运行示例程序：

```
$go run direct_read_and_write_adt_in_fmt.go
Tommy 18 male
Lucy 17 female
George 19 male
read meet EOF
```

可以看到数据被成功还原到 Player 实例中。

另外，我们日常用得最多的格式化输出 / 输入函数 Printf 系列和 Scanf 系列本质上是当 io.Writer 为 os.Stdout 或 io.Reader 为 os.Stdin 时的特例，如下面的代码所示：

```
// $GOROOT/src/fmt/print.go
func Printf(format string, a ...interface{}) (n int, err error) {
    return Fprintf(os.Stdout, format, a...)
}

// $GOROOT/src/fmt/scan.go
func Scanf(format string, a ...interface{}) (n int, err error) {
    return Fscanf(os.Stdin, format, a...)
}
```

2. 利用 binary.Read 和 binary.Write 函数进行读写

我们看到 fmt.Fscanf 系列函数的运作本质是扫描和解析读出的文本字符串，这导致其数据还原能力有局限：无法将从文件中读取的数据直接整体填充到抽象数据类型实例中，只能逐个字段填充。在数据还原方面，二进制编码有着先天优势。接下来，我们看一下如何通过标准库提供的 binary 包直接读写抽象数据类型实例。

```go
// chapter9/sources/go-read-and-write/direct_read_and_write_adt_in_binary.go
...
type Player struct {
    Name   [20]byte
    Age    int16
    Gender [6]byte
}

func directWriteADTToFile(path string, players []Player) error {
    f, err := os.Create(path)
    ...

    for _, player := range players {
        err = binary.Write(f, binary.BigEndian, &player)
        if err != nil {
            return err
        }
    }

    return nil
}

func main() {
    var players [3]Player

    copy(players[0].Name[:], []byte("Tommy"))
    players[0].Age = 18
    copy(players[0].Gender[:], []byte("male"))

    ...

    err := directWriteADTToFile("players.dat", players[:])
    if err != nil {
        fmt.Println("write file error: ", err)
        return
    }

    f, err := os.Open("players.dat")
    if err != nil {
        fmt.Println("open file error: ", err)
        return
    }

    var player Player
    for {
        err = binary.Read(f, binary.BigEndian, &player)
        if err == io.EOF {
            fmt.Println("read meet EOF")
            return
        }
        if err != nil {
            fmt.Println("read file error: ", err)
            return
```

```
        }
        fmt.Printf("%s %d %s\n", player.Name, player.Age, player.Gender)
    }
}
```

这个例子与前面的例子相比有两个显著的不同点：

❑ Player 类型定义中的字段都变成了导出字段（首字母大写）；

❑ Player 类型定义中的各个字段的类型都采用了**定长**类型，比如 string 换成了字节数组（这给结构体实例的初始化带来了一些麻烦），int 换成了 int16（int 这个类型在不同 CPU 架构下长度可能不同），这是 binary 包对直接操作的抽象数据类型的约束。

运行该示例：

```
$go run direct_read_and_write_adt_in_binary.go
Tommy 18 male
Lucy 17 female
George 19 male
read meet EOF
```

 注意 该示例采用大端字节序（binary.BigEndian）对 Player 实例进行编码。

3. 利用 gob 包的 Decode 和 Encode 方法进行读写

虽然 binary 包实现了抽象数据类型实例的直接读写，但只支持采用定长表示的抽象数据类型，限制了其应用范围。不过，Go 标准库为我们提供了一种更为通用的选择：gob 包。gob 包支持对任意抽象数据类型实例的直接读写，唯一的约束是自定义结构体类型中的字段至少有一个是导出的（字段名首字母大写）。

```
// chapter9/sources/go-read-and-write/direct_read_and_write_adt_in_gob.go
...
type Player struct {
    Name    string
    Age     int
    Gender  string
}

func directWriteADTToFile(path string, players []Player) error {
    f, err := os.Create(path)
    ...
    enc := gob.NewEncoder(f)

    for _, player := range players {
        err = enc.Encode(player)
        if err != nil {
            return err
        }
    }
```

```
        return nil
}

func main() {
    var players = []Player{
        {"Tommy", 18, "male"},
        {"Lucy", 17, "female"},
        {"George", 19, "male"},
    }
    err := directWriteADTToFile("players.dat", players)
    ...
    f, err := os.Open("players.dat")
    ...

    var player Player
    dec := gob.NewDecoder(f)
    for {
        err := dec.Decode(&player)
        if err == io.EOF {
            fmt.Println("read meet EOF")
            return
        }
        if err != nil {
            fmt.Println("read file error: ", err)
            return
        }
        fmt.Printf("%v\n", player)
    }
}
```

运行该示例：

```
$go run direct_read_and_write_adt_in_gob.go
{Tommy 18 male}
{Lucy 17 female}
{George 19 male}
read meet EOF
```

可以看出，gob 包是上述三种直接读写抽象数据类型实例方法中最为理想的那个。同时，gob 包也是 Go 标准库提供的一个序列化 / 反序列化方案，和 JSON、XML 等序列化 / 反序列化方案不同，它的 API 直接支持读写实现了 io.Reader 和 io.Writer 接口的实例。

57.3　通过包裹类型读写数据

在第 29 条中，我们提到一种接口的常见应用模式：**包裹函数**（wrapper function）。我们来简单回顾一下。包裹函数的形式是这样的：接受接口类型参数，并返回与其参数类型相同的返回值。示例如下：

```
func YourWrapperFunc(param YourInterfaceType) YourInterfaceType
```

如图 57-4 所示，通过包裹函数返回的包裹类型可以实现对输入数据的过滤、装饰、变换等操作，并将结果再次返回给调用者。Go 标准库的读写模型广泛运用了包裹函数模式，并且基于这种模式实现了有缓冲 I/O、数据格式变换等。

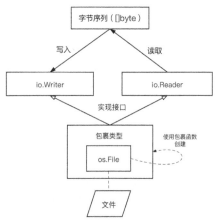

1. 通过包裹类型实现带缓冲 I/O

在上面的例子中，我们都是直接创建文件或打开已存在的文件的，这样后续对文件的读写都是无缓冲的，即每次读都会驱动磁盘运转来读取数据，每次写（并随后调用 Sync）也都会对数据进行落盘处理。这种频繁的磁盘 I/O 是无缓冲 I/O 模式性能不高的主因。任何软件工程遇到的问题都可以通过增加一个中间层来解决，于是出现了**带缓冲 I/O**。带缓冲 I/O 模式通过维护一个中间的缓存来降低数据读写时磁盘操作的频度。Go 标准库中的带缓冲 I/O 是通过包裹函数创建的包裹类型实现的。来看一个例子：

图 57-4 通过包裹类型读写数据

```go
// chapter9/sources/go-read-and-write/bufio_write_byte_slice.go
...

func main() {
    file := "./bufio.txt"

    f, err := os.OpenFile(file, os.O_RDWR|os.O_CREATE|os.O_APPEND, 0666)
    if err != nil {
        fmt.Println("open file error:", err)
        return
    }
    defer func() {
        f.Sync()
        f.Close()
    }()

    data := []byte("I love golang!\n")

    // 通过包裹函数创建带缓冲I/O的类型
    bio := bufio.NewWriterSize(f, 32) //初始缓冲区大小为32字节

    // 将15字节写入bio缓冲区，缓冲区缓存15字节，bufio.txt中内容仍为空
    bio.Write(data)

    // 将15字节写入bio缓冲区，缓冲区缓存30字节，bufio.txt中内容仍为空
    bio.Write(data)

    // 将15字节写入bio缓冲区后，bufio将32字节写入bufio.txt，
    // bio缓冲区中仍然缓存（15*3-32）字节
    bio.Write(data)
```

```
    // 将bio缓冲区中的所有缓存数据均写入bufio.txt
    bio.Flush()
}
```

这是一个利用 bufio 进行带缓冲写的例子。我们利用 bufio 包提供的包裹函数 New-WriterSize 对 io.File 实例进行包裹，得到包裹类型 bufio.Writer 类型的实例 bio。这个实例维护的缓冲区大小为 32 字节，即我们在调用 NewWriterSize 时传入的 size 参数。

接下来，三次调用 bufio.Writer 的 Write 方法，每次调用写入 15 字节。由于缓冲区的存在，前两次调用 Write 方法后，已写入的数据总长度没有超过缓冲区的最大容量（32），因此数据并没有真正写入文件中；直到第三次写入后，写入数据的总长度（15×3）已经超出缓冲区最大容量，因此 bufio 的 Write 方法会将装满了的缓冲区中的数据一次性写入 bufio.txt 文件中，腾出的缓冲区空间用于存储最后写入的 13 字节（15×3-32）。三次写入，实际上仅执行了一次真正的文件 I/O。最后，示例程序在退出前通过主动调用 Flush 方法将缓冲区的剩余数据都写入磁盘中。

我们再来看看带缓冲读文件的例子：

```
// chapter9/sources/go-read-and-write/bufio_read_byte_slice.go
...
func main() {
    file := "./bufio.txt"

    f, err := os.Open(file)
    ...

    // 通过包裹函数创建带缓冲I/O的类型
    // 初始缓冲区大小为64字节
    bio := bufio.NewReaderSize(f, 64)
    fmt.Printf("初始状态下缓冲区缓存数据数量=%d字节\n\n", bio.Buffered())

    var i int = 1
    for {
        data := make([]byte, 15)
        n, err := bio.Read(data)
        if err == io.EOF {
            fmt.Printf("第%d次读取数据，读到文件末尾，程序退出\n", i)
            return
        }

        if err != nil {
            fmt.Println("读取数据出错: ", err)
            return
        }

        fmt.Printf("第%d次读出数据: %q，长度=%d\n", i, data, n)
        fmt.Printf("当前缓冲区缓存数据数量=%d字节\n\n", bio.Buffered())
        i++
    }
}
```

运行上面的代码：

```
$go run bufio_read_byte_slice.go
初始状态下缓冲区缓存数据数量=0字节

第1次读出数据: "I love golang!\n", 长度=15
当前缓冲区缓存数据数量=30字节

第2次读出数据: "I love golang!\n", 长度=15
当前缓冲区缓存数据数量=15字节

第3次读出数据: "I love golang!\n", 长度=15
当前缓冲区缓存数据数量=0字节

第4次读取数据, 读到文件末尾, 程序退出
```

我们利用 bufio 包提供的包裹函数 NewReaderSize 对 io.File 实例进行包裹, 得到包裹类型 bufio.Reader 类型的实例 bio。这个实例维护的缓冲区大小为 64 字节, 即我们在调用 NewReaderSize 时传入的 size 参数。初始情况下, 缓冲区缓冲的数据量为 0。

接下来, 多次调用 bufio.Reader 的 Read 方法, 每次调用尝试读取 15 字节。我们从示例程序运行的输出日志看到, 第一次读出 15 字节数据后, 当前缓冲区缓存数据数居然是 30 字节。也就是说第一次 bufio.Reader.Read 操作实际上从文件中读取了 45 字节, 其中前 15 字节数据通过字节切片传递出来, 剩余的 30 字节则缓存在 bio 维护的内部缓冲区中了。第二次、第三次读操作均为从该缓冲区中读取数据, 不会触发文件 I/O 操作了。

综合上述两个例子, 我们看到, 标准库通过包裹函数模式轻松实现了带缓冲的 I/O。这充分展示了标准库读写模型的优势。当然 bufio 不仅可用于磁盘文件, 还可以用于包裹任何实现了 io.Writer 和 io.Reader 接口的类型 (比如网络连接), 为其提供缓冲 I/O 的特性。

2. 通过包裹类型实现数据压缩 / 解压缩

通过包裹函数返回的包裹类型, 我们还可以实现对读出或写入数据的变换, 比如压缩等。Go 标准库中的 compress/gzip 包就提供了这样的包裹函数与包裹类型。我们看一个压缩数据并形成压缩文件的例子:

```go
// chapter9/sources/go-read-and-write/gzip_compress_data.go
...
func main() {
    file := "./hello_gopher.gz"
    f, err := os.OpenFile(file, os.O_RDWR|os.O_CREATE|os.O_APPEND, 0666)
    ...
    defer f.Close()

    zw := gzip.NewWriter(f)
    defer zw.Close()
    _, err = zw.Write([]byte("hello, gopher! I love golang!!"))
    if err != nil {
        fmt.Println("write compressed data error:", err)
    }
    fmt.Println("write compressed data ok")
}
```

这里利用 gzip 包提供的包裹函数 NewWriter 对 io.File 实例进行包裹，得到包裹类型 gzip.Writer 类型的实例 zw。后续通过这里实例调用 Write 方法写入的数据都会被进行压缩处理并写入文件实例。zw.Close 方法调用会将压缩变换后的数据刷新到文件实例中。

运行上面的代码：

```
$go run gzip_compress_data.go
write compressed data ok

$gzip -d hello_gopher.gz
$cat  hello_gopher
hello, gopher! I love golang!!
```

我们看到，程序正确生成了 hello_gopher.gz 文件。通过 gzip 命令解压缩并查看该文件的内容，文件中的数据就是程序压缩前的输入数据。

也可以利用 gzip.Reader 来读取前面生成的压缩文件 hello_gopher.gz：

```
// chapter9/sources/go-read-and-write/gzip_decompress_data.go
...
func main() {
    file := "./hello_gopher.gz"
    f, err := os.Open(file)
    ...

    zw, _ := gzip.NewReader(f)
    defer zw.Close()

    i := 1
    for {
        buf := make([]byte, 32)
        _, err = zw.Read(buf)
        if err != nil {
            if err == io.EOF {
                fmt.Printf("第%d次读取的压缩数据为: %q\n", i, buf)
                fmt.Println("读取到文件末尾，程序退出!")
            } else {
                fmt.Printf("第%d次读取压缩数据失败: %v", i, err)
            }
            return
        }
        fmt.Printf("第%d次读取的压缩数据为: %q\n", i, buf)
    }
}
```

同样，在上述代码中，利用 gzip 包提供的包裹函数 NewReader 对 io.File 实例进行包裹，得到包裹类型 gzip.Reader 类型的实例 zw。后续通过这里实例调用 Read 方法从被压缩的文件中读取数据，进行解压缩处理并填充到传入的字节切片中。运行该代码的结果如下：

```
$go run gzip_decompress_data.go
第1次读取的压缩数据为: "hello, gopher! I love golang!!\x00\x00"
读取到文件末尾，程序退出!
```

小结

抽象数据类型实例与字节序列间的编解码方案除了 gob 外，还可以使用标准库提供的 json 和 xml 等。鉴于篇幅有限，这里就不详细展开了。

本条要点：

❑ Go 标准库的读写模型以 io.Reader 和 io.Writer 接口为中心；

❑ 模型既可以直接读写字节序列数据，也可以直接读写抽象数据类型实例；

❑ 本质上，抽象数据类型实例的读写也会被转换为字节序列，只不过这种转换由 Go 标准库的包代劳了；

❑ 通过包裹函数返回的包裹类型，我们可以轻松实现对读取或写入数据的缓冲、变换等处理。这种模式在标准库中有广泛应用。

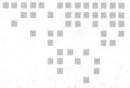

掌握 unsafe 包的安全使用模式

C 语言是一门静态类型语言，但它却**不是类型安全**的语言，因为我们可以像下面示例这样通过合法的语法轻易**"刺透"**其类型系统：

```
// chapter9/sources/go-unsafe/c_is_not_type_safe.c
...
int main() {
    int a = 0x12345678;
    unsigned char *p = (unsigned char*)&a;
    printf("0x%x\n", a); // 0x12345678
    *p = 0x23;
    *(p+1) = 0x45;
    *(p+2) = 0x67;
    *(p+3) = 0x8a;
    printf("0x%x\n", a); // 0x8a674523 (注：在小端字节序系统中输出此值)
}
```

在上面的示例中，原本被解释成 int 类型的一段内存数据（地址为 &a）被重新解释成了 unsigned char 类型数组并可被任意修改。

但在 Go 语言中，我们是无法通过**常规语法手段**穿透 Go 在类型系统层面对内存数据的保护的：

```
// chapter9/sources/go-unsafe/go_is_type_safe.go
...
func main() {
    a := 0x12345678
    fmt.Printf("0x%x\n", a)

    var p *byte = (*byte)(&a) // 错误！不允许将&a从*int类型显式转型为*byte类型
    *p = 0x23
```

```
    var b byte = byte(a)   // b是一个新变量，有自己所解释的内存空间
    b = 0x23 // 即便强制进行类型转换，原变量a所解释的内存空间的数据依然不变
    fmt.Printf("0x%x\n", b) // 0x23
    fmt.Printf("0x%x\n", a) // 0x12345678
}
```

显然，与 C 语言相比，**Go 在常规操作下是类型安全的**（注：并非绝对的类型安全，绝对的类型安全需要在数学上的形式化证明）。所谓**类型安全**是指一块内存数据一旦被特定的类型所解释（该内存数据与该类型变量建立关联，也就是变量定义），它就不能再被解释为其他类型，不能再与其他类型变量建立关联。就像上面示例中的变量 a，一旦被解释为 int 类型（a :=0x12345678），它就与某块内存（起始地址为 &a，长度为 int 类型的大小）建立了关联，那么这块内存（&a）就不能再与其他类型（如 byte）变量建立关联。

Go 语言的类型安全是建立在 Go 编译器的静态检查以及 Go 运行时利用类型信息进行的运行时检查之上的。在语法层面，为了实现常规操作下的类型安全，Go 对语法做了诸多限制。

（1）不支持隐式类型转换，所有类型转换必须显式进行

```
var i int = 17
var j uint64 = i                // 错误：int类型值不能直接赋值给uint64类型变量
var j uint64 = uint64(i)        // 没问题
```

只有底层类型（underlying type）相同的两个类型的指针之间才能进行类型转换。

```
var i int = 11
var p *uint64 = (*uint64)(&i)   // 错误：*int类型不能转换为*uint64类型
type MyInt int
var p *MyInt = (*MyInt)(&i)     // 没问题，MyInt的底层类型为int
```

（2）不支持指针运算

```
var a [100]int
var p *int = &a[0]
*(p+1) = 10                      // 错误：*int类型与int类型无法相加，即不能跨越数组元素的边界
```

不过，Go 最初的定位是**系统编程语言**，在考虑类型安全的同时，语言的设计者们还要兼顾性能以及如何实现与操作系统、C 代码等互操作的低级代码等问题。最终，Go 语言的设计者们选择了在类型系统上开一道"后门"的方案，即在标准库中内置一个特殊的 Go 包——unsafe 包。

"后门"意味着收益与风险并存。使用 unsafe 包我们可以实现性能更高、与底层系统交互更容易的低级代码，但 unsafe 包的存在也让我们有了绕过 Go 类型安全屏障的"路径"。一旦使用该包不当，便可能会导致引入安全漏洞、引发程序崩溃（panic）等问题，并且难于发现和调试。为此，Go 设计者们明确了 unsafe 包的安全使用模式。在本条中，我们就来一起了解一下使用unsafe 包编写出安全代码的模式。

58.1　简洁的 unsafe 包

Go 标准库中的 unsafe 包非常简洁。如果去掉注释，下面的几行代码就是 unsafe 包的全部内

容了（Go 1.14 版本）：

```
// $GOROOT/src/unsafe/unsafe.go
package unsafe
func Alignof(x ArbitraryType) uintptr
func Offsetof(x ArbitraryType) uintptr
func Sizeof(x ArbitraryType) uintptr
type ArbitraryType int
type Pointer *ArbitraryType
```

我们看到 unsafe 包定义了一个类型和三个函数。注意，ArbitraryType 并不真正属于 unsafe 包，我们在 Go 代码中并不能使用 ArbitraryType 来定义变量，它表示一个任意表达式的类型，仅用于文档目的，Go 编译器会对其做特殊处理。

虽然位于 unsafe 包中，但 Alignof、Offsetof 和 Sizeof 这三个函数的使用是绝对安全的，以至于 Go 语言之父 Rob Pike 曾一度提议将这三个函数从 unsafe 包中移出。这三个函数的有两个共同点，第一个是接受的参数是一个表达式（x ArbitraryType），而不是一个类型。我们说过，ArbitraryType 表示任意表达式的类型。第二个共同点是返回值都是 uintptr 类型。之所以使用 uintptr 类型而不用 uint64 等整型类型，主要是因为这三个函数更多应用于有 unsafe.Pointer 和 uintptr 类型参与的指针运算，采用 uintptr 作为返回值类型可以减少指针运算表达式中的显式类型转换。

（1）Sizeof

Sizeof 用于获取一个表达式值的大小，示例代码如下。

```
// chapter9/sources/go-unsafe/funcs_in_unsafe.go
type Foo struct {
    a int
    b string
    c [10]byte
    d float64
}


var i int = 5
var a = [100]int{}
var sl = a[:]
var f Foo

fmt.Println(unsafe.Sizeof(i))          // 8
fmt.Println(unsafe.Sizeof(a))          // 800
fmt.Println(unsafe.Sizeof(sl))         // 24  (注：返回的是切片描述符的大小)
fmt.Println(unsafe.Sizeof(f))          // 48
fmt.Println(unsafe.Sizeof(f.c))        // 10
fmt.Println(unsafe.Sizeof((*int)(nil))) // 8
```

Sizeof 函数不支持直接传入无类型信息的 nil 值，我们必须显式告知 Sizeof 传入的 nil 究竟是什么类型，要么像上面代码那样进行显式转型，要么传入一个值为 nil 但类型明确的变量，比如 var p *int = nil。

（2）Alignof

Alignof 用于获取一个表达式的内存地址对齐系数。

对齐系数（alignment factor）是一个计算机体系架构（computer architecture）层面的术语。在不同的计算机体系结构下，处理器对变量地址都有着对齐要求，即**变量的地址必须可被该变量的对齐系数整除**。可以用 Go 代码表述这一要求：

```
var x unsafe.ArbitraryType // unsafe.ArbitraryType表示任意类型
b := uintptr(unsafe.Pointer(&x)) % unsafe.Alignof(x) == 0
fmt.Println(b) // true
```

而 Alignof 函数就是用来获取传入表达式的对齐系数的：

```
// chapter9/sources/go-unsafe/funcs_in_unsafe.go
...
fmt.Println(unsafe.Alignof(i))            // 8
fmt.Println(unsafe.Alignof(f.a))          // 8
fmt.Println(unsafe.Alignof(a))            // 8
fmt.Println(unsafe.Alignof(sl))           // 8
fmt.Println(unsafe.Alignof(f))            // 8
fmt.Println(unsafe.Alignof(f.c))          // 1
fmt.Println(unsafe.Alignof(struct{}{}))   // 1 (注：空结构体的对齐系数为1)
fmt.Println(unsafe.Alignof([0]int{}))     // 8 (注：长度为0的数组，其对齐系数依然与其元素
                                          // 类型的对齐系数相同)
```

（3）Offsetof

Offsetof 用于获取结构体中某字段的地址偏移量（相对于结构体变量的地址）。Offsetof 函数应用面较窄，仅用于求结构体中某字段的偏移值。

```
// chapter9/sources/go-unsafe/funcs_in_unsafe.go
fmt.Println(unsafe.Offsetof(f.b))         // 8
fmt.Println(unsafe.Offsetof(f.d))         // 40
```

unsafe 包之所以被命名为 unsafe，主要是因为该包中定义了 unsafe.Pointer 类型。unsafe.Pointer 可用于表示任意类型的指针，并且它具备下面四条其他指针类型所不具备的性质。

1）任意类型的指针值都可以被转换为 unsafe.Pointer。

```
var a int = 5
var b  float64= 5.89
var arr [10]string
var f Foo

p1 := (unsafe.Pointer)(&a)        // *int -> unsafe.Pointer
p2 := (unsafe.Pointer)(&b)        // *float64 -> unsafe.Pointer
p3 := (unsafe.Pointer)(&arr)      // *[10]string -> unsafe.Pointer
p4 := (unsafe.Pointer)(&f)        // *Foo -> unsafe.Pointer
```

2）unsafe.Pointer 也可以被转换为任意类型的指针值。

```
var pa = (*int)(p1)               // unsafe.Pointer -> *int
var pb = (*float64)(p2)           // unsafe.Pointer -> *float64
```

```
var parr = (*[10]string)(p3) // unsafe.Pointer -> *[10]string
var pf = (*Foo)(p4) // unsafe.Pointer -> *Foo
```

3）uintptr 类型值可以被转换为一个 unsafe.Pointer。

```
var i uintptr = 0x80010203
p := unsafe.Pointer(i)
```

4）unsafe.Pointer 也可以被转换为一个 uintptr 类型值。

```
p := unsafe.Pointer(&a)
var i = uintptr(p)
```

综合 unsafe.Pointer 的四个性质，我们发现通过 unsafe.Pointer，可以很容易穿透 Go 的类型安全保护，就像本条开头那个 C 语言的例子一样：

```
// chapter9/sources/go-unsafe/go_is_not_type_safe.go

func main() {
    var a uint32 = 0x12345678
    fmt.Printf("0x%x\n", a) // 0x12345678

    p := (unsafe.Pointer)(&a) // 利用unsafe.Pointer的性质1

    b := (*[4]byte)(p) // 利用unsafe.Pointer的性质2
    b[0] = 0x23
    b[1] = 0x45
    b[2] = 0x67
    b[3] = 0x8a

    fmt.Printf("0x%x\n", a) // 0x8a674523 (注：在小端字节序系统中输出此值)
}
```

我们看到，原本被解释为 uint32 类型的一段内存（起始地址为 &a，长度为 4 字节），通过 unsafe.Pointer 被重新解释成了 [4]byte 并且通过变量 b(*[4]byte 类型) 可以对该段内存进行修改。

58.2　unsafe 包的典型应用

怎么理解 Go 核心团队在尽力保证 Go 类型安全的情况下，又提供了可以打破安全屏障的 unsafe.Pointer 这一行为呢？和 Java 语言拥有 sun.misc.Unsafe、C# 语言内置 unsafe 关键字等一样，Go 语言需要这样一种机制来实现一些低级代码，以满足运行时或性能敏感系统对性能的需求。但 Go 核心团队又不希望这种可以打破类型安全的手段被滥用，他们在初期甚至都没有提供 unsafe.Pointer 的安全使用规则，目的就是让大家**望而却步**。同时，Go 核心团队也没有将 unsafe 包列入 Go 1 兼容性的承诺保护范围内，我们在 Go 1 兼容性声明文档中能看到如下描述：

> unsafe 包的使用。导入了 unsafe 包的包代码可能依赖于 Go 实现的内部属性。我们保留更改实现的权利，这可能会破坏此类程序。

尽管使用 unsafe 包无法得到 Go1 兼容性的保障，是不可移植的，并且很可能导致现在编写的程序在将来无法通过编译或运行出错，但 unsafe 包所具有的独一无二的穿透类型安全保护的能力对开发人员依旧充满了诱惑力，它首先就被广泛应用于 Go 标准库和 Go 运行时的实现当中，reflect、sync、syscall 和 runtime 包都是 unsafe 包的重度"用户"，这些包有的需要绕过 Go 类型保护直接操作内存，有的对性能敏感，还有的与操作系统或 C 语言低级代码交互频繁。

1. reflect 包中 unsafe 包的典型应用

ValueOf 和 TypeOf 函数是 reflect 包中用得最多的两个 API，它们是进入运行时反射层、获取反射层信息的入口。这两个函数均将任意类型变量转换为一个 interface{} 类型变量，再利用 unsafe.Pointer 将这个变量绑定的内存区域重新解释为 reflect.emptyInterface 类型，以获得传入变量的类型和值的信息。

```
// $GOROOT/src/reflect/value.go

// emptyInterface用于表示一个interface{}类型的值的头部
type emptyInterface struct {
    typ  *rtype
    word unsafe.Pointer
}

func ValueOf(i interface{}) Value {
    ...
    return unpackEface(i)
}

// unpackEface将empty interface变量i转换成一个reflect.Value
func unpackEface(i interface{}) Value {
    e := (*emptyInterface)(unsafe.Pointer(&i))
    ...
    return Value{t, e.word, f}
}

// $GOROOT/src/reflect/type.go

// TypeOf返回interface{}类型变量i的动态类型信息
func TypeOf(i interface{}) Type {
    eface := *(*emptyInterface)(unsafe.Pointer(&i))
    return toType(eface.typ)
}
```

2. sync 包中 unsafe 包的典型应用

sync.Pool 是一个并发安全的高性能临时对象缓冲池。sync.Pool 为每个 P 分配了一个本地缓冲池，并通过下面函数实现快速定位 P 的本地缓冲池：

```
// $GOROOT/src/sync/pool.go
func indexLocal(l unsafe.Pointer, i int) *poolLocal {
    lp := unsafe.Pointer(uintptr(l) + uintptr(i)*unsafe.Sizeof(poolLocal{}))
    return (*poolLocal)(lp)
}
```

我们看到，indexLocal 函数的本地缓冲池快速定位是通过结合 unsafe.Pointer 与 uintptr 的指针运算实现的。

3. syscall 包中 unsafe 包的典型应用

标准库中的 syscall 包封装了与操作系统交互的系统调用接口，比如 Stat、Listen、Select 等：

```
// $GOROOT/src/syscall/zsyscall_linux_amd64.go
func Listen(s int, n int) (err error) {
    _, _, e1 := Syscall(SYS_LISTEN, uintptr(s), uintptr(n), 0)
    if e1 != 0 {
        err = errnoErr(e1)
    }
    return
}

func Select(nfd int, r *FdSet, w *FdSet, e *FdSet, timeout *Timeval) (n int, err error) {
    r0, _, e1 := Syscall6(SYS_SELECT, uintptr(nfd), uintptr(unsafe.Pointer(r)),
        uintptr(unsafe.Pointer(w)), uintptr(unsafe.Pointer(e)),
        uintptr(unsafe.Pointer(timeout)), 0)
    n = int(r0)
    if e1 != 0 {
        err = errnoErr(e1)
    }
    return
}
```

我们看到，这类封装的高级调用最终都会落到调用下面一系列 Syscall 和 RawSyscall 函数上：

```
// $GOROOT/src/syscall/syscall_unix.go
func Syscall(trap, a1, a2, a3 uintptr) (r1, r2 uintptr, err Errno)
func Syscall6(trap, a1, a2, a3, a4, a5, a6 uintptr) (r1, r2 uintptr, err Errno)
func RawSyscall(trap, a1, a2, a3 uintptr) (r1, r2 uintptr, err Errno)
func RawSyscall6(trap, a1, a2, a3, a4, a5, a6 uintptr) (r1, r2 uintptr, err Errn
```

而这些 Syscall 系列函数接受的参数类型均为 uintptr，这样当封装的系统调用的参数为指针类型时（比如上面 Select 的参数 r、w、e 等），我们只能通过 unsafe.Pointer 将这些指针指向的地址值转换为 uintptr 值，就像上面 Select 函数实现中那样。因此，syscall 包是 unsafe 包的重度"用户"，它的实现离不开 unsafe.Pointer。

4. runtime 包中 unsafe 包的典型应用

runtime 包实现的 goroutine 调度和内存管理（包括 GC）都有 unsafe 包的身影。以 goroutine 的栈管理为例：

```
// $GOROOT/src/runtime/runtime2.go

type stack struct {
    lo uintptr
    hi uintptr
```

```
    }

    // $GOROOT/src/runtime/stack.go

    func stackalloc(n uint32) stack {
        ...
        var v unsafe.Pointer
        if n < _FixedStack<<_NumStackOrders && n < _StackCacheSize {
            ...
            v = unsafe.Pointer(x)
        } else {
            ...
            v = unsafe.Pointer(s.base())
        }
        ...
        return stack{uintptr(v), uintptr(v) + uintptr(n)}
    }

    func stackfree(stk stack) {
        gp := getg()
        v := unsafe.Pointer(stk.lo)
        n := stk.hi - stk.lo
        ...
    }
```

在其他 Go 开源项目中，Gopher 对 unsafe 包也是青睐有加。有专门的研究[○]表明，在用 Go
语言开发的开源项目中，有 20% 以上的项目在源码中直接使用了 unsafe 包（不包括 vendor 目
录），并且随着这些项目的演进，项目中 unsafe 包使用的频度有逐渐提高的趋势。Go binding 项
目（与不是用 Go 实现的项目进行集成，如 gocv、gotk3 等）、网络领域项目和数据库领域项目是
unsafe 的重度"用户"。unsafe.Pointer 则是 unsafe 包中被使用最多的特性，占据 9 成以上份额，
而其他三个函数则使用较少。unsafe 包在这些项目中主要被用于如下两个场景。

（1）与操作系统以及非 Go 编写的代码的通信

与操作系统的通信主要通过**系统调用**进行，这在之前已提过。而与非 Go 编写的代码的通信
则主要通过 cgo 方式，如下面的示例：

```
    func SetIcon(iconBytes []byte) {
        // 转换成一个C char类型
        cstr := (*C.char)(unsafe.Pointer(&iconBytes[0]))
        // 调用来自systray.h的函数
        C.setIcon(cstr, (C.int)(len(iconBytes)))
    }
```

（2）高效类型转换

使用 unsafe 包，Gopher 可以绕开 Go 类型系统的安全检查，因此可以通过 unsafe 包实现性
能更好的类型转换。最常见的类型转换是 string 与 []byte 类型间的相互转换：

○ 见文章《破坏的类型安全：对 unsafe 包使用的研究》，地址为 https://arxiv.org/abs/2006.09973。

```go
func Bytes2String(b []byte) string {
    return *(*string)(unsafe.Pointer(&b))
}

func String2Bytes(s string) []byte {
    sh := (*reflect.StringHeader)(unsafe.Pointer(&s))
    bh := reflect.SliceHeader{
        Data: sh.Data,
        Len:  sh.Len,
        Cap:  sh.Len,
    }
    return *(*[]byte)(unsafe.Pointer(&bh))
}
```

在 Go 中，string 类型变量是不可变的（immutable），通过常规方法将一个 string 类型变量转换为 []byte 类型，Go 会为 []byte 类型变量分配一块新内存，并将 string 类型变量的值复制到这块新内存中。而通过上面基于 unsafe 包实现的 String2Bytes 函数，这种转换并不需要额外的内存复制：转换后的 []byte 变量与输入参数中的 string 类型变量共享底层存储（但注意，我们依旧无法通过对返回的切片的修改来改变原字符串）。而将 []byte 变量转换为 string 类型则更为简单，因为 []byte 的内部表示是一个三元组 (ptr, len, cap)，string 的内部表示为一个二元组 (ptr, len)，通过 unsafe.Pointer 将 []byte 的内部表示重新解释为 string 的内部表示，这就是 Bytes2String 的原理。

此外 unsafe 在自定义高性能序列化函数（marshal）、原子操作（atomic）及内存操作（指针运算）上都有一定程度的应用。

58.3　正确理解 unsafe.Pointer 与 uintptr

作为 Go 类型安全层上的一个"后门"，unsafe 包在带来强大的低级编程能力的同时，也极容易导致代码出现错误。而出现这些错误的主要原因可归结为对 unsafe.Pointer 和 uintptr 的理解不到位。上面提到的 unsafe.Pointer 的性质告诉我们，unsafe.Pointer 与 uintptr 在实际代码中总是**伴生**的，前面 unsafe 包的典型应用也印证了这一点。因此，正确理解 unsafe.Pointer 与 uintptr 对于安全使用 unsafe 包是大有裨益的。

Go 语言内存管理是基于垃圾回收的，垃圾回收例程会定期执行。如果一块内存没有被任何对象引用，它就会被垃圾回收器回收。而对象引用是通过指针实现的。

unsafe.Pointer 和其他常规类型指针一样，可以作为对象引用。如果一个对象仍然被某个 unsafe.Pointer 变量引用着，那么该对象是不会被垃圾回收的。但是 uintptr 并不是指针，它仅仅是一个整型值，即便它存储的是某个对象的内存地址，它也不会被算作对该对象的引用。如果认为将对象地址存储在一个 uintptr 变量中，该对象就不会被垃圾回收器回收，那就是对 uintptr 的**最大误解**。

下面的例子直观地对比了对象被 unsafe.Pointer 引用与被 uintptr "引用"的差别：

```go
// chapter9/sources/go-unsafe/go_mem_obj_ref_unsafepointer_vs_uintptr.go
...
type Foo struct {
    name string
}

func finalizer(p *Foo) {
    fmt.Printf("Foo: [%s]被垃圾回收\n", p.name)
}

func NewFoo(name string) *Foo {
    var f Foo = Foo{
        name: name,
    }
    runtime.SetFinalizer(&f, finalizer)
    return &f
}

func allocLargeObject() *[1000000]uint64 {
    a := [1000000]uint64{}
    return &a
}

func main() {
    var p1 = uintptr(unsafe.Pointer(NewFoo("FooRefByUintptr")))
    var p2 = unsafe.Pointer(NewFoo("FooRefByPointer"))

    for i := 0; i < 5; i++ {
        allocLargeObject()

        // 尝试输出p1和p2地址上的值
        q1 := (*Foo)(unsafe.Pointer(p1))
        fmt.Printf("object ref by uintptr: %+v\n", *q1)

        q2 := (*Foo)(p2)
        fmt.Printf("object ref by pointer: %+v\n", *q2)

        runtime.GC() // 运行垃圾回收
        time.Sleep(1 * time.Second)
    }
}
```

在这个例子中，我们通过 NewFoo 创建了两个 Foo 类型实例，NewFoo 函数在每个实例上设置了 finalizer，这样便于直观看到该实例是否在程序运行过程中被垃圾回收了。我们将这两个新实例的内存地址分别赋值给一个 uintptr 类型变量 p1 和一个 unsafe.Pointer 类型变量 p2。之后，我们运行了一个循环，在每次循环中，我们都会通过调用 allocLargeObject 做一些内存分配工作，并显式调用 runtime.GC 触发垃圾回收。每次循环我们还尝试输出这两个实例的值。下面是该示例的运行结果（为了避免编译器对程序进行内联优化，我们在运行时传入了 -gcflags="-l"命令行选项）：

```
$go run -gcflags="-l" go_mem_obj_ref_unsafepointer_vs_uintptr.go
Foo: [FooRefByUintptr]被垃圾回收
object ref by uintptr: {name:FooRefByUintptr}
object ref by pointer: {name:FooRefByPointer}
object ref by uintptr: {name:FooRefByUintptr}
object ref by pointer: {name:FooRefByPointer}
object ref by uintptr: {name:FooRefByUintptr}
object ref by pointer: {name:FooRefByPointer}
object ref by uintptr: {name:}
object ref by pointer: {name:FooRefByPointer}
object ref by uintptr: {name:}
object ref by pointer: {name:FooRefByPointer}
```

我们看到，uintptr "引用" 的 Foo 实例（FooRefByUintptr）在程序运行起来后很快就被回收了，而 unsafe.Pointer 引用的 Foo 实例（FooRefByPointer）的生命周期却持续到程序终止。FooRefByUintptr 实例被回收后，p1 变量值中存储的地址值已经失效，上面的输出结果也证实了这一点：这个地址处的内存后续被重新利用了。

使用 uintptr 类型变量保存栈上变量的地址同样是**有风险的**，因为 Go 使用的是**连续栈**的栈管理方案，每个 goroutine 的默认栈大小为 2KB（_StackMin = 2048）。当 goroutine 当前剩余栈空间无法满足函数 / 方法调用对栈空间的需求时，Go 运行时就会新分配一块更大的内存空间作为该 goroutine 的新栈空间，并将该 goroutine 的原有栈整体复制过来，这样原栈上分配的变量的地址就会发生变化。我们来看下面这个例子：

```
// chapter9/sources/go-unsafe/go_stack_obj_ref_by_uintptr.go
...
func main() {
    var x = [10]int{1, 2, 3, 4, 5, 6, 7, 8, 9, 0}
    fmt.Printf("变量x的值=%d\n", x)
    println("变量x的地址=", &x)

    var p = uintptr(unsafe.Pointer(&x))
    var q = unsafe.Pointer(&x)

    a(x) // 执行一系列函数调用

    // 变更数组x中元素的值
    for i := 0; i < 10; i++ {
        x[i] = x[i] + 10
    }

    println("栈扩容后，变量x的地址=", &x)
    fmt.Printf("栈扩容后，变量x的值=%d\n", x)

    fmt.Printf("变量p(uintptr)存储的地址上的值=%d\n", *(*[10]int)(unsafe.Pointer(p)))
    fmt.Printf("变量q(unsafe.Pointer)引用的地址上的值=%d\n", *(*[10]int)(q))
}

func a(x [10]int) {
    var y [100]int
```

```
    b(y)
}

func b(x [100]int) {
    var y [1000]int
    c(y)
}

func c(x [1000]int) {
}
```

在这个例子中，我们分别用一个 uintptr 类型变量 p 和 unsafe.Pointer 类型变量 q 存储了栈上变量 x 的地址。调用函数 a 之后，goroutine 栈发生了扩容。我们变更了数组 x 中的元素值以用于栈扩容前后的对比。运行该示例：

```
$go run -gcflags="-l" go_stack_obj_ref_by_uintptr.go

变量x的值=[1 2 3 4 5 6 7 8 9 0]
变量x的地址= 0xc00006cec8
栈扩容后，变量x的地址= 0xc000117ec8
栈扩容后，变量x的值=[11 12 13 14 15 16 17 18 19 10]
变量p(uintptr)存储的地址上的值=[1 2 3 4 5 6 7 8 9 0]
变量q(unsafe.Pointer)引用的地址上的值=[11 12 13 14 15 16 17 18 19 10]
```

我们看到，栈扩容后，变量 x 的地址发生了变化（从 0xc00006cec8 变成 0xc000117ec8），unsafe.Pointer 类型变量 q 的值被 Go 运行时做了同步变更；但 uintptr 类型变量 p 只是一个整型值，它的值是不变的，因此输出 uintptr 类型变量 p 存储的地址上的值时，得到的仍是变量 x 变更前的值。

58.4 unsafe.Pointer 的安全使用模式

"长江之险，险于荆江。"unsafe 包之险，险于 unsafe.Pointer 的使用。我们既需要 unsafe.Pointer 打破类型安全屏障的能力，又需要其能被安全使用，要想**鱼与熊掌兼得**，就必须按照 unsafe.Pointer 的安全使用模式的要求去做。Go（1.14 版本）在 unsafe 的文档中定义了 6 条安全使用模式，我们逐一来理解一下。

模式 1：*T1 -> unsafe.Pointer -> *T2

模式 1 的本质就是内存块的重解释：将原本解释为 T1 类型的内存重新解释为 T2 类型。这是 unsafe.Pointer 突破 Go 类型安全屏障的基本使用模式。下面是标准库的 math 包利用模式 1 实现的两个 API：

```
// $GOROOT/src/math/unsafe.go
func Float64bits(f float64) uint64 {
    return *(*uint64)(unsafe.Pointer(&f))
}
```

```
func Float64frombits(b uint64) float64 {
    return *(*float64)(unsafe.Pointer(&b))
}
```

上面利用内存块重解释实现的类型转换不等价于 Go 语法层面的显式类型转换，看下面的例子：

```
// chapter9/sources/go-unsafe/go_math_float64bits_vs_explicit_type_convertion.go

...
func main() {
    var f float64 = 3.1415
    var d1 = uint64(f)
    var d2 = math.Float64bits(f)
    fmt.Printf("d1 = %d, d2 = %d\n", d1, d2) // d1 = 3, d2 = 4614256447914709615
}
```

显式类型转换是语义层面的转换，float64 转换为 uint64 实质是取浮点数的整数部分；而基于 unsafe.Pointer 使用模式 1 实现的 math.Float64bits 则只是机械地将这块内存视为 uint64 类型，它并不在乎这块内存原先存储的是什么类型的数据。

在按模式 1 使用 unsafe.Pointer 时，我们也不能忽略内存对齐问题，比如下面这个例子：

```
// chapter9/sources/go-unsafe/go_mem_align_under_pattern_1.go
...
func main() {
    var a = [10]byte{1, 2, 3, 4, 5, 6, 7, 8, 9, 0}
    var p = (*uint64)(unsafe.Pointer(&a[5]))

    fmt.Printf("a[5]的地址: 0x%p\n", &a[5])
    fmt.Printf("a[5]的对齐系数: %d\n", unsafe.Alignof(a[5]))
    fmt.Printf("p的地址: 0x%p\n", p)
    fmt.Printf("p的对齐系数: %d\n", unsafe.Alignof(p))
    fmt.Printf("*p = %d\n", *p)
}
```

运行该示例：

```
$go run go_mem_align_under_pattern_1.go
a[5]的地址: 0x0xc0000160c5
a[5]的对齐系数: 1
p的地址: 0x0xc0000160c5
p的对齐系数: 8
*p = 151521030
```

在这个例子中，我们将 [10]byte 数组中 a[5] 的地址重解释成了一个 uint64 类型数据，a[5] 是一个 byte 类型元素，其对齐系数为 1，因此其地址 0x0xc0000160c5 是满足其对齐要求的。但是一个 uint64 类型数据的对齐系数为 8，如果给这个类型变量分配的内存起始地址为 0x0xc0000160c5，该地址无法被其对齐系数 8 整除，这说明这个地址是没法满足 uint64 类型的对齐要求的。在 x86 平台（属于复杂指令集）上，对这种未对齐的地址进行指针解引用并不会造成严重后果（可能会对性能有少许影响），但是在一些对内存地址对齐比较严格的平台（如

SPARC、ARM 等）上，对未对齐内存地址进行指针解引用可能会出现"总线错误"等无法恢复的异常情况并导致程序崩溃。

因此，我们在使用模式 1 时要注意，**转换后类型 T2 的对齐系数不能比转换前类型 T1 的对齐系数更严格**，即 Alignof(T1) >= Alignof(T2)。

模式 2：unsafe.Poiner -> uintptr

模式 2 比较简单，就是将 unsafe.Pointer 显式转换为 uintptr，并且转换后的 uintptr 类型变量不会再转换回 unsafe.Pointer，只用于打印输出，并不参与其他操作。

```
var x = [10]int{1, 2, 3, 4, 5, 6, 7, 8, 9, 0}
var p = uintptr(unsafe.Pointer(&x))
println(p)
```

模式 3：模拟指针运算

操作任意内存地址上的数据都离不开指针运算。Go 常规语法不支持指针运算，但我们可以使用 unsafe.Pointer 的第三种安全使用模式来模拟指针运算，即**在一个表达式中，将 unsafe.Pointer 转换为 uintptr 类型，使用 uintptr 类型的值进行算术运算后，再转换回 unsafe.Pointer**：

```
var b T
var p = unsafe.Pointer(uintptr(unsafe.Pointer(&b)) + offset)  // offset是偏移量
*(*T)(p) = ...
```

模式 3 经常用于访问结构体内字段或数组中的元素，也常用于实现对某内存对象的步进式检查：

```
// chapter9/sources/go-unsafe/go_pointer_arithmetic_under_pattern_3.go
...
type Foo struct {
    s string
    b int
    c float64
    d [10]int
}

func main() {
    var a = [10]int{1, 2, 3, 4, 5, 6, 7, 8, 9, 10}
    var foo = Foo{
        s: "foo",
        b: 17,
        c: 3.1415,
        d: a,
    }

    // 访问数组a的第4个元素
    var p = unsafe.Pointer(uintptr(unsafe.Pointer(&a)) + 3*unsafe.Sizeof(a[0]))
    fmt.Println(*(*int)(p)) // 4

    // 访问Foo结构体的字段c
```

```
    p = unsafe.Pointer(uintptr(unsafe.Pointer(&foo)) + unsafe.Offsetof(foo.c))
    fmt.Println(*(*float64)(p)) // 3.1415

    // 对数组a的第一个元素进行逐字节步进式检查
    for i := uintptr(0); i < unsafe.Sizeof((*int)(nil)); i++ {
        p = unsafe.Pointer(uintptr(unsafe.Pointer(&a)) + i)
        fmt.Printf("0x%x\n", *(*byte)(p))
    }
    ...
}
```

模式 3 的安全运用要注意两点事项。

（1）不要越界

offset 理论上可以是任意值，这就存在算术运算之后的地址超出原内存对象边界的可能，比如下面示例代码中的 p：

```
// chapter9/sources/go-unsafe/go_pointer_arithmetic_under_pattern_3.go
p = unsafe.Pointer(uintptr(unsafe.Pointer(&a)) + 10*unsafe.Sizeof(a[0]))
    // p已不在数组a的范围内了
fmt.Println(*(*int)(p)) // 824634167016
```

经过转换后，p 指向的地址已经超出原数组 a 的边界，访问这块内存区域是有风险的，尤其是当你尝试去修改它的时候。

（2）unsafe.Pointer -> uintptr -> unsafe.Pointer 的转换要在一个表达式中

下面是一个存在风险的例子：

```
func NewArray() *[10]int {
    a := [10]int{10, 11, 12, 13, 14, 15, 16, 17, 18, 19}
    return &a
}

func main() {
    a := uintptr(unsafe.Pointer(NewArray()))
    // 存在风险: 这个时间空隙, GC可能随时回收掉NewArray()返回的数组实例
    p := unsafe.Pointer(a + unsafe.Sizeof(int(0)))
    fmt.Printf("%d\n", *(*int)(p)) // 输出: ???
}
```

前面说过，uintptr 仅是一个整型值，它无法起到对象引用的效果，无法阻止 GC 回收内存对象。上面这个例子先将地址存储在 uintptr 类型变量 a 中，再在另外的语句中进行指针算术计算并再次转换为 unsafe.Pointer 类型指针，这种做法存在较大风险。因为在这两个语句执行的时间空隙，NewArray 函数返回的数组对象已经失去了所有对其的引用，它随时可能被 GC 回收掉。正确的处理方式是将这两次转换放在一个表达式中，Go 编译器会保证两次转换期间 NewArray 函数返回的数组对象的有效性。示例代码如下：

```
func main() {
    p := unsafe.Pointer(uintptr(unsafe.Pointer(NewArray())) + unsafe.Sizeof(int(0)))
    fmt.Printf("%d\n", *(*int)(p)) // 11
}
```

模式 4：调用 syscall.Syscall 系列函数时指针类型到 uintptr 类型参数的转换

Go 标准库的 syscall 包的 Syscall 系列函数的参数都是 uintptr 类型，就像下面这样：

```
// $GOROOT/src/syscall/syscall_unix.go
func Syscall(trap, a1, a2, a3 uintptr) (r1, r2 uintptr, err Errno)
func Syscall6(trap, a1, a2, a3, a4, a5, a6 uintptr) (r1, r2 uintptr, err Errno)
```

如果要传给 Syscall 系列函数的变量的类型为指针，那么我们就需要将其转换为 uintptr 类型。下面是不安全的做法：

```
var p *T // 待传给Syscall系列函数的指针变量
...
a := uintptr(unsafe.Pointer(p))
syscall.Syscall(SYS_READ, uintptr(fd), a, uintptr(n))
```

这段代码中存在的风险与模式 3 中的反面示例如出一辙：不能保证传入的 a 值所表示的内存地址上对象的有效性，这个内存对象很可能已经在某个时间被 GC 回收掉或者在栈扩张或收缩时内存对象的地址发生了变更。

正确的做法是**将转换操作放入 Syscall 的参数表达式中**：

```
var p *T // 待传给Syscall系列函数的指针变量
syscall.Syscall(SYS_READ, uintptr(fd), uintptr(unsafe.Pointer(p)), uintptr(n))
```

Go 编译器会识别出这种特殊的使用模式，并保证在这个转换过程中原内存对象（p）的有效性。

模式 5：将 reflect.Value.Pointer 或 reflect.Value.UnsafeAddr 转换为指针

Go 标准库的 reflect 包的 Value 类型有两个返回 uintptr 类型值的方法：

```
// $GOROOT/src/reflect/value.go
func (v Value) Pointer() uintptr
func (v Value) UnsafeAddr() uintptr
```

根据 reflect 文档的描述，这两个方法是面向高级用户的。使用 uintptr 类型作为返回值是有意为之，目的是促使这两个方法的调用者显式导入 unsafe 包并通过 unsafe.Pointer 对返回值进行转换。目前（Go 1.14 版本）Go 官方已经不建议继续使用这两个方法了（这两个方法处于 Deprecated 状态）。

不过既然是 reflect 包的导出方法，Go 官方还是在 unsafe 包文档中明确了 reflect.Value. Pointer 或 reflect.Value.UnsafeAddr 返回值的安全转换方法：和模式 3 一样，在一个表达式中完成转换，而不要将返回值赋值给一个 uintptr 类型变量再在后续的语句中进行转换。

```
u := reflect.ValueOf(new(T)).Pointer()
p := (*T)(unsafe.Pointer(u)) // 错误！在两条语句的执行间隙，T类型对象可能被垃圾回收

// 对比

p := (*T)(unsafe.Pointer(reflect.ValueOf(new(T)).Pointer())) //没问题
```

模式 6：reflect.SliceHeader 和 reflect.StringHeader 必须通过模式 1 构建

reflect 包的 SliceHeader 和 StringHeader 两个结构体分别代表着切片类型和 string 类型的内存表示。可以通过**模式 1** 的内存块重解释来构造这两个结构体类型的实例。以 SliceHeader 为例：

```
// chapter9/sources/go-unsafe/go_slice_and_string_header.go
...
func newSlice() *[]byte {
    var b = []byte("hello, gopher")
    return &b
}

func main() {
    bh := (*reflect.SliceHeader)(unsafe.Pointer(newSlice())) // 模式1
    var p = (*[]byte)(unsafe.Pointer(bh))
    fmt.Printf("%q\n", *p) // "hello, gopher"

    var a = [...]byte{'I', ' ', 'l', 'o', 'v', 'e', ' ', 'G', 'o', '!', '!'}
    bh.Data = uintptr(unsafe.Pointer(&a))
    bh.Len = len(a)
    bh.Cap = len(a)

    fmt.Printf("%q\n", *p) // "I love Go!!"
}
```

上面示例代码中通过模式 1 构建的 reflect.SliceHeader 实例 bh 对 newSlice 返回的切片对象具有对象引用作用，这样可以保证 newSlice 返回的对象不会被垃圾回收掉，后续反向转换成 *[]byte 依旧有效。

如果通过常规语法定义一个 reflect.SliceHeader 类型实例并赋值，那么后续反向转换成 *[]T 时存在 SliceHeader.Data 的值对应的地址上的对象**已经被回收**的风险：

```
// chapter9/sources/go-unsafe/go_slice_and_string_header_wrong_case.go
...
func finalizer(p *[11]byte) {
    fmt.Println("数组对象被垃圾回收")
}

func newArray() *[11]byte {
    var a = [...]byte{'I', ' ', 'l', 'o', 'v', 'e', ' ', 'G', 'o', '!', '!'}
    runtime.SetFinalizer(&a, finalizer)
    return &a
}

func main() {
    var bh reflect.SliceHeader
    bh.Data = uintptr(unsafe.Pointer(newArray()))
    bh.Len = 11
    bh.Cap = 11
```

```
    var p = (*[]byte)(unsafe.Pointer(&bh))
    for i := 0; i < 3; i++ {
        runtime.GC() // 数组对象在此处被垃圾回收
        time.Sleep(1 * time.Second)
    }
    fmt.Printf("%q\n", *p) //???
}
```

Go 核心团队一直在完善工具链，加强对代码中 unsafe 使用安全性的检查。通过 go vet 可以检查 unsafe.Pointer 和 uintptr 之间的转换是否符合上述六种安全模式。

Go 1.14 编译器在 -race 和 -msan 命令行选型开启的情况下，会执行 -d=checkptr 检查，即对 unsafe.Pointer 进行下面两项合规性检查。

1）当将 *T1 类型按模式 1 通过 unsafe.Pointer 转换为 *T2 时，T2 的内存地址对齐系数不能高于 T1 的对齐系数。

比如让模式 1 中的 go_mem_align_under_pattern_1.go 在 -race 选项下运行：

```
$go run -race go_mem_align_under_pattern_1.go
fatal error: checkptr: unsafe pointer conversion
... ..
exit status 2
```

2）做完指针运算后，转换后的 unsafe.Pointer 仍应指向原先的内存对象。

比如下面的示例：

```
// chapter9/sources/go-unsafe/go_unsafe_compiler_checkptr.go
...
func main() {
    var n = 5
    b := make([]byte, n)
    end := unsafe.Pointer(uintptr(unsafe.Pointer(&b[0])) + uintptr(n+10))
    _ = end
}
```

使用 -race 选项运行的结果如下（Ubuntu 18.04）：

```
$go run -race  go_unsafe_compile_checkptr.go
fatal error: checkptr: unsafe pointer arithmetic
...
exit status 2
```

我们看到，Go 编译器检查到了越界的指针运算。

小结

作为最初以系统编程语言为目标的语言，Go 为了兼顾性能以及低级代码操作，在其安全类型的保护盾下开了一个"后门"。在大多数情况下，这是 Go 核心团队自用的机制。我们要想使用 unsafe 包，就必须遵循 unsafe 包，尤其是 unsafe.Pointer 的安全使用规则。

本条要点：

❏ Go 语言在常规操作下是类型安全的，但使用 unsafe 包可以 "刺透" Go 的类型安全保护层；

❏ Go 兼容性并不包含对 unsafe 包的任何承诺，因此除非必要，尽量不要使用 unsafe 包，尤其是 unsafe.Pointer；

❏ uintptr 仅仅是一个整型值，即便它存储的是内存对象的地址值，它对内存对象也起不到引用的作用；

❏ 使用 unsafe 包前，请先牢记并理解 unsafe.Pointer 的六条安全使用模式；

❏ 如果使用了 unsafe 包，请使用 go vet 等工具对代码进行 unsafe 包使用合规性的检查。

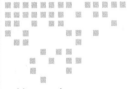

第 59 条

谨慎使用 reflect 包提供的反射能力

Go 在标准库中提供的 reflect 包让 Go 程序具备运行时的反射能力（reflection）。**反射**是程序在运行时访问、检测和修改它本身状态或行为的一种能力，各种编程语言所实现的反射机制各有不同。Go 语言的 interface{} 类型变量具有析出任意类型变量的类型信息（type）和值信息（value）的能力（参见第 26 条），Go 的反射本质上就是利用 interface{} 的这种能力在运行时对任意变量的**类型和值信息进行检视甚至是对值进行修改**的机制。在这一条中，我们就来深入理解一下 Go 提供的这种反射能力以及使用这种能力时需要注意的事项。

59.1 Go 反射的三大法则

反射让静态类型语言 Go 在运行时具备了某种基于类型信息的**动态特性**。利用这种特性，fmt.Println 在无法提前获知传入参数的真正类型的情况下依旧可以对其进行正确的格式化输出；json.Marshal 也是通过这种特性对传入的任意结构体类型进行解构并正确生成对应的 JSON 文本。下面通过一个简单的构建 SQL 查询语句的例子来直观感受 Go 反射的"魔法"：

```
// chapter9/sources/go-reflect/construct_sql_query_stmt.go

func ConstructQueryStmt(obj interface{}) (stmt string, err error) {
    // 仅支持struct或struct指针类型
    typ := reflect.TypeOf(obj)
    if typ.Kind() == reflect.Ptr {
        typ = typ.Elem()
    }
    if typ.Kind() != reflect.Struct {
        err = errors.New("only struct is supported")
        return
```

```go
    }

    buffer := bytes.NewBufferString("")
    buffer.WriteString("SELECT ")

    if typ.NumField() == 0 {
        err = fmt.Errorf("the type[%s] has no fields", typ.Name())
        return
    }

    for i := 0; i < typ.NumField(); i++ {
        field := typ.Field(i)

        if i != 0 {
            buffer.WriteString(", ")
        }
        column := field.Name
        if tag := field.Tag.Get("orm"); tag != "" {
            column = tag
        }
        buffer.WriteString(column)
    }

    stmt = fmt.Sprintf("%s FROM %s", buffer.String(), typ.Name())
    return
}

type Product struct {
    ID        uint32
    Name      string
    Price     uint32
    LeftCount uint32 `orm:"left_count"`
    Batch     string `orm:"batch_number"`
    Updated   time.Time
}

type Person struct {
    ID      string
    Name    string
    Age     uint32
    Gender  string
    Addr    string `orm:"address"`
    Updated time.Time
}

func main() {
    stmt, err := ConstructQueryStmt(&Product{})
    if err != nil {
        fmt.Println("construct query stmt for Product error:", err)
        return
    }
    fmt.Println(stmt)
```

```
    stmt, err = ConstructQueryStmt(Person{})
    if err != nil {
        fmt.Println("construct query stmt for Person error:", err)
        return
    }
    fmt.Println(stmt)
}
```

在这个例子中，传给 ConstructQueryStmt 函数的参数是结构体实例，得到的是该结构体对应的表的数据查询语句文本，我们采用了一种 ORM（Object Relational Mapping，对象关系映射）风格的实现。ConstructQueryStmt 通过反射获得传入的参数 obj 的类型信息，包括（导出）字段数量、字段名、字段标签值等，并根据这些类型信息生成 SQL 查询语句文本。如果结构体字段带有 orm 标签，该函数会使用标签值替代默认列名（字段名）。如果将 ConstructQueryStmt 包装成一个包的导出 API，那么它可以被放入任何 Go 应用中，并在运行时为传入的任意结构体类型实例生成对应的查询语句。

上述示例的运行结果如下：

```
$go run construct_sql_query_stmt.go
SELECT ID, Name, Price, left_count, batch_number, Updated FROM Product
SELECT ID, Name, Age, Gender, address, Updated FROM Person
```

Go 反射十分适合处理这一类问题，它们的典型特点包括：

❑ 输入参数的类型无法提前确定；

❑ 函数或方法的处理结果因传入参数（的类型信息和值信息）的不同而异。

如果没有反射机制，要在 Go 中优雅地解决此类问题几乎是不可能的。但 Go 语言之父 Rob Pike 在 2015 年的 Gopherfest 技术大会上却告诫大家："**反射并不是 Go 推荐的惯用法，建议大家谨慎使用。**"在绝大多数情况下，反射都不是为你提供的。反射在带来强大功能的同时，也是很多困扰你的问题的根源，比如：

❑ 反射让你的代码逻辑看起来不那么清晰，难于理解；

❑ 反射让你的代码运行得更慢；

❑ 在编译阶段，编译器无法检测到使用反射的代码中的问题（这种问题只能在 Go 程序运行时暴露出来，并且一旦暴露，很大可能会导致运行时的 panic）。

Rob Pike 还为 Go 反射的规范使用定义了三大法则，如果经过评估，你必须使用反射才能实现你要的功能特性，那么你在使用反射时需要牢记这三条法则。

❑ 反射世界的入口：经由接口（interface{}）类型变量值进入反射的世界并获得对应的反射对象（reflect.Value 或 reflect.Type）。

❑ 反射世界的出口：反射对象（reflect.Value）通过化身为一个接口（interface{}）类型变量值的形式走出反射世界。

❑ 修改反射对象的前提：反射对象对应的 reflect.Value 必须是可设置的（Settable）。

对于前两条法则，我们可以用图 59-1 来表示。

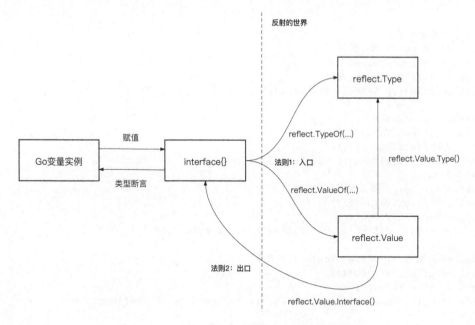

图 59-1　Go 变量与反射对象之间的转换关系

59.2　反射世界的入口

reflect.TypeOf 和 reflect.ValueOf 是进入反射世界**仅有的两扇"大门"**。通过 reflect.TypeOf 这扇"门"进入反射世界，你将得到一个 reflect.Type 对象，该对象中包含了被反射的 Go 变量实例的所有类型信息；而通过 reflect.ValueOf 这扇"门"进入反射世界，你将得到一个 reflect.Value 对象。Value 对象是反射世界的核心，不仅该对象中包含了被反射的 Go 变量实例的值信息，而且通过调用该对象的 Type 方法，我们还可以得到 Go 变量实例的类型信息，这与通过 reflect.TypeOf 获得类型信息是等价的：

```
// reflect.ValueOf().Type()等价于reflect.TypeOf()
var i int = 5
val := reflect.ValueOf(i)
typ := reflect.TypeOf(i)
fmt.Println(reflect.DeepEqual(typ, val.Type())) // true
```

反射世界入口可以获取 Go 变量实例的类型信息和值信息的关键在于，它们利用了 interface{} 类型的形式参数对传入的实际参数（Go 变量实例）的析构能力（可参考第 26 条）。两个入口函数分别将得到的值信息和类型信息存储在 reflect.Value 对象和 reflect.Type 对象中。

进入反射世界后，我们就可以通过 reflect.Value 实例和 reflect.Type 实例进行**值信息和类型信息的检视**。先来看看对 Go 的一些简单原生类型的检视结果：

```
// chapter9/sources/go-reflect/examine_value_and_type.go
```

```
// 简单原生类型
var b = true // 布尔型
val := reflect.ValueOf(b)
typ := reflect.TypeOf(b)
fmt.Println(typ.Name(), val.Bool()) // bool true

var i = 23 // 整型
val = reflect.ValueOf(i)
typ = reflect.TypeOf(i)
fmt.Println(typ.Name(), val.Int()) // int 23

var f = 3.14 // 浮点型
val = reflect.ValueOf(f)
typ = reflect.TypeOf(f)
fmt.Println(typ.Name(), val.Float()) // float64 3.14

var s = "hello, reflection" // 字符串
val = reflect.ValueOf(s)
typ = reflect.TypeOf(s)
fmt.Println(typ.Name(), val.String()) //string hello, reflection

var fn = func(a, b int) int { // 函数(一等公民)
    return a + b
}
val = reflect.ValueOf(fn)
typ = reflect.TypeOf(fn)
fmt.Println(typ.Kind(), typ.String()) // func func(int, int) int
```

reflect.Value 类型拥有很多方便我们进行值检视的方法，比如 Bool、Int、String 等，但显然这些方法并非对所有的变量类型都适用。比如：Bool 方法仅适用于对布尔型变量进行反射后得到的 Value 对象。一旦应用的方法与 Value 对象的值类型不匹配，我们将收到运行时 panic：

```
var i = 17
val := reflect.ValueOf(i)
fmt.Println(val.Bool()) // panic: reflect: call of reflect.Value.Bool on int Value
```

reflect.Type 是一个接口类型，它包含了很多用于检视类型信息的方法，而对于简单原生类型来说，通过 Name、String 或 Kind 方法就可以得到我们想要的类型名称或类型类别等信息。Name 方法返回有确定定义的类型的名字（不包括包名前缀），比如 int、string。对于上面的函数类型变量，Name 方法将返回空。我们可以通过 String 方法得到类型的描述字符串，比如上面的 func(int, int) int。String 方法返回的类型描述可能包含包名（一般使用短包名，即仅使用包导入路径的最后一段），比如 main.Person。Type 接口的 Kind 方法则返回**类型的特定类别**，比如下面的两个变量 pi 和 ps 虽然是不同类型的指针，但是它们的 Kind 值都是 ptr：

```
var pi = (*int)(nil)
var ps = (*string)(nil)
typ := reflect.TypeOf(pi)
fmt.Println(typ.Kind(), typ.String()) // ptr *int
```

```
typ = reflect.TypeOf(ps)
fmt.Println(typ.Kind(), typ.String()) // ptr *string
```

接下来看看对原生复合类型以及其他自定义类型的检视结果：

```
// chapter9/sources/go-reflect/examine_value_and_type.go

// 原生复合类型
var sl = []int{5, 6} // 切片
val = reflect.ValueOf(sl)
typ = reflect.TypeOf(sl)
fmt.Printf("[%d %d]\n", val.Index(0).Int(),
    val.Index(1).Int()) // [5, 6]
fmt.Println(typ.Kind(), typ.String()) // slice []int

var arr = [3]int{5, 6} // 数组
val = reflect.ValueOf(arr)
typ = reflect.TypeOf(arr)
fmt.Printf("[%d %d %d]\n", val.Index(0).Int(),
    val.Index(1).Int(), val.Index(2).Int()) // [5 6 0]
fmt.Println(typ.Kind(), typ.String()) // array [3]int

var m = map[string]int{ // map
    "tony": 1,
    "jim":  2,
    "john": 3,
}
val = reflect.ValueOf(m)
typ = reflect.TypeOf(m)
iter := val.MapRange()
fmt.Printf("{")
for iter.Next() {
    k := iter.Key()
    v := iter.Value()
    fmt.Printf("%s:%d,", k.String(), v.Int())
}
fmt.Printf("}\n")                        // {tony:1,jim:2,john:3,}
fmt.Println(typ.Kind(), typ.String()) // map map[string]int

type Person struct {
    Name string
    Age  int
}

var p = Person{"tony", 23} // 结构体
val = reflect.ValueOf(p)
typ = reflect.TypeOf(p)
fmt.Printf("{%s, %d}\n", val.Field(0).String(),
    val.Field(1).Int()) // {"tony", 23}

fmt.Println(typ.Kind(), typ.Name(), typ.String()) // struct Person main.Person

var ch = make(chan int, 1) // channel
```

```
val = reflect.ValueOf(ch)
typ = reflect.TypeOf(ch)
ch <- 17
v, ok := val.TryRecv()
if ok {
    fmt.Println(v.Int()) // 17
}
fmt.Println(typ.Kind(), typ.String()) // chan chan int

// 其他自定义类型
type MyInt int

var mi MyInt = 19
val = reflect.ValueOf(mi)
typ = reflect.TypeOf(mi)
fmt.Println(typ.Name(), typ.Kind(), typ.String(), val.Int()) // MyInt int main.MyInt 19
```

通过 Value 提供的 Index 方法，我们可以获取到切片及数组类型元素所对应的 Value 对象值（通过 Value 对象值我们可以得到其值信息）。通过 Value 的 MapRange、MapIndex 等方法，我们可以获取到 map 中的 key 和 value 对象所对应的 Value 对象值，有了 Value 对象，我们就可以像上面获取简单原生类型的值信息那样获得这些元素的值信息。对于结构体类型，Value 提供了 Field 系列方法。在上面的示例中，我们通过下标的方式（Field 方法）获取结构体字段所对应的 Value 对象，从而获取字段的值信息。

通过反射对象，我们还可以调用函数或对象的方法：

```
// chapter9/sources/go-reflect/call_func_and_method.go
...
func Add(i, j int) int {
    return i + j
}

type Calculator struct{}

func (c Calculator) Add(i, j int) int {
    return i + j
}

func main() {
    // 函数调用
    f := reflect.ValueOf(Add)
    var i = 5
    var j = 6
    vals := []reflect.Value{reflect.ValueOf(i), reflect.ValueOf(j)}
    ret := f.Call(vals)
    fmt.Println(ret[0].Int()) // 11

    // 方法调用
    c := reflect.ValueOf(Calculator{})
    m := c.MethodByName("Add")
    ret = m.Call(vals)
    fmt.Println(ret[0].Int()) // 11
}
```

我们看到通过函数类型变量或包含有方法的类型实例反射出的 Value 对象，可以通过其 Call 方法调用该函数或类型的方法。函数或方法的参数以 reflect.Value 类型切片的形式提供，函数或方法的返回值也以 reflect.Value 类型切片的形式返回。不过务必保证 Value 参数的类型信息与原函数或方法的参数的类型相匹配，否则会导致运行时 panic：

```
// chapter9/sources/go-reflect/call_func_and_method.go
var k float64 = 3.14
ret = m.Call([]reflect.Value{reflect.ValueOf(i),
    reflect.ValueOf(k)}) // panic: reflect: Call using float64 as type int
```

59.3　反射世界的出口

reflect.Value.Interface() 是 reflect.ValueOf() 的逆过程，通过 Interface 方法我们可以将 reflect.Value 对象恢复成一个 interface{} 类型的变量值。这个离开反射世界的过程实质是将 reflect.Value 中的类型信息和值信息重新打包成一个 interface{} 的内部表示。之后，我们就可以通过类型断言得到一个反射前的类型变量值：

```
// chapter9/sources/go-reflect/reflect_value_to_interface.go
...
func main() {
    var i = 5
    val := reflect.ValueOf(i)
    r := val.Interface().(int)
    fmt.Println(r) // 5
    r = 6
    fmt.Println(i, r) // 5 6

    val = reflect.ValueOf(&i)
    q := val.Interface().(*int)
    fmt.Printf("%p, %p, %d\n", &i, q, *q) // 0xc0000b4008, 0xc0000b4008, 5
    *q = 7
    fmt.Println(i) // 7
}
```

从上述例子中我们看到，通过 reflect.Value.Interface() 函数重建后得到的新变量（如例子中的 r）与原变量（如例子中的 i）是两个不同的变量，它们的唯一联系就是值相同。这样，如果我们反射的对象是一个指针（如例子中的 &i），那么我们通过 reflect.Value.Interface() 得到的新变量（如例子中的 q）也是一个指针，且它所指的内存地址与原指针变量相同。通过新指针变量对所指内存值的修改会反映到原变量上（变量 i 的值由 5 变为 7）。

59.4　输出参数、interface{} 类型变量及反射对象的可设置性

在学习传统编程语言（如 C 语言）的函数概念时，我们通常还会学习到输入参数和输出参数的概念，Go 语言也支持这些概念，比如下面的例子：

```go
func myFunc(in int, out *int) {
    in = 1
    *out = in + 10
}

func main() {
    var n = 17
    var m = 23
    fmt.Printf("n=%d, m=%d\n", n, m) // n=17, m=23
    myFunc(n, &m)
    fmt.Printf("n=%d, m=%d\n", n, m) // n=17, m=11
}
```

上例中 in 是输入参数，函数体内对 in 的修改不会影响到作为实参传入 myFunc 的变量 n，因为 Go 函数参数的传递是传值，即值复制；out 是输出参数，它的传递也是值复制，但这里复制的却是指针值，即作为实参 myFunc 的变量 m 的地址，这样函数体内通过解引用对 out 所指内存地址上的值的修改就会同步到变量 m。

对于以 interface{} 类型变量 i 作为形式参数的 reflect.ValueOf 和 reflect.TypeOf 函数来说，i 自身是被反射对象的"复制品"，就像上面函数的输入参数那样。而新创建的反射对象又复制了 i 中所包含的值信息，因此当被反射对象以值类型（T）传递给 reflect.ValueOf 时，在反射世界中对反射对象值信息的修改不会对被反射对象产生影响。Go 的设计者们认为这种修改毫无意义，并禁止了这种行为。一旦发生这种行为，将会导致运行时 panic：

```go
var i = 17
val := reflect.ValueOf(i)
val.SetInt(27) // panic: reflect: reflect.flag.mustBeAssignable using unaddressable value
```

reflect.Value 提供了 CanSet、CanAddr 及 CanInterface 等方法来帮助我们判断反射对象是否**可设置**（Settable）、**可寻址**、**可恢复**为一个 interface{} 类型变量。来看一个具体的例子：

```go
// chapter9/sources/go-reflect/reflect_value_settable.go
...
type Person struct {
    Name string
    age  int
}

func main() {
    var n = 17
    fmt.Println("int:")
    val := reflect.ValueOf(n)
    fmt.Printf("Settable = %v, CanAddr = %v, CanInterface = %v\n",
        val.CanSet(), val.CanAddr(), val.CanInterface()) // false false true

    fmt.Println("\n*int:")
    val = reflect.ValueOf(&n)
    fmt.Printf("Settable = %v, CanAddr = %v, CanInterface = %v\n",
        val.CanSet(), val.CanAddr(), val.CanInterface()) // false false true
    val = reflect.ValueOf(&n).Elem()
```

```
    fmt.Printf("Settable = %v, CanAddr = %v, CanInterface = %v\n",
        val.CanSet(), val.CanAddr(), val.CanInterface()) // true true true

fmt.Println("\nslice:")
var sl = []int{5, 6, 7}
val = reflect.ValueOf(sl)
fmt.Printf("Settable = %v, CanAddr = %v, CanInterface = %v\n",
    val.CanSet(), val.CanAddr(), val.CanInterface()) // false false true
val = val.Index(0)
fmt.Printf("Settable = %v, CanAddr = %v, CanInterface = %v\n",
    val.CanSet(), val.CanAddr(), val.CanInterface()) // true true true

fmt.Println("\narray:")
var arr = [3]int{5, 6, 7}
val = reflect.ValueOf(arr)
fmt.Printf("Settable = %v, CanAddr = %v, CanInterface = %v\n",
    val.CanSet(), val.CanAddr(), val.CanInterface()) // false false true
val = val.Index(0)
fmt.Printf("Settable = %v, CanAddr = %v, CanInterface = %v\n",
    val.CanSet(), val.CanAddr(), val.CanInterface()) // false false true

fmt.Println("\nptr to array:")
var pArr = &[3]int{5, 6, 7}
val = reflect.ValueOf(pArr)
fmt.Printf("Settable = %v, CanAddr = %v, CanInterface = %v\n",
    val.CanSet(), val.CanAddr(), val.CanInterface()) // false false true
val = val.Elem()
fmt.Printf("Settable = %v, CanAddr = %v, CanInterface = %v\n",
    val.CanSet(), val.CanAddr(), val.CanInterface()) // true true true
val = val.Index(0)
fmt.Printf("Settable = %v, CanAddr = %v, CanInterface = %v\n",
    val.CanSet(), val.CanAddr(), val.CanInterface()) // true true true

fmt.Println("\nstruct:")
p := Person{"tony", 33}
val = reflect.ValueOf(p)
fmt.Printf("Settable = %v, CanAddr = %v, CanInterface = %v\n",
    val.CanSet(), val.CanAddr(), val.CanInterface()) // false false true
val1 := val.Field(0) // Name
fmt.Printf("Settable = %v, CanAddr = %v, CanInterface = %v\n",
    val1.CanSet(), val1.CanAddr(), val1.CanInterface()) // false false true
val2 := val.Field(1) // age
fmt.Printf("Settable = %v, CanAddr = %v, CanInterface = %v\n",
    val2.CanSet(), val2.CanAddr(), val2.CanInterface()) // false false false

fmt.Println("\nptr to struct:")
pp := &Person{"tony", 33}
val = reflect.ValueOf(pp)
fmt.Printf("Settable = %v, CanAddr = %v, CanInterface = %v\n",
    val.CanSet(), val.CanAddr(), val.CanInterface()) // false false true
val = val.Elem()
fmt.Printf("Settable = %v, CanAddr = %v, CanInterface = %v\n",
```

```
        val.CanSet(), val.CanAddr(), val.CanInterface()) // true true true
    val1 = val.Field(0) // Name
    fmt.Printf("Settable = %v, CanAddr = %v, CanInterface = %v\n",
        val1.CanSet(), val1.CanAddr(), val1.CanInterface()) // true true true
    val2 = val.Field(1) // age
    fmt.Printf("Settable = %v, CanAddr = %v, CanInterface = %v\n",
        val2.CanSet(), val2.CanAddr(), val2.CanInterface()) // false true false

    fmt.Println("\ninterface:")
    var i interface{} = &Person{"tony", 33}
    val = reflect.ValueOf(i)
    fmt.Printf("Settable = %v, CanAddr = %v, CanInterface = %v\n",
        val.CanSet(), val.CanAddr(), val.CanInterface()) // false false true
    val = val.Elem()
    fmt.Printf("Settable = %v, CanAddr = %v, CanInterface = %v\n",
        val.CanSet(), val.CanAddr(), val.CanInterface()) // true true true

    fmt.Println("\nmap:")
    var m = map[string]int{
        "tony": 23,
        "jim":  34,
    }
    val = reflect.ValueOf(m)
    fmt.Printf("Settable = %v, CanAddr = %v, CanInterface = %v\n",
        val.CanSet(), val.CanAddr(), val.CanInterface()) // false false true

    val.SetMapIndex(reflect.ValueOf("tony"), reflect.ValueOf(12))
    fmt.Println(m) // map[jim:34 tony:12]
}
```

从上述例子中我们可以看到以下几点。

❑ 当被反射对象以值类型（T）传递给 reflect.ValueOf 时，所得到的反射对象（Value）是不可设置和不可寻址的。

❑ 当被反射对象以指针类型（*T 或 &T）传递给 reflect.ValueOf 时，通过 reflect.Value 的 Elem 方法可以得到代表该指针所指内存对象的 Value 反射对象。而这个反射对象是**可设置和可寻址的**，对其进行修改（比如利用 Value 的 SetInt 方法）将会像函数的输出参数那样直接修改被反射对象所指向的内存空间的值。

❑ 当传入结构体或数组指针时，通过 Field 或 Index 方法得到的代表结构体字段或数组元素的 Value 反射对象也是**可设置和可寻址的**。如果结构体中某个字段是非导出字段，则该字段是**可寻址但不可设置的**（比如上面例子中的 age 字段）。

❑ 当被反射对象的静态类型是接口类型时（就像上面的 interface{} 类型变量 i），该被反射对象的动态类型决定了其进入反射世界后的可设置性。如果动态类型为 *T 或 &T 时，就像上面传给变量 i 的是 &Person{}，那么通过 Elem 方法获得的反射对象就是**可设置和可寻址的**。

❑ map 类型被反射对象比较特殊，它的 key 和 value 都是不可寻址和不可设置的。但我们可以通过 Value 提供的 SetMapIndex 方法对 map 反射对象进行修改，这种修改会同步到被反射的 map 变量中。

小结

reflect 包所提供的 Go 反射能力是一把"双刃剑"，它既可以被用于优雅地解决一类特定的问题，但也会带来逻辑不清晰、性能问题以及难于发现问题和调试等困惑。因此，我们应**谨慎使用这种能力**，在做出使用的决定之前，认真评估反射是不是问题的唯一解决方案；在确定要使用反射能力后，也要遵循上述三个反射法则的要求。

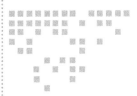

第 60 条

了解 cgo 的原理和使用开销

Go 语言有很强的 C 语言背景，除了语法具有继承性外，其设计者及设计目标都与 C 语言有着千丝万缕的联系。在 Go 语言与 C 语言的互操作（Interoperability）方面，Go 更是提供了强大的支持，尤其是在 Go 中使用 C 语言，你甚至可以直接在 Go 源文件中编写 C 代码，而实现这种互操作的技术是 cgo。

在如下一些场景中，我们很大可能甚至是不可避免地会使用到 cgo 来实现 Go 与 C 的互操作。

❑ 为了提升局部代码性能，用 C 代码替换一些 Go 代码。在性能方面，C 代码之于 Go 就好比汇编代码之于 C。

❑ 对 Go 内存 GC 的延迟敏感，需要自己手动进行内存管理（分配和释放）；

❑ 为一些 C 语言专有的且没有 Go 替代品的库制作 Go 绑定（binding）或包装。比如：Oracle 提供了 C 版本 OCI 库（Oracle Call Interface），但并未提供 Go 版本的 OCI 库以及连接数据库的协议细节，因此我们只能通过包装 C 语言的 OCI 版本与 Oracle 数据库通信。类似的情况还有一些图形驱动程序以及图形化的窗口系统接口（如 OpenGL 库等）。

❑ 与遗留的且很难重写或替换的 C 代码进行交互。

使用 cgo 是需要付出一定成本的，且其复杂性高，难以驾驭。我们先来了解一下 cgo 的原理和使用方法。

60.1　Go 调用 C 代码的原理

下面是一个典型的采用了 cgo 的 Go 代码示例：

```
// chapter9/sources/go-cgo/how_cgo_works.go
package main

// #include <stdio.h>
// #include <stdlib.h>
//
// void print(char *str) {
//     printf("%s\n", str);
// }
import "C"

import "unsafe"

func main() {
    s := "Hello, Cgo"
    cs := C.CString(s)
    defer C.free(unsafe.Pointer(cs))
    C.print(cs) // Hello, Cgo
}
```

与常规的 Go 代码相比，上述代码有几处特殊的地方：

❑ C 代码直接出现在 Go 源文件中，只是都以注释的形式存在；

❑ 紧邻注释了的 C 代码块之后（**中间没有空行**），我们导入了一个名为 C 的包，

❑ 在 main 函数中通过 C 这个包调用了 C 代码中定义的函数 print。

这就是在 Go 源码中调用 C 代码的语法。首先，Go 源码文件中的 C 代码是需要用注释包裹的，就像上面的 include 头文件以及 print 函数定义那样。其次，import "C" 这行语句是必须有的，而且其与上面的 C 代码之间不能用空行分隔，必须紧密相连。这里的 "C" 不是包名，而是一种类似名字空间的概念，也可以理解为**伪包名**，C 语言所有语法元素均在该伪包下面。最后，访问 C 语法元素时都要在其前面加上伪包 C 的前缀，比如 C.uint 和上面代码中的 C.print、C.free 等。

如何编译这个带有 C 代码的 Go 源文件呢？其实与常规的 Go 源文件没什么区别，依旧可以直接通过 go build 或 go run 来编译和执行。可以通过 go build -x -v 输出带有 cgo 代码的 Go 源文件的构建细节：

```
$go build -x -v  how_cgo_works.go
...
```

鉴于构建过程输出的内容很多，我们用图 60-1 来描绘一下构建的总体脉络。

我们看到在实际编译过程中，go build 调用了名为 cgo 的工具，cgo 会识别和读取 Go 源文件（how_cgo_works.go）中的 C 代码，并将其提取后交给外部的 C 编译器（clang 或 gcc）编译，最后与 Go 源码编译后的目标文件链接成一个可执行程序。这样我们就不难理解为何 Go 源文件中的 C 代码要用注释包裹并放在 C 这个伪包下面了，这些特殊的语法都是可以被 cgo 识别并使用的。

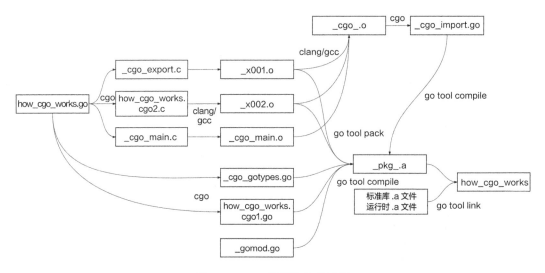

图 60-1　cgo 程序的构建过程

60.2　在 Go 中使用 C 语言的类型

1. 原生类型

（1）数值类型

在 Go 中可以用如下方式访问 C 原生的数值类型：

```
C.char,
C.schar (signed char),
C.uchar (unsigned char),
C.short,
C.ushort (unsigned short),
C.int, C.uint (unsigned int),
C.long,
C.ulong (unsigned long),
C.longlong (long long),
C.ulonglong (unsigned long long),
C.float,
C.double
```

Go 的数值类型与 C 中的数值类型不是一一对应的，因此在使用对方类型变量时少不了显式类型转换操作，如 Go 官方博客上的一篇文章（https://blog.golang.org/cgo）中的这个例子：

```
// #include <stdlib.h>
import "C"

func Random() int {
    return int(C.random())      // C.long -> Go的int
}
```

```
func Seed(i int) {
    C.srandom(C.uint(i))         // Go的uint -> C的uint
}
...
```

（2）指针类型

原生数值类型的指针类型可按 Go 语法在类型前面加上星号 *，比如 var p *C.int。但 void* 比较特殊，在 Go 中用 unsafe.Pointer 表示它，这是因为任何类型的指针值都可以转换为 unsafe. Pointer 类型，而 unsafe.Pointer 类型也可以转换回任意类型的指针类型。

（3）字符串类型

C 语言中并不存在原生的字符串类型，在 C 中用带结尾 '\0' 的字符数组来表示字符串；而在 Go 中，string 类型是语言的原生类型，因此这两种语言的互操作势必要进行字符串类型的转换。

通过 C.CString 函数，我们可以将 Go 的 string 类型转换为 C 的"字符串"类型后再传给 C 函数使用。就如我们在 60.1 节的例子中使用的那样：

```
s := "Hello, Cgo\n"
cs := C.CString(s)
C.print(cs)
```

不过这个转型相当于在 C 语言世界的堆上分配一块新内存空间，这样转型后所得到的 C 字符串 cs 并不能由 Go 的 GC（垃圾回收器）管理，我们必须在使用后手动释放 cs 所占用的内存，这就是例子中通过 defer 调用 C.free 释放掉 cs 的原因。再次强调，对于**在 C 内部分配的内存，Go 中的 GC 是无法感知到的，因此要记着在使用后手动释放**。

通过 C.GoString 可将 C 的字符串（*C.char）转换为 Go 的 string 类型，例如：

```
// #include <stdio.h>
// #include <stdlib.h>
// char *foo = "hellofoo";
import "C"

import "fmt"

func main() {
    ...
    fmt.Printf("%T\n", C.GoString(C.foo)) // string
}
```

这相当于在 Go 世界重新分配一块内存对象，并复制了 C 的字符串（foo）的信息，后续这个位于 Go 世界的新的 string 类型对象将和其他 Go 对象一样接受 GC 的管理。

（4）数组类型

C 语言中的数组与 Go 语言中的数组差异较大，后者是原生的值类型，而前者与 C 中的指针在大部分场合可以随意转换。Go 仅提供了 C.GoBytes 来将 C 中的 char 类型数组转换为 Go 中的 []byte 切片类型：

```
// go-cgo/c_char_array_to_go_byte_slice.go
```

```
package main

// char cArray[] = {'a', 'b', 'c', 'd', 'e', 'f', 'g'};
import "C"
import (
    "fmt"
    "unsafe"
)

func main() {
    goArray := C.GoBytes(unsafe.Pointer(&C.cArray[0]), 7)
    fmt.Printf("%c\n", goArray) // [a b c d e f g]
}
```

而对于其他类型的 C 数组，目前似乎无法直接显式地在两者之间进行类型转换。我们可以通过特定转换函数来将 C 的特定类型数组转换为 Go 的切片类型（Go 中数组是值类型，其大小是静态的，转换为切片更为通用）。下面是一个将 C 整型数组转换为 Go[]int32 切片类型的例子：

```
// chapter9/sources/go-cgo/c_array_to_go_slice.go
package main

// int cArray[] = {1, 2, 3, 4, 5, 6, 7};
import "C"
import (
    "fmt"
    "unsafe"
)

func CArrayToGoArray(cArray unsafe.Pointer, elemSize uintptr, len int) (goArray []
    int32) {
    for i := 0; i < len; i++ {
        j := *(*int32)((unsafe.Pointer)(uintptr(cArray) + uintptr(i)*elemSize))
        goArray = append(goArray, j)
    }
    return
}

func main() {
    goArray := CArrayToGoArray(unsafe.Pointer(&C.cArray[0]),
        unsafe.Sizeof(C.cArray[0]), 7)
    fmt.Println(goArray) // [1 2 3 4 5 6 7]
}
```

这里要注意的是，Go 编译器并不能将 C 的 cArray 自动转换为数组的地址，所以不能像在 C 中使用数组那样将数组变量直接传递给函数，而是将数组第一个元素的地址传递给函数。

2. 自定义类型

除了原生类型外，我们还可以访问 C 代码中的自定义类型。

（1）枚举（enum）

```
// chapter9/sources/go-cgo/c_enum.go
```

```
package main

// enum color {
//     RED,
//     BLUE,
//     YELLOW
// };
import "C"
import "fmt"

func main() {
    var e, f, g C.enum_color = C.RED, C.BLUE, C.YELLOW
    fmt.Println(e, f, g) // 0 1 2
}
```

对于具名的 C 枚举类型 xx，我们可以通过 C.enum_xx 来访问该类型；如果是匿名枚举，则只能访问其字段了。

（2）结构体（struct）

和访问枚举的方式类似，我们可以通过 C.struct_xx 来访问 C 中定义的结构体类型 xx：

```
// chapter9/sources/go-cgo/c_struct.go
package main

// #include <stdlib.h>
//
// struct employee {
//     char *id;
//     int   age;
// };
import "C"

import (
    "fmt"
    "unsafe"
)

func main() {
    id := C.CString("1247")
    defer C.free(unsafe.Pointer(id))

    var p = C.struct_employee{
        id:  id,
        age: 21,
    }
    fmt.Printf("%#v\n", p) // main._Ctype_struct_employee{id:(*main._Ctype_char)
        (0x9800020), age:21, _:[4]uint8{0x0, 0x0, 0x0, 0x0}}
}
```

（3）联合体（union）

下面我们尝试用与访问 C 的 struct 类型相同的方法来访问一个 C 的 union 类型：

```
// chapter9/sources/go-cgo/c_union_1.go
package main

// #include <stdio.h>
// union bar {
//     char   c;
//     int    i;
//     double d;
// };
import "C"
import "fmt"

func main() {
    var b *C.union_bar = new(C.union_bar)
    b.c = 4
    fmt.Println(b)
}
```

但在编译时，Go 却报了如下错误：

```
$go run c_union_1.go
# command-line-arguments
./c_union_1.go:14:3: b.c undefined (type *[8]byte has no field or method c)
```

从报错的信息来看，Go 对待 C 的 union 类型与其他类型不同，Go 将 union 类型看成 [N] byte，其中 N 为 union 类型中最长字段的大小（圆整后的）：

```
// chapter9/sources/go-cgo/c_union_2.go
func main() {
    var b *C.union_bar = new(C.union_bar)
    b[0] = 4
    fmt.Println(b) // &[4 0 0 0 0 0 0 0]
}
```

（4）别名类型（typedef）

在 Go 中访问 C 中使用 typedef 定义的别名类型时，其访问方式与原类型的访问方式相同：

```
// typedef int myint;
var a C.myint = 5
fmt.Println(a)

// typedef struct employee myemployee;
var m C.struct_myemployee
```

从例子中可以看出，对原生类型的别名，直接访问这个新类型名即可。而对于复合类型的别名，需要根据原复合类型的访问方式对新别名进行访问，比如 myemployee 的实际类型为 struct，那么使用 myemployee 时也要加上 struct_ 前缀。

3. Go 中获取 C 类型大小

为了方便获得 C 世界中的类型的大小，Go 提供了 C.sizeof_T 来获取 C.T 类型的大小。如果是结构体、枚举及联合体类型，我们需要在 T 前面分别加上 struct_、enum_ 和 union_ 的前缀，就像下面例子中这样：

```
// chapter9/sources/go-cgo/c_type_size.go
package main

// struct employee {
//     char *id;
//     int  age;
// };
import "C"

import (
    "fmt"
)

func main() {
    fmt.Printf("%#v\n", C.sizeof_int)              // 4
    fmt.Printf("%#v\n", C.sizeof_char)             // 1
    fmt.Printf("%#v\n", C.sizeof_struct_employee)  // 16
}
```

60.3　在 Go 中链接外部 C 库

上面的例子演示了在 Go 中是如何访问 C 的类型、变量和函数的，一般就是加上 C 前缀即可，对于 C 标准库中的函数尤其是这样。不过虽然我们可以在 Go 源码文件中直接定义 C 类型、变量和 C 函数，但从代码结构上来讲，在 Go 源文件中大量编写 C 代码并不是 Go 推荐的惯用法。那么如何将 C 函数和变量定义从 Go 源码中分离出去单独定义呢？我们很容易想到将 C 的代码以共享库的形式提供给 Go 源码。

Go 提供了 #cgo 指示符，可以用它指定 Go 源码在编译后与哪些共享库进行链接。我们来看一下例子：

```
// go-cgo/foo.go
package main

// #cgo CFLAGS: -I${SRCDIR}
// #cgo LDFLAGS: -L${SRCDIR} -lfoo
// #include <stdio.h>
// #include <stdlib.h>
// #include "foo.h"
import "C"
import "fmt"

func main() {
    fmt.Println(C.count)
    C.foo()
}
```

我们看到在上面的例子中，通过 #cgo 指示符告诉 Go 编译器在当前源码目录（${SRCDIR}

会在编译过程中自动转换为当前源码所在目录的绝对路径）下查找头文件 foo.h，并链接当前源码目录下的 libfoo 共享库。C.count 变量和 C.foo 函数的定义都在 libfoo 共享库中。我们来创建这个共享库：

```
// chapter9/sources/go-cgo/foo.h

extern int count;
void foo();

// chapter9/sources/go-cgo/foo.c

#include "foo.h"

int count = 6;
void foo() {
    printf("I am foo!\n");
}

$gcc -c foo.c
$ar rv libfoo.a foo.o
```

我们用 ar 工具成功创建了一个静态共享库文件 libfoo.a。接下来构建并运行 foo.go：

```
$go build foo.go
$./foo
6
I am foo!
```

我们看到 foo.go 成功链接到 libfoo.a 并生成最终的二进制文件 foo。

Go 同样支持链接动态共享库，我们用下面的命令将上面的 foo.c 编译为一个动态共享库：

```
$gcc -c foo.c
//$gcc -shared -Wl,-soname,libfoo.so -o libfoo.so  foo.o (在linux上)
$gcc -shared -o libfoo.so  foo.o
```

重新编译 foo.go，并查看（在 Linux 上可以使用 ldd，在 macOS 上使用 otool）重新生成的二进制文件 foo 的动态共享库依赖情况：

```
$> go build foo.go
$otool -L foo
foo:
    libfoo.so (compatibility version 0.0.0, current version 0.0.0)
    /usr/lib/libSystem.B.dylib (compatibility version 1.0.0, current version
    1252.250.1)
```

有一点值得注意的是，Go 支持多返回值，而 C 并不支持，因此当将 C 函数用在多返回值的 Go 调用中时，C 的 errno 将作为函数返回值列表中最后那个 error 返回值返回。下面是个例子：

```
// chapter9/sources/go-cgo/c_errno.go

package main
```

```
// #include <stdlib.h>
// #include <stdio.h>
// #include <errno.h>
// int foo(int i) {
//     errno = 0;
//     if (i > 5) {
//         errno = 8;
//         return i - 5;
//     } else {
//         return i;
//     }
//}
import "C"
import "fmt"

func main() {
    i, err := C.foo(C.int(8))
    if err != nil {
        fmt.Println(err)
    } else {
        fmt.Println(i)
    }
}
```

运行这个例子：

```
$go run c_errno.go
exec format error
```

exec format error 就是 errno 为 8 时的错误描述信息。我们可以在 C 运行时库的 errno.h 中找到 errno=8 与这段描述信息的联系：

```
#define ENOEXEC     8  /* Exec format error */
```

60.4　在 C 中使用 Go 函数

在 C 中使用 Go 函数的场合极少。在 Go 中，可以使用 export + 函数名来导出 Go 函数为 C 所用。目前 Go 的导出函数供 C 使用的功能还十分有限，两种语言的调用约定不同，类型无法一一对应，Go 中类似垃圾回收这样的高级功能让导出 Go 函数这一特性难于完美实现，导出的函数依旧无法完全脱离 Go 的环境，因此其实用性大打折扣。

60.5　使用 cgo 的开销

通过上面的学习，我们了解到 cgo 让我们可以在 Go 代码中使用 C 中的类型、变量和函数。但 Go 的这种经由 cgo 与 C 代码互操作的行为不是无成本的，在本节中我们就来看看使用 cgo 有哪些开销。

1. 不能忽视的调用开销

通过上述了解，在 Go 代码中调用 C 函数看起来似乎很平滑，但实际上这种调用的开销要比调用 Go 函数多出一个甚至多个**数量级**。我们使用 Go 自带的性能基准测试来定量看看这种开销：

```
// chapter9/sources/go-cgo/cgo-perf/cgo_call.go
package main

//
// void foo() {
// }
//
import "C"

func CallCFunc() {
    C.foo()
}

func foo() {
}

func CallGoFunc() {
    foo()
}

// chapter9/sources/go-cgo/cgo-perf/cgo_call_test.go

func BenchmarkCGO(b *testing.B) {
    for i := 0; i < b.N; i++ {
        CallCFunc()
    }
}

func BenchmarkGo(b *testing.B) {
    for i := 0; i < b.N; i++ {
        CallGoFunc()
    }
}
```

运行这个基准测试，注意务必通过 -gcflags '-l' 关闭内联优化，这样才能得到公平的测试结果：

```
$go test -bench . -gcflags '-l'
goos: darwin
goarch: amd64
pkg: go-cgo/cgo-perf
BenchmarkCGO-8    21359138         56.5 ns/op
BenchmarkGo-8     509841430         2.37 ns/op
PASS
ok        go-cgo/cgo-perf         2.716s
```

通过结果我们看到：在这个例子中，通过 cgo 调用 C 函数付出的开销是调用 Go 函数的将近 30 倍。因此如果一定要使用 cgo，一个不错的方案是将代码尽量下推到 C 中以减少语言间交互调用的次数，从而降低平均调用开销。

注意，import "C" 不支持放在 xx_test.go 文件中。

2. 增加线程数量暴涨的可能性

Go 以轻量级 goroutine 应对高并发而闻名，goroutine 和内核线程之间通过多路复用方式对应，这样通常 Go 应用会启动很多 goroutine，但创建的线程数量是有限的。下面的例子可以印证这一点：

```go
// chapter9/sources/go-cgo/go_sleep.go

func goSleep() {
    time.Sleep(time.Second * 1000)
}

func main() {
    var wg sync.WaitGroup
    wg.Add(100)
    for i := 0; i < 100; i++ {
        go func() {
            goSleep()
            wg.Done()
        }()
    }
    wg.Wait()
}
```

我们在主 goroutine 之外还创建 100 个 goroutine，每个 goroutine 都睡眠 1000 秒。编译运行这个程序后，查看一下该进程中当前存在的线程数量：

```
// 以下在Ubuntu 18.04下执行（Go 1.14）

$go build go_sleep.go
$./go_sleep

// 另一个命令窗口输入
$ps -ef|grep go_sleep
root      15829 10033  0 10:15 pts/0    00:00:00 ./go_sleep

$cat /proc/15829/status|grep -i thread
Threads:    3
```

我们看到虽然额外启动了 100 个 goroutine，但进程使用的线程数仅为 3。这是因为 Go 优化了一些原本会导致线程阻塞的系统调用，比如上面的 Sleep 及部分网络 I/O 操作，通过运行时调度在不创建新线程的情况下依旧能达到同样的效果。

但是 Go 调度器无法掌控 C 世界，如果将上面的 Sleep 换成 C 空间内的 sleep 函数调用，那么结果会是什么呢？我们来改编一下上面的程序，让 goroutine 调用 C 空间的 sleep 函数：

```go
// chapter9/sources/go-cgo/cgo_sleep.go
package main
```

```go
//#include <unistd.h>
//void cgoSleep() { sleep(1000); }
import "C"
import (
    "sync"
)

func cgoSleep() {
    C.cgoSleep()
}

func main() {
    var wg sync.WaitGroup
    wg.Add(100)
    for i := 0; i < 100; i++ {
        go func() {
            cgoSleep()
            wg.Done()
        }()
    }

    wg.Wait()
}
```

编译运行这一改为调用 C 代码的示例程序：

```
$go build cgo_sleep.go
$./cgo_sleep

// 另一个命令窗口输入
$ps -ef|grep cgo_sleep
root     15939 10033  0 10:17 pts/0    00:00:00 ./cgo_sleep
$cat /proc/15939/status|grep -i thread
Threads:    103
```

新创建的 goroutine 得到调度后，会执行 C 空间的 sleep 函数进入睡眠状态，执行这段代码的线程（M）也随之挂起，这之后 Go 运行时调度代码只能创建新的线程以供其他没有绑定 M 的 P 上的 goroutine 使用（关于 P、M 的概念参考第 32 条），于是 100 个新线程被创建了出来。

虽然这是一种比较极端的情况，但在日常开发中，我们很容易在 C 空间中写出导致线程阻塞的 C 代码，这会使得 Go 应用进程内线程数量暴涨的可能性大增，这与 Go 承诺的轻量级并发有背离。

3. 失去跨平台交叉构建能力

Go 有很多优点，比如简单、原生支持并发等，而不错的可移植性是 Go 被广大程序员接纳的重要因素之一。

在 Go 1.7 及以后版本中，我们可以通过下面的命令查看 Go 支持的操作系统和平台列表（这里使用 Go 1.14）：

```
$go tool dist list
aix/ppc64
android/386
android/amd64
android/arm
android/arm64
...
js/wasm
linux/amd64
linux/arm
linux/arm64
...
linux/s390x
...
windows/386
windows/amd64
windows/arm
```

随着支持的操作系统和平台的日益增多，Go 还为 Gopher 提供了主流编程语言中最好的跨平台交叉编译能力。尤其是在 Go 1.5 及以后版本中，使用 Go 进行跨平台交叉编译是极其简单的，我们仅需指定目标平台的操作系统类型（GOOS）和处理器架构类型（GOARCH）即可，就像下面的例子这样：

```
// 在macOS/amd64上
$GOOS=linux GOARCH=amd64 go build go_sleep.go
```

但这种跨平台编译能力仅限于纯 Go 代码。如果我们跨平台编译使用了 cgo 技术的 Go 源文件，我们将得到如下结果：

```
$GOOS=linux GOARCH=amd64 go build cgo_sleep.go
go: no Go source files
```

当 Go 编译器执行跨平台编译时，它会将 CGO_ENABLED 置为 0，即关闭 cgo，这也是上面找不到 cgo_sleep.go 的原因。下面我们显式开启 cgo 并再来跨平台编译一下上面的 cgo_sleep.go 文件：

```
$CGO_ENABLED=1 GOOS=linux GOARCH=amd64 go build ./cgo_sleep.go
# command-line-arguments
$GOROOT/pkg/tool/darwin_amd64/link: running clang failed: exit status 1
ld: warning: ignoring file /var/folders/cz/sbj5kg2d3m3c6j650z0qfm800000gn/T/
    go-link-231346986/go.o, file was built for unsupported file format ( 0x7F
    0x45 0x4C 0x46 0x02 0x01 0x01 0x00 0x00 0x00 0x00 0x00 0x00 0x00 0x00 0x00
    ) which is not the architecture being linked (x86_64): /var/folders/cz/
    sbj5kg2d3m3c6j650z0qfm800000gn/T/go-link-231346986/go.o
Undefined symbols for architecture x86_64:
  "_main", referenced from:
     implicit entry/start for main executable
ld: symbol(s) not found for architecture x86_64
clang: error: linker command failed with exit code 1 (use -v to see invocation)
```

显然，即便显式开启 cgo，cgo 调用的 macOS 上的外部链接器 clang 也会因无法识别目标平台的目标文件格式而报错，macOS 上的 clang 默认并不具备跨平台编译 Linux 应用的能力。

注：上述跨平台构建的错误输出信息可能因 Go 和 macOS 版本不同而异。

4. 其他开销

前面提到过，**Go 代码与 C 代码分别位于两个世界**，中间竖立了高大的屏障，任何一方都无法轻易跨过，这让它们无法很好地利用对方的优势。

首先是内存管理，Go 世界采用垃圾回收机制，而 C 世界采用手工内存管理，开发人员在 GC 与 "记着释放内存" 的规则间切换，极易产生 bug，给开发人员带来很大心智负担。

Go 所拥有的强大工具链在 C 代码面前无处施展，Go 的竞态检测工具、性能剖析工具、测试覆盖率工具、模糊测试以及源码竞态分析工具再怎么强大，也无法跨越 Go 与 C 之间的这个屏障。

Go 工具无法轻易访问 C 世界代码，这使得代码调试更加困难。辅助调试的运行时信息、行号、堆栈跟踪等信息一旦跨越屏障便消失得无影无踪。

60.6 使用 cgo 代码的静态构建

所谓**静态构建**就是指构建后的应用运行所需的所有符号、指令和数据都包含在自身的二进制文件当中，没有任何对外部动态共享库的依赖。静态构建出的二进制文件由于包含所有符号、指令和数据，因而通常要比非静态构建的应用大许多。默认情况下，Go 没有采用静态构建。我们来看一个 Go 实现的文件服务器在默认情况下构建的例子：

```
// chapter9/sources/go-cgo/server.go

func main() {
    cwd, err := os.Getwd()
    if err != nil {
        log.Fatal(err)
    }

    srv := &http.Server{
        Addr:    ":8000",
        Handler: http.FileServer(http.Dir(cwd)),
    }
    log.Fatal(srv.ListenAndServe())
}
```

在 Linux 下（Ubuntu 18.04，Go 1.14）使用默认条件构建该文件服务器：

```
$go build -o server_default server.go
$ldd server_default
    linux-vdso.so.1 (0x00007ffde17ef000)
    libpthread.so.0 => /lib/x86_64-linux-gnu/libpthread.so.0 (0x00007f721b0f4000)
    libc.so.6 => /lib/x86_64-linux-gnu/libc.so.6 (0x00007f721ad03000)
    /lib64/ld-linux-x86-64.so.2 (0x00007f721b313000)
```

默认构建出的 Go 应用有多个对外部动态共享库的依赖，这些依赖是怎么产生的呢？Go 应用由用户 Go 代码和 Go 标准库 / 运行时库组成，在这个程序中我们只能从标准库着手查找产生对外依赖的源头。

默认情况下，Go 的运行时环境变量 CGO_ENABLED=1（通过 go env 命令可以查看），即默认开启 cgo，允许你在 Go 代码中调用 C 代码。Go 的预编译标准库的 .a 文件也是在这种情况下编译出来的。在 $GOROOT/pkg/linux_amd64 中，我们遍历所有预编译好的标准库 .a 文件，并用 nm 输出每个 .a 文件中的未定义符号（状态为 U），我们看到下面一些包是对外部有依赖的（动态链接）：

```
=> net.a
    U _cgo_topofstack
    U __errno_location
    U getnameinfo
    U _GLOBAL_OFFSET_TABLE_
    U _cgo_topofstack
    U __errno_location
    U freeaddrinfo
    U gai_strerror
    U getaddrinfo
    U _GLOBAL_OFFSET_TABLE_

=> os/user.a
    U _GLOBAL_OFFSET_TABLE_
    U malloc
    U _cgo_topofstack
    U free
    U getgrgid_r
    U getgrnam_r
    U getpwnam_r
    U getpwuid_r
    U _GLOBAL_OFFSET_TABLE_
    U realloc
    U sysconf
    U _cgo_topofstack
    U getgrouplist
    U _GLOBAL_OFFSET_TABLE_
...
```

以 os/user 为例，在 CGO_ENABLED=1，即 cgo 开启的情况下，os/user 包中的 lookup-UserXXX 系列函数采用了 cgo 版本的实现。我们看到 $GOROOT/src/os/user/cgo_lookup_unix.go 源文件中的 build tag 中包含了 +build cgo 的构建指示器。这样在 CGO_ENABLED=1 的情况下该文件才会被编译，该文件中的 cgo 版本实现的 lookupUser 将被使用：

```
// $GOROOT/src/os/user/cgo_lookup_unix.go (Go 1.14)

// +build aix darwin dragonfly freebsd !android,linux netbsd openbsd solaris
// +build cgo,!osusergo
```

```
package user
...
func lookupUser(username string) (*User, error) {
    var pwd C.struct_passwd
    var result *C.struct_passwd
    nameC := C.CString(username)
    defer C.free(unsafe.Pointer(nameC))
    ...
}
```

这样一来，凡是依赖上述包的 Go 代码最终编译的可执行文件都要有外部依赖，这就是默认情况下编译出的 server_default 有外部依赖的原因（server_default 至少依赖 net.a）。

这些 cgo 版本实现都有对应的 Go 版本实现。还是以 user 包为例，user 包的 lookupUser 函数的 Go 版本实现如下：

```
// $GOROOT/src/os/user/lookup_unix.go (Go 1.14)

// +build aix darwin dragonfly freebsd js,wasm !android,linux netbsd openbsd
    solaris
// +build !cgo osusergo

func lookupUser(username string) (*User, error) {
    f, err := os.Open(userFile)
    if err != nil {
        return nil, err
    }
    defer f.Close()
    return findUsername(username, f)
}
```

那么如何让编译器选择 Go 版本实现呢？从 lookup_unix.go 开头处的 build tag 中我们看到，通过设置 CGO_ENABLED=0 来关闭 cgo 是促使编译器选用 Go 版本实现的前提条件：

```
$CGO_ENABLED=0 go build -o server_static server.go
$ldd server_static
    not a dynamic executable
$nm server_static |grep " U "
```

关闭 cgo 后，我们编译得到的 server_static 是一个静态编译的程序，它没有对外部的任何依赖。

如果使用 go build 的 -x -v 选项，你将看到 Go 编译器会重新编译依赖的包的静态版本（包括 net 等），并将编译后的 .a（以包为单位）放入编译器构建缓存目录下（比如 ~/.cache/go-build/ xxx，后续可复用），然后再静态链接这些版本。

那么有一个问题：在 CGO_ENABLED=1 这个默认值的情况下，是否可以实现纯静态链接呢？答案是可以的。其原理很简单，就是告诉链接器在最后的链接时采用静态链接方式，哪怕依赖的 Go 标准库中某些包使用的是 C 版本的实现。

根据 Go 官方文档（$GOROOT/cmd/cgo/doc.go），Go 链接器支持两种工作模式：内部链接（internal linking）和外部链接（external linking）。

如果用户代码中仅仅使用了 net、os/user 等几个标准库中的依赖 cgo 的包，Go 链接器默认使用内部链接，而无须启动外部链接器（如 gcc、clang 等）。不过 Go 链接器功能有限，仅仅将 .o 和预编译好的标准库的 .a 写到最终二进制文件中。因此如果标准库中是在 CGO_ENABLED=1 的情况下编译的，那么编译出来的最终二进制文件依旧是动态链接的，即便在 go build 时传入 -ldflags 'extldflags "-static"' 也是如此，因为根本没有用到外部链接器。

```
$go build -o server_internal_linking -ldflags '-extldflags "-static"' server.go
$ldd server_internal_linking
    linux-vdso.so.1 (0x00007ffc58fab000)
    libpthread.so.0 => /lib/x86_64-linux-gnu/libpthread.so.0 (0x00007ff704544000)
    libc.so.6 => /lib/x86_64-linux-gnu/libc.so.6 (0x00007ff704153000)
    /lib64/ld-linux-x86-64.so.2 (0x00007ff704763000)
```

而外部链接机制则是 Go 链接器将所有生成的 .o 都写到一个 .o 文件中，再将其交给外部链接器（比如 gcc 或 clang）去做最终的链接处理。如果此时在 go build 的命令行参数中传入 -ldflags ' extldflags " -static"'，那么 gcc/clang 将会做静态链接，将 .o 中未定义（undefined）的符号都替换为真正的代码指令。可以通过 -linkmode=external 来强制 Go 链接器采用外部链接。还是以 server.go 的编译为例：

```
$go build -o server-external-linking  -ldflags '-linkmode "external" -extldflags
"-static"' server.go
$ldd server-external-linking
    not a dynamic executable
```

就这样，我们在 CGO_ENABLED=1 的情况下也编译和构建出了一个纯静态链接的 Go 程序。如果你的用户层 Go 代码中使用了 cgo 代码，那么 Go 链接器将会自动选择外部链接机制。以本条开始处的 how_cgo_works.go 为例：

```
$go build -o how_cgo_works_static  -ldflags '-extldflags "-static"' how_cgo_works.go
$ldd how_cgo_works_static
    not a dynamic executable
```

小结

本条探讨了 cgo 的用途和原理、在 Go 中如何访问 C 语言的类型并分析了 cgo 的使用开销，最后了解了如何在开启 cgo 的情况下实现 Go 程序的静态构建。

本条要点：
- ❑ 了解 cgo 的使用场景，如非必须，尽量不使用 cgo；
- ❑ 了解构建带有 cgo 的程序的原理；
- ❑ 掌握 Go 中访问 C 元素的方法；
- ❑ cgo 是一柄"双刃剑"，要使用 cgo，就要先了解你要为此付出的开销；
- ❑ 了解 cgo 代码的构建要点。

■ 你的程序用了哪些标准库包？如果是 net、os/user 等几个依赖 cgo 实现的包之外的 Go 包，那么你的程序默认将是纯静态的，不依赖任何 C 运行时库等外部动态链接库；

■ 如果使用了 net 这样的包含 cgo 实现版本的标准库包，那么 CGO_ENABLED 的值将影响你的程序编译后的属性（是静态的还是动态链接的）；

■ 如果 CGO_ENABLED=1 且仅使用了 net、os/user 等依赖 cgo 实现的包，那么 internal linking 机制将被默认采用，编译过程不会采用静态链接；但如若依然要强制静态编译，需向 -ldflags '-linkmode "external" -extldflags "-static"' 传递 go build 命令。

工具链与工程实践

本部分将涵盖我们使用 Go 语言做软件项目过程中很大可能会遇到的一些工程问题的解决方法，包括使用 go module 进行 Go 包依赖管理、Go 应用容器镜像、Go 相关工具使用以及 Go 语言的避"坑"指南。

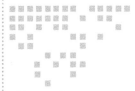

使用 module 管理包依赖

自 2007 年 Go 语言"三巨头"Robert Griesemer、Rob Pike 和 Ken Thompson 提出设计和实现 Go 语言以来，Go 语言已经发展和演进了十余年。这十余年来，Go 取得了巨大的成就，先后在 2009 年和 2016 年当选 TIOBE 年度最佳编程语言，并在全世界范围内拥有数量庞大的拥趸。不过和其他主流编程语言一样，Go 语言也不是完美的，不能满足所有开发者的"口味"。比如这些年来 Go 在"包依赖管理"和"缺少泛型"两个方面饱受诟病，Gopher 希望 Go 核心团队能在这两个方面进行重点改善。

随着 Russ Cox 在 Go 1.11 版本中加入试验性的 go module 机制，Go 语言终于有了原生的包依赖管理机制。经过 Go 1.12 版本到 Go 1.16 版本的持续打磨和优化，Go module 机制被越来越多的 Gopher 以及大多数 Go 项目所接受，越来越多的 Go 项目从原先采用 GOPATH、vendor 机制或是第三方包依赖管理工具（如 dep、glide、godep 等）迁移到使用 go module 来管理包依赖。使用 go module 管理包依赖已经成为 Go 项目**包依赖管理的唯一标准**，并成为高质量 Go 代码的**必要条件**。

61.1　Go 语言包管理演进回顾

为了更好地理解 go module 包依赖管理机制，我们先来看看 Go 语言包管理的演进历史。

1. go get

Go 在构建设计方面深受 Google 内部开发实践的影响，比如 go get 的设计就深受 Google 内部单一代码仓库（single monorepo）和基于主干（trunk/mainline）的开发模型的影响，采用了只**获取主干代码和版本无感知**的设计策略，如图 61-1 所示。

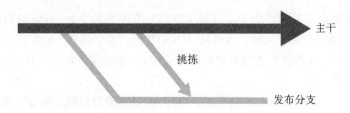

图 61-1　Google 内部基于主干的单一仓库模型

Google 内部的这个基于主干的开发模型要求：

❑ 所有开发人员基于主干（trunk/mainline）开发，将代码提交到主干或从主干获取最新的代码（同步到本地仓库）；

❑ 版本发布时，建立发布分支（Release branch），发布分支实质上就是某一个时刻主干代码的快照；

❑ 必须同步到发布分支上的补丁代码和改进代码通常先在主干上提交（commit），再挑拣（cherry-pick）到发布分支上。

基于这个模型，Google 内部各个 project/repository 的 master 分支上的代码都被认为是稳定的（stable）。Go 语言初期使用的 go get 的行为模式与该模型非常类似：go get 仅仅支持获取主分支（master branch）上的 latest 代码，没有指定 version、branch 或 revision 的能力。

Go 语言新手在初次接触 Go 语言时会感觉到 Go 语言的包获取很方便：只需一行 go get github.com/user/repo，GitHub 等代码托管站点上的大量 Go 包就可以随意取用。go get 本质上是 Git、hg 等版本管理工具的高级包装。对于使用 Git 的 Go 包来说，go get 的实质就是将这些包克隆（clone）到本地的特定目录下（比如：在 gopath 模式下为 $GOPATH/src/github.com/user/repo），同时 go get 可以自动解析包的依赖，自动下载相关依赖包并调用本地 Go 工具链完成包的本地构建。

这种方式在 Google 内部运作良好并不代表在 Google 以外的世界也会被奉为圭臬。渐渐地 Gopher 从 go get 的便利性中清醒过来，并列出了这种机制带来的显而易见的问题，至少包括：

❑ 依赖包持续演进，导致不同 Gopher 在不同时间获取和编译包时得到的结果可能是不同的，即不能保证可重现的构建（reproduceable build）；

❑ 如果依赖包引入了不兼容代码，你的包 / 程序将无法通过编译；

❑ 如果依赖包因引入新代码而无法正常通过编译，并且该依赖包的作者又未及时修复该问题，这种错误也会传导到你的包，导致你的包无法通过编译。

Gopher 希望自己项目所依赖的第三方包能受自己的控制，而不是随意变化，于是 godep、gb、glide 等一批第三方包管理工具便出现了。

以当时（Go 1.5 版本之前）应用最为广泛的 godep 为例。为了能让第三方依赖包稳定下来，实现项目的可重现构建，godep 将项目当前依赖包的版本信息记录在 Godeps/Godeps.json 中，并将依赖包的相关版本存放在 Godeps/_workspace 中。在编译源码时（godep go build），godep 通过临时修改 GOPATH 环境变量的方法让 Go 编译器使用缓存在 Godeps/_workspace 下的项目依赖的特定版本的第三方包，这样保证了项目不再受制于所依赖的第三方包主分支上的最新代码变动。

不过，godep 的版本管理本质上是通过缓存第三方库的某个 revision 的快照实现的，这种方式依然让人感觉难于管理。同时，通过对 GOPATH 的"偷梁换柱"的方式实现使用 Godeps/_workspace 中的第三方库的快照进行编译也无法使用 Go 原生编译器，项目构建必须使用 godep go xxx 来进行。

为此，Go 进一步引入 vendor 机制来减少 Gopher 在包管理问题上的心智负担。

2. vendor 机制

Go 核心团队一直在关注 Go 的包依赖问题，并在 Go 1.5 版本实现自举（变动较大）的情况下，依然在 1.5 版本中推出了 vendor 机制。vendor 机制是 Russ Cox 在 Go 1.5 发布前期以试验特性身份紧急加入 Go 中的。vendor 标准化了项目依赖的第三方库的存放位置（不再像 godep 那样需要 Godeps/_workspace 了），同时也无须对 GOPATH 环境变量进行"偷梁换柱"，Go 编译器将原生优先感知和使用 vendor 目录下缓存的第三方包版本。

即便有了 vendor 的支持，vendor 内第三方依赖包的代码的管理（包括添加、更新和删除）也依旧是不规范的：要么是手动的，要么是借助 godep 这样的第三方包管理工具。自举后的 Go 语言项目本身也引入了 vendor：

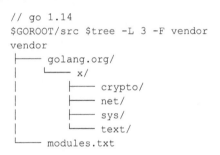

不过 Go 项目自身对 vendor 中代码的管理方式也是手动更新，Go 自身并未使用任何第三方的包管理工具。

从 Go 官方角度出发，Go 包依赖解决方案的下一步就应该是解决对 vendor 下的第三方包如何进行管理的问题，包括依赖包的分析、记录和获取等，进而实现项目的可重复构建。Go 社区发起的 dep 项目就是用来做这件事的。

3. dep

2016 年 GopherCon 技术大会后，Go 官方组织成立了一个委员会，该委员会旨在改善 Go 包管理，共同应对 Go 在包依赖管理上遇到的各种问题。经过各种开脑洞和讨论后，该委员会在若干月后发布了"包依赖管理技术提案"（Package Management Proposal），并启动了最有可能被接纳为官方包管理工具的项目 dep（https://github.com/golang/dep）的设计和开发。2017 年年初，dep 项目正式对外开放。2017 年 5 月，dep 发布了 v0.1.0 版本，并进入 alpha 测试阶段。

Go 包管理委员会的牵头人物是微服务框架 go-kit 的作者 Peter Bourgon，但主导 dep 开发的是 Sam Boyer，他也是 dep 底层包依赖分析引擎 gps 的作者。

和其他一些第三方 Go 包管理工具有所不同，dep 在进行大规模积极开发之前是经过委员会深思熟虑的，事先对工具特性、用户故事等都进行了初步设计。如果你阅读了这些设计文档，你可能会觉得解决包依赖问题还是挺复杂的。不过，对于这个工具的使用者来说，我们面对的是一些简化过的交互接口。

dep 总体上参考了当今主流编程语言解决包依赖问题的思路：

- ❏ 利用包依赖分析引擎 gps 分析当前项目代码中的包依赖关系；
- ❏ 将分析出的项目包的直接依赖和约束写入项目根目录下的 Gopkg.toml 文件中；
- ❏ 将项目依赖的所有第三方包（包括直接依赖和间接依赖／传递依赖）在满足 Gopkg.toml 中约束范围内的最新版本信息写入 Gopkg.lock 文件中；
- ❏ 以 Gopkg.lock 为输入，将其中的包（精确到某次 commit 版本）下载到项目根目录下的 vendor 路径下面。

但就像这种思路的局限一样，dep 也不能很好地解决如图 61-2 所示的"钻石依赖"问题。

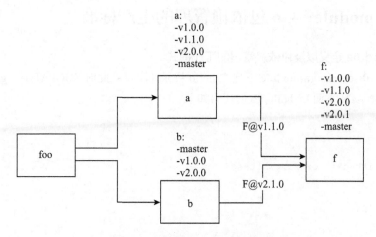

图 61-2　"钻石形"包依赖关系

从图 61-2 中我们看到，包 foo 依赖 a 和 b 两个包，而 a 和 b 分别依赖包 f 的不同版本。在这种情况下，由于 a 依赖的 v1.1.0 版本 f 和 b 依赖的 v2.0.0 版本 f 这两个约束之间没有交集，无法调和，所以 dep 将会因无法解决这个依赖冲突而报错。这一问题背后还有一层原因，那就是 dep 的设计要求的是平坦的 vendor，即使用 dep 的项目只能有一个根目录下的 vendor 目录，所以如果直接依赖或传递依赖的包中包含 vendor，vendor 目录也会被 dep 删除。这样，一旦依赖包中存在带有冲突的约束，那么 dep 必将报错！

dep 从诞生那天起就被 Gopher 社区视为最可能成为 Go 官方包管理工具的候选者。由于 dep 的这一"特殊身份"，虽然 dep 当时离成熟尚远，但 dep 的开发和演进吸引了诸多 Gopher 的目光，很多组织已经开始将自己项目的包管理工具迁移为 dep，并为 dep 进行早期测试。dep 项目本身也挪到了 github.com/golang 之下，看起来"转正"只是时间问题。

4. vgo（go module 的前身）

2018 年年初，正当广大 Gopher 认为 dep 将顺理成章地升级为 Go 官方工具链的一部分的时候，Russ Cox 在其个人博客上连续发表了 7 篇文章⊖，系统阐述了 Go 团队解决包依赖管理问题的技术方案：vgo。vgo 的主要思路包括语义导入版本（Semantic Import Versioning）、最小版本选择（Minimal Version Selection）和引入 Go module 概念等。这 7 篇文章的发布引发了 Go 社区的激烈争论，尤其是**最小版本选择**与目前主流的依赖版本选择方法相悖以及在包导入路径上引入版本号让很多传统 Go 包管理工具的维护者不满，当然也包括"准官方包管理工具"dep 的作者和拥趸。

2018 年 5 月，Russ Cox 的 vgo 技术提案被接纳，后 Russ Cox 将 vgo 的代码合并到 Go 项目主干，并将这套机制正式命名为 **go module**。由于 vgo 项目本身就是一个实验原型项目，合并到主干后，**vgo 这个术语以及 vgo 项目的使命就此结束**，后续 Go module 机制将直接在 Go 项目主干上继续演进。Go module 的诞生也意味着 dep 项目生命周期的结束。

61.2 Go module：Go 包依赖管理的生产标准

1. Go module 定义以及包依赖管理的工作模式

在 chapter10/sources/go-module 下建立 hello 目录（注意：此时 $GOPATH=~/go，显然 hello 目录并不在 GOPATH 下面）。hello.go 的代码如下：

```
// hello.go
package main

import "bitbucket.org/bigwhite/c"

func main() {
    c.CallC()
}
```

在 GO111MODULE="off" 的前提下，构建 hello.go 这个源码文件：

```
$go run hello.go
hello.go:3:8: cannot find package "bitbucket.org/bigwhite/c" in any of:
    $GOROOT/src/bitbucket.org/bigwhite/c (from $GOROOT)
    /Users/tonybai/Go/src/bitbucket.org/bigwhite/c (from $GOPATH)
```

构建错误！错误原因很明了：在本地的 GOPATH 下并没有找到 bitbucket.org/bigwhite/c 路径下的包 c。传统上修复这个问题的方法是手动将包 c 通过 go get 下载到本地，go get 会自动下载包 c 所依赖的包 d：

```
$ go get bitbucket.org/bigwhite/c
$ go run hello.go
call C: master branch
    --> call D:
     call D: master branch
    --> call D end
```

⊖ https://research.swtch.com/vgo

这种传统的也是我们最熟悉的 Go 编译器从 $GOPATH 下（及 vendor 目录下）搜索目标程序依赖包的模式称为 gopath mode。

GOPATH 是 Go 早期设计的产物，在 Go 语言快速发展的今天，人们日益发现 GOPATH 似乎不那么重要了，尤其是在引入 vendor 机制以及诸多包管理工具之后。GOPATH 的设置还会让 Go 语言新手感到些许困惑，提高了入门的门槛。Go 核心团队一直在寻求"去 GOPATH"的方案，当然这一过程是循序渐进的。从 Go 1.8 版本开始，如果开发者没有显式设置 GOPATH，Go 会赋予 GOPATH 一个默认值（比如：在 Linux 上这个默认值为 $HOME/go）。虽说不用再设置 GOPATH，但 GOPATH 还是真实存在的，它在 Go 工具链中依旧发挥着至关重要的作用。

Go module 的引入在"去 GOPATH"之路上更进了一步，它引入了一种新的依赖管理工作模式：module-aware 模式。在该模式下，通常一个仓库的顶层目录下会放置一个 go.mod 文件，每个 go.mod 文件唯一定义了一个 module。**一个 module 就是由一组相关包组成的一个独立的版本单元**。module 是有版本的，module 下的包也就有了版本属性。而放置 go.mod 文件的目录被称为 module root 目录。module root 目录及其子目录下的所有 Go 包均归属于该 module，除了那些自身包含 go.mod 文件的子目录。虽然 Go 支持在一个仓库中定义多个 module，但**通常 Go 惯用法是一个仓库只定义一个 module**。非常不建议在一个仓库中定义多个 module 的用法，因为这不仅会给你自己带来麻烦，也很大可能会让你的 module 的使用者感到困惑。

在 module-aware 模式下，Go 编译器将不会在 GOPATH 及 vendor 下搜索目标程序依赖的第三方 Go 包。我们来看一下在 module-aware 模式下 hello.go 的构建过程。

首先在 hello 目录下创建 go.mod：

```
// go.mod
module hello
```

然后构建 hello.go：

```
$go build hello.go
go: finding bitbucket.org/bigwhite/d v0.0.0-20180714005150-3e3f9af80a02
go: finding bitbucket.org/bigwhite/c v0.0.0-20180714063616-861b08fcd24b
go: downloading bitbucket.org/bigwhite/c v0.0.0-20180714063616-861b08fcd24b
go: downloading bitbucket.org/bigwhite/d v0.0.0-20180714005150-3e3f9af80a02

$./hello
call C: master branch
   --> call D:
    call D: master branch
   --> call D end
```

我们看到，Go 编译器并没有使用之前已经下载到 GOPATH 下的 bitbucket.org/bigwhite/c 包和 bitbucket.org/bigwhite/d 包，而是重新下载了这两个包并成功编译。看看执行 go build 后 go.mod 文件的内容：

```
$cat go.mod
module hello

require (
```

```
    bitbucket.org/bigwhite/c v0.0.0-20180714063616-861b08fcd24b
    bitbucket.org/bigwhite/d v0.0.0-20180714005150-3e3f9af80a02 // indirect
)
```

Go 编译器分析出了 hello module 的依赖包，将其写入 go.mod 的 require 区域。由于 c、d 两个包均没有发布版本（建立其他分支或打标签），因此 Go 编译器使用了包 c 和 d 的当前最新版，并以伪版本（pseudo-version）的形式作为这两个包的当前版本号。此外，hello module 并没有直接依赖包 d，并且 bitbucket.org/bigwhite/c 下没有建立 go.mod、记录包 c 的依赖，因此在 d 包的记录后面用注释标记了 indirect，即间接依赖。

在 module-aware 模式下，Go 编译器将下载的依赖包缓存在 $GOPATH/pkg/mod 下：

```
// $GOPATH/pkg/mod
$ tree -L 3
.
├── bitbucket.org
│   └── bigwhite
│       ├── c@v0.0.0-20180714063616-861b08fcd24b
│       └── d@v0.0.0-20180714005150-3e3f9af80a02
├── cache
│   ├── download
│   │   ├── bitbucket.org
│   │   ├── golang.org
│   │   └── rsc.io
│   └── vcs
│       ├── 064503657de46d4574a6ab937a7a3b88fee03aec15729f7493a3dc8e35cc6d80
│       ├── 064503657de46d4574a6ab937a7a3b88fee03aec15729f7493a3dc8e35cc6d80.info
│       ├── 0c8659d2f971b567bc9bd6644073413a1534735b75ea8a6f1d4ee4121f78fa5b
...
```

我们看到 c、d 两个包也是按照"版本"进行缓存的，便于后续在 module-aware 模式下进行包构建。

go module 机制在 Go 1.11 版本中是试验特性。按照 Go 的惯例，在新的试验特性首次加入时，都会有一个特性开关，go module 也不例外，GO111MODULE 这个临时的环境变量就是 go module 特性的试验开关。GO111MODULE 有三个值——auto、on 和 off，默认值为 auto。GO111MODULE 的值会直接影响 Go 编译器的包依赖管理工作模式的选择：是 gopath 模式还是 module-aware 模式。随着试验特性的成熟，新版本 Go 会更新 GO111MODULE 在不同值下的行为模式，我们来详细看一下。

在 Go 1.11 版本中，GO111MODULE 的值对包依赖管理工作模式的选择及行为模式如下：

❑ 当 GO111MODULE 的值为 off 时，go module 试验特性关闭，Go 编译器会始终使用 gopath 模式，即无论要构建的源码目录是否在 GOPATH 路径下，Go 编译器都会在传统的 GOPATH 和 vendor 目录下搜索目标程序依赖的 Go 包；

❑ 当 GO111MODULE 的值为 on 时，go module 试验特性始终开启，Go 编译器会始终使用 module-aware 模式，即不管要构建的源码目录是否在 GOPATH 路径下，Go 编译器都不会在传统的 GOPATH 和 vendor 目录下搜索目标程序依赖的 Go 包，而是在 go module 的缓存目录（默认 $GOPATH/pkg/mod）下搜索对应版本的依赖包；

❑ 当 GO111MODULE 的值为 auto 时（不显式设置即为 auto），使用 gopath **模式**还是 module-aware 模式取决于要构建的源码目录所在位置以及是否包含 go.mod 文件。如果要构建的源码目录不在以 GOPATH/src 为根的目录体系下且包含 go.mod 文件（两个条件缺一不可），那么 Go 编译器将使用 module-aware 模式；否则使用传统的 gopath 模式。

在 Go 1.11 中，为了获取一个 module 下的包，我们需要显式创建一个 go.mod 文件，否则就会得到类似这样的错误：

```
// Go 1.11.2
$go get github.com/bigwhite/gocmpp
go: cannot find main module; see 'go help modules'

// 或

$go get github.com/bigwhite/gocmpp
go: cannot determine module path for source directory /Users/tony/test/go (outside
    GOPATH, no import comments)
```

这非常不方便。Go 1.12 版本对该问题进行了优化：当 GO111MODULE=on 时，获取 go module 无须再显式创建 go.mod 文件了。

在 Go 1.13 中，module-aware 模式的优先级得到提升，虽然 GO111MODULE 的默认值依然为 auto，但 auto 值下 Go 编译器的行为模式发生了变化：无论是在 GOPATH/src 下还是在 GOPATH 之外的仓库中，只要目录下有 go.mod，Go 编译器都会使用 module-aware 模式来管理包依赖。

在 Go 1.14 中，go module 的运作机制、命令及其参数形式、行为特征已趋稳定，可用于生产环境了。GO111MODULE 的值对包依赖管理工作模式的选择及行为模式变动如下。

❑ 在 module-aware 模式下，如果 go.mod 中 go version 是 Go 1.14 及以上，且当前仓库顶层目录下有 vendor 目录，那么 Go 工具链将默认使用 vendor（-mod=vendor）中的包，而不是 module cache 中的（$GOPATH/pkg/mod 下）。同时在这种模式下，Go 工具会校验 vendor/modules.txt 与 go.mod 文件以确保它们保持同步；如果一定要使用 module cache 中的包进行构建，则需要为 Go 工具链显式传入 -mod=mod，比如 go build -mod=mod ./...。

❑ 在 module-aware 模式下，如果没有建立 go.mod 或 Go 工具链，无法找到 go.mod，那么你必须显式传入要处理的 Go 源文件列表，否则 Go 工具链将需要你明确建立 go.mod。比如：在一个没有 go.mod 的目录下，要编译 hello.go，我们需要使用 go build hello.go，即 hello.go 需要显式放在命令后面。如果你执行 go build .，就会得到类似下面的错误信息：

```
$go build .
go: cannot find main module, but found .git/config in /Users/tonybai
    to create a module there, run:
    cd .. && go mod init
```

也就是说，在没有 go.mod 的情况下，Go 工具链的功能是受限的。

在 Go 1.16 中，Go module-aware 模式成为默认模式，即 GO111MODULE 的值默认为 on。

自从 Go 1.11 中加入 go module，不同 Go 版本在 GO111MODULE 为不同值时开启的构建模式几经变化，为了可以更好地理解 Go 1.16 中 module-aware 模式下的行为特性，这里将 Go 1.13 之前版本、Go 1.13 版本及 Go 1.16 版本在 GO111MODULE 为不同值时的行为用表 61-1 来做一下直观对比。

表 61-1 Go module 模式下的行为特性对比

GO111MODULE 值	Go 1.13 之前	Go 1.13	Go 1.16
on	在任何路径下都开启 module-aware 模式	在任何路径下都开启 module-aware 模式	默认值：在任何路径下都开启 module-aware 模式
auto	默认值：使用 GOPATH 模式还是 module-aware 模式，取决于要构建的源码目录所在位置以及是否包含 go.mod 文件。如果要构建的源码目录不在以 GOPATH/src 为根的目录体系下且包含 go.mod 文件（两个条件缺一不可），那么使用 module-aware 模式；否则使用传统的 gopath 模式	默认值：只要当前目录或父目录下有 go.mod 文件，就开启 module-aware 模式，无论源码目录是否在 GOPATH 外面	只有当前目录或父目录下有 go.mod 文件，就开启 module-aware 模式，无论源码目录是否在 GOPATH 外面
off	gopath 模式	gopath 模式	gopath 模式

2. go module 的依赖包版本的选择

（1）build list 和 main module

go.mod 文件一旦创建，它的内容就会被 Go 工具链全面掌控。Go 工具链会在各类命令（比如 go get、go build、go mod 等）执行时维护 go.mod 文件。

在之前的例子中，hello module 依赖的 c 和 d（间接依赖）两个包均没有显式的版本信息，因此 go mod 使用伪版本机制来生成和记录 c 和 d 包的"版本"。我们可以通过下面的命令查看到这些信息：

```
$go list -m -json all
{
    "Path": "hello",
    "Main": true,
    "Dir": "chapter10/sources/go-module/hello",
    "GoMod": "chapters/chapter10/sources/go-module/hello/go.mod",
    "GoVersion": "1.14"
}
{

    "Path": "bitbucket.org/bigwhite/c",
    "Version": "v0.0.0-20180714063616-861b08fcd24b",
    "Time": "2018-07-14T06:36:16Z",
    "Dir": "/Users/tonybai/Go/pkg/mod/bitbucket.org/bigwhite/c@v0.0.0-
        20180714063616-861b08fcd24b"
    "GoMod": "/Users/tonybai/Go/pkg/mod/cache/download/bitbucket.org/bigwhite/
        c/@v/vv0.0.0-20180714063616-861b08fcd24b.mod"
```

```
    }
    {
        "Path": "bitbucket.org/bigwhite/d",
        "Version": "v0.0.0-20180714005150-3e3f9af80a02",
        "Time": "2018-07-14T00:51:50Z",
        "Indirect": true,
        "Dir": "/Users/tonybai/Go/pkg/mod/bitbucket.org/bigwhite/d@v0.0.0-
            20180714005150-3e3f9af80a02",
        "GoMod": "/Users/tonybai/Go/pkg/mod/cache/download/bitbucket.org/bigwhite/
            d/@v/v0.0.0-20180714005150-3e3f9af80a02.mod"
    }
```

go list -m 输出的信息被称为 build list，也就是构建当前 module 所需的所有相关包信息的列表。在输出信息中我们看到 "Main"：true 这一行信息，它标识当前的 module 为 main module。main module 即 go build 命令执行时所在当前目录所归属的那个 module。go 命令会在当前目录、当前目录的父目录、父目录的父目录等下面寻找 go.mod 文件，所找到的第一个 go.mod 文件对应的 module 即为 main module。如果没有找到 go.mod，go 命令会提示下面的错误信息：

```
$go build test/hello/hello.go
go: cannot find main module root; see 'go help modules'
```

当然我们也可以使用下面的命令来简略输出 build list：

```
$go list -m all
hello
bitbucket.org/bigwhite/c v0.0.0-20180714063616-861b08fcd24b
bitbucket.org/bigwhite/d v0.0.0-20180714005150-3e3f9af80a02
```

（2）go.mod 中的 require

现在我们通过打标签的方式赋予 c 和 d 这两个包以版本信息：

```
// 包c

v1.0.0
v1.1.0
v1.2.0

// 包d

v1.0.0
v1.1.0
v1.2.0
v1.3.0
```

然后清除掉 $GOPATH/pkg/mod 目录下的内容（可用 go clean -modcache 命令），并将 go.mod 重新置为初始状态，即只包含 module 字段。接下来，构建一次 hello.go：

```
// chapter10/sources/go-module/hello目录下

$go build hello.go
go: finding bitbucket.org/bigwhite/c v1.2.0
```

```
go: downloading bitbucket.org/bigwhite/c v1.2.0
go: finding bitbucket.org/bigwhite/d v1.3.0
go: downloading bitbucket.org/bigwhite/d v1.3.0

$./hello
call C: v1.2.0
    --> call D:
     call D: v1.3.0
    --> call D end

$cat go.mod
module hello

require (
    bitbucket.org/bigwhite/c v1.2.0
    bitbucket.org/bigwhite/d v1.3.0 // indirect
)
```

我们看到，在再次初始构建 hello module 时，Go 编译器不再用伪版本号对应的最新提交版本，而是使用了 c 和 d 两个包的最新发布版本：包 c 的 v1.2.0 版本和包 d 的 v1.3.0 版本。

如果对使用的 c 和 d 版本有特殊的约束，比如使用包 c 的 v1.0.0 版本和包 d 的 v1.1.0 版本，我们可以通过 go mod -require 来显式更新 go.mod 文件中的 require 段的信息：

```
$go mod -require=bitbucket.org/bigwhite/c@v1.0.0
$go mod -require=bitbucket.org/bigwhite/d@v1.1.0

$cat go.mod
module hello

require (
    bitbucket.org/bigwhite/c v1.0.0
    bitbucket.org/bigwhite/d v1.1.0 // indirect
)

$go build hello.go
go: finding bitbucket.org/bigwhite/d v1.1.0
go: finding bitbucket.org/bigwhite/c v1.0.0
go: downloading bitbucket.org/bigwhite/c v1.0.0
go: downloading bitbucket.org/bigwhite/d v1.1.0

$./hello
call C: v1.0.0
    --> call D:
     call D: v1.1.0
    --> call D end
```

由于显式修改了对 c 和 d 两个包的版本依赖约束，go build 构建时会去下载包 c 的 v1.0.0 和包 d 的 v1.1.0 版本并完成构建。

除了通过传入 package@version 给 go mod -requirement 来精确指示 module 的依赖约束之外，go mod 还支持 query 表达式，比如：

```
$go mod -require='bitbucket.org/bigwhite/c@>=v1.1.0'
```

go mod 命令会对 query 表达式进行求值，得出 build list 使用的包 c 的版本：

```
$cat go.mod
module hello

require (
    bitbucket.org/bigwhite/c v1.1.0
    bitbucket.org/bigwhite/d v1.1.0 // indirect
)

$go build hello.go
go: downloading bitbucket.org/bigwhite/c v1.1.0

$./hello
call C: v1.1.0
    --> call D:
     call D: v1.1.0
    --> call D end
```

go mod 命令对 query 表达式进行求值的算法是，选择最接近于比较目标的版本（tagged version）。以上面的例子为例：

```
query text: >=v1.1.0
比较的目标版本为v1.1.0
比较形式: >=
```

因此，满足这一 query 表达式的最接近于比较目标的版本就是 v1.1.0。

给包 d 增加一个约束——小于 v1.3.0，再来看看 go mod 的选择：

```
$go mod -require='bitbucket.org/bigwhite/d@<v1.3.0'
$cat go.mod
module hello

require (
    bitbucket.org/bigwhite/c v1.1.0
    bitbucket.org/bigwhite/d <v1.3.0
)

$go build hello.go
go: finding bitbucket.org/bigwhite/d v1.2.0
go: downloading bitbucket.org/bigwhite/d v1.2.0

$./hello
call C: v1.1.0
    --> call D:
     call D: v1.2.0
    --> call D end
```

我们看到 go mod 选择了包 d 的 v1.2.0 版本，根据 query 表达式的求值算法，v1.2.0 恰是最接近于"小于 v1.3.0"的标签版本。

图 61-3 直观地展示了这一算法。

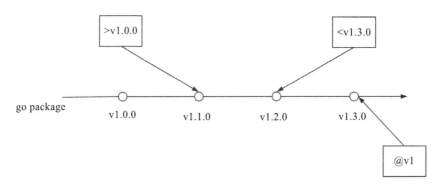

图 61-3　query 表达式的求值过程

（3）最小版本选择

每个依赖管理解决方案都必须解决选择依赖项版本的问题。当前其他主流语言以及 go module 之前的 Go 包依赖管理工具选择的算法都试图识别任何依赖项的"最新最大"（latest greatest）版本。在语义版本控制（sematic versioning）被正确应用并且得到遵守的情况下，这是有道理的。在这样的情况下，依赖项的"最新最大"版本应该是最稳定和最安全的版本，并且应与较早版本具有向后兼容性。至少在相同的主版本（major version）依赖树中是如此。

Go 则采用了最小版本选择（Minimal Version Selection，MVS）算法。本质上，Go 核心团队相信 MVS 为 Go 程序实现持久的和可重现的构建提供了最佳方案。到目前为止，我们所举的示例都比较简单，hello module 所依赖的包 c 和包 d 也没有使用 go.mod 记录自己的依赖。对于复杂的包依赖场景，Go 核心团队的 Russ Cox 在其博客文章" Minimal Version Selection"中对 Go 编译器在选择依赖 module 版本时所采用的**最小版本选择**算法做过形象的解释，如图 61-4 和图 61-5 所示。

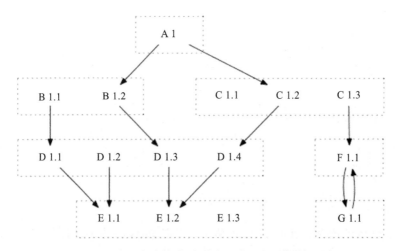

图 61-4　复杂包依赖最小版本选择的场景

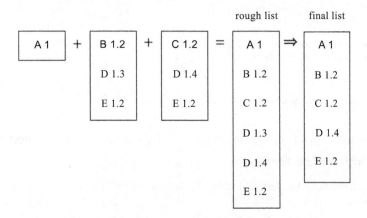

图 61-5　最小版本选择的算法解释

❑ 最小版本选择以 build list 为中心，从一个空的 build list 集合开始，先加入 main module（A1），然后递归计算 main module 的 build list。

❑ main module（A1）的一个直接依赖是包 B。包 B 有 v1.1 和 v1.2 两个版本。A1 的 go.mod 明确指明依赖的是包 B 的 v1.2 版本，并且 v1.2 已经是包 B 的最新版本，于是选择包 B v1.2。

❑ 包 B v1.2 依赖包 D，包 D 有 v1.1、v1.2、v1.3 和 v1.4 四个版本。包 B v1.2 的 go.mod 明确指明依赖的是包 D 的 v1.3 版本，那么 Go 编译器究竟会选择哪个版本的包 D 呢？有两种选择。首选是选择最新的版本，即 v1.4。第二个选择是选择包 B v1.2 所需的版本 v1.3。像 dep 这样的依赖工具将选择 v1.4 版，并且在语义版本化和遵守社会契约的前提下可以正常工作。但是采用了 go module 机制的 Go 编译器的 MVS 算法会遵从包 B v1.2 的要求而选择包 D 的 v1.3 版本，即在包 B v1.2 的依赖项（包 D）的当前所有版本中，Go 会选择满足包 B v1.2 要求的最小版本。同理，包 D v1.3 依赖包 E，Go 编译器同样选择了满足包 D v1.3 版本要求的包 E 的最小版本 v1.2。这样 main module 在包 B 这个直接依赖项上的 build list 就浮现了出来：[B v1.2, D v1.3, E v1.2]。

❑ main module（A1）的另一个直接依赖是包 C。按照对包 B 的 build list 的分析，我们可以得出 main module 在包 C 这个直接依赖项上的 build list：[C v1.2, D v1.4, E v1.2]。

❑ 接下来，Go 编译器会将包 B 和包 C 的 build list 去重并合并，形成 rough build list：[A1, B v1.2, C v1.2, D v1.3, D v1.4 和 E v1.2]。

❑ 在这个过程中，我们看到两个 build list 中都有包 D 但版本不同。按照语义化版本规范，包 D 的 v1.3 和 v1.4 两个版本的主版本号（major）相同，因此这两个版本是兼容的。为了同时满足包 B 和包 C 的依赖约束，Go 编译器将选择包 D 的 v1.4 版本，这也是可以同时满足包 B 和包 C 的依赖约束的最小版本（如果包 D 有 v1.5、v1.6 版本亦是如此）。

改造一下我们的例子，让它变得复杂些。首先，为包 c 添加 go.mod 文件，并为其打一个新版本：v1.3.0。在包 c 对应的 go.mod 文件中，为其添加一个依赖约束：bitbucket.org/bigwhite/

d@v1.2.0。

```
//bitbucket.org/bigwhite/c/go.mod
module bitbucket.org/bigwhite/c

require (
    bitbucket.org/bigwhite/d v1.2.0
)
```

接下来，将 hello module 重置为初始状态，并清空 module cache（$GOPATH/pkg/mod 目录下）。如下修改 hello module 的 hello.go：

```
// source/go-module/hello/hello.go
package main

import "bitbucket.org/bigwhite/c"
import "bitbucket.org/bigwhite/d"

func main() {
    c.CallC()
    d.CallD()
}
```

让包 d 成为 hello module 的直接依赖，并在其 go.mod 中增加关于包 d 的版本约束：

```
// chapter10/sources/go-module/hello/go.mod
module hello

require (
    bitbucket.org/bigwhite/d v1.3.0
)
```

再来构建一下 hello module：

```
$go build hello.go
go: finding bitbucket.org/bigwhite/d v1.3.0
go: downloading bitbucket.org/bigwhite/d v1.3.0
go: finding bitbucket.org/bigwhite/c v1.3.0
go: downloading bitbucket.org/bigwhite/c v1.3.0
go: finding bitbucket.org/bigwhite/d v1.2.0

$cat go.mod
module hello

require (
    bitbucket.org/bigwhite/c v1.3.0
    bitbucket.org/bigwhite/d v1.3.0
)

$./hello
call C: v1.3.0
   --> call D:
   call D: v1.3.0
```

```
--> call D end
call D: v1.3.0
```

我们看到 Go 编译器按照最小版本选择算法最终选择了包 d 的 v1.3.0 版本。这里模仿 Russ Cox 的图解给出 hello module 的 MVS 解析示意图（见图 61-6）。

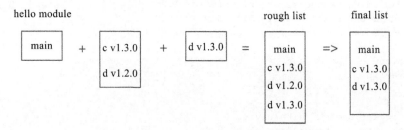

图 61-6　hello module 的 MVS 分析示意图

具体的分析过程与上面类似，这里就不赘述了。

（4）依赖一个包的不同版本

按照语义化版本规范，当代码出现与之前版本的不兼容性变化时，需要升级版本中的 major 版本号。而 Go module 允许在包导入路径中带有 major 版本号，比如："import github.com/user/repo/v2" 表示所用的包为 v2 版本下的实现。甚至可以在一个项目中同时依赖同一个包的不同版本。依旧使用上面的例子来实操一下如何在 hello module 中使用包 d 的两个版本的代码。

首先需要为包 d 建立 module 文件 Go.mod，并标识出当前的 module 为 bitbucket.org/bigwhite/d/v2。（为了保持与 v0/v1 各自独立演进，可通过建立分支的方式来实现，然后基于该版本打 v2.0.0 标签。）

```
// bitbucket.org/bigwhite/d
$cat go.mod
module bitbucket.org/bigwhite/d/v2
```

改造一下 hello module，这次导入包 d 的 v2 版本：

```
// sources/go-module/hello/hello.go
package main

import "bitbucket.org/bigwhite/c"
import "bitbucket.org/bigwhite/d/v2"

func main() {
    c.CallC()
    d.CallD()
}
```

清理 hello module 的 go.mod，仅保留对包 c 的依赖约束：

```
// sources/go-module/hello/go.mod
module hello

require (
    bitbucket.org/bigwhite/c v1.3.0
)
```

重新构建 hello module：

```
$go build hello.go
go: finding bitbucket.org/bigwhite/c v1.3.0
go: finding bitbucket.org/bigwhite/d v1.2.0
go: downloading bitbucket.org/bigwhite/c v1.3.0
go: downloading bitbucket.org/bigwhite/d v1.2.0
go: finding bitbucket.org/bigwhite/d/v2 v2.0.0
go: downloading bitbucket.org/bigwhite/d/v2 v2.0.0

$cat go.mod
module hello

require (
    bitbucket.org/bigwhite/c v1.3.0
    bitbucket.org/bigwhite/d/v2 v2.0.0
)

$./hello
call C: v1.3.0
    --> call D:
     call D: v1.2.0
    --> call D end
call D: v2.0.0
```

我们看到包 c 依然使用的是 d 的 v1.2.0 版本，而 main 中使用的包 d 已经是 v2.0.0 版本了。

3. Go module 与 vendor

在最初的 Go module 设计中，Russ Cox 是想彻底废除 vendor 机制的，但在 Go 社区的反馈下，vendor 机制得以保留，这是为了兼容 Go 1.11 之前的版本。

go module 支持通过下面的命令将某个 module 的所有依赖复制一份到 module 根路径下的 vendor 目录下：

```
$ go mod -vendor
$ ls
go.mod    go.sum  hello.go  vendor/
$ cd vendor
$ ls
bitbucket.org/    modules.txt
$ cat modules.txt
# bitbucket.org/bigwhite/c v1.3.0
bitbucket.org/bigwhite/c
# bitbucket.org/bigwhite/d v1.2.0
bitbucket.org/bigwhite/d
# bitbucket.org/bigwhite/d/v2 v2.0.0
bitbucket.org/bigwhite/d/v2
```

这样即便在 module-aware 模式下，我们也依然可以只用 vendor 下的包来构建 hello module。比如：先删除 $GOPATH/pkg/mod 目录下的缓存 module（可使用 go clean -modcache 命令），然后执行下面的命令：

```
$ go build -mode=vendor hello.go
call C: v1.3.0
    --> call D:
    call D: v1.2.0
    --> call D end
 call D: v2.0.0
```

当然生成的 vendor 目录还可以兼容 Go 1.11 之前版本的 Go 编译器。不过由于 Go 1.11 之前版本的 Go 编译器不支持在 GOPATH 之外使用 vendor 机制，我们需要将 hello 目录复制到 $GOPATH/src 下才能成功编译它。

4. go.sum
执行 go build 后，hello module 的当前目录下多了一个 go.sum 文件：

```
$cat go.sum
bitbucket.org/bigwhite/c v1.3.0 h1:crNI04Bw6lm1yyRjJ+8lJX+3amsxeU72mVQ41kjnESA=
bitbucket.org/bigwhite/c v1.3.0/go.mod h1:6p3lkm60SJ7QP5a4oJyLUxbDJeT+w5x5CShTrekjc7o=
bitbucket.org/bigwhite/d v1.2.0 h1:QQawlmsVZWwIsr0ockPCSJjN1QoKd4W0KEJrINdIzY0=
bitbucket.org/bigwhite/d v1.2.0/go.mod h1:6XJNbysZ+/91fhY6/3TKkMNdV/c0pgaubTQWMigKnlY=
```

go.sum 记录每个依赖库的版本和对应内容的校验和。每当增加一个依赖项时，如果 go.sum 中没有，则会将该依赖项的版本和内容校验和添加到 go.sum 中。go 命令会使用这些校验和与缓存在本地的依赖包副本元信息进行比对校验。

以下面这个 go.sum 文件为例：

```
$cat go.sum
golang.org/x/text v0.3.0 h1:g61tztE5qeGQ89tm6NTjjM9VPIm088od1l6aSorWRWg=
golang.org/x/text v0.3.0/go.mod h1:NqM8EUOU14njkJ3fqMW+pc6Ldnwhi/IjpwHt7yyuwOQ=
```

如果修改了 $GOPATH/pkg/mod/cache/download/golang.org/x/text/@v/v0.3.0.ziphash 中的值，那么当执行 verify 子命令时，我们会得到报错信息：

```
# go mod verify
golang.org/x/text v0.3.0: zip has been modified (/root/go/pkg/mod/cache/download/
    golang.org/x/text/@v/v0.3.0.zip)
golang.org/x/text v0.3.0: dir has been modified (/root/go/pkg/mod/golang.org/x/
    text@v0.3.0)
```

如果没有"恶意"修改，则 verify 会报成功：

```
# go mod verify
all modules verified
```

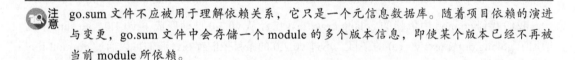
注意　go.sum 文件不应被用于理解依赖关系，它只是一个元信息数据库。随着项目依赖的演进与变更，go.sum 文件中会存储一个 module 的多个版本信息，即使某个版本已经不再被当前 module 所依赖。

5. 清理 go.mod
在将代码提交 / 推回存储库之前，请运行 go mod tidy 以确保 module 文件（go.mod）是最新且准确的。在本地构建、运行或测试代码将随时影响 Go 对 module 文件中内容的更新。运行 go mod tidy 可以确保项目具有所需内容的准确且完整的快照，这对团队中的其他人或持续集成 / 交付环境大有裨益。

6. 升降级依赖关系

在日常开发工作中，如果对 go mod init 初始选择的依赖包版本不甚满意，或者第三方依赖包有更新的版本发布，我们都会对依赖包的版本进行升降级操作。在 module-aware 模式下，由于 go.mod 和 go.sum 都是由 Go 工具链维护和管理的，不建议手动修改 go.mod 中 require 中的包版本号。我们可以通过 go get 命令来实现我们的目的。

我们可以先用 go list 命令查看一下某个 module 有哪些版本可用。以 gocmpp 这个项目（github.com/bigwhite/gocmpp）依赖的 golang.org/x/text 为例：

```
$go list -m -versions golang.org/x/text
golang.org/x/text v0.1.0 v0.2.0 v0.3.0 v0.3.1 v0.3.2 v0.3.3
```

如果要将 gocmpp 依赖的 golang.org/x/text 从 v0.3.0 降级到 v0.1.0，可以在 gocmpp 的项目顶层目录下执行下面的命令：

```
# go get golang.org/x/text@v0.1.0
go: finding golang.org/x/text v0.1.0
go: downloading golang.org/x/text v0.1.0
```

降级后，gocmpp 的 go.mod 和 go.sum 变成了下面这样：

```
$ cat go.mod
module github.com/bigwhite/gocmpp

require (
    github.com/dvyukov/go-fuzz v0.0.0-20181106053552-383a81f6d048
    golang.org/x/text v0.1.0
)

$ cat go.sum
github.com/dvyukov/go-fuzz  v0.0.0-20181106053552-383a81f6d048  h1:3O5zXlWvrRdioni
    MPz8pW+pGi+BNEFRtVhvj0GnknbQ=
github.com/dvyukov/go-fuzz  v0.0.0-20181106053552-383a81f6d048/go.mod  h1:11Gm+ccJ
    nvAhCNLlf5+cS9KjtbaD5I5zaZpFMsTHWTw=
golang.org/x/text v0.1.0 h1:LEnmSFmpuy9xPmlp2JeGQQOYbPv3TkQbuGJU3A0HegU=
golang.org/x/text v0.1.0/go.mod h1:NqM8EUOU14njkJ3fqMW+pc6Ldnwhi/IjpwHt7yyuwOQ=
golang.org/x/text v0.3.0 h1:g61tztE5qeGQ89tm6NTjjM9VPIm088od1l6aSorWRWg=
golang.org/x/text v0.3.0/go.mod h1:NqM8EUOU14njkJ3fqMW+pc6Ldnwhi/IjpwHt7yyuwOQ=
```

我们看到 go.mod 中依赖的 golang.org/x/text 已经从 v0.3.0 自动变成了 v0.1.0。go.sum 中也增加了 golang.org/x/text v0.1.0 的条目，不过 v0.3.0 的条目依旧存在，我们可以通过 go mod tidy 清理一下：

```
$ go mod tidy
$ cat go.sum
github.com/dvyukov/go-fuzz  v0.0.0-20181106053552-383a81f6d048  h1:3O5zXlWvrRdioni
```

```
       MPz8pW+pGi+BNEFRtVhvj0GnknbQ=
github.com/dvyukov/go-fuzz v0.0.0-20181106053552-383a81f6d048/go.mod h1:11Gm+ccJ
      nvAhCNLlf5+cS9KjtbaD5I5zaZpFMsTHWTw=
golang.org/x/text v0.1.0 h1:LEnmSFmpuy9xPmlp2JeGQQOYbPv3TkQbuGJU3A0HegU=
golang.org/x/text v0.1.0/go.mod h1:NqM8EUOU14njkJ3fqMW+pc6Ldnwhi/IjpwHt7yyuwOQ=
```

在 module-aware 模式下，go get-u 会将当前 module 的所有依赖的包版本（无论直接依赖还是间接依赖）都升级到最新的兼容版本。比如，在 gocmpp 项目顶层目录下执行如下命令：

```
$ go get -u golang.org/x/text
$ cat go.mod
module github.com/bigwhite/gocmpp

require (
    github.com/dvyukov/go-fuzz v0.0.0-20181106053552-383a81f6d048
    golang.org/x/text v0.3.3 //恢复到0.3.3
)
```

我们看到刚刚降级回 v0.1.0 的依赖项又自动变回 v0.3.3 了（这是目前 text 包的最新版本，注意仅 minor 号和 patch 号变更了）。

如果仅升级 patch 号，而不升级 minor 号，可以使用 go get -u=patch A。比如：如果 golang.org/x/text 有 v0.1.1 版本，那么 go get -u=patch golang.org/x/text 会将 go.mod 中 text 后面的版本号变为 v0.1.1，而不是 v0.3.3。并且，处于 module-aware 模式下的 go get 在更新某个依赖（无论是升版本还是降版本）时，会自动计算并更新其间接依赖的包的版本。

61.3 Go module 代理

1. GOPROXY 环境变量

Go 1.11 版本在引入 Go module 的同时，还引入了 go module proxy。无论是在 gopath 模式还是 module-aware 模式下，go get 命令默认都是直接从代码托管服务器（如 GitHub、GitLab 等）下载 Go module 的。但是在 Go 1.11 中，我们可以通过设置 GOPROXY 环境变量让 Go 命令从其他 module 代理服务器下载 module。比如：

```
export GOPROXY=https://goproxy.cn
```

一旦上面的设置生效，后续 Go 命令就会通过 Go module 下载协议与 module 代理交互下载特定版本的 module。有了 module proxy，之前的那些包无法通过 go get 命令成功下载（如 golang.org/x 下面的包）或者获取缓慢（比如：有时 GitHub 访问很慢）的问题就都得到了解决。同时，module proxy 也让 Gopher 在 module 和包的获取上增加了一定的控制和干预能力。

在 Go 1.13 版本之前，GOPROXY 这个环境变量的默认值为空，Go 工具链都是直接与类似 github.com 这样的代码托管站点通信并获取相关依赖包的数据。一些第三方 module 代理服务发布后，迁移到 Go module 的 Gopher 发现，在大多数情况下，通过 proxy 获取依赖包数据的速度要远高于直接从代码托管站点获取，因此总是会为 GOPROXY 配置一个值。Go 核心团队也希望 Go 世界能有一个像 Node.js 那样的中心化的 module 仓库为大家提供服务，于是在 Go 1.13 中将

https://proxy.golang.org 设为 GOPROXY 环境变量的默认值之一，这也是 Go 提供的官方 module 代理服务。

同样是从 Go 1.13 版本开始，GOPROXY 环境变量**支持设置多个代理的列表**（多个代理之间采用逗号分隔）。Go 编译器会按顺序尝试从列表中的代理服务获取依赖包数据，当有代理服务不可达或者返回的 HTTP 状态码既不是 404 也不是 410 时，Go 会终止数据获取，否则会尝试向列表中的下一个代理服务获取数据。在 Go 1.13 中，GOPROXY 的默认值为 https://proxy.golang.org,direct。当官方代理返回 404 或 410 时，Go 编译器会尝试直接连接依赖 module 的代码托管站点以获取数据。但是当列表中的代理服务返回其他错误时，Go 命令不会向 GOPROXY 列表中的下一个值所代表的代理服务发起请求。这种行为模式没能让所有 Gopher 满意，**很多 Gopher 认为 Go 工具链应该向后面的代理服务请求，直到所有代理服务都返回失败**。Go 1.15 版本满足了 Go 社区的需求，新增以管道符"|"为分隔符的代理列表值。如果 GOPROXY 配置的代理服务列表值以管道符分隔，则无论某个代理服务返回什么错误码，Go 命令都会向列表中的下一个代理服务发起新的尝试请求。（Go 1.15 版本中 GOPROXY 环境变量的默认值依旧为 https://proxy.golang.org,direct。）

下面是目前世界各地的一些知名 module 代理服务。

❏ proxy.golang.org：Go 官方提供的 module 代理服务。

❏ mirrors.tencent.com/go：腾讯公司提供的 module 代理服务。

❏ mirrors.aliyun.com/goproxy：阿里云提供的 module 代理服务。

❏ goproxy.cn：开源 module 代理，由七牛云提供主机，是目前中国最为稳定的 module 代理服务。

❏ goproxy.io：开源 module 代理，由中国 Go 社区提供的 module 代理服务。

❏ Athens：开源 module 代理，可基于该代理自行搭建 module 代理服务。

2. GOSUMDB

在日常开发中，特定 module 版本的校验和永远不会改变。每次运行或构建时，Go 命令都会通过本地的 go.sum 检查其本地缓存副本的校验和是否一致。如果校验和不匹配，则 Go 命令将报告安全错误，并拒绝运行构建或运行。在这种情况下，重要的是找出正确的校验和，确定是 go.sum 错误还是下载的代码有误。如果 go.sum 中尚未包含已下载的 module，并且该模块是公共 module，则 go 命令将查询 Go 校验和数据库以获取正确的校验和数据并存入 go.sum。如果下载的代码与校验和不匹配，则 Go 命令将报告不匹配并退出。

Go 1.13 提供了 GOSUMDB 环境变量来配置 Go 校验和数据库的服务地址（和公钥），其默认值为 "sum.golang.org"，这也是 Go 官方提供的校验和数据库服务（也可以使用 sum.golang.google.cn）。出于安全考虑，建议保持 GOSUMDB 开启。但如果因为某些因素无法访问 GOSUMDB，也可以通过下面的命令将其关闭：

```
$go env -w GOSUMDB=off
```

在 GOSUMDB 关闭后，Go 编译器就仅能使用本地的 go.sum 进行包的校验和校验了。

3. 获取私有 module

有了 GOPROXY 配置的公共 module 代理服务，公共 module 数据的获取就变得十分容易和高效了。但是如果依赖的是企业内部代码服务器或公共代码托管站点上的私有 module，通过配置公共 module 代理服务来获取数据显然不能达到预期效果。以我在 GitHub 上建立的私有仓库 github.com/bigwhite/privatemodule 为例（实验环境的 GOPROXY 设置为 https://goproxy.cn,direct）：

```
$go get github.com/bigwhite/privatemodule
go get github.com/bigwhite/privatemodule: module github.com/bigwhite/
    privatemodule: git ls-remote -q origin in /root/go/pkg/mod/cache/vcs/026323f
    17e7ba34a4d690bb5ac8e44aef5d9f49a296aaaad917f4cb1318d1259: exit status 128:
    fatal: could not read Username for 'https://github.com': terminal prompts disabled
Confirm the import path was entered correctly.
If this is a private repository, see https://golang.org/doc/faq#git_https for
    additional information.
```

在本地没有缓存 GitHub 用户名 / 密码的情况下，go get 会报上述错误。我们可以使用 .netrc 的方式配置访问 GitHub 的凭证。创建 ~ /.netrc，其内容如下：

```
// ~/.netrc
machine github.com
login bigwhite
password [personal access tokens]
```

GitHub 的 **personal access tokens** 可以在 https://github.com/settings/tokens 下自助生成。配置好 ~/.netrc，再来获取 privatemodule：

```
$go get github.com/bigwhite/privatemodule
go: downloading github.com/bigwhite/privatemodule v0.0.0-20200917051519-a62573a3b770
go get github.com/bigwhite/privatemodule: github.com/bigwhite/privatemodule@
    v0.0.0-20200917051519-a62573a3b770: verifying module: github.com/bigwhite/
    privatemodule@v0.0.0-20200917051519-a62573a3b770: reading https://goproxy.
    cn/sumdb/sum.golang.org/lookup/github.com/bigwhite/privatemodule@v0.0.0-
    20200917051519-a62573a3b770: 404 Not Found
    server response:
    not found: github.com/bigwhite/privatemodule@v0.0.0-20200917051519-
        a62573a3b770: invalid version: git fetch -f origin refs/heads/*:refs/heads/*
        refs/tags/*:refs/tags/* in /tmp/gopath/pkg/mod/cache/vcs/026323f17e7ba34a4d
        690bb5ac8e44aef5d9f49a296aaaad917f4cb1318d1259: exit status 128:
        fatal: could not read Username for 'https://github.com': terminal prompts
            disabled
```

这次 go get 依然没有成功！由输出的错误信息我们知道，go get 依旧通过 GOPROXY 去获取 privatemodule，但在使用默认的 GOSUMDB（sum.golang.org）校验 privatemodule 时报了 404 错误。由于是私有仓库，默认的 sum.golang.org 站点自然不会有该仓库的校验信息。

那么对于私有 module，如何让 go get 绕过 GOPROXY 呢？ Go 1.13 提供了 GOPRIVATE 环境变量用于指示哪些仓库下的 module 是私有的，不需要通过 GOPROXY 下载，也不需要通过 GOSUMDB 验证其校验和。不过要注意的是，GONOPROXY 和 GONOSUMDB 可以覆盖 GOPRIVATE 变量中的设置，因此设置时要谨慎，比如下面的例子：

```
GOPRIVATE=pkg.tonybai.com/private
GONOPROXY=none
GONOSUMDB=none
```

GOPRIVATE 指示 pkg.tonybai.com/private 下的包无须经过 GOPROXY 代理下载，不经过 GOSUMDB 验证。但 GONOPROXY 和 GONOSUMDB 均为 none，意味着所有 module，不管是公共的还是私有的，都要经过 GOPROXY 下载，经过 GOSUMDB 验证，这样 GOPRIVATE 的设置就因被覆盖而不会生效。

可以单独设置 GOPRIVATE 来实现 go get 不使用 GOPROXY 下载 privatemodule 并且无须 GOSUMDB 校验：

```
export GOPRIVATE=github.com/bigwhite/privatemodule
```

再次执行 go get 命令获取 privatemodule：

```
$go get github.com/bigwhite/privatemodule
go: downloading github.com/bigwhite/privatemodule v0.0.0-20200917051519-a62573a3b770
go: github.com/bigwhite/privatemodule upgrade => v0.0.0-20200917051519-a62573a3b770
```

这回 privatemodule 被成功下载并缓存到本地。

除了使用 ~/.netrc 实现配置访问 github.com 的凭证信息，我们也可以通过 SSH 方式访问 GitHub 上的私有仓库。首先在 https://github.com/settings/keys 页面将你的主机公钥内容（一般为 ~/.ssh/id_rsa.pub）添加到 github.com 的 SSH keys 中，然后在你的 ~/.gitconfig 中添加下面两行配置：

```
// ~/.gitconfig
[url "ssh://git@github.com/"]
    insteadOf = https://github.com/
```

其他操作与通过 .netrc 获取私有 module 的步骤一样，这里就不赘述了。

61.4 升级 module 的主版本号

自 go module 机制在 Go 1.11 版本中引入以来，虽然伴随着不小的质疑声，但总体上 Go 社区是接受 go module 的，很多标杆式的 Go 项目（如 Kubernetes）已转向 Go module。随着 Go module 应用的日益拓宽和深入，Gopher 开始遇到一些最初使用 Go module 时未曾遇到过的问题，比如升级主版本号。这里通过一个例子来看看升级 module 主版本号的方案以及相应的操作步骤。

1. go module 的语义导入版本

在"Semantic Import Versioning"一文中，Russ Cox 说明了 Go import 包兼容性的总原则：**如果新旧版本的包使用相同的导入路径，那么新包与旧包是兼容的。也就是说，如果新旧两个包不兼容，那么应该采用不同的导入路径**。因此，Russ Cox 采用了将主版本作为导入路径一部分的设计。这种设计支持在同一个项目的 Go 源文件中导入同一个包的不同版本：同一个包虽然包名相同，但是导入路径不同。vN 作为导入路径的一部分将用于区分包的不同版本。同时在同一个源文件中，我们可以使用包别名来区分同一个包的不同版本，比如：

```
import (
    "github.com/bigwhite/foo/bar"
    barV2 "github.com/bigwhite/foo/v2/bar"
)
```

go module 的这种设计虽然没有给 Go 包的使用者带来多少额外工作，但却给 Go 包的维护者带来了一定的复杂性，他们需要考虑在 go module 机制下如何升级自己的 go module 的主版本号（major version）。稍有不慎，很可能就会导致自身代码库的混乱或者包使用者侧无法通过编译或执行行为混乱。

下面就从 Go 包作者的角度探究一下究竟该如何进行 module 主版本号的升级。

2. 使用 major branch 方案

对于多数 Gopher 来说，major branch 方案是一个过渡比较自然的方案，它通过建立 vN 分支并基于 vN 分支打 vN.x.y 标签的方式进行主版本号的升级。

我们在 bitbucket.org 上建立一个公共仓库 bitbucket.org/bigwhite/modules-major-branch，其初始结构和代码如下（此时本地开发环境中 GO111MODULE=on）：

```
$tree -LF 2 modules-major-branch
modules-major-branch
├── foo/
│   └── foo.go
├── go.mod
└── README.md

$cat go.mod
module bitbucket.org/bigwhite/modules-major-branch

go 1.12

$ cat foo.go
package foo

import "fmt"

func Foo() {
    fmt.Println("foo.Foo of module: bitbucket.org/bigwhite/modules-major-branch pre-v1")
}
```

接下来，建立 modules-major-branch/foo 包的消费者项目 modules-major-branch-test：

```
$ tree -LF 1 ./modules-major-branch-test/
./modules-major-branch-test/
├── go.mod
├── go.sum
└── main.go

$ cat go.mod
```

```
module bitbucket.org/bigwhite/modules-major-branch-test

go 1.12

$ cat main.go
package main

import (
    "bitbucket.org/bigwhite/modules-major-branch/foo"
)

func main() {
    foo.Foo()
}
```

运行该消费者：

```
$go run main.go
go: finding bitbucket.org/bigwhite/modules-major-branch/foo latest
go: finding bitbucket.org/bigwhite/modules-major-branch latest
go: downloading bitbucket.org/bigwhite/modules-major-branch v0.0.0-20190602132049-2d924da2e295
go: extracting bitbucket.org/bigwhite/modules-major-branch v0.0.0-20190602132049-2d924da2e295
foo.Foo of module: bitbucket.org/bigwhite/modules-major-branch pre-v1
```

我们看到消费者在这个阶段消费成功。

随着 module 功能的演进，modules-major-branch 到了发布 1.0 版本的时间节点：

```
$cat foo/foo.go
package foo

import "fmt"

func Foo() {
    fmt.Println("foo.Foo of module: bitbucket.org/bigwhite/modules-major-branch v1.0.0")
}

$git tag v1.0.0
$git push --tag origin master
```

接下来，让消费者将对 modules-major-branch/foo 的依赖升级到 v1.0.0。这种升级是不会自动进行的，这需要包的消费者的开发者自己决策后手动进行，否则就会给开发者带来困惑。我们通过 go mod edit 命令修改消费者项目的包版本依赖：

```
$go mod edit -require=bitbucket.org/bigwhite/modules-major-branch@v1.0.0

$cat go.mod
module bitbucket.org/bigwhite/modules-major-branch-test

go 1.12

require bitbucket.org/bigwhite/modules-major-branch v1.0.0
```

来运行一下升级依赖后的消费者项目：

```
$go run main.go
go: finding bitbucket.org/bigwhite/modules-major-branch v1.0.0
go: downloading bitbucket.org/bigwhite/modules-major-branch v1.0.0
go: extracting bitbucket.org/bigwhite/modules-major-branch v1.0.0
foo.Foo of module: bitbucket.org/bigwhite/modules-major-branch v1.0.0
```

不过在最新的 go module 机制中从 pre-v1 到 v1 还算不上主版本升级，接下来看看 foo 包的作者应该如何对 modules-major-branch module 进行不兼容的升级：v1 → v2。

当 modules-major-branch module 即将进行不兼容升级时，一般会为当前版本建立维护分支（比如 v1 分支，并在 v1 分支上继续对 v1 版本进行维护和打补丁），然后在 master 分支上进行不兼容的修改。

```
$ git checkout -b v1
$ git checkout master
$ cat foo/foo.go
package foo

import "fmt"

func Foo2() {
    fmt.Println("foo.Foo2 of module: bitbucket.org/bigwhite/modules-major-branch v2.0.0")
}
```

从以上代码中可以看到，在 master 分支上，我们删除了 foo 包中的 Foo 函数，新增了 Foo2 函数。但仅做这些还不够。前文提到过一个原则：如果新旧两个包不兼容，那么应该采用不同的导入路径。我们对 modules-major-branch module 进行了不兼容的修改，modules-major-branch module 要有不同的导入路径，因此需要修改 modules-major-branch module 的 **module 路径**：

```
$ cat go.mod
module bitbucket.org/bigwhite/modules-major-branch/v2

go 1.12

$ git tag v2.0.0
$ git push --tag origin master
```

我们在 module 根路径后面加上了 v2，并基于 master 建立了标签 v2.0.0。

我们再来看看消费者端应该如何应对 modules-major-branch module 的不兼容修改。如果消费者要使用最新的 Foo2 函数，我们需要对消费者项目的 main.go 做出如下改动：

```
//modules-major-branch-test/main.go
package main

import (
    "bitbucket.org/bigwhite/modules-major-branch/v2/foo"
)

func main() {
```

```
        foo.Foo2()
}
```

接下来我们不需要手动修改 modules-major-branch-test 的 go.mod 中的依赖，直接运行 go run 即可：

```
$ go run main.go
go: finding bitbucket.org/bigwhite/modules-major-branch/v2/foo latest
go: finding bitbucket.org/bigwhite/modules-major-branch/v2 v2.0.0
go: downloading bitbucket.org/bigwhite/modules-major-branch/v2 v2.0.0
go: extracting bitbucket.org/bigwhite/modules-major-branch/v2 v2.0.0
foo.Foo2 of module: bitbucket.org/bigwhite/modules-major-branch v2.0.0
```

我们看到 Go 编译器会自动发现依赖变更，下载对应的包并更新 go.mod 和 go.num：

```
$ cat go.mod
module bitbucket.org/bigwhite/modules-major-branch-test

go 1.12

require (
    bitbucket.org/bigwhite/modules-major-branch v1.0.0
    bitbucket.org/bigwhite/modules-major-branch/v2 v2.0.0
)
```

modules-major-branch-test 此时已经不再需要依赖 modules-major-branch 的 v1.0.0 版本，我们可以通过 go mod tidy 清理一下 go.mod 中的依赖：

```
$ go mod tidy
$ cat go.mod
module bitbucket.org/bigwhite/modules-major-branch-test

go 1.12

require bitbucket.org/bigwhite/modules-major-branch/v2 v2.0.0
```

我们看到，现在就只剩下对 modules-major-branch/v2 的依赖了。

后续 modules-major-branch 可以在 master 分支上持续演进，直到又有不兼容改动时，可以基于 master 建立 v2 维护分支，同时 master 分支将升级为 v3 版本。

在该方案中，对包的作者而言，升级主版本号需要：

❏ 在 go.mod 中升级 module 的根路径，增加 vN；

❏ 建立 vN.x.x 形式的标签（可选，如果不打标签，Go 会在消费者的 go.mod 中使用伪版本号，比如 bitbucket.org/bigwhite/modules-major-branch/v2 v2.0.0-20190603050009-28a5b8da279e）。

如果 modules-major-branch 内部有相互的包引用，那么在升级主版本号的时候，这些包的导入路径也要增加 vN，否则就会出现在高版本号的代码中引用低版本号包代码的情况，**这也是包作者极容易忽略的事情**。github.com/marwan-at-work/mod 是一个为 module 作者提供的升降级主版本号的工具，它可以帮助包作者方便地自动修改项目内所有源文件中的导入路径。有 Gopher 已经提出希望 Go 官方提供升降级的支持（https://github.com/golang/go/issues/32014），但目前

Go 核心团队尚未明确是否增加。

对于包的消费者而言，升级依赖包的主版本号，只需要在导入包时在导入路径中增加 vN 即可，当然代码中也要针对不兼容的部分进行修改，然后 go 工具就会自动下载相关包了。

3. 使用 major subdirectory 方案

Go module 还提供了一种用起来不那么自然的方案，那就是利用子目录分割不同主版本。在这种方案下，如果某个 module 目前已经演进到 v3 版本，那么这个 module 所在仓库的目录结构应该是这样的：

```
$ tree modules-major-subdir
modules-major-subdir
├── bar
│   └── bar.go
├── go.mod
├── v2
│   ├── bar
│   │   └── bar.go
│   └── go.mod
└── v3
    ├── bar
    │   └── bar.go
    └── go.mod
```

这里直接用 vN 作为子目录名字，在代码仓库中将不同版本 module 放置在不同的子目录中，这样即便不建分支、不打标签，Go 编译器通过子目录名也能找到对应的版本。以上面的 v2 子目录为例，该子目录下的 go.mod 如下：

```
$ cat go.mod
module bitbucket.org/bigwhite/modules-major-subdir/v2

go 1.12
```

v3 也是类似。在各自的子目录中，module 的根路径都是带有 vN 扩展的。

接下来，创建一个新的消费者，让它来分别调用不同版本的 modules-major-subdir/bar 包。和 modules-major-branch-test 类似，我们建立 modules-major-subdir-test 来作为 modules-major-subdir/bar 包的消费者：

```
// modules-major-subdir-test

$ cat go.mod
module bitbucket.org/bigwhite/modules-major-subdir-test

go 1.12

$ cat main.go
package main

import (
    "bitbucket.org/bigwhite/modules-major-subdir/bar"
```

```
)

func main() {
    bar.Bar()
}
```

运行一下该消费者：

```
$ go run main.go

go: finding bitbucket.org/bigwhite/modules-major-subdir/bar latest
go: finding bitbucket.org/bigwhite/modules-major-subdir latest
go: downloading bitbucket.org/bigwhite/modules-major-subdir v0.0.0-
    20190603053114-50b15f581aba
go: extracting bitbucket.org/bigwhite/modules-major-subdir v0.0.0-20190603053114-
    50b15f581aba
bar.Bar of module: bitbucket.org/bigwhite/modules-major-subdir
```

修改 main.go，调用 v2 版本 bar 包中的 Bar2 函数：

```
package main

import (
    "bitbucket.org/bigwhite/modules-major-subdir/v2/bar"
)

func main() {
    bar.Bar2()
}
```

再次运行 main.go：

```
# go run main.go
go: finding bitbucket.org/bigwhite/modules-major-subdir v0.0.0-20190603053114-
    50b15f581aba
go: downloading bitbucket.org/bigwhite/modules-major-subdir v0.0.0-20190603053114-
    50b15f581aba
go: extracting bitbucket.org/bigwhite/modules-major-subdir v0.0.0-20190603053114-
    50b15f581aba
go: finding bitbucket.org/bigwhite/modules-major-subdir/v2/bar latest
go: finding bitbucket.org/bigwhite/modules-major-subdir/v2 latest
go: downloading bitbucket.org/bigwhite/modules-major-subdir/v2 v2.0.0-20190603063223-
    4be5d54167e9
go: extracting bitbucket.org/bigwhite/modules-major-subdir/v2 v2.0.0-20190603063223-
    4be5d54167e9
bar.Bar2 of module: bitbucket.org/bigwhite/modules-major-subdir v2
```

我们看到，Go 编译器自动找到了位于 modules-major-subdir 仓库下 v2 子目录下的 v2 版本
bar 包。

从上面的示例来看，这种通过子目录方式来实现主版本升级的方式似乎更简单一些，但笔
者总感觉这种方式有些"怪"，尤其是在与分支和标签交叉使用时可能会带来一些困惑，其他主
流语言也鲜有使用这种方式进行主版本升级的。一旦使用这种方式，利用 Git 等工具在各个不同

主版本之间自动同步代码变更将变得很困难。

　　另外和 major branch 方案一样，如果 module 内部有相互的包引用，那么在升级 module 的主版本号的时候，这些包的导入路径也要增加 vN，否则也会出现在高版本号的代码中引用低版本号包代码的情况。

小结

　　Go 1.11 引入的 Go module 机制是近些年 Go 语言较大的一次变更，它基本上解决了多年来 Go 社区对 Go 缺少包依赖管理工具的抱怨。在经历了几个版本的优化和打磨后，Go module 已经真正成为 Go 项目**包依赖管理的唯一标准**。强烈建议每个刚刚走入 Go 世界的开发者拥抱 Go module，**使用 Go module 管理包依赖**。

　　本条要点：

- ❑ 了解 Go 包依赖管理的演进历史以及不同方案的问题；
- ❑ 掌握 Go module 的定义及工作模式；
- ❑ 掌握 Go module 的核心思想，即语义导入版本和最小版本选择；
- ❑ 掌握 Go module 的常用操作命令；
- ❑ 熟悉 Go module 代理的工作原理及相关环境变量设置；
- ❑ 掌握 Go module 主版本号升级的方案、步骤及注意事项。

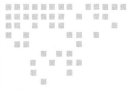

构建最小 Go 程序容器镜像

自从 2013 年 dotCloud 公司（现已改名为 Docker）发布 Docker 容器以来，已经有 7 年多的时间了。在这期间 Docker 技术飞速发展，催生出一个庞大的、生机勃勃的、以轻量级容器技术为基础的容器平台生态圈，开启了云原生计算时代，并推动了轻量级容器技术成为云原生时代的核心支撑技术。

作为 Docker 三大核心技术之一的轻量级容器镜像技术对于 Docker 的快速发展功不可没：镜像让容器真正插上了翅膀，实现了容器自身的重用和标准化传播，使得开发、交付、运维流水线上的各个角色真正围绕同一交付物，"test what you write, ship what you test（写什么就测什么，测什么就交付什么）"成为现实。

对于已经接纳并在日常开发工作中使用 Docker 技术的开发者而言，构建 Docker 镜像已经是家常便饭。但如何更高效地构建以及构建出尺寸更小的镜像却是很多 Docker 技术初学者心中的疑问，甚至是一些老手都未曾细致考量过的问题。小即是美！小镜像打包快、下载快、启动快、占用资源小以及受攻击面小，对于任何语言的开发者来说，都是十分具有吸引力的。Go 语言已经成为云原生时代的头部语言，在本条中我们就来看看如何一步步地构建出最小 Go 程序容器镜像。

62.1 镜像：继承中的创新

谈镜像构建之前，我们先来简要说下**镜像**。

Docker 技术本质上并不是新技术，而是对已有技术进行的更好的整合和包装。内核容器技术以一种完整形态最早出现在 Sun 公司的 Solaris 操作系统上，Solaris 是当时最先进的服务器操作系统。2005 年 Sun 发布了 Solaris Container 技术，从此打开了内核容器之门。

2008 年，由 Google 公司开发人员主导实现的 Linux Container（LXC）功能被合并到 Linux 内核中。LXC 是一种内核级虚拟化技术，主要基于 Namespaces 和 Cgroups 技术，实现共享一个操作系统内核前提下的进程资源隔离，为进程提供独立的虚拟执行环境，这样的一个虚拟执行环境就是一个容器。本质上，LXC 容器与现在 Docker 所提供的容器是一样的。Docker 也是基于 Namespaces 和 Cgroups 技术实现的，Docker 的**创新之处**在于其基于 Union File System 技术定义了一套容器打包规范，真正将容器中的应用及其运行的所有依赖都封装到一种特定格式的文件中，而这种文件就被称为**镜像**（image），原理见图 62-1（引自 Docker 官网）。

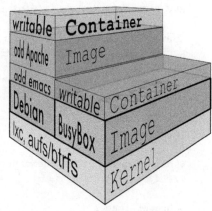

镜像是容器的序列化标准，这一创新为容器的存储、重用和传输奠定了基础。"坐上了巨轮"的容器镜像可以传播到世界每一个角落，这无疑推动了容器技术的飞速发展。

与 Solaris Container、LXC 等早期内核容器技术不同，Docker 为开发者提供了开发者体验良好的工具集，包括用于构建镜像的 Dockerfile 以及一种用于编写 Dockerfile

图 62-1　Docker 镜像原理

的领域特定语言。采用 Dockerfile 方式是镜像构建的标准方法，其可重复、可自动化、可维护以及分层精确控制等特点是传统采用 docker commit 命令提交镜像所不能比拟的。

62.2　镜像是个筐：初学者的认知

"**镜像是个筐，什么都往里面装。**"这句俏皮话可能是大部分 Docker 初学者对镜像最初认知的真实写照。这里我们用一个例子来生动地展示一下。我们将 httpserver.go 这个源文件编译为 httpd 程序并通过镜像发布，考虑到被编译的源码并非本文重点，这里使用了一段极简的示例代码：

```
// chapter10/sources/tiny-image/httpserver.go

func main() {
    fmt.Println("http daemon start")
    fmt.Println("  -> listen on port:8080")
    http.ListenAndServe(":8080", nil)
}
```

接下来，编写一个用于构建目标镜像的 Dockerfile：

```
From ubuntu:14.04

RUN apt-get update \
    && apt-get install -y software-properties-common \
    && add-apt-repository ppa:gophers/archive \
    && apt-get update \
```

```
                && apt-get install -y golang-1.9-go \
                                   git \
                && rm -rf /var/lib/apt/lists/*

ENV GOPATH /root/go
ENV GOROOT /usr/lib/go-1.9
ENV PATH="/usr/lib/go-1.9/bin:${PATH}"

COPY ./httpserver.go /root/httpserver.go
RUN go build -o /root/httpd /root/httpserver.go \
    && chmod +x /root/httpd

WORKDIR /root
ENTRYPOINT ["/root/httpd"]
```

构建这个镜像：

```
$ docker build -t repodemo/httpd:latest .
//构建输出，这里省略

$ docker images
REPOSITORY            TAG          IMAGE ID          CREATED           SIZE
repodemo/httpd        latest       183dbef8eba6      2 minutes ago     550MB
ubuntu                14.04        dea1945146b9      2 months ago      188MB
```

整个镜像的构建过程因环境而定。如果你的网络速度一般，这个构建过程可能会花费你10分钟甚至更长时间。最终如我们所愿，基于 repodemo/httpd:latest 这个镜像的容器可以正常运行：

```
$ docker run repodemo/httpd
http daemon start
    -> listen on port:8080
```

我们通过一个 Dockerfile 构建出一个镜像。Dockerfile 由若干条命令组成，每条命令的执行结果都会单独形成一个层。我们来探索一下构建出来的镜像：

```
$ docker history 183dbef8eba6
IMAGE           CREATED         CREATED BY                    SIZE                COMMENT
183dbef8eba6    21 minutes ago  /bin/sh -c #(nop) ENTRYPOINT ["/root/httpd"]     0B
27aa721c6f6b    21 minutes ago  /bin/sh -c #(nop) WORKDIR /root                  0B
a9d968c704f7    21 minutes ago  /bin/sh -c go build -o /root/httpd /root/h...    6.14MB
...
aef7700a9036    30 minutes ago  /bin/sh -c apt-get update       && apt-get...    356MB
...
<missing>       2 months ago    /bin/sh -c #(nop)     ADD file:8f997234193c2f5... 188MB
```

去除掉那些大小为 0 或很小的层，我们看到三个尺寸占比较大的层，见图 62-2。

虽然 Docker 引擎利用缓存机制可以让同主机下非首次的镜像构建执行得很快，但是在 Docker 技术热情催化下，这种构建思路让 Docker 镜像在存储和传输方面的优势荡然无存，要知道一个 ubuntu-server 16.04 的虚拟机 ISO 文件的大小也就差不多 600MB 而已。

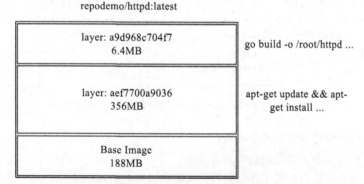

图 62-2　Docker 镜像分层探索

62.3　理性回归：builder 模式的崛起

在 Docker 使用者在接触新技术初期的热情冷却下来之后，迎来了理性的回归。根据图 62-2 的分层镜像，我们发现最终镜像中包含构建环境是多余的，只需要在最终镜像中包含足够支撑 httpd 应用运行的运行环境即可，而 Base Image 就可以满足。于是我们应该如图 62-3 所示，去除不必要的中间层。

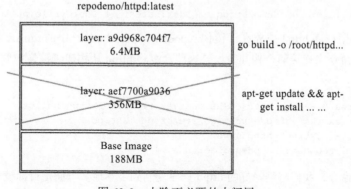

图 62-3　去除不必要的中间层

现在问题来了！如果不在同一镜像中完成应用构建，那么在哪里、由谁来构建应用呢？至少有两种方法：

❑ 在本地构建并复制到镜像中；

❑ 借助构建者镜像（builder image）构建。

本地构建有很多局限性，比如本地环境无法复用、无法很好地融入持续集成 / 持续交付流水线等。借助 builder image 进行构建成为 Docker 社区的最佳实践，Docker 官方为此推出了各种主流编程语言（比如 Go、Java、Python 及 Ruby 等）的官方基础镜像（base image）。借助 builder image 进行镜像构建的流程如图 62-4 所示。

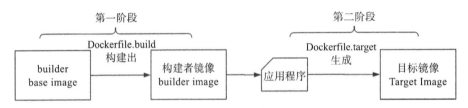

图 62-4　借助 builder image 进行镜像构建的流程图

整个目标镜像的构建被分为两个阶段：

第一阶段，构建负责编译源码的构建者镜像；

第二阶段，将第一阶段的输出作为输入，构建出最终的目标镜像。

我们选择 golang:1.9.2 作为 builder base image，构建者镜像的 Dockerfile 如下：

```
// chapter10/sources/tiny-image/Dockerfile.build

FROM golang:1.9.2

WORKDIR /go/src
COPY ./httpserver.go .

RUN go build -o httpd ./httpserver.go
```

执行构建：

```
$ docker build -t repodemo/httpd-builder:latest -f Dockerfile.build .
```

构建好的应用程序 httpd 被放在了镜像 repodemo/httpd-builder 中的 /go/src 目录下，我们需要一些"胶水"命令来连接两个构建阶段，这些命令将 httpd 从**构建者镜像**中取出并作为下一阶段构建的输入：

```
$ docker create --name extract-httpserver repodemo/httpd-builder
$ docker cp extract-httpserver:/go/src/httpd ./httpd
$ docker rm -f extract-httpserver
$ docker rmi repodemo/httpd-builder
```

通过上面的命令，我们将编译好的 httpd 程序复制到了本地。下面是目标镜像的 Dockerfile：

```
// chapter10/sources/tiny-image/Dockerfile.target
From ubuntu:14.04

COPY ./httpd /root/httpd
RUN chmod +x /root/httpd

WORKDIR /root
ENTRYPOINT ["/root/httpd"]
```

接下来构建目标镜像：

```
$ docker build -t repodemo/httpd:latest -f Dockerfile.target .
```

我们来看看这个镜像的"体格"：

```
$ docker images
REPOSITORY          TAG          IMAGE ID        CREATED          SIZE
repodemo/httpd      latest       e3d009d6e919    12 seconds ago   200MB
```

200MB！目标镜像的大小才不到原来的一半。

62.4　"像赛车那样减重"：追求最小镜像

如图 62-5 所示，前面我们构建出的镜像已经缩小到 200MB，但这还不够。200MB 的"体格"在我们的网络环境下缓存和传输仍然很难令人满意。我们要为镜像进一步减重，减到尽可能小，就像赛车那样，为了减轻重量将所有不必要的东西都拆掉：仅保留能支撑我们的应用运行的必要库、命令，其余的一律不纳入目标镜像。当然这不仅仅是基于尺寸上的考量，小镜像还有额外的好处，比如：内存占用小，启动速度快，更加高效；不会因其他不必要的工具、库的漏洞而被攻击，减少了攻击面，更加安全。

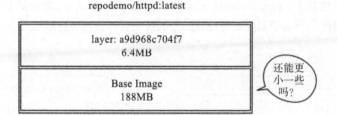

图 62-5　目标镜像还能更小些吗？

一般应用开发者不会从头构建自己的 base image 以及目标镜像，而会挑选合适的 base image。如图 62-6 所示，一些蝇量级甚至是草量级的官方 base image 的出现为这种情况提供了条件。

图 62-6　一些 base image 的大小比较（来自 imagelayers.io）

从图 62-6 来看，我们有两个选择：busybox 和 alpine。

busybox 更小，不过 busybox 默认的 C 运行时库（libc）实现是 uClibc，而通常运行环境使用的 libc 实现都是 glibc，因此我们要么选择静态编译程序，要么使用 busybox:glibc 镜像作为 base image。

alpine 是另一种蝇量级 base image，它使用了比 glibc 更小、更安全的 musl libc 库。不过和 busybox 相比，alpine 体格略大。除了因为 musl 比 uClibc 大一些之外，alpine 还在镜像中添加了自己的包管理系统 apk。开发者可以使用 apk 在基于 alpine 的镜像中添加需要的包或工具。因此，对于普通开发者而言，alpine 显然是更佳的选择。不过 alpine 使用的 libc 实现为 musl，与基于 glibc 上编译出来的应用程序不兼容。如果直接将前面构建出的 httpd 应用塞入 alpine，在容器启动时会遇到下面的错误（因为加载器找不到 glibc 这个动态共享库文件）：

```
standard_init_linux.go:185: exec user process caused "no such file or directory"
```

对于 Go 程序来说，我们可以静态编译的程序，但一旦采用静态编译，也就意味着我们将失去一些 libc 提供的原生能力，比如：在 Linux 上，你无法使用系统提供的 DNS 解析能力，只能使用 Go 自实现的 DNS 解析器（具体可参考第 60 条）。

我们还可以采用基于 alpine 的 builder image，golang base image 就提供了 alpine 版本。我们就用这种方式构建出一个基于 alpine base image 的极小目标镜像（见图 62-7）。

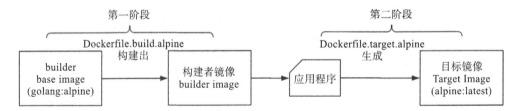

图 62-7　借助 alpine builder image 进行镜像构建的流程图

新建两个用于 alpine 版本目标镜像构建的 Dockerfile：Dockerfile.build.alpine 和 Dockerfile.target.alpine：

```
// chapter10/sources/tiny-image/Dockerfile.build.alpine
FROM golang:alpine

WORKDIR /go/src
COPY ./httpserver.go .

RUN go build -o httpd ./httpserver.go

// chapter10/sources/tiny-image/Dockerfile.target.alpine
From alpine

COPY ./httpd /root/httpd
RUN chmod +x /root/httpd
```

```
WORKDIR /root
ENTRYPOINT ["/root/httpd"]
```

构建 builder 镜像：

```
$ docker build -t repodemo/httpd-alpine-builder:latest -f Dockerfile.build.alpine .

$ docker images
REPOSITORY                      TAG       IMAGE ID       CREATED            SIZE
repodemo/httpd-alpine-builder   latest    d5b5f8813d77   About a minute ago 275MB
```

执行"胶水"命令：

```
$ docker create --name extract-httpserver repodemo/httpd-alpine-builder
$ docker cp extract-httpserver:/go/src/httpd ./httpd
$ docker rm -f extract-httpserver
$ docker rmi repodemo/httpd-alpine-builder
```

构建目标镜像：

```
$ docker build -t repodemo/httpd-alpine -f Dockerfile.target.alpine .

$ docker images
REPOSITORY              TAG       IMAGE ID       CREATED          SIZE
repodemo/httpd-alpine   latest    895de7f785dd   13 seconds ago   16.2MB
```

16.2MB！目标镜像的大小降为不到原来的十分之一，我们得到了预期的结果！

62.5　"要有光"：对多阶段构建的支持

虽然我们实现了目标镜像的最小化，但是整个构建过程却十分烦琐，我们需要准备两个 Dockerfile，需要准备"胶水"命令，需要清理中间产物等。作为 Docker 用户，我们希望用一个 Dockerfile 解决所有问题，于是就有了 Docker 引擎对多阶段构建（multi-stage build）的支持。

 多阶段构建这个特性只有 Docker 17.05.0-ce 及以后的版本才支持。

现在我们就按照"多阶段构建"的语法将上面的 Dockerfile.build.alpine 和 Dockerfile.target. alpine 合并到一个 Dockerfile 中：

```
// chapter10/sources/tiny-image/Dockerfile.multistage

FROM golang:alpine as builder

WORKDIR /go/src
COPY httpserver.go .

RUN go build -o httpd ./httpserver.go
```

```
From alpine:latest

WORKDIR /root/
COPY --from=builder /go/src/httpd .
RUN chmod +x /root/httpd

ENTRYPOINT ["/root/httpd"]
```

Dockerfile 的语法还是很简明和易理解的。即使是第一次看到这个语法，你也能大致猜出六成含义。与之前 Dockerfile 最大的不同在于，在支持多阶段构建的 Dockerfile 中我们可以写多个 From baseimage 的语句，每个 From 语句开启一个构建阶段，并且可以通过 as 语法为此阶段构建命名（比如这里的 builder）。我们还可以通过 COPY 命令在两个阶段构建产物之间传递数据，比如这里传递的 httpd 程序，这项工作之前我们是使用"胶水"代码完成的。

构建目标镜像：

```
$ docker build -t repodemo/httpd-multi-stage -f Dockerfile.multistage .

$ docker images
REPOSITORY                  TAG       IMAGE ID       CREATED         SIZE
repodemo/httpd-multi-stage  latest    35e494aa5c6f   2 minutes ago   16.2MB
```

我们看到，通过多阶段构建特性构建的 Docker 镜像与我们之前通过 builder 模式构建的镜像在效果上是等价的。

小结

Docker 镜像构建走到今天，追求又快又小的镜像已成为云原生开发者的共识。Go 程序有着（静态）编译为单一可执行文件的"先天特性"，这使我们可以结合最新容器构建技术为其构建出极小的镜像，使其在云原生生态系统中能发挥出更大的优势，得以更为广泛地应用。

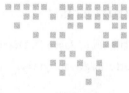

第 63 条 · *Suggestion 63*

自定义 Go 包的导入路径

在日常开发中，我们使用最多的 Go 包的 go get 导入路径主要是基于一些代码托管站点的域名，比如 github.com、bitbucket.org、gitlab.com 等。以知名 Go Web 框架 beego 包为例，它的 go get 导入路径就是 github.com/astaxie/beego。我们还经常看到一些包，它们的导入路径很特殊，比如 go get golang.org/x/net、go get gopkg.in/yaml.v2 等，这些包使用了自定义的包导入路径。这种自定义包 go get 导入路径的实践有诸多好处。

第一，可以作为 Go 包的**权威导入路径**（canonical import path）

权威导入路径是在 Go 1.4 版本中加入的概念。前面说过，Go 包多托管在几个知名的代码管理站点，比如 github.com、bitbucket.org 等，这样默认情况下 Go 包的导入路径就是 github.com/user/repo/package、bitbucket.org/user/repo/package 等。如果以这样的导入路径作为 Go 包的权威导入路径，那么一旦某个站点关闭，则该 Go 包势必要迁移到其他站点，这样该 Go 包的导入路径就要发生改变，这会给 Go 包的用户造成诸多不便。比如之前 code.google.com 的关闭就给广大 Gopher 带来了一定的"伤害"。采用自定义包导入路径作为权威导入路径可以解决这个问题。Go 包的用户只需要使用包的权威导入路径，无论 Go 包的实际托管站点在哪，Go 包迁移到哪个托管站点，对 Go 包的用户都不会带来实质性的影响。

第二，便于组织和个人对 Go 包的管理。

组织和个人可以将其分散托管在不同代码管理站点上的 Go 包统一聚合到组织的官网名下或个人的域名下，比如 golang.org/x/net、gopkg.in/xxx 等。

第三，Go 包的导入路径可以更短、更简洁。

有些时候，代码托管站点上的 Go 包的导入路径很长，不便于查找和书写，通过自定义包导入路径，我们可以使用更短、更简洁的域名来代替代码托管站点下仓库的多级路径。

在本条中，我们就来介绍一种自定义 Go 包导入路径的有效实践。

63.1 govanityurls

前 Go 核心团队成员 Jaana B. Dogan 曾开源过一个工具—— govanityurls（https://github.com/GoogleCloudPlatform/govanityurls），这个工具可以帮助 Gopher 快速实现自定义 Go 包的 go get 导入路径。

不过 govanityurls 仅能运行于 Google 的 App Engine 上，这对于国内的 Gopher 来说是十分不便的。于是笔者基于 Jaana B. Dogan 的 govanityurls 仓库分叉（fork）了一个新仓库—— https://github.com/bigwhite/govanityurls，并做了些许修改，让 govanityurls 可以运行于 App Engine 之外的普通虚拟主机 / 裸金属主机上。

govanityurls 的原理十分简单，见图 63-1。

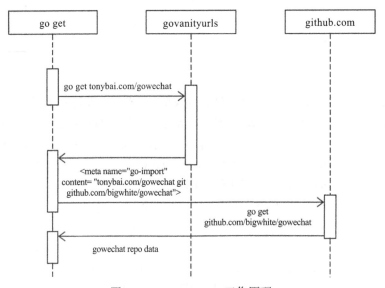

图 63-1　govanityurls 工作原理

我们看到 govanityurls 本身就好比一个导航服务器。当 go get 向自定义包地址发起请求时，实则是将请求发送给了 govanityurls 服务，之后 govanityurls 将请求中的包所在仓库的真实地址（从 vanity.yaml 配置文件中读取）返回给 go get，go get 再从真实的仓库地址获取包数据。

以图 63-1 中的示例为例，go get 第一步是尝试向 govanityurls 获取自定义路径的包的真实地址，govanityurls 将返回一个类似如下内容的 HTTP 应答：

```
<!DOCTYPE html>
<html>
<head>
<meta http-equiv="Content-Type" content="text/html; charset=utf-8"/>
<meta name="go-import" content="tonybai.com/gowechat git https://github.com/
    bigwhite/gowechat">
<meta name="go-source" content="tonybai.com/gowechat ">
<meta http-equiv="refresh" content="0; url=https://godoc.org/tonybai.com/gowechat">
```

```
</head>
<body>
Nothing  to  see  here;  <a  href="https://godoc.org/tonybai.com/gowechat">see  the
    package on godoc</a>.
</body>
</html>
```

得到该应答后，go get 会再次向存储 gowechat 包的真实仓库地址 github.com/bigwhite/gowechat
发起包获取请求。

63.2　使用 govanityurls

1. 安装 govanityurls

我们可以直接使用 go get 来安装 govanityurls：

```
$go get github.com/bigwhite/govanityurls

$govanityurls
govanityurls is a service that allows you to set custom import paths for your go packages

Usage:
    govanityurls -host [HOST_NAME]

    -host string
        custom domain name, e.g. tonybai.com
```

和 Jaana B. Dogan 提供的 govanityurls 不同的是，这里的 govanityurls 需要外部传入一个代
表自定义包路径基本域名的 host 参数（比如 tonybai.com），而在原版 govanityurls 中这个 host 是
由 Google App Engine 的 API 提供的。

2. 配置 vanity.yaml

govanityurls 附带一个配置文件 vanity.yaml，该文件中配置了 host 下的自定义包路径及其真
实的仓库地址，比如：

```
/gowechat:
    repo: https://github.com/bigwhite/gowechat
```

上面这个配置中，我们实际上为 gowechat 这个包定制了 tonybai.com/gowechat 这个 go get
路径（假设传给 govanityurls 的 host 参数为 tonybai.com），而存放该包的真实仓库地址为 github.
com/bigwhite/gowechat。当然这个 vanity.yaml 可以配置多个自定义包路径，也可定义多级包路
径，比如：

```
/gowechat:
    repo: https://github.com/bigwhite/gowechat

/x/experiments:
    repo: https://github.com/bigwhite/experiments
```

3. 配置反向代理

govanityurls 服务默认监听的是 8080 端口，这主要是考虑到我们通常会使用主域名来定制 Go 包导入路径，而在主域名下一般情况下都会有其他服务，比如网站主页、博客等。通常我们都会用一个反向代理软件（比如 Nginx）做路由分发。比如下面就是我们针对 tonybai.com/gowechat 这个包定义的一条 Nginx 路由规则：

```
# /etc/nginx/conf.d/govanityurls.conf
server {
    listen 80;
    listen 443 ssl;
    server_name tonybai.com;

    ssl_certificate            /etc/nginx/cert.crt;
    ssl_certificate_key        /etc/nginx/cert.key;
    ssl on;

    location /gowechat {
        proxy_pass http://192.168.16.4:8080;
        proxy_redirect off;
        proxy_set_header Host $host;
        proxy_set_header X-Real-IP $remote_addr;
        proxy_set_header X-Forwarded-For $proxy_add_x_forwarded_for;

        proxy_http_version 1.1;
        proxy_set_header Upgrade $http_upgrade;
        proxy_set_header Connection "upgrade";
    }
}
```

这里我们既在 80 端口提供了 HTTP 服务，也在 443 端口提供了 HTTPS 服务。192.168.16.4 这个地址就是部署 govanityurls 服务的主机地址。/etc/nginx/cert.key 和 /etc/nginx/cert.crt 是 HTTPS 服务所需的私钥和数字证书。我们可以使用自签名证书（用起来十分局限），亦可自行向 CA 申请付费证书或向 Let's Encrypt（https://letsencrypt.org）申请免费证书。

不过上述 Nginx 路由规则难于扩展，比如每当在主域名（tonybai.com）增加一个包，就必须添加一条 Nginx 路由规则。为了更易于扩展和维护，我们将自定义包都放在 tonybai.com/x 下，就像 golang.org/x 下的那些包一样，这样我们就可以仅维护一条 Nginx 路由规则了：

```
# /etc/nginx/conf.d/govanityurls.conf
server {
    listen 80;
    listen 443 ssl;
    server_name tonybai.com;

    ssl_certificate            /etc/nginx/cert.crt;
    ssl_certificate_key        /etc/nginx/cert.key;
    ssl on;

    location /x {
```

```
        proxy_pass http://192.168.16.4:8080;
        proxy_redirect off;
        proxy_set_header Host $host;
        proxy_set_header X-Real-IP $remote_addr;
        proxy_set_header X-Forwarded-For $proxy_add_x_forwarded_for;

        proxy_http_version 1.1;
        proxy_set_header Upgrade $http_upgrade;
        proxy_set_header Connection "upgrade";
    }
}
```

在这条路由规则的作用下，所有发往 /x/packagename 的请求就都会被转发给 govanityurls 服务了。

4. 验证通过 govanityurls 自定义包导入路径

创建一个新的 govanityurls 配置文件：

```
/x/privatemodule:
    repo: https://github.com/bigwhite/privatemodule
/x/gowechat:
    repo: https://github.com/bigwhite/gowechat
```

上面的配置文件中包含两个自定义包导入路径的包，tonybai.com/x/privatemodule 和 tonybai.com/x/gowechat，其中前者是一个私有仓库下的包，后者是公共包。我们基于该配置文件启动 govanityurls 服务：

```
$govanityurls -host tonybai.com
```

接下来为了方便在本机测试，我们修改 /etc/hosts，添加一条路由：

```
127.0.0.1 tonybai.com
```

下面来获取 gowechat 包，这里通过 HTTP 方式获取（用带 -insecure 参数的 go get）：

```
$go get -insecure tonybai.com/x/gowechat
go: downloading tonybai.com/x/gowechat v0.0.0-20150821085754-125b5448fdc9
go: tonybai.com/x/gowechat upgrade => v0.0.0-20150821085754-125b5448fdc9

$ls ~/go/pkg/mod/tonybai.com/x
gowechat@v0.0.0-20150821085754-125b5448fdc9
```

我们看到 tonybai.com/x/gowechat 被成功获取到本地并缓存到 $GOPATH/pkg/mod/tonybai.com/x 下面。

通过自定义包路径获取私有仓库包与获取公共包并无太大差别，我们只需将私有包设置到 GOPRIVATE 环境变量中并拥有访问私有包仓库的凭证即可（如何设置访问私有库的凭证可参见第 61 条）：

```
$export GOPRIVATE=tonybai.com/x/privatemodule
$go get -insecure tonybai.com/x/privatemodule
go: tonybai.com/x/privatemodule upgrade => v0.0.0-20200917051519-a62573a3b770
```

```
go get: tonybai.com/x/privatemodule@v0.0.0-20200917051519-a62573a3b770: parsing
go.mod:
    module declares its path as: github.com/bigwhite/privatemodule
        but was required as: tonybai.com/x/privatemodule
```

上面出现了一些瑕疵，原因在于 github.com/bigwhite/privatemodule 的 go.mod 的 module 路径尚未改为 tonybai.com/x/privatemodule。

5. 通过 HTTPS 获取包数据

上面的例子中，我们给 go get 传入了一个 -insecure 的参数，这样 go get 就会通过 HTTP 协议访问 tonybai.com/x/gowechat。如果要使用 HTTPS 获取包数据，该怎么做呢？这里以自签发证书为例来操作一下。

首先，需要为 Nginx 生成所需的私钥和数字证书。我们来创建 CA 以及服务端的私钥（cert.key），并用创建的 CA 私钥来签署得到服务端的数字证书（cert.crt）：

```
// 创建CA私钥
$ openssl genrsa -out rootCA.key 2048
// 创建CA公钥证书
$ openssl req -x509 -new -nodes -key rootCA.key -subj "/CN=*.tonybai.com" -days
    5000 -out rootCA.pem
// 创建服务端私钥（cert.key）
$ openssl genrsa -out cert.key 2048
// 创建服务端证书签发请求（cert.csr）
$ openssl req -new -key cert.key -subj "/CN=tonybai.com" -out cert.csr
// CA签发服务端证书（cert.crt）
$ openssl x509 -req -in cert.csr -CA rootCA.pem -CAkey rootCA.key -CAcreateserial
    -out cert.crt -days 5000

# ls
cert.crt  cert.csr  cert.key  rootCA.key  rootCA.pem  rootCA.srl
```

将上面的服务端私钥（cert.key）和证书（cert.crt）放置到 /etc/nginx/ 路径下之后，重启 Nginx（nginx -s reload）。接下来，试试去掉 -insecure 后再通过 go get 获取这个自定义导入路径的包：

```
$go get tonybai.com/x/gowechat
go get tonybai.com/x/gowechat: unrecognized import path "tonybai.com/x/gowechat":
    https fetch: Get "https://tonybai.com/x/gowechat?go-get=1": x509: certificate
    signed by unknown authority
```

出错的日志显示：**客户端（go get）无法验证这个自签发的服务端证书**！我们将 rootCA.pem 复制到 /etc/ssl/cert 目录下，这个目录是 Ubuntu 下存放 CA 公钥证书的标准路径。在测试 go get 前，我们先用 curl 测试一下：

```
$ curl https://tonybai.com/x/gowechat
<!DOCTYPE html>
<html>
<head>
<meta http-equiv="Content-Type" content="text/html; charset=utf-8"/>
```

```
<meta name="go-import" content="tonybai.com/x/gowechat git https://github.com/
    bigwhite/gowechat">
<meta name="go-source" content="tonybai.com/x/gowechat ">
<meta http-equiv="refresh" content="0; url=https://godoc.org/tonybai.com/x/
    gowechat">
</head>
<body>
Nothing to see here; <a href="https://godoc.org/tonybai.com/x/gowechat">see the
    package on godoc</a>.
</body>
</html>
```

curl 测试通过！我们再来看看 go get：

```
$go get tonybai.com/x/gowechat
go get tonybai.com/x/gowechat: unrecognized import path "tonybai.com/x/gowechat":
    https fetch: Get "https://tonybai.com/x/gowechat?go-get=1": x509: certificate
    signed by unknown authority
```

问题依旧！难道 go get 无法从 /etc/ssl/cert 中选取适当的 CA 证书来做服务端的证书验证吗？关于这个问题，笔者在 Go 官方发现了一个类似的 issue，地址为 https://github.com/golang/go/issues/18519。从中得知，go get 仅仅会在不同平台下参考以下几个证书文件：

```
//$GOROOT/src/crypto/x509/root_linux.go

package x509

// Possible certificate files; stop after finding one.
var certFiles = []string{
    "/etc/ssl/certs/ca-certificates.crt",                // Debian/Ubuntu/Gentoo etc.
    "/etc/pki/tls/certs/ca-bundle.crt",                  // Fedora/RHEL 6
    "/etc/ssl/ca-bundle.pem",                            // OpenSUSE
    "/etc/pki/tls/cacert.pem",                           // OpenELEC
    "/etc/pki/ca-trust/extracted/pem/tls-ca-bundle.pem",// CentOS/RHEL 7
}
```

在 Ubuntu 上，/etc/ssl/certs/ca-certificates.crt 是其参考的数字证书数据来源。因此要想 go get 成功，我们需要将 rootCA.pem 加入 /etc/ssl/certs/ca-certificates.crt 中。最简单的方法是：

```
$ cat rootCA.pem >> /etc/ssl/certs/ca-certificates.crt
```

添加完 CA 证书数据后，我们再来试一下 go get：

```
$export GONOSUMDB=tonybai.com/x/gowechat
$go get tonybai.com/x/gowechat
go: tonybai.com/x/gowechat upgrade => v0.0.0-20150821085754-125b5448fdc9
```

go get 成功！

说明　由于 tonybai.com/x/gowechat 这个自定义包导入路径仅存在于笔者的实验环境，它无法通过 SUMDB 的验证，因此这里提前通过设置 GONOSUMDB 将对该包的校验关闭。

小结

在这一条中，我们了解到自定义包导入路径具有诸多优点（如通过权威导入路径减少对包用户的影响、便于管理、路径简短等），并学习了一种基于 govanityurls 实现的自定义包导入路径的可行方案。该方案支持通过 HTTPS 访问并支持获取私有 module。

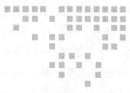

熟练掌握 Go 常用工具

工欲善其事，必先利其器。

——古谚

Go 有一条设计哲学是"**自带电池**"。前面说过，所谓"电池"，除了包括标准库之外，还包括其他主流同类语言难以媲美的 **Go 工具链**。对于每个 Gopher 而言，熟练掌握 Go 工具链中的这些工具，将对开发效率与代码质量带来事半功倍的效果。在本条中，我们将全面介绍 **Go 包开发生命周期**中的常用工具，涵盖主要原生工具以及应用较广的第三方工具。

64.1   获取与安装

在 Go 包开发生命周期伊始，我们通常会获取和安装一些独立的 Go 包（工具）或项目的依赖包。从诞生那一刻起，Go 语言就原生提供了获取和安装 Go 包的工具 go get 和 go install，它们也是如今每个 Gopher 几乎每天都会用到的工具，尤其是 go get。

1. go get

go get 用于获取 Go 包及其依赖包。对于刚刚进入 Go 世界的开发者而言，go get 给人的感觉是惊艳：**一键搞定包（及依赖）下载和安装**。最初 go get（gopath 模式下）的行为与 GOPATH 紧密绑定，在 Go 1.11 版本引入 go module 后，在开启 module-aware 模式的情况下（GO111MODULE=on），go get 就不再依赖 GOPATH 的设置了。因此，考虑到还有大量 Gopher 在非 go module 模式下工作，这里在深入介绍 go get 用法时会考虑 go get 在两种模式下的行为差异。

（1）go get -d：仅获取包源码

要获取一个托管在 github.com 等托管站点上的项目的源码，传统的方法是打开该项目主页，获取到该项目的 git 地址，然后在本地建立特定目录，并在这个目录下执行 git clone repo_url。
如果该项目是 Go 项目，我们有一键式获取源码的方法，那就是 go get -d。

　　go get 的标准行为是将 Go 包及依赖包下载到本地，并编译和安装目标 Go 包。但如果给 go
get 传入 -d 命令行标志选项，那么 go get 仅会将源码下载到本地，不会对目标包进行编译和安装。
下面分别在 module-aware 模式和 gopath 模式下获取笔者在 github.com 上托管的 Go 包 github.
com/bigwhite/govanityurls。

```
// module-aware模式（Go 1.14）

$go get -d github.com/bigwhite/govanityurls
go: downloading github.com/bigwhite/govanityurls v0.0.0-20200921074623-184bfe1ae1b7
go: github.com/bigwhite/govanityurls upgrade => v0.0.0-20200921074623-184bfe1ae1b7
go: downloading gopkg.in/yaml.v2 v2.3.0

$tree -L 3 $GOPATH/pkg/mod
/root/go/pkg/mod
├── cache
│   └── download
│       ├── github.com
│       ├── gopkg.in
│       └── sumdb
├── github.com
│   └── bigwhite
│       └── govanityurls@v0.0.0-20200921074623-184bfe1ae1b7 // 源码
└── gopkg.in
    └── yaml.v2@v2.3.0

// gopath模式（Go 1.9.7）

$go get -d github.com/bigwhite/govanityurls
$ls $GOPATH/src/github.com/bigwhite
govanityurls/
$ls $GOPATH/src/gopkg.in/
yaml.v2/
```

　　我们看到：在 module-aware 模式下（GO111MODULE=on），go get -d 不仅将 govanityurls 包
源码下载到 GOPATH[0]/pkg/mod 下，还下载了 govanityurls 的 go.mod 中依赖的 gopkg.in/yaml.v2
源码；在 gopath 模式下，go get -d 同样将 govanityurls 及其依赖的 yaml.v2 下载到了 $GOPATH/
src 下。

　　不同的是在 module-aware 模式下，go get 会分析目标 module 的依赖以决定下载依赖的版本
（参见第 61 条），这里下载的 yaml.v2 就是 govanityurls 的 go.mod 中显式要求的 v2.3.0 版本；而
在 gopath 模式下，go get 下载的 yaml.v2 则是其 master 分支上的最新版。

　　但在这两种模式下，go get -d 都没有对下载后的代码进行编译和安装，我们在 $GOPATH/
bin 下面没有看到可执行二进制文件 govanityurls。

　　除此之外，module-aware 模式下的 go get -d 支持获取指定版本的项目（go get -d A@version）
及其特定版本依赖包的源码，这点是 gopath 模式下 go get -d 做不到的。

（2）标准 go get

和 go get -d 相比，标准 go get（无命令行标志选项）不仅要下载项目及其依赖的源码，还要对下载的源码进行编译和安装。

在 gopath 模式下，如果目标源码最终被编译为一个可执行二进制文件，则该文件将被安装到 $GOBIN 或 $GOPATH/bin 下；如果目标源码仅是库（不包含 main 包），则编译后的库目标文件将以 .a 文件的形式被安装到 $GOPATH/pkg/$GOOS_$GOARCH 下。在 module-aware 模式下，编译出的可执行二进制文件也会被安装到 $GOBIN 或 $GOPATH/bin 下；如果目标源码是库，则只编译并将编译结果缓存下来（Linux 系统下缓存默认在 ~/.cache/go-build 下），而不安装。

（3）go get -u：更新依赖版本

默认情况下，go get 仅会检查目标包及其依赖包在本地是否存在，不存在才会从远程获取。如果存在，那么即便远程仓库中的目标包及其依赖包的版本发生了更新，go get 默认也会置之不理。如果想要 go get 更新目标包及其依赖包的版本，需要给它传入 -u 命令行标志选项。

在 gopath 模式下，如果本地既没有目标包，也没有目标包依赖的包，那么首次 go get-u 与 go get 执行的效果是一样的，都是将目标包及其依赖包的当前最新版本获取到本地。以笔者在 bitbucket.org 上托管的三个项目 p、q 和 r 为例（p 直接依赖 q，q 直接依赖 r），我们首次在本地执行如下命令：

```
$go get -u bitbucket.org/bigwhite/p
```

go get -u 会将 p、q 及 r 的当前最新版本代码全部获取到本地并编译安装：

```
~/go/src/bitbucket.org/bigwhite/p$ go run main.go
this is project P
Q v0.1.0
R v0.1.0

// p、q、r被编译和安装
$ls ~/go/pkg/linux_amd64/bitbucket.org/bigwhite/
q.a r.a

$ls ~/go/bin
P
```

这时，如果我们再执行一次标准 go get，即便 p、q、r 远程仓库的代码发生了更新，由于本地存在 p、q、r，go get 也不会进行任何操作。而如果执行 go get -u bitbucket.org/bigwhite/p，那么 go 命令会检查 p、q 及 r 是否有更新。如果有，则获取到本地。这样当我们再次运行 p 时，我们将得到更新后的最新结果：

```
~/go/src/bitbucket.org/bigwhite/p$ go get -u bitbucket.org/bigwhite/p
~/go/src/bitbucket.org/bigwhite/p$ go run main.go
this is project P(upd)
Q v0.2.0
R v0.2.0
```

不过在 gopath 模式下，执行 go get -u 是有风险的：由于没有版本的概念，go get -u 只是单纯地下载包的最新版本，一旦最新版本无法编译或存在接口兼容性问题，就会导致你的包在本地无法通过编译。在实际开发过程中，我们经常会遇到这个问题。

而在 module-aware 模式下，go get 与 GOPATH 解绑，go get -u 根据目标 module 的 go.mod
中依赖 module 的版本获取满足要求的、依赖 module 的 minor 版本或 patch 版本更新。笔者在
bitbucket.org 上托管了三个 module：s、t 和 u。s 依赖 module t 中的包 t、module t 中的包 t 依赖
module u 中的包 u。初始状态下，module t 和 u 都发布了 v1.0.0 版本，我们在开启 go module 的
情况下用 go get -u 获取 module s：

```
$ go get -u bitbucket.org/bigwhite/s
go: downloading bitbucket.org/bigwhite/s v0.0.0-20201018032600-b810912d7dd5
go: bitbucket.org/bigwhite/s upgrade => v0.0.0-20201018032600-b810912d7dd5
go: finding module for package bitbucket.org/bigwhite/t
go: downloading bitbucket.org/bigwhite/t v1.0.0
go: found bitbucket.org/bigwhite/t in bitbucket.org/bigwhite/t v1.0.0
go: downloading bitbucket.org/bigwhite/u v1.0.0

$ ~/go/bin/s
this is project S
T v1.0.0
U v1.0.0
```

下面我们更新 module u 中的包 u，将其升级为 v1.1.0，这种间接依赖的兼容更新也会被 go
get -u 捕捉到，即便 module s 直接依赖的 module t 并没有任何改变：

```
$ go get -u bitbucket.org/bigwhite/s
go: bitbucket.org/bigwhite/s upgrade => v0.0.0-20201018032600-b810912d7dd5
go: finding module for package bitbucket.org/bigwhite/t
go: found bitbucket.org/bigwhite/t in bitbucket.org/bigwhite/t v1.0.0
go: bitbucket.org/bigwhite/u upgrade => v1.1.0
go: downloading bitbucket.org/bigwhite/u v1.1.0

$ ~/go/bin/s
this is project S
T v1.0.0
U v1.1.0
```

存在一种特殊情况，如图 64-1 所示。

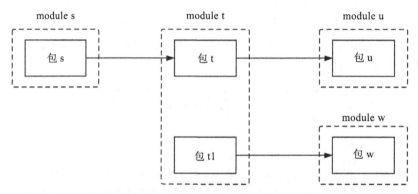

图 64-1　module s、t、u 和 w 之间的依赖关系

module s 的直接依赖 module t 中的包 t1（因添加 t1 包，module t 的版本变为 v1.1.0）并未直接参与 module s 的构建，这时如果采用 go get -u 更新 module s 的依赖版本，go get -u 仅会将 t 更新到最新的兼容版本（v1.1.0），而 module t 中未直接参与构建 s 包的 t1 包所依赖的 module w 并不会被下载更新到本地：

```
$go get -u bitbucket.org/bigwhite/s
go: bitbucket.org/bigwhite/s upgrade => v0.0.0-20201018032600-b810912d7dd5
go: finding module for package bitbucket.org/bigwhite/t
go: downloading bitbucket.org/bigwhite/t v1.1.0
go: found bitbucket.org/bigwhite/t in bitbucket.org/bigwhite/t v1.1.0
go: bitbucket.org/bigwhite/u upgrade => v1.1.0
```

（4）go get -t：获取测试代码依赖的包

-t 命令行标志选项是一个辅助选项，它通常与 -d 或 -u 组合使用，用来指示 go get 在仅下载源码或构建安装时要考虑测试代码的依赖，将测试代码的依赖包一并获取。该标志选项比较简单，这里不再赘述。

（5）gopath 模式和 module-aware 模式下的 go get 行为对比

两种模式下的 go get 行为对比见表 64-1。

表 64-1　go get 命令在 gopath 模式和 module-aware 模式下的对比

命令标志选项 / 特性	go get（gopath 模式）	go get（module-ware 模式）
支持 GOPROXY	不支持	支持
支持获取特定版本	不支持（go get A）	支持（go get A@version）
依赖 GOPATH	依赖	不依赖
go get	获取包最新源码（包括依赖包最新源码），放置到 $GOPATH/src 下面，编译源码并安装	获取 module 特定版本源码（包括依赖 module 特定版本源码），放置到 $GOPATH/pkg/mod 下面，编译源码并安装
go get -d	获取包最新源码（包括依赖包最新源码），放置到 $GOPATH/src 下面，但不编译安装	获取 module 特定版本源码（包括依赖 module 特定版本源码），放置到 $GOPATH/pkg/mod 下面，但不编译安装
go get -u	获取包的最新版本及其依赖包的最新版本，但常会因依赖包无法编译或版本不兼容而编译失败	根据目标 module 的 go.mod 中的依赖 module 版本获取满足要求的依赖 module 的 minor 版本或 patch 版本更新
go get -t	获取包中测试代码的依赖包的最新版本	获取 module 中测试代码的满足 go.mod 要求的依赖 module 版本

2. go install

go get 知名度太高且涵盖了对目标包 /module 及依赖的安装功能，以至于在日常开发中，**我们很少直接使用 go install**。但 go install 仍然是重要的工具命令，尤其是在仅进行本地安装时，它可以将本地构建出的可执行文件安装到 $GOBIN（默认值为 $GOPATH/bin）下，将包目标文件（.a）安装到 $GOPATH/pkg/$GOOS_$GOARCH 下。

和 go get 一样，go install 在 gopath 模式和 module-aware 模式下的行为略有差异，我们分别

来看一下。

（1）引入 go module 之前的 gopath 模式

在 Go 1.11 之前的版本中，Go 工具链依然以 GOPATH 为中心。在这个版本范围内，我们先针对已经下载到本地的 bitbucket.org/bigwhite/p 进行一次安装操作（环境为 Ubuntu 18.04，Go 1.9.7）：

```
$go install -x -v bitbucket.org/bigwhite/p
```

由于传入了 -x -v 选项，go install 会输出大量日志（考虑篇幅，这里不列出）。go install 会首先编译本地的 bitbucket.org/bigwhite/p 仓库下的 main 包，并将编译出的可执行二进制文件 p 安装到 $GOBIN 下（这里是 ~/go/bin 下），将 main 包依赖的 q、r 包的目标文件（.a）安装到 $GOPATH/pkg/linux_amd64 下。通过 go clean 可以清理掉当前目录下编译构建得到的可执行文件 p，但 go clean 既不能清理掉 $GOBIN 下的 p，也无法清理掉 $GOPATH/pkg/linux_amd64 下的目标文件（*.a）。go clean -i 会清理掉 $GOBIN 下的 p，但不会清理掉 $GOPATH/pkg/linux_amd64 下的目标文件（*.a）。如要清理掉后者（如 q），需要显式调用 go clean -i bitbucket.org/bigwhite/q。

将依赖的包的目标文件（*.a）安装到 $GOPATH/pkg/linux_amd64 下有一个好处，那就是后续使用 go build 再次构建 p 时，go 编译器不会像上面那样再去编译包 q、r 的代码，而是直接链接 $GOPATH/pkg/linux_amd64 下的 q.a 和 r.a，这将大大加快构建速度，缩短构建时间，提升开发者体验。这在 Go 1.11 引入 go module 之前的 Go 版本中十分实用：

```
// 不会再重新编译r和q包
$go build -x -v bitbucket.org/bigwhite/p
WORK=/tmp/go-build258243017
bitbucket.org/bigwhite/p
mkdir -p $WORK/bitbucket.org/bigwhite/p/_obj/
mkdir -p $WORK/bitbucket.org/bigwhite/p/_obj/exe/
cd /root/go/src/bitbucket.org/bigwhite/p
$GOROOT/pkg/tool/linux_amd64/compile -o $WORK/bitbucket.org/bigwhite/p.a
    -trimpath $WORK -goversion go1.9.7 -p main -complete -buildid be75b0d03dabdcd
    80b97e23b4a05bb1fad07b11e -D _/root/go/src/bitbucket.org/bigwhite/p -I $WORK
    -I /root/go/pkg/linux_amd64 -pack ./main.go
cd .
$GOROOT/pkg/tool/linux_amd64/link -o $WORK/bitbucket.org/bigwhite/p/_obj/exe/
    a.out -L $WORK -L /root/go/pkg/linux_amd64 -extld=gcc -buildmode=exe -buildi
    d=be75b0d03dabdcd80b97e23b4a05bb1fad07b11e $WORK/bitbucket.org/bigwhite/p.a
mv $WORK/bitbucket.org/bigwhite/p/_obj/exe/a.out p
```

（2）引入 go module 后的 gopath 模式

引入 go module 后，Go 工具链的工作模式分为两种：gopath 模式和 module-aware 模式。环境变量 GO111MODULE 的值决定了当前 Go 工具链工作在哪种模式下。在 gopath 模式（Go 1.14，GO111MODULE=off）下，go install 仅会安装项目中 main 包编译后的二进制文件，而项目的其他依赖包被编译后不会被安装到 $GOPATH/pkg/$GOOS_$GOARCH 下，仅会复制一份放到 $GOCACHE 下。

此时如果要单独将项目的依赖包安装到 $GOPATH/pkg/$GOOS_$GOARCH 下，需要使

用 -i 命令行标志选项。以 bitbucket.org/bigwhite/p 的依赖包 r、q 为例：

```
# go install -i -x -v bitbucket.org/bigwhite/p
WORK=/tmp/go-build124912233
mkdir -p $WORK/b003/
mkdir -p /root/go/pkg/linux_amd64/bitbucket.org/bigwhite/
cp /root/.cache/go-build/57/57217139aa428b2e7cb736a5fbf6e6387a593338763367926738
    22efeea8e209-d /root/go/pkg/linux_amd64/bitbucket.org/bigwhite/r.a
rm -r $WORK/b003/
mkdir -p $WORK/b002/
cp /root/.cache/go-build/09/0927fbeb98b6c6ce73427ffc08821cb4ce74649e50ca1c6101fe
    44ba3962a2f1-d /root/go/pkg/linux_amd64/bitbucket.org/bigwhite/q.a
rm -r $WORK/b002/
```

我们看到，使用 -i 标志选项后，go install 不会重新安装项目 p 编译出的可执行文件，而仅仅安装项目 p 的依赖包。

（3）module-aware 模式

在 module-aware 模式下（GO111MODULE=on），go install 仅会将编译为可执行二进制文件的目标 module 安装到 $GOBIN 下，而不会将其依赖的 module 安装到 $GOPATH/pkg/$GOOS_$GOARCH 下。即便加上 -i 命令行标志选型，依赖包或不能编译成可执行二进制文件的目标 module 也都不会被安装，而仅会被缓存到 $GOCACHE 下。

表 64-2 汇总了三种模式下的行为特征对比。

表 64-2　go install 命令在 GOPATH 模式和 module-aware 模式下的对比

命令标志选项 / 特性	gopath 模式（Go 1.11 之前的版本）	legacy gopath 模式（Go 1.11 及之后的版本且 GO111MODULE=off）	module-aware 模式
go install	将可执行文件安装到 $GOBIN 下，将依赖包安装到 $GOPATH/pkg/$GOOS_$GOARCH 下	仅将可执行文件安装到 $GOBIN 下，将依赖包编译后放入 $GOCACHE 下	仅将可执行文件安装到 $GOBIN 下，将依赖包编译后放入 $GOCACHE 下
go install -i	不支持	将依赖包安装到 $GOPATH/pkg/$GOOS_$GOARCH 下	仅将依赖包编译后放入 $GOCACHE 下

64.2　包或 module 检视

Go 提供了一个原生工具 go list，用于列出关于包 /module 的各类信息。这里把输出这类信息的行为称为检视。go list 的检视功能甚为灵活和强大，它也因此被 Go 社区称为" Go 工具链中的瑞士军刀"。它规整的输出信息常常被作为一些功能脚本的输入以实现某些更为高级的、自动化的检视和处理功能。

1. go list 基础

go list 默认列出当前路径下的包的导入路径。如果是在 module-aware 模式下，go list 会在当前路径下寻找 go.mod：

```
// gopath模式
~/go/src/bitbucket.org/bigwhite/p $go list
bitbucket.org/bigwhite/p

// module-aware模式
~/go/src/bitbucket.org/bigwhite/s# go list
bitbucket.org/bigwhite/s
```

在 gopath 模式下，如果当前路径下没有包，go list 命令会报如下错误：

```
~/go/src/bitbucket.org/bigwhite $go list
can't load package: package bitbucket.org/bigwhite: no Go files in /root/go/src/
    bitbucket.org/bigwhite
```

在 gopath 模式下，go list 后面可以直接接包的导入路径。go list 会在 $GOPATH/src 下寻找该包，如果存在，则输出包的导入路径：

```
// gopath mode
$GO111MODULE=off go list bitbucket.org/bigwhite/p
bitbucket.org/bigwhite/p
```

在 module-aware 模式下，如果当前路径下没有 go.mod 文件，go list 会报出如下错误：

```
~/go/src/bitbucket.org/bigwhite $go list
go: cannot find main module; see 'go help modules'
```

如果要列出当前路径及其子路径（递归）下的所有包，可以用 go list { 当前路径 }/...：

```
// gopath模式
~/go/src/bitbucket.org/bigwhite $GO111MODULE=off go list ./...
bitbucket.org/bigwhite/p
bitbucket.org/bigwhite/q
bitbucket.org/bigwhite/r
bitbucket.org/bigwhite/s

// module-aware模式

~/go/src/github.com/bigwhite/gocmpp $go list ./...
github.com/bigwhite/gocmpp
github.com/bigwhite/gocmpp/examples/cmpp2-client
github.com/bigwhite/gocmpp/examples/cmpp3-client
github.com/bigwhite/gocmpp/examples/cmpp3-server
github.com/bigwhite/gocmpp/fuzztest/fwd/gen
github.com/bigwhite/gocmpp/fuzztest/submit/gen
github.com/bigwhite/gocmpp/utils
```

也可以使用包导入路径 +... 的方式，表示列出该路径下所有子路径下的包导入路径：

```
// gopath模式
$GO111MODULE=off go list bitbucket.org/bigwhite/...
bitbucket.org/bigwhite/p
bitbucket.org/bigwhite/q
bitbucket.org/bigwhite/r
bitbucket.org/bigwhite/s
```

但在 module-aware 模式下，go list 会尝试查找 go.mod 文件，如果当前目录不是 module 根目录，使用 module 根路径 +... 的方式列举包会导致 go list 无法匹配到包：

```
// module-aware模式
~/go/src/bitbucket.org/bigwhite $go list bitbucket.org/bigwhite/...
go: warning: "bitbucket.org/bigwhite/..." matched no packages
```

Go 原生保留了几个代表特定包或包集合的路径关键字：main、all、cmd 和 std。这些保留的路径关键字不要用于 Go 包的构建中。

1）main：表示独立可执行程序的顶层包。

2）all：在 gopath 模式下，它可以展开为标准库和 GOPATH 路径下的所有包；在 module-aware 模式下，它展开为主 module（当前路径下的 module）下的所有包及其所有依赖包，包括测试代码的依赖包。

```
// gopath模式
~/go/src$ GO111MODULE=off go list all
archive/tar
archive/zip
bufio
...
vendor/golang.org/x/text/unicode/bidi
vendor/golang.org/x/text/unicode/norm
bitbucket.org/bigwhite/p
bitbucket.org/bigwhite/q
bitbucket.org/bigwhite/r
bitbucket.org/bigwhite/s
gopkg.in/yaml.v2


// module-aware模式
~/go/src/bitbucket.org/bigwhite/s$ go list all
bitbucket.org/bigwhite/s
bitbucket.org/bigwhite/t
bitbucket.org/bigwhite/u
bufio
bytes
...
unicode
unicode/utf16
unicode/utf8
unsafe
vendor/golang.org/x/crypto/chacha20
vendor/golang.org/x/crypto/chacha20poly1305
...
vendor/golang.org/x/text/unicode/bidi
vendor/golang.org/x/text/unicode/norm
```

3）std：代表标准库所有包的集合。

4）cmd：代码 Go 语言自身项目仓库下的 src/cmd 下的所有包及 internal 包。

```
$ go list cmd
cmd/addr2line
cmd/api
...
cmd/link/internal/sym
cmd/link/internal/wasm
cmd/link/internal/x86
...
cmd/vendor/golang.org/x/tools/go/types/typeutil
cmd/vendor/golang.org/x/xerrors
cmd/vendor/golang.org/x/xerrors/internal
cmd/vet
```

默认情况下，go list 输出的都是包的导入路径信息，如果要列出 module 信息，可以为 list 命令传入 -m 命令行标志选项：

```
~/go/src/bitbucket.org/bigwhite/s$go list -m
bitbucket.org/bigwhite/s

// 列出当前主module及其依赖的所有module
~/go/src/bitbucket.org/bigwhite/s$go list -m all
bitbucket.org/bigwhite/s
bitbucket.org/bigwhite/t v1.1.0
bitbucket.org/bigwhite/u v1.0.0
bitbucket.org/bigwhite/w v1.0.0
```

2. 定制输出内容的格式

go list 提供了一个 -f 的命令行标志选项，用于定制其输出内容的格式。-f 标志选项的值是一个格式字符串，采用的是 Go template 包的语法。go list 的默认输出等价于：

```
$go list -f '{{.ImportPath}}'
```

ImportPath 这个字段来自 $GOROOT/src/cmd/go/internal/pkg.go 文件中的结构体类型 PackagePublic，其结构如下：

```
// $GOROOT/src/cmd/go/internal/pkg.go (go 1.14)

type PackagePublic struct {
    Dir           string `json:",omitempty"`  // 包含包源码的目录
    ImportPath    string `json:",omitempty"`  // dir下包的导入路径
    ImportComment string `json:",omitempty"`  // 包声明语句后面的注释中的路径
    Name          string `json:",omitempty"`  // 包名
    Doc           string `json:",omitempty"`  // 包文档字符串
    Target        string `json:",omitempty"`  // 该软件包的安装目标（可以是可执行的）
    ...

    TestGoFiles   []string `json:",omitempty"` // 包中的_test.go文件
    TestImports   []string `json:",omitempty"` // TestGoFiles导入的包
    XTestGoFiles  []string `json:",omitempty"` // 包外的_test.go
    XTestImports  []string `json:",omitempty"` // XTestGoFiles导入的包
}
```

该结构体包含了包相关的各类信息，我们可以根据需要以 Go template 包的语法格式来输出各种包信息，也可以利用模板语法中的内置函数输出上述结构体的所有信息。以标准库的 fmt 包为例：

```
$GOROOT/src/fmt$ go list -f '{{printf "%#v" .}}' //考虑篇幅，省略了输出结果中的一些字段
&load.PackagePublic{Dir:"/root/.bin/go1.14/src/fmt", ImportPath:"fmt",
    ImportComment:"", Name:"fmt", ..., Target:"/root/.bin/go1.14/pkg/linux_amd64/
    fmt.a", Shlib:"", Root:"/root/.bin/go1.14", ..., Export:"", Module:(*modinfo.
    ModulePublic)(nil), ..., Goroot:true, Standard:true, ..., GoFiles:[]
    string{"doc.go", "errors.go", "format.go", "print.go", "scan.go"}, CgoFiles:[]
    string(nil), CompiledGoFiles:[]string(nil), IgnoredGoFiles:[]string(nil), ...,
    CgoCFLAGS:[]string(nil), CgoCPPFLAGS:[]string(nil), CgoCXXFLAGS:[]string(nil),
    CgoFFLAGS:[]string(nil), CgoLDFLAGS:[]string(nil), CgoPkgConfig:[]string(nil),
    Imports:[]string{"errors", "internal/fmtsort", "io", "math", "os", "reflect",
    "strconv", "sync", "unicode/utf8"}, ImportMap:map[string]string(nil), Deps:[]
    string{"errors", "internal/bytealg", "internal/cpu", "internal/fmtsort",
    "internal/oserror", "internal/poll", "internal/race", "internal/reflectlite",
    "internal/syscall/unix", "internal/testlog", "io", "math", "math/bits",
    "os", "reflect", "runtime", "runtime/internal/atomic", "runtime/internal/
    math", "runtime/internal/sys", "sort", "strconv", "sync", "sync/atomic",
    "syscall", "time", "unicode", "unicode/utf8", "unsafe"}, ..., TestGoFiles:[]
    string{"export_test.go"}, TestImports:[]string(nil), XTestGoFiles:[]
    string{"errors_test.go", "example_test.go", "fmt_test.go", "gostringer_
    example_test.go", "scan_test.go", "stringer_example_test.go", "stringer_test.
    go"}, XTestImports:[]string{"bufio", "bytes", "errors", "fmt", "internal/
    race", "io", "math", "os", "reflect", "regexp", "runtime", "strings",
    "testing", "testing/iotest", "time", "unicode", "unicode/utf8"}}
```

下面重点介绍这些字段中几个常用的字段。

（1）ImportPath

ImportPath 表示当前路径下的包的导入路径，该字段唯一标识一个包。

如果项目使用了 vendor 机制，默认情况下，go list 会忽略 vendor 路径下的包：

```
~/go/src/github.com/bigwhite/gocmpp$ go list ./...
github.com/bigwhite/gocmpp
github.com/bigwhite/gocmpp/examples/cmpp2-client
github.com/bigwhite/gocmpp/examples/cmpp3-client
...
```

如果要列出 vendor 下的包信息，可以显式将 vendor 路径传给 go list，比如：

```
~/go/src/github.com/bigwhite/gocmpp$ go list ./vendor/...
github.com/bigwhite/gocmpp/vendor/github.com/dvyukov/go-fuzz/gen
github.com/bigwhite/gocmpp/vendor/golang.org/x/text/encoding
github.com/bigwhite/gocmpp/vendor/golang.org/x/text/encoding/internal
github.com/bigwhite/gocmpp/vendor/golang.org/x/text/transform
...
```

包的 ImportPath 唯一性要求使得 vendor 下的包的导入路径都带有 vendor 路径前缀。

（2）Target

Target 表示包的安装路径，该字段采用绝对路径形式。示例如下：

```
// 在GOROOT/src/fmt目录下执行
$go list -f '{{.Target}}'
/root/.bin/go1.14/pkg/linux_amd64/fmt.a


// 在$GOPATH/src/github.com/bigwhite/gocmpp目录下执行
$go list -f '{{.Target}}'
/root/go/pkg/linux_amd64/github.com/bigwhite/gocmpp.a

// 在$GOPATH/src/bitbucket.org/bigwhite/s目录下执行，该module下仅存在一个main包
$ go list -f '{{.Target}}'
/root/go/bin/s
```

（3）Root

Root 表示包所在的 GOROOT 或 GOPATH 顶层路径，或者包含该包的 module 根路径。

```
// 在GOROOT/src/fmt目录下执行，得到的结果为GOROOT路径
$go list -f '{{.Root}}'
/root/.bin/go1.14

// 在$GOPATH/src/github.com/bigwhite/gocmpp目录下执行，得到的是GOPATH顶层路径
$go list -f '{{.Root}}'
/root/go

// 在一个不在$GOPATH路径下的module目录(~/temp/gocmpp)下执行，得到该module的根路径
$go list -f '{{.Root}}'
/root/temp/gocmpp
```

（4）GoFiles

GoFiles 表示当前包包含的 Go 源文件列表，不包含导入 "C" 的 cgo 文件、测试代码源文件。

```
// 在GOROOT/src/os/user目录下执行
$ go list -f '{{.GoFiles}}'
[lookup.go user.go]
```

（5）CgoFiles

CgoFiles 表示当前包下导入了 "C" 的 cgo 文件。

```
// 在GOROOT/src/os/user目录下执行
$go list -f '{{.CgoFiles}}'
[cgo_lookup_unix.go getgrouplist_unix.go listgroups_unix.go]
```

（6）IgnoredGoFiles

IgnoredGoFiles 表示当前包中在当前构建上下文约束条件下被忽略的 Go 源文件。

```
// 在GOROOT/src/os/user目录下执行
$ go list -f '{{.IgnoredGoFiles}}'
[getgrouplist_darwin.go listgroups_aix.go listgroups_solaris.go
    lookup_android.go lookup_plan9.go lookup_stubs.go lookup_unix.go
    lookup_unix_test.go lookup_windows.go]

$ GOARCH=amd64 GOOS=windows go list -f '{{.IgnoredGoFiles}}'
```

```
[cgo_lookup_unix.go cgo_unix_test.go getgrouplist_darwin.go getgrouplist_unix.go
    listgroups_aix.go listgroups_solaris.go listgroups_unix.go lookup_android.go
    lookup_plan9.go lookup_stubs.go lookup_unix.go lookup_unix_test.go]
```

（7）Imports

Imports 表示当前包导入的依赖包的导入路径集合。

```
// 在GOROOT/src/os/user目录下执行
$ go list -f '{{.Imports}}'
[C fmt strconv strings sync syscall unsafe]

// 在$GOPATH/src/github.com/bigwhite/gocmpp目录下执行
$ go list -f '{{.Imports}}'
[bytes crypto/md5 encoding/binary errors fmt github.com/bigwhite/gocmpp/utils io
    log net os strconv strings sync sync/atomic time]
```

（8）Deps

Deps 表示当前包的所有依赖包导入路径集合。和 Imports 不同的是，Deps 是递归查询当前包的所有依赖包。

```
// 在$GOPATH/src/github.com/bigwhite/gocmpp目录下执行
$ go list -f '{{.Deps}}'
[bytes context crypto crypto/md5 encoding/binary errors fmt github.com/bigwhite/
    gocmpp/utils golang.org/x/text/encoding golang.org/x/text/encoding/internal
    golang.org/x/text/encoding/internal/identifier golang.org/x/text/encoding/
    simplifiedchinese golang.org/x/text/encoding/unicode golang.org/x/text/
    internal/utf8internal golang.org/x/text/runes golang.org/x/text/transform
    hash internal/bytealg internal/cpu internal/fmtsort internal/nettrace
    internal/oserror internal/poll internal/race internal/reflectlite internal/
    singleflight internal/syscall/unix internal/testlog io io/ioutil log math
    math/bits math/rand net os path/filepath reflect runtime runtime/cgo runtime/
    internal/atomic runtime/internal/math runtime/internal/sys sort strconv
    strings sync sync/atomic syscall time unicode unicode/utf16 unicode/utf8
    unsafe vendor/golang.org/x/net/dns/dnsmessage]
```

（9）TestGoFiles

TestGoFiles 表示当前包的包内测试代码的文件集合。

```
// 在$GOPATH/src/github.com/bigwhite/gocmpp目录下执行
$ go list -f '{{.TestGoFiles}}'
[packet_test.go]
```

（10）XTestGoFiles

XTestGoFiles 表示当前包的包外测试代码的文件集合。

```
// 在$GOPATH/src/github.com/bigwhite/gocmpp目录下执行
$ go list -f '{{.XTestGoFiles}}'
[activetest_test.go conn_test.go connect_test.go deliver_test.go fwd_test.go
    receipt_test.go submit_test.go terminate_test.go]
```

除了 -f 标志选项之外，go list 还可以通过传入 -json 标志选项以将包的全部信息以 JSON 格式输出：

```
// 在$GOPATH/src/github.com/bigwhite/gocmpp目录下执行
$ go list -json
{
    "Dir": "/root/go/src/github.com/bigwhite/gocmpp",
    "ImportPath": "github.com/bigwhite/gocmpp",
    "Name": "cmpp",
    "Target": "/root/go/pkg/linux_amd64/github.com/bigwhite/gocmpp.a",
    "Root": "/root/go",
    "Module": {
        "Path": "github.com/bigwhite/gocmpp",
        "Main": true,
        "Dir": "/root/go/src/github.com/bigwhite/gocmpp",
        "GoMod": "/root/go/src/github.com/bigwhite/gocmpp/go.mod",
        "GoVersion": "1.13"
    },

    "TestGoFiles": [
        "packet_test.go"
    ],
    ...
}
```

我们看到，以 JSON 形式输出的包检视信息更为详尽也更容易被其他支持 JSON 格式解析的工具作为输入。

3. 有关 module 的可用升级版本信息

通过 -m 标志选项，我们可以让 go list 列出 module 信息，-m 就像是一个从包到 module 的转换开关。基于该开关，我们还可以通过传入其他标志选项来获得更多有关 module 的信息。比如：通过传入 -u 标志选项，我们可以获取到可用的 module 升级版本：

```
// 在$GOPATH/src/github.com/bigwhite/gocmpp目录下执行
$ go list -m -u all
github.com/bigwhite/gocmpp
github.com/dvyukov/go-fuzz  v0.0.0-20190516070045-5cc3605ccbb6  [v0.0.0-
    20201003075337-90825f39c90b]
golang.org/x/text v0.3.0 [v0.3.3]
```

-u 标志选项分析了 gocmpp module 自身及其依赖的 module 是否有新的版本可以升级。在结果中我们看到，gocmpp 依赖的 go-fuzz 和 text 两个 module 都有可升级的版本（列在了方括号中）。

64.3 构建

Go 原生的 go build 命令用于 Go 源码构建。在多数情况下，我们只需标准 go build（不加任何参数）即可满足构建需求。go build 还提供了很多命令行标志选项，这些标志选项可用于对构建过程出现的问题进行辅助诊断、定制构建以及向编译器/链接器传递参数。熟悉这些命令行标志选项对高效掌握 go build 命令大有裨益。

1. -x -v：让构建过程一目了然

go build 过程会执行很多命令，但默认情况下，go build 并不会输出执行了哪些命令以及这些命令的执行细节，我们能看到的要么是构建成功，要么是 go build 输出的一些错误信息。多数时候，go build 输出的错误信息可以指导我们快速修复错误并顺利通过下一次构建。但也有一些时候，仅依靠这些错误信息还不能定位到构建的问题，这时，我们可以通过传入 -v 和 -x 命令行标志选项让 go build 输出构建过程构建了哪些包，执行了哪些命令。其中，-v 用于输出当前正在编译的包，而 -x 则用于输出 go build 执行的每一个命令。

下面以一个较为简单的 module——bitbucket.org/bigwhite/s 为例：

```
~/go/src/bitbucket.org/bigwhite/s$ go build -x -v
WORK=/tmp/go-build372336922
...
go: downloading bitbucket.org/bigwhite/t v1.1.0
go: downloading bitbucket.org/bigwhite/u v1.0.0
...
bitbucket.org/bigwhite/u <--- 开始构建u
...
mkdir -p $WORK/b003/
...
cd /root/go/pkg/mod/bitbucket.org/bigwhite/u@v1.0.0
/root/.bin/go1.14/pkg/tool/linux_amd64/compile -o $WORK/b003/_pkg_.a -trimpath
    "$WORK/b003=>" -p bitbucket.org/bigwhite/u -lang=go1.14 -complete -buildid
    AIwco_at0GJ_LW6GEnoC/AIwco_at8GJ_LW6GEnoC -goversion go1.14 -D "" -importcfg
    $WORK/b003/importcfg -pack ./u.go
/root/.bin/go1.14/pkg/tool/linux_amd64/buildid -w $WORK/b003/_pkg_.a # internal
cp $WORK/b003/_pkg_.a /root/.cache/go-build/fa/fa212f60686c96136b4211f281681858e
    d44fe1dc4809fe8996bb159fafc80ca-d # internal

bitbucket.org/bigwhite/t <--- 开始构建t
mkdir -p $WORK/b002/
cat >$WORK/b002/importcfg << 'EOF' # internal
# import config
packagefile bitbucket.org/bigwhite/u=$WORK/b003/_pkg_.a
packagefile fmt=/root/.bin/go1.14/pkg/linux_amd64/fmt.a
EOF
cd /root/go/pkg/mod/bitbucket.org/bigwhite/t@v1.1.0
/root/.bin/go1.14/pkg/tool/linux_amd64/compile -o $WORK/b002/_pkg_.a -trimpath
    "$WORK/b002=>" -p bitbucket.org/bigwhite/t -lang=go1.14 -complete -buildid
    sgLS84mgIfSizBt_FtDY/sgLS84mgIfSizBt_FtDY -goversion go1.14 -D "" -importcfg
    $WORK/b002/importcfg -pack ./t.go
/root/.bin/go1.14/pkg/tool/linux_amd64/buildid -w $WORK/b002/_pkg_.a # internal
cp $WORK/b002/_pkg_.a /root/.cache/go-build/41/4181659098cd01fc534d7dcc06be18bc3
    5dce111579e1baa5dbca94ff7a93146-d # internal

bitbucket.org/bigwhite/s <--- 开始构建s
mkdir -p $WORK/b001/
cat >$WORK/b001/_gomod_.go << 'EOF' # internal
package main
import _ "unsafe"
...
```

```
cat >$WORK/b001/importcfg << 'EOF' # internal
# import config
packagefile bitbucket.org/bigwhite/t=$WORK/b002/_pkg_.a
packagefile fmt=/root/.bin/go1.14/pkg/linux_amd64/fmt.a
packagefile runtime=/root/.bin/go1.14/pkg/linux_amd64/runtime.a
EOF
cd /root/go/src/bitbucket.org/bigwhite/s
/root/.bin/go1.14/pkg/tool/linux_amd64/compile -o $WORK/b001/_pkg_.a -trimpath
    "$WORK/b001=>" -p main -lang=go1.14 -complete -buildid m8q9eZlHs_rkuXyx1ccf/
    m8q9eZlHs_rkuXyx1ccf -goversion go1.14 -D "" -importcfg $WORK/b001/importcfg
    -pack ./main.go $WORK/b001/_gomod_.go
/root/.bin/go1.14/pkg/tool/linux_amd64/buildid -w $WORK/b001/_pkg_.a # internal
cp $WORK/b001/_pkg_.a /root/.cache/go-build/c4/c4eabb90c98e5a3c676301cc0bf4a9da9
    e6727b004512e2bbf5ac61422be207b-d # internal

cat >$WORK/b001/importcfg.link << 'EOF' # internal
packagefile bitbucket.org/bigwhite/s=$WORK/b001/_pkg_.a
packagefile bitbucket.org/bigwhite/t=$WORK/b002/_pkg_.a
packagefile fmt=/root/.bin/go1.14/pkg/linux_amd64/fmt.a
packagefile runtime=/root/.bin/go1.14/pkg/linux_amd64/runtime.a
packagefile bitbucket.org/bigwhite/u=$WORK/b003/_pkg_.a
packagefile errors=/root/.bin/go1.14/pkg/linux_amd64/errors.a
...
packagefile time=/root/.bin/go1.14/pkg/linux_amd64/time.a
packagefile unicode=/root/.bin/go1.14/pkg/linux_amd64/unicode.a
packagefile internal/race=/root/.bin/go1.14/pkg/linux_amd64/internal/race.a
EOF

mkdir -p $WORK/b001/exe/  <--- 进入链接过程
cd .
/root/.bin/go1.14/pkg/tool/linux_amd64/link -o $WORK/b001/exe/a.out -importcfg
    $WORK/b001/importcfg.link -buildmode=exe -buildid=VcunyaIBK08ZT_O18OWQ/
    m8q9eZlHs_rkuXyx1ccf/5ablpczFReGfuN2bFZ7a/VcunyaIBK08ZT_O18OWQ -extld=gcc
    $WORK/b001/_pkg_.a
/root/.bin/go1.14/pkg/tool/linux_amd64/buildid -w $WORK/b001/exe/a.out # internal
mv $WORK/b001/exe/a.out s
rm -r $WORK/b001/
```

我们看到 go build 执行命令的顺序大致如下：

1）创建用于构建的临时目录；

2）下载构建 module s 依赖的 module t 和 u；

3）分别编译 module t 和 u，将编译后的结果存储到临时目录及 GOCACHE 目录下；

4）编译 module s；

5）定位和汇总 module s 的各个依赖包构建后的目标文件（.a 文件）的位置，形成 importcfg. link 文件，供后续链接器使用；

6）链接成可执行文件；

7）清理临时构建环境。

从上面 build -x -v 的输出中我们还看到，go build 过程主要调用了 go tool compile（$GOROOT/ pkg/tool/linux_amd64/compile）和 go tool link（$GOROOT/pkg/tool/linux_amd64/link）分别进行

包编译和最终的链接操作。编译及链接命令中的每个标志选项都会对最终结果产生影响，比如：-goversion 的值会影响 Go 编译器的行为，而这个值可能来自 go.mod 中的 Go 版本指示标记。笔者就遇到过一次因 goversion 值版本过低而导致的问题[⊖]。而 -v -x 选项对这类问题的解决会起到关键作用。

2. -a：强制重新构建所有包

go build 为 Gopher 提供了干净地重新构建 module/ 包的能力，这就是 -a 标志选项。在我们传入 -a 选项后，go build 就会忽略掉所有缓存机制，忽略掉已经安装到 $GOPATH/pkg 下的依赖包库文件（.a），并从目标包 /module 依赖的标准库包的每个 Go 源文件开始重新构建，将构建出的结果放入临时构建环境中用作后续链接器的输入，就连目标包 /module 自身及其依赖的第三方包也无法逃脱被重新构建的命运。这样的构建的一个直观后果就是构建过程十分缓慢（相比于标准构建）。

go build -a 的工作原理使得它在传统的 gopath 模式下会更有意义，因为它可以绕过缓存和已经安装到 $GOPATH/pkg 下的依赖包库文件（.a），直接将各个依赖包**在本地的最新变化**反映到重新构建的成果中。

而在 module-aware 模式下，依赖 module/ 包的源码都是由 Go 自动放置在特定路径下的，Gopher 几乎不会改动这些 Go 工具下载的源码包。此外，go module 支持可重复构建，致使依赖库代码是区分版本的，而要修改依赖包代码要先定位版本，这增加了 Gopher 修改这些依赖包代码的难度。于是，在 module-aware 模式下 go build -a 和 go build 构建出的结果一般都是一致的，这也导致在该模式下 go build -a 变得很少用。

3. -race：让并发 bug 无处遁形

-race 命令行选项会在构建的结果中加入竞态检测的代码。在程序运行过程中，如果发现对数据的并发竞态访问，这些代码会给出警告，这些警告信息可以用来辅助后续查找和解决竞态问题。不过由于插入竞态检测的代码这个动作，带有 -race 的构建过程会比标准构建略慢一些。

以下面这段对原生 map 进行并发写的代码为例：

```
// chapter10/sources/go-tools/build_with_race_option.go
...
func main() {
    var wg sync.WaitGroup
    var m = make(map[int]int, 100)

    for i := 0; i < 100; i++ {
        m[i] = i
    }

    wg.Add(10)
    for i := 0; i < 10; i++ {
        // 并发写
```

⊖ https://tonybai.com/2020/03/09/take-care-of-the-go-directive-in-go-dot-mod/

```
        go func(i int) {
            for n := 0; n < 100; n++ {
                n := rand.Intn(100)
                m[n] = n
            }
            wg.Done()
        }(i)
    }
    wg.Wait()
}
```

我们使用带有 -race 的 go build 构建该源文件并执行构建后的结果：

```
$ go build -race build_with_race_option.go
$ ./build_with_race_option

==================
WARNING: DATA RACE
Write at 0x00c000118030 by goroutine 7:
    runtime.mapassign_fast64()
        /Users/tonybai/.bin/go1.14/src/runtime/map_fast64.go:92 +0x0
    main.main.func1()
        ./chapter10/sources/go-tools/build_with_race_option.go:22 +0x85

Previous write at 0x00c000118030 by goroutine 6:
    runtime.mapassign_fast64()
        /Users/tonybai/.bin/go1.14/src/runtime/map_fast64.go:92 +0x0
    main.main.func1()
        ./chapter10/sources/go-tools/build_with_race_option.go:22 +0x85

Goroutine 7 (running) created at:
    main.main()
        ./chapter10/sources/go-tools/build_with_race_option.go:19 +0x13f

Goroutine 6 (finished) created at:
    main.main()
        ./chapter10/sources/go-tools/build_with_race_option.go:19 +0x13f
==================
==================
WARNING: DATA RACE
Write at 0x00c00011c960 by goroutine 7:
    main.main.func1()
        ./chapter10/sources/go-tools/build_with_race_option.go:22 +0x9a
...
==================
fatal error: concurrent map writes
...
```

我们看到这个程序最终因 panic 而崩溃，而在发生 panic 之前，-race 插入的竞态检测代码给出了两个警告，并且在警告信息中，警告位置是在对原生 map 的写动作上。当然最终的 panic 信息也印证了并发写原生 map 是"罪魁祸首"。如果采用标准 go build 构建该源码，程序运行依然会发生 panic，但不会有上面的警告信息。

Go 社区的一个最佳实践是在正式发布到生产环境之前的调试、测试环节使用带有 -race 构建选项构建出的程序，以便于在正式发布到生产环境之前尽可能多地发现程序中潜在的并发竞态问题并快速将其解决。

4. -gcflags：传给编译器的标志选项集合

我们知道 go build 实质上是通过调用 Go 自带的 compile 工具（以 Linux 系统为例，该工具对应的是 $GOROOT/pkg/tool/linux_amd64/compile）对 Go 代码进行编译的。go build 可以经由 **-gcflags** 向 compile 工具传递编译所需的命令行标志选项集合。

go build 采用下面的模式将标志选项列表传递给 Go 编译器：

```
go build -gcflags[=标志应用的包范围]='空格分隔的标志选项列表'
```

其中"标志应用的包范围"是可选项，如果不显式填写，那么 Go 编译器仅将通过 gcflags 传递的编译选项应用在当前包；如果显式指定了包范围，则通过 gcflags 传递的编译选项不仅会应用在当前包的编译上，还会应用于包范围指定的包上。示例代码如下：

```
go build -gcflags='-N -l'       // 仅将传递的编译选项应用于当前包
go build -gcflags=all='-N -l'   // 将传递的编译选项应用于当前包及其所有依赖包
go build -gcflags=std='-N -l'   // 仅将传递的编译选项应用于标准库包
```

这些命令行标志选项是传递给 Go 编译器的，所以我们可以通过下面的命令查看可以传递的所有选项集合：

```
$go tool compile -help
```

下面介绍一些常用的编译器命令行标志选项。

❑ -l：关闭内联。

❑ -N：关闭代码优化。

❑ -m：输出逃逸分析（决定哪些对象在栈上分配，哪些对象在堆上分配）的分析决策过程。

❑ -S：输出汇编代码。

在运行调试器对程序进行调试之前，我们通常使用" -N -l"两个选项关闭对代码的内联和优化，这样能得到更多的调试信息。

一些选项还具有级别属性，即支持设定选项的作用级别或输出信息内容的详尽级别。以 -m 为例，我们可以通过下面的命令输出更为详尽的逃逸分析过程信息：

```
go build -gcflags='-m'
go build -gcflags='-m -m'      // 输出比上一条命令更为详尽的逃逸分析过程信息
go build -gcflags='-m=2'       // 与上一条命令等价
go build -gcflags='-m -m -m'   // 输出最为详尽的逃逸分析过程信息
go build -gcflags='-m=3'       // 与上一条命令等价
```

5. -ldflags：传给链接器的标志选项集合

go build 在支持为编译器传递标志选项集合的同时，也支持通过 -ldflags 为链接器（以 Linux 系统为例，该工具对应的是 $GOROOT/pkg/tool/linux_amd64/link）传递链接选项集合。我们可以通过下面的命令查看链接器支持的所有链接选项：

```
$go tool link -help
```

链接器支持的选项有很多，这里不能一一详细说明。下面是笔者日常开发中常用的 3 个链接器选项，简要说明一下。

1）-X：设定包中 string 类型变量的值（仅支持 string 类型变量）。

通过 -X 选项，我们可以在编译链接期间动态地为程序中的字符串变量进行赋值，这个选项的一个典型应用就是在构建脚本中设定程序的版本值。我们通常会为应用程序添加 version 命令行标志选项，用来输出当前程序的版本信息，就像 Go 自身那样：

```
$go version
go version go1.14 darwin/amd64
```

如果将版本信息写死到程序代码中，显然不够灵活，耦合太紧。而将版本信息在程序构建时注入则是一个不错的方案。-X 选项就可以用来实现这个方案：

```
// chapter10/sources/go-tools/linker_x_flag.go

var (
    version string
)

func main() {
    if os.Args[1] == "version" {
        fmt.Println("version:", version)
        return
    }
}
```

注意，在这个源文件中，我们并未显式初始化 version 这个变量。接下来，构建这个程序，在构建时为 version 这个 string 类型变量动态地注入新值：

```
$go build -ldflags "-X main.version=v0.7.0" linker_x_flag.go
$./linker_x_flag version
version: v0.7.0
```

我们看到，在 -X 后面的式子中我们使用包导入路径 . 变量名 = 新值的形式为 main 包中的 version 变量赋予了新值。

2）-s：不生成符号表（symbol table）。

3）-w：不生成 DWARF（Debugging With Attributed Record Formats）调试信息。

默认情况下，go build 构建出的可执行二进制文件中都是包含符号表和 DWARF 格式的调试信息的，这虽然让最终二进制文件的体积增加了，但是符号表和调试信息对于生产环境下程序异常时的现场保存和在线调试都有着重要意义。但如果你不在意这些信息或者对应用的大小十分敏感，那么可以通过 -s 和 -w 选项将符号表和调试信息从最终的二进制文件中剔除。我们还以上面的 linker_x_flag 为例，通过下面命令再来构建一次：

```
$go build -ldflags "-X main.version=v0.7.0 -s -w" -o linker_x_flag_without_
    symboltable_and_dwarf linker_x_flag.go
```

对比一下两次生成的二进制文件的大小（macOS，Go 1.14）：

```
-rwxr-xr-x  1 tonybai  staff  2169976 10 25 08:17 linker_x_flag*
-rwxr-xr-x  1 tonybai  staff  1674360 10 25 08:34 linker_x_flag_without_symboltable_
    and_dwarf*
```

去除了符号表和调试信息的可执行文件要比以默认标准构建的小 20% 左右。

6. -tags：指定构建约束条件

go build 可以通过 -tags 指定构建的约束条件，以决定哪些源文件被包含在包内进行构建。tags 的值为一组逗号分隔（老版本为空格分隔）的值：

```
$go build -tags="tag1,tag2,..." ...
```

与 tags 值列表中的 tag1、tag2 等呼应的则是 Go 源文件中的 build tag（亦称为 build constraint）。Go 源文件中的 build tag 实际上就是某种特殊形式的注释，它通常放在 Go 源文件的顶部区域，以一行注释或连续的（中间无空行）多行注释形式存在。build tag 与前后的包注释或包声明语句的中间要有一行空行。下面是标准库 os 包的 file_unix.go 源文件中 build tag 的格式：

```
// +build aix darwin dragonfly freebsd js,wasm linux netbsd openbsd solaris

package os
```

build tag 行也是注释，它以 +build 作为起始标记，与前面的注释符号 // 中间有一个空格。+build 后面就是约束标记字符串，比如上面例子中的 aix、darwin 等。每一行的 build tag 实质上会被求值为一个布尔表达式。表 64-3 简单总结了布尔表达式的求值方式。

表 64-3　Go 源文件中 build tag 布尔表达式的求值方式

build tag	含　义
// +build tag1 tag2	tag1 OR tag2
// +build tag1,tag2	tag1 AND tag2
// +build !tag1	NOT tag1
// +build tag1 // +build tag2	多行 build tag 代表：tag1 AND tag2
// +build tag1,tag2 tag3,!tag4	复杂 build tag：(tag1 AND tag2) OR (tag3 AND (NOT tag4))

当一个 Go 源文件带有 build tag 时，只有当该组 tag 被求值为 true 时，该源文件才会被包含入对应的包中参与构建。下面用一个例子来演示一下。在这个例子中，我们售卖一种软件产品，该产品分为社区版（community）、专业版（professional）和旗舰版（ultimate）。其中，社区版是免费的，功能也是最少的，专业版和旗舰版的功能逐渐增强。该产品的开发人员决定采用 Go 的 build tag 技术来区分构建不同的版本。

```
// chapter10/sources/go-tools/tags-demo/main.go

type featureAttr struct {
```

```
        name string
        ver  string // community, professional, ultimate
    }

    var featureList []featureAttr

    func init() {
        featureList = append(featureList, featureAttr{
            name: "a",
            ver:  "community",
        })
        featureList = append(featureList, featureAttr{
            name: "b",
            ver:  "community",
        })
    }

    func dumpFeatures() {
        fmt.Println("Features list:")
        for i, f := range featureList {
            fmt.Printf("\t%d: %s (%s)\n", i+1, f.name, f.ver)
        }
    }

    func main() {
        dumpFeatures()
    }
```

社区版是基础版本，所有版本都包含社区版的基础功能，因此通过正常构建得到的版本即为社区版：

```
$go build -o tags-demo-community
$./tags-demo-community
Features list:
    1: a (community)
    2: b (community)
```

下面是专业版所涉及功能特性的代码：

```
// chapter10/sources/go-tools/tags-demo/pro.go

// +build professional ultimate

package main

func init() {
    featureList = append(featureList, featureAttr{
        name: "c",
        ver:  "professional",
    })
    featureList = append(featureList, featureAttr{
        name: "d",
```

```
        ver:  "professional",
    })
}
```

我们在该源码中添加了两个 build tag，professional 和 ultimate，根据之前描述的 build tag
的布尔求值规则，这里的含义是 professional OR ultimate，即专业版或旗舰版都会包含该源码文
件中的功能特性。可以通过下面的命令构建专业版：

```
$go build -o tags-demo-pro -tags='professional'
$./tags-demo-pro
Features list:
    1: a (community)
    2: b (community)
    3: c (professional)
    4: d (professional)
```

go build -tags 传递的约束信息是 professional=true，这样源文件 pro.go 因满足约束而被包含
在 main 包中参与了构建，专业版的功能特性被添加到了最终构建出的应用中。

旗舰版涉及功能特性的代码和专业版一样，增加了 build tag 构建约束：

```
// chapter10/sources/go-tools/tags-demo/ultimate.go

// +build ultimate

package main

func init() {
    featureList = append(featureList, featureAttr{
        name: "e",
        ver:  "ultimate",
    })
    featureList = append(featureList, featureAttr{
        name: "f",
        ver:  "ultimate",
    })
}
```

我们可通过下面的命令构建旗舰版的应用：

```
$go build -o tags-demo-ultimate -tags='ultimate'
$./tags-demo-ultimate
Features list:
    1: a (community)
    2: b (community)
    3: c (professional)
    4: d (professional)
    5: e (ultimate)
    6: f (ultimate)
```

由于 Windows 操作系统提供了其他操作系统所无法支持的某些特性，我们基于这些特性单
独为运行于 Windows 上的旗舰版新增了若干功能特性。为了与运行于其他平台的旗舰版区分，

我们将定义了 Windows 特性的源码放入 ultimate_win.go 中：

```
// chapter10/sources/go-tools/tags-demo/ultimate_win.go

// +build ultimate,win

package main

func init() {
    featureList = append(featureList, featureAttr{
        name: "g",
        ver:  "ultimate(windows)",
    })
    featureList = append(featureList, featureAttr{
        name: "h",
        ver:  "ultimate(windows)",
    })
}
```

这些特性仅存在于 Windows 平台的旗舰版中。根据 build tag 的求值方式，我们设置了 ultimate AND win 的 build tag。要想满足 ultimate AND win = true，必须用下面的命令构建用于 Windows 平台的旗舰版：

```
$go build -o tags-demo-ultimate-win -tags='ultimate,win'
$./tags-demo-ultimate-win
Features list:
    1: a (community)
    2: b (community)
    3: c (professional)
    4: d (professional)
    5: e (ultimate)
    6: f (ultimate)
    7: g (ultimate(windows))
    8: h (ultimate(windows))
```

在该构建命令中，go build -tags 传递的约束信息是 ultimate=true 和 win=true，这样源文件 ultimate_win.go 因满足约束而被包含在 main 包中参与了构建，Windows 平台上特有的功能特性就是这样被添加到最终构建出的旗舰版应用中的。

64.4　运行与诊断

Go 通常将源码构建成一个可独立部署和运行的可执行程序，该程序对环境的依赖很少甚至不需要任何依赖（比如采用静态链接），在如今的云原生微服务时代，这让 Go 程序在部署和运行方面有着不小的优势。同时，一旦 Go 程序运行起来，能影响 Go 程序运行的因素很少。但 Go 原生还是提供了一些环境变量，这些环境变量可以影响 Go 程序运行时的行为并输出 Go 运行时的一些信息以辅助在线诊断 Go 程序的问题。这也可以算作性能剖析（profiling）、调试（debug）手段之外的程序诊断辅助手段，因此我们也应该将这些影响运行的环境变量视为 Go 广义工具链

的一部分。在这一节中，我们就来看看影响 Go 程序运行行为的几个重要环境变量。

1. GOMAXPROCS

GOMAXPROCS 环境变量可用于设置 Go 程序启动后的逻辑处理器 P 的数量，如果每个 P 都绑定一个操作内核线程，那么该值将决定有多少个内核线程一起并行承载该 Go 程序的业务运行。在 Go 早期版本（Go 1.5 版本之前）中，GOMAXPROCS 的默认值为 1。在多核机器上，这严重限制了机器强大算力的发挥，于是 gopher 总是通过设置 GOMAXPROCS 环境变量或在程序的入口调用 runtime.GOMAXPROCS 函数设置 P 的个数。考虑到这点，Go 1.5 版本将 GOMAXPROCS 默认值调整为 CPU 核数（一个 2 核 4 线程的 CPU 在 Go 运行时眼中的 CPU 核数为 4，以下 CPU 核数均等同于此含义）。这样一来我们就很少再显式设置 GOMAXPROCS 了，除非你要限制 Go 程序可使用的算力，让 GOMAXPROCS 的值小于实际 CPU 核数，或模拟超过实际 CPU 核数以启动更多操作系统线程来服务于 Go 程序。

2. GOGC

Go 的垃圾回收（GC）何时触发？除了显式调用 runtime.GC 强制运行 GC，Go 还提供了一个可以调节 GC 触发时机的环境变量：GOGC。GOGC 是一个整数值，默认为 100。这个值代表一个比例值，100 表示 100%。这个比例值的分子是上一次 GC 结束后到当前时刻新分配的堆内存大小（设为 M），分母则是上一次 GC 结束后堆内存上的活动对象内存数据（live data，可达内存）的大小（设为 N）。

Go 运行时实时监控当前堆内存状态，如果当前堆内存的 N/M 的值等于 GOGC/100，则会再次触发运行 GC，如图 64-2 所示。

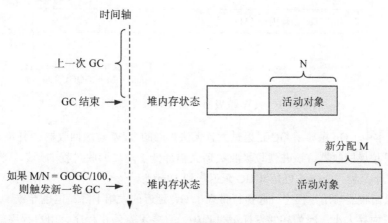

图 64-2　GC 触发条件之一

默认情况下 GOGC=100，即如果自上一次 GC 结束后到当前时刻新分配的堆内存大小等于堆内存上的活动对象内存数据的大小，则 GC 会再次被触发。

说明　在两次 GC 之间新分配的堆内存在第二次 GC 启动的时候不一定都是活动对象占用的内存，也可能是刚分配后不久就处于非活动状态了（没有指针指向这个内存对象）。

在早期版本中，Go 使用的是**STW 垃圾回收器**，即每次触发 GC 后，都要先停止程序（Stop The World），然后 GC 进行标记（mark）和清除（sweep）操作，GC 完成后再恢复程序的运行。STW 垃圾回收器在 GC 期间停止程序带来的延迟让很多对实时有严格要求的程序无法接受，并且在多核时代这会带来计算资源的严重浪费。

不过，STW 垃圾回收器也有一个好处，那就是 Go 运行时可以相对精确且容易地计算出上一次 GC 后新分配的内存与上一次 GC 后的活动内存的比值。因为在这样的机制下，每次 GC 完成后堆上的内存都是标记的活动对象，非活动内存对象在 GC 期间已经被清除了。这样，堆内存的净增长都是由新分配的内存带来的。当堆内存大小与上一次 GC 结束后堆内存大小比值达到 GOGC/100+1 时，Go 运行时会及时触发新一轮 GC，并在 GC 结束后很容易确定下一次 GC 触发的堆大小目标值（goal = GC 后堆内存 ×(GOGC/100 + 1)），从而有效地控制堆内存的大小（见图 64-3）。

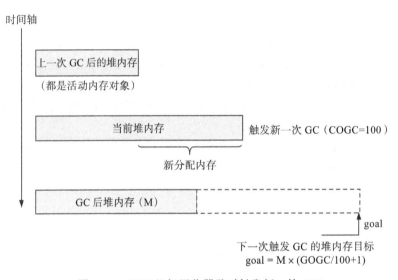

图 64-3　STW 垃圾回收器及时触发新一轮 GC

在 1.5 版本中，Go 抛弃了 GC 延迟过大且无法扩展的 STW 垃圾回收器，引入了基于三色标记清除的并发垃圾回收器，该并发垃圾收集器大幅降低了垃圾回收过程的延迟，将延迟从几百毫秒降低至几十毫秒。Go 1.6 更是将 GC 延迟降到 10ms 以下。

并发垃圾回收器与用户程序一起执行带来了 GC 延迟的大幅下降，但也导致了 Go 运行时无法精确控制堆内存大小，因为在并发标记过程中，只要没有停止程序，用户程序就可以继续分配内存。计算新分配内存时不仅要考虑两次 GC 之间用户程序请求分配的内存，还要考虑新一轮 GC 开始后的并发标记过程中用户新分配的内存，见图 64-4。

于是新一轮 GC 被提前启动了，而启动的新一轮 GC 的目标值（goal）为：

```
goal = 上一轮GC后的堆活动内存大小×(GOGC/100+1)
```

显然一轮 GC 结束时的堆大小与该轮 GC 的目标期望值 goal 越接近说明 GC 启动的时机越

好，对并发标记过程内存分配的估计越准确。那么究竟该提前多久启动新一轮 GC 呢？这是由 Go 并发垃圾回收的 Pacing 算法决定的。

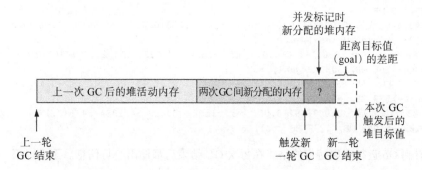

图 64-4　并发垃圾回收器触发新一轮 GC 的条件

pacing 的字面意思是节奏控制、步伐控制。Pacing 算法根据实时获取的堆内存状态数据及上一轮 GC 的结果数据来综合研判，决定新一轮 GC 启动的最佳时间，并通过负反馈机制在两次 GC 之间的清除阶段以及 GC 过程中的并发标记阶段调节用户 goroutine 参与清除及标记的时间比例。如果某用户 goroutine 分配内存过快，该算法就会延缓其分配速度，让其更多地参与清除或辅助扫描标记的工作。其目标是保证新一轮 GC 完成后的堆大小不超过这一轮 GC 后堆大小的期望目标值，以实现对堆内存大小的有效控制。

我们可以通过设置环境变量 GODEBUG='gctrace=1' 让位于 Go 程序中的运行时在每次 GC 执行时输出此次 GC 相关的跟踪信息。以下面的程序为例（该程序只分配内存不释放内存的行为是笔者有意为之）：

```go
// chapter10/sources/go-tools/gctrace.go

func main() {
    m := make(map[interface{}]interface{})
    v := "hello, gc"

    for i := 1; i < 1<<31; i++ {
        m[i] = v
    }
}
```

以默认 GOGC 值运行一下编译后的 gctrace 程序：

```
$go build -o gctrace gctrace.go
$GODEBUG='gctrace=1' GOGC=100 ./gctrace
gc 1 @0.008s 3%: 0.005+2.7+0.017 ms clock, 0.042+0.056/3.6/3.7+0.14 ms cpu, 5->5->4
    MB, 6 MB goal, 8 P
gc 2 @0.028s 5%: 0.007+8.4+0.024 ms clock, 0.057+0.074/11/11+0.19 ms cpu, 9->9->8
    MB, 10 MB goal, 8 P
gc 3 @0.067s 5%: 0.005+14+0.023 ms clock, 0.040+0.38/19/18+0.18 ms cpu, 19->19->16
    MB, 20 MB goal, 8 P
```

```
gc 4 @0.141s 6%: 0.011+25+0.021 ms clock, 0.093+0.26/46/82+0.17 ms cpu, 38->38->33
    MB, 39 MB goal, 8 P
gc 5 @0.256s 6%: 0.003+34+0.016 ms clock, 0.031+0.40/67/61+0.13 ms cpu, 77->77->66
    MB, 78 MB goal, 8 P
gc 6 @0.448s 6%: 0.004+58+0.017 ms clock, 0.033+0.49/113/185+0.14 ms cpu, 154->154-
    >133 MB, 155 MB goal, 8 P
gc 7 @0.868s 6%: 0.004+116+0.017 ms clock, 0.032+0.64/231/574+0.13 ms cpu, 307-
    >308->266 MB, 308 MB goal, 8 P
gc 8 @1.793s 7%: 0.003+368+0.016 ms clock, 0.025+0.95/734/1812+0.13 ms cpu, 615-
    >616->533 MB, 616 MB goal, 8 P
gc 9 @3.715s 7%: 0.003+692+0.021 ms clock, 0.028+34/1384/3436+0.17 ms cpu, 1231-
    >1232->1066 MB, 1232 MB goal, 8 P
```

我们看到 Go 运行时以特定的格式在每次 GC 结束后都输出一行信息。下面以第一行为例来说明每行信息各段内容的含义。

❏ gc 1：表示程序启动后运行的第几次 GC，即 GC 的序号，每次加 1。

❏ @0.008s：程序启动至今运行的秒数。

❏ 3%：程序启动后用于 GC 运行的 CPU 时间占用于该程序运行总 CPU 时间的百分比。

❏ 0.005+2.7+0.017（挂钟时间）

　■ 0.005：设置 GC 清除停止及 GC 标记开始（需停止程序）所用的挂钟时间。

　■ 2.7：并发的 GC 标记所用的挂钟时间。

　■ 0.017：设置 GC 标记结束（需停止程序）所用的挂钟时间。

❏ 0.042+0.056/3.6/3.7+0.14（CPU 时间）

　■ 0.042：设置 GC 清除停止及 GC 标记开始（需停止程序）所用的 CPU 时间。

　■ 0.056/3.6/3.7：并发的 GC 标记的各个阶段所用的 CPU 时间。

　■ 0.14：设置 GC 标记结束（需停止程序）所用的 CPU 时间。

❏ 5->5->4 MB

　■ 5：此次 GC 标记前堆内存的大小。

　■ 5：此次 GC 标记后堆内存的大小。（注意：由于是不停止程序的并发标记，在这个过程中内存分配依旧在进行。）

　■ 4：此次 GC 标记后堆上活动对象（live data）内存大小。

❏ 6 MB goal：在完成此次 GC 的标记过程后，GC 对堆内存大小的期望目标值。

❏ 8 P：用于运行该程序的 8 个逻辑处理器（P）。

在这些输出结果中，GC 的 CPU 占用率、每次 GC 的各个阶段的耗时、GC 前后堆内存大小变化以及每次 GC 的目标都是值得关注的重要信息。但由于并发标记及 Pacing 算法的存在，我们很难像在使用 STW 垃圾回收器时那样看到两次 GC 之间堆内存大小的精确关系了。唯一能看到 GOGC 值参与的痕迹就是每轮 GC 的 goal 值与上一轮 GC 后堆大小的关系，如图 64-5 所示。

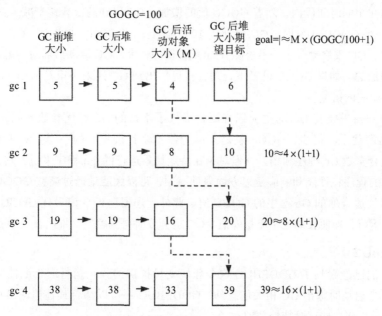

图 64-5　每轮 GC 的 goal 值与上一轮 GC 后堆大小的关系

下面来看看调整 GOGC 值后的 GC 跟踪信息，以 GOGC=200 和 GOGC-500 为例：

```
$GODEBUG='gctrace=1' GOGC=200 gctrace
gc 1 @0.022s 4%: 0.007+8.0+0.026 ms clock, 0.057+0.036/10/8.8+0.21 ms cpu, 11-
    >11->8 MB, 12 MB goal, 8 P
gc 2 @0.093s 3%: 0.003+11+0.019 ms clock, 0.029+0.078/21/1.5+0.15 ms cpu, 20->21-
    >13 MB, 25 MB goal, 8 P
gc 3 @0.188s 3%: 0.009+14+0.017 ms clock, 0.077+0.25/27/43+0.14 ms cpu, 34->35-
    >25 MB, 39 MB goal, 8 P
gc 4 @0.366s 3%: 0.005+29+0.016 ms clock, 0.045+0.12/57/84+0.13 ms cpu, 70->71-
    >50 MB, 75 MB goal, 8 P
gc 5 @0.827s 3%: 0.005+71+0.016 ms clock, 0.040+0.60/141/295+0.13 ms cpu, 145-
    >151->110 MB, 152 MB goal, 8 P
gc 6 @1.907s 4%: 0.004+198+0.005 ms clock, 0.035+58/393/947+0.045 ms cpu, 317-
    >326->243 MB, 330 MB goal, 8 P
gc 7 @4.272s 5%: 0.004+663+0.020 ms clock, 0.033+1.5/1324/3296+0.16 ms cpu, 1231-
    >1232->1066 MB, 1232 MB goal, 8 P
...

$GODEBUG='gctrace=1' GOGC=500 gctrace
gc 1 @0.069s 4%: 0.005+18+0.13 ms clock, 0.043+0.10/32/13+1.0 ms cpu, 22->22->16
    MB, 23 MB goal, 8 P
gc 2 @0.254s 4%: 0.004+31+0.015 ms clock, 0.032+0.37/58/56+0.12 ms cpu, 82->82-
    >66 MB, 100 MB goal, 8 P
gc 3 @0.860s 3%: 0.003+101+0.014 ms clock, 0.027+0.60/200/472+0.11 ms cpu, 328-
    >329->266 MB, 400 MB goal, 8 P
gc 4 @3.576s 4%: 0.003+583+0.017 ms clock, 0.025+1.2/1167/2883+0.14 ms cpu, 1314-
    >1315->1066 MB, 1599 MB goal, 8 P
...
```

我们看到在相同时间段内，随着 GOGC 值的增加，GC 启动的次数逐渐减少：在 4s 左右的时间跨度里，当 GOGC=100 时，GC 启动了 10 次以上；当 GOGC=200 时，GC 启动 7 次；当 GOGC=500 时，GC 仅启动 4 次。不过随着 GOGC 值的增大，GC 启动后面对的堆内存大小也是成比例快速增加的。如果 GOGC 设置不合理，很可能出现 GC 还未来得及启动，堆内存就被耗尽、导致程序崩溃的情况。

综上，和 Java 等支持 GC 的主流编程语言提供了丰富的 GC 调优参数不同，Go 对外提供的垃圾回收器调优手段极少，GOGC 就是其中为数不多且最重要的一个。实践证明，默认的 GOGC 值能适合多数 Go 程序和场合，但对于在特定场景运行的 Go 程序来说，它并不一定是最优值。如果你的程序在性能和响应延迟方面遇到瓶颈，**可以大胆地通过调整 GOGC 的值进行调优**，直到找到最适合你的 Go 程序的 GOGC 值。此外，还要验证在该最优 GOGC 值下你的 Go 程序可以稳定运行，即便长期处于流量峰值，GC 也会及时得到触发，堆内存大小受控。

3. GODEBUG

在上面我们已经看到了 GODEBUG 这个环境变量提供的强大运行时诊断能力，除了通过 gctrace=1 在 GC 启动时输出 GC 相关信息外，GODEBUG 还可以结合其他值输出很多有用的诊断信息，并且可以将一些试验特性关闭。

（1）schedtrace 与 scheddetail

在第 32 条中，我们就曾通过 GODEBUG=schedtrace=1000 输出过 godoc 程序运行时的 goroutine 调度信息：

```
$GODEBUG=schedtrace=1000 godoc -http=:6060
SCHED 0ms: gomaxprocs=8 idleprocs=6 threads=4 spinningthreads=1 idlethreads=0
    runqueue=0 [0 0 0 0 0 0 0]
SCHED 1007ms: gomaxprocs=8 idleprocs=0 threads=32 spinningthreads=0 idlethreads=9
    runqueue=6 [1 0 0 1 0 0 0]
SCHED 2015ms: gomaxprocs=8 idleprocs=0 threads=32 spinningthreads=0 idlethreads=12
    runqueue=8 [0 0 0 1 1 1 1 0]
SCHED 3016ms: gomaxprocs=8 idleprocs=8 threads=32 spinningthreads=0 idlethreads=27
    runqueue=0 [0 0 0 0 0 0 0]
SCHED 4016ms: gomaxprocs=8 idleprocs=8 threads=32 spinningthreads=0 idlethreads=27
    runqueue=0 [0 0 0 0 0 0 0]
SCHED 5023ms: gomaxprocs=8 idleprocs=8 threads=32 spinningthreads=0 idlethreads=27
    runqueue=0 [0 0 0 0 0 0 0]

...
```

schedtrace=1000 中的 1000 的单位是毫秒，即每 1000 毫秒（1 秒）输出一次 goroutine 调度器的内部信息。输出信息的各字段含义在第 32 条中也有明确说明。结合 scheddetail=1，Go 运行时还会将更为详尽的调度器信息输出到标准错误，但这些信息更多用于 Go 核心团队调试调度器，大多数 Gopher 是不用关心的。

（2）asyncpreemptoff（Go 1.14 及之后版本）

Go 长期以来不支持真正的抢占式调度，下面的代码是一个典型例子：

```
// chapter10/sources/go-tools/preemption_scheduler.go

func deadloop() {
    for {
    }
}

func main() {
    runtime.GOMAXPROCS(1)
    go deadloop()
    for {
        time.Sleep(time.Second * 1)
        fmt.Println("I got scheduled!")
    }
}
```

在只有一个 P（GOMAXPROCS=1）的情况下，上面代码中 deadloop 函数所在的 goroutine 将持续占据该 P，使得 main goroutine 中的代码得不到调度，我们无法看到"I got scheduled!"字样输出。这是因为 Go 1.13 及以前版本的抢占是协作式的，只在有函数调用的地方才能插入抢占代码（埋点），而 deadloop 没有给编译器插入抢占代码的机会。Go 1.14 版本增加了基于系统信号的异步抢占调度，这样上面的 deadloop 所在的 goroutine 也可以被抢占了。使用 Go 1.14 版本编译器运行上述代码：

```
$go run preemption_scheduler.go
I got scheduled!
I got scheduled!
I got scheduled!
```

由于系统信号可能在代码执行到任意地方发生，在 Go 运行时能顾及的地方，Go 运行时自然会处理好这些系统信号。但如果你是通过 syscall 包或 golang.org/x/sys/unix 在 Unix/Linux/macOS 上直接进行系统调用，那么一旦在系统调用执行过程中进程收到系统中断信号，这些系统调用就会失败，并以 **EINTR 错误**返回，尤其是低速系统调用，包括读写特定类型文件（管道、终端设备、网络设备）、进程间通信等。在这样的情况下，我们就需要自己处理 **EINTR 错误**。最常见的错误处理方式是重试。对于可重入的系统调用来说，在收到 EINTR 信号后的重试是安全的。如果你没有自己调用 syscall 包，那么异步抢占调度对你已有的代码几乎无影响。

相反，当异步抢占调度对你的代码有影响，并且你还没法及时修正时，可以通过 GODEBUG=asyncpreemptoff=1 关闭这一新增的特性。

```
$GODEBUG=asyncpreemptoff=1 go run preemption_scheduler.go // 这里不会输出I got
                                                          scheduled!
```

除了上面这些，GODEBUG 还可以被赋予其他值，鉴于很多值我们平时很少使用，这里就不介绍了。随着 Go 的演进，GODEBUG 的取值还在增加和变化中，其最新更新可参见 https://tip.golang.org/pkg/runtime/#hdr-Environment_Variables。

64.5 格式化与静态代码检查

1. 人人都爱的 gofmt

在第 6 条中，我们提出"提交前请使用 gofmt 格式化源码"的建议。gofmt 是至今（到 Go 1.16 版本）唯一一个仍然与 Go 发行版本绑定发布的 Go 官方工具，可见其地位与重要性。正是因为 gofmt 的牢固地位以及 Go 社区对唯一的 Go 标准代码风格的认同，第三方的 Go 代码格式化工具凤毛麟角。

goimports 是另一个被广泛使用的 Go 格式化工具。它是前 Go 核心团队成员 Brad Fitzpatrick 实现的格式化工具，和 gofmt 不同的是，它可以自动更新源文件中的 import 区域：添加代码中引用的包的包导入路径或删除代码中没有使用的包的导入路径。goimports 的其余格式化功能与 gofmt **并无二致**，甚至连命令行选项都完全一样。目前 goimports 也被吸纳到 go 官方扩展工具仓库的下面了，地址为 golang.org/x/tools/cmd/goimports。

2. 提交代码前请使用 go vet 对代码进行静态检查

如果编译器能够发现代码中所有潜在的问题，那么我们就不会使用静态代码检查工具了。事实上，编译器和静态代码检查工具的关注点不同。就拿下面这段代码来说：

```
// chapter10/sources/go-tools/vet_printf.go
func main() {
    fmt.Printf("%s, %d", "hello")
}
```

Go 编译器的关注点在代码的**语法**正确性。以有问题的 fmt.Printf 这一行代码来说，编译器关注的是能否在导入路径中找到 fmt 包、fmt 包中是否有 Printf 函数、Printf 函数传入的实参与其函数原型中的参数是否匹配等。一旦满足了编译器的要求，编译器就不会有任何"抱怨"。而静态代码检查工具（如 go vet）则按设定好的规则对代码进行扫描，在**语义**层面尝试发现潜在问题。看以下代码：

```
$go build vet_printf.go
$./vet_printf
hello, %!d(MISSING)

$go vet -c 1 vet_printf.go
# command-line-arguments
./vet_printf.go:6:2: Printf format %d reads arg #2, but call has 1 arg
5    func main() {
6        fmt.Printf("%s, %d", "hello")
7    }
```

可以看到：在语法层面，上述代码通过了编译器的检查；但在语义层面静态代码检测器 go vet 发现传给 Printf 函数的参数有个数不匹配的问题。

go vet 是官方 Go 工具链提供的静态代码检查工具，它内置了多条静态代码检查规则，这里简要介绍几个常见的规则。

1）assign 规则：检查代码中是否有无用的赋值操作。

```
// chapter10/sources/go-tools/vet_assign.go
func main() {
    x := 1
    x = x // vet报错: self-assignment of x to x（x自赋值给x）
    println(x)
}
```

2）atomic 规则：检查代码中是否有对 sync.atomic 包中函数的误用情况。

```
// chapter10/sources/go-tools/vet_atomic.go
func main() {
    var x uint64 = 17
    x = atomic.AddUint64(&x, 1)    // vet报错: direct assignment to atomic value（直
                                   // 接赋值给一个原子变量值）
    //atomic.AddUint64(&x, 1)      // 正常
    println(x)
}
```

3）bools 规则：检查代码中是否存在对布尔操作符的误用情况。

```
// chapter10/sources/go-tools/vet_bools.go
func main() {
    var x, y int
    if x == y || x == y { // vet报错: redundant or: x == y || x == y （冗余的或操作）
        println("ok")
    }
}
```

4）buildtag 规则：检查源文件中 +build tag 是否正确定义。

```
// chapter10/sources/go-tools/vet_buildtag.go

// Copyright 2020 tonybai.com

// +building   // vet报错: possible malformed +build comment（+build可能存在格式错误）
// +build !ignore

package foo

// +build pro // vet报错: +build comment must appear before package clause and be
followed by a blank line（+build必须出现在package语句上方并用空行间隔）

var i = 5
```

5）composites 规则：检查源文件中是否有未使用 "field:value" 格式的复合字面值形式对 struct 类型变量进行值构造的问题。

```
// chapter10/sources/go-tools/vet_composites.go
type myFoo struct {
    name string
    age  int
}

func main() {
```

```
    f := &myFoo{"tony", 20} // ok
    err := &net.AddrError{"not found", "localhost"} // vet报错: net.AddrError
            composite literal uses unkeyed fields（net.AddrError未使用"field:value"格
            式的复合字面值）
    fmt.Printf("%#v,%#v\n", *f, err)
}
```

我们看到 go vet 仅针对导入包的结构体类型的实例构造 / 赋值进行检查，对于源文件中自定义的结构体类型不作检查。

6）copylocks 规则：检查源文件中是否存在 lock 类型变量的按值传递问题。

sync 包中大多数类型在首次使用后就不能被复制或按值传递，copylocks 规则就是用来检查代码是否满足该约束的。

```
// chapter10/sources/go-tools/vet_copylocks.go

func foo(mu sync.Mutex) { // vet报错: foo passes lock by value: sync.Mutex（foo函数
                           通过值传递传入sync.Mutex类型）
    mu.Lock()
    mu.Unlock()
}

func main() {
    var mu sync.Mutex
    foo(mu) // vet报错: call of foo copies lock value: sync.Mutex（foo函数复制了
            sync.Mutex类型变量的值）
    mu1 := mu // vet报错: assignment copies lock value to mu1: sync.Mutex（将sync.
              Mutex类型变量值复制给mu1了）
    mu1.Lock()
    mu1.Unlock()

    pMu := &mu
    pMu1 := &mu1
    *pMu1 = *pMu // vet报错: assignment copies lock value to *pMu1: sync.Mutex
                 （将sync.Mutex类型变量值复制给*pMu1了）
}
```

7）loopclosure 规则：检查源文件中是否存在循环内的匿名函数引用循环变量的问题。

```
// chapter10/sources/go-tools/vet_loopclosure.go

func main() {
    var s = []int{11, 12, 13, 14}
    for i, v := range s {
        go func() {
            println(i) // vet报错: loop variable i captured by func literal（匿名
                       函数引用了循环变量i）
            println(v) // vet报错: loop variable v captured by func literal（匿名
                       函数引用了循环变量v）
        }()
    }
    time.Sleep(5 * time.Second)
}
```

8）unmarshal 规则：检查源码中是否有将非指针或非接口类型值传给 unmarshal 的问题。

```
// chapter10/sources/go-tools/vet_unmarshal.go

type Foo struct {
    Name string
    Age  int
}

func main() {
    var v Foo
    json.Unmarshal([]byte{}, v) // vet报错: call of Unmarshal passes non-pointer
                                as second argument（Unmarshal的第二个参数传入的不是指针值）
}
```

9）unsafeptr 规则：检查源码中是否有非法将 uintptr 转换为 unsafe.Pointer 的问题。

```
// chapter10/sources/go-tools/vet_unsafeptr.go

func main() {
    var x unsafe.Pointer
    var y uintptr
    x = unsafe.Pointer(y) // vet报错: possible misuse of unsafe.Pointer（可能误用
                             unsafe.Pointer）
    _ = x
}
```

可以通过 go tool vet help 查看更多检查规则。默认情况下，go vet 内置的所有检查规则均开启。我们可以手动关闭其中一个或几个规则：

```
$go vet -printf=false -buildtag=false vet_printf.go
```

我们看到关闭 printf 规则检测后，go vet 针对 vet_printf.go 并未报出任何错误。如果显式开启某些检查，则其他检查规则将不生效，比如：

```
$go vet -buildtag=true vet_printf.go
```

上面这行命令表示仅对 vet_printf.go 进行 buildtag 规则检查，go vet 自然也不会报错。

go vet 的检查规则不是固定不变的，随着 Go 的演进，Go vet 的静态检查规则会逐渐丰富和强大。但由于 go vet 是原生工具链的一部分，添加何种检查规则需要 Go 核心团队讨论，灵活性和敏捷性较差；另外 go vet 的静态代码检查规则的更新的确较慢，因此它要与 Go 版本同步更新，而 Go 版本的发布周期为半年一次。

3. 第三方 linter 聚合：golangci-lint

第三方 lint 工具是对官方 go vet 工具的一个很好的补充。第三方 lint 工具中有通用类型的，如 staticcheck，但更多的是聚焦于某特定主题的，如用于检查未用代码的 deadcode、用于检查未处理错误的 errcheck 等。没有一种第三方 lint 工具可以囊括所有的静态检查规则，于是 linter 聚合工具出现了！通过 linter 聚合工具可以对代码进行尽可能详尽的检查。

早期 Go 社区有一款比较活跃的第三方 linter 聚合工具 gometalinter，但目前 gometalinter 已经停止演进，取而代之的是目前比较活跃的 golangci-lint。

golangci-lint 聚合了几十种 Go lint 工具，但默认仅开启如下几种。

❑ deadcode：查找代码中的未用代码。

❑ errcheck：检查代码中是否存在未处理的错误。

❑ gosimple：专注于发现可以进一步简化的代码的 lint 工具。

❑ govet：go 官方工具链中的 vet 工具。

❑ ineffassign：检查源码中是否存在无效赋值的情况（赋值了，但没有使用）。

❑ staticcheck：通用型 lint 工具，增强的"go vet"，对代码进行很多 go vet 尚未进行的静态检查。

❑ structcheck：查找未使用的结构体字段。

❑ typecheck：像 Go 编译器前端那样去解析 Go 代码并进行类型检查。

❑ unused：检查源码中是否存在未使用的常量、变量、函数和类型。

❑ varcheck：检查源码中是否存在未使用的全局变量和常量。

除了上述默认开启的 lint 工具，我们还可以通过 golangci-lint linters 命令查看所有内置 lint 工具列表，包括默认不开启的。

也可以像 go vet 指定静态检查规则那样开启和关闭某些 linter 工具，通过 golangci-lint linters 可以查看显式指定 lint 工具或关闭 lint 工具后的 lint 工具状态列表：

```
$golangci-lint linters --disable-all -E staticcheck // 仅开启staticcheck
$golangci-lint linters -E bodyclose,dupl          // 在默认开启的lint工具集合的基础
                                                   // 上，再额外开启bodyclose和dupl
$golangci-lint linters -D unused,varcheck          // 关闭unused和varcheck
```

明确了究竟开启哪些 lint 工具之后，我们就可以对 Go 源码进行静态检查了：

```
// 仅对当前目录下的vet_assign.go源文件进行staticcheck检查
$golangci-lint run --disable-all -E staticcheck vet_assign.go
vet_assign.go:5:2: SA4018: self-assignment of x to x (staticcheck)
    x = x
    ^

// 对当前路径下的Go包进行默认lint工具集合的检查
$golangci-lint run

// 对当前路径及其子路径（递归）下的所有Go包进行默认开启的lint工具集合检查以及额外的dupl工具检查
$golangci-lint run -E dupl ./...
```

64.6 重构

无论是对于哪种编程语言，重构的实施都是重度依赖 IDE 或编辑器（及插件）的。但如果抛开 IDE 或编辑器，我们还能用哪些工具来实施一些基本的 Go 代码重构操作呢？这里建议读者们掌握下面三种工具。

1. gofmt -r：纯字符串替换

gofmt 的 -r 命令行标志选项可以支持对当前路径及其子路径下的 Go 包源文件进行**纯字符串模式的替换**，这种替换模式有些类似 C 的预处理器。我们用下面例子来说明一下。

我们建立一个 gofmt-demo 工程：

```
// chapter10/sources/go-tools/refactor下
$tree gofmt-demo
gofmt-demo
├── cmd
│   └── demo
│       └── main.go
├── demo
├── go.mod
├── go.sum
└── pkg
    ├── bar
    │   └── bar.go
    └── foo
        └── foo.go
```

这个工程中的每个包最初都使用标准库提供的 log 包输出相关日志信息：

```
// chapter10/sources/go-tools/refactor/gofmt-demo
$go build github.com/bigwhite/gofmt-demo/cmd/demo
$./demo
2020/10/30 10:42:36 foo.Foo
2020/10/30 10:42:36 bar.Bar
2020/10/30 10:42:36 gofmt-demo
```

某一天开发人员发现一个零内存分配的开源日志包 zerolog，该包支持以 JSON 格式输出日志，并且它的一些接口与标准 log 包兼容。于是开发人员决定用 zerolog 替换掉标准库的 log 包。但如果逐个源文件打开并修改包导入路径十分麻烦，这时可以使用 gofmt -r 来帮助我们完成替换。

结合 -l 选项，可以看到此次替换影响到的源码文件列表：

```
$gofmt -r '"log" -> "github.com/rs/zerolog/log"' -l .
cmd/demo/main.go
pkg/bar/bar.go
pkg/foo/foo.go
```

如果不使用 -w 选项，gofmt 仅会将替换后的代码内容写到标准输出，这种类似干跑（dry run）的方式可以用于评估替换效果：

```
$gofmt -r '"log" -> "github.com/rs/zerolog/log"' .
package main

import (
    "github.com/bigwhite/gofmt-demo/pkg/bar"
    "github.com/bigwhite/gofmt-demo/pkg/foo"
    "github.com/rs/zerolog/log"
```

```
)

func main() {
    foo.Foo()
    bar.Bar()
    log.Print("gofmt-demo")
}
package bar

import "github.com/rs/zerolog/log"

func Bar() {
    log.Print("bar.Bar")
}
package foo

import "github.com/rs/zerolog/log"

func Foo() {
    log.Print("foo.Foo")
}
```

如果确认替换结果无误，我们就可以加上 -w 选项，让 gofmt 将替换后的结果写入各个源文件：

```
$gofmt -r '"log" -> "github.com/rs/zerolog/log"' -w .
$go build github.com/bigwhite/gofmt-demo/cmd/demo
$./demo
{"level":"debug","time":"2020-10-30T10:29:27+08:00","message":"foo.Foo"}
{"level":"debug","time":"2020-10-30T10:29:27+08:00","message":"bar.Bar"}
{"level":"debug","time":"2020-10-30T10:29:27+08:00","message":"gofmt-demo\n"}
```

再次强调，gofmt -r 仅是字符串层面的替换，如果传入的替换表达式不正确，就会收到意想不到的错误结果，比如：

```
$gofmt -r 'log -> "github.com/rs/zerolog/log"'  pkg/foo
package foo

import "log"

func Foo() {
    "github.com/rs/zerolog/log".Print("foo.Foo")
}
```

上面 gofmt -r 使用的替换表达式中的原字符串没有带上双引号，导致 gofmt -r 误匹配到 Foo 函数中的 log，而未匹配到 import "log" 语句中的 "log"。

2. gorename：安全的标识符替换

由于 gofmt -r 是基于字符串的替换，它并不关心替换后的代码在 Go 语法层面是否正确，因此我们需要用肉眼和 Go 编译器去验证替换后的结果。Go 在扩展工具链中提供了 gorename 工具，该工具可以用来进行语法层面安全的标识符替换。

gorename 既可以用在 gopath 模式下，也可以用在 module-aware 模式下。

在 gopath 模式下，待重构的项目代码需要放在 $GOPATH 下面，这样我们就可以在任意路径下执行 gorename 命令。gorename 总会在 $GOPATH 下面找到待重构包的正确代码路径。

在 module-aware 模式下，gorename 的执行必须在 go.mod 所在的目录下，这样 gorename 才能根据 go.mod 文件的位置定位待重构 module 的根路径，并顺着该根路径找到 module 下其他包的源码文件。不过截至目前，gorename 对 module-aware 模式的支持还不够完善：如果待重构 module 并不在 $GOPATH 下，那么 gorename 仅能对目标包的标识符进行替换，而导入目标包标识符的其他包得不到替换，这种不一致会导致替换后无法通过编译。

gorename 支持对待重构项目中的各种标识符进行安全替换，这些表示符包括包级类型、包级结构体类型的字段、包级变量、包级常量、包级函数、函数内的本地变量、方法内的本地变量等。下面通过一些例子来看看究竟如何通过 gorename 替换上述各类标识符。

说明　我们在 module-aware 模式（GO111MODULE=on）下运行 gorename 对该示例项目进行标识符替换，考虑到 gorename 对 module-aware 模式的支持还不完善，我们将目标示例 module 放在 $GOPATH 下：

$export GOPATH={ 本书示例代码本地路径 }/chapter10/sources/go-tools/refactor

下面是例子的结构与部分源码文件：

```
// chapter10/sources/go-tools/refactor/src/github.com/bigwhite/gorename-demo

$tree ./gorename-demo
.
├── cmd
│   └── demo
│       └── main.go
├── go.mod
├── go.sum
└── pkg
    └── foo
        └── foo.go

// chapter10/sources/go-tools/refactor/src/github.com/bigwhite/gorename-demo/cmd/
   demo/main.go
...
func main() {
    var s = foo.PkgTypeStruct1{
        Field1: "tony",
        Age:    20,
    }
    s.MethodOfPkgType1()
    i := foo.NewPkgType1(5)
    fmt.Println(*i)
}

// chapter10/sources/go-tools/refactor/src/github.com/bigwhite/gorename-demo/pkg/
```

```
foo/foo.go

package foo

var PkgVar1 = "pkgVar"
const PkgConst1 = "pkgConst"
type PkgType1 int

type PkgTypeStruct1 struct {
    Field1 string
    Age    int
}

func (s PkgTypeStruct1) MethodOfPkgType1() {
    var localInMethod1 = "MethodOfPkgType:"
    println(localInMethod1, s.Field1, s.Age)
}

func NewPkgType1(i int) *PkgType1 {
    var localInFunc1 = new(PkgType1)
    *localInFunc1 = PkgType1(i)
    return localInFunc1
}
```

（1）替换包级类型名

在 gorename-demo 路径下执行下面的命令：

```
$gorename -d -from '"github.com/bigwhite/gorename-demo/pkg/foo".PkgTypeStruct1'
    -to PkgTypeStruct
```

这里的 -d 选项让 gorename 只会在标准输出上显式标识符替换前后的不同之处，而不是真正将替换后的内容写入 Go 源文件，相当于 gorename 的"干跑"。去掉 -d，替换结果才会被真正写到文件中。上述命令的执行结果如下：

```
While scanning Go workspace:
...
--- github.com/bigwhite/gorename-demo/pkg/foo/foo.go 2020-10-30 14:23:17.000000000
    +0800
+++ github.com/bigwhite/gorename-demo/pkg/foo/foo.go.25132.renamed 2020-10-30
    15:45:44.000000000 +0800
@@ -6,12 +6,12 @@

 type PkgType1 int

-type PkgTypeStruct1 struct {
+type PkgTypeStruct struct {
    Field1 string
    Age    int
}

-func (s PkgTypeStruct1) MethodOfPkgType1() {
+func (s PkgTypeStruct) MethodOfPkgType1() {
```

```
    var localInMethod1 = "MethodOfPkgType:"
    println(localInMethod1, s.Field1, s.Age)
}
--- github.com/bigwhite/gorename-demo/cmd/demo/main.go 2020-10-30 14:23:34.000000000 +0800
+++ github.com/bigwhite/gorename-demo/cmd/demo/main.go.25132.renamed 2020-10-30 15:45:44.000000000
    +0800
@@ -7,7 +7,7 @@
 )

 func main() {
- var s = foo.PkgTypeStruct1{
+ var s = foo.PkgTypeStruct{
        Field1: "tony",
        Age:    20,
    }
```

foo.go 以及导入 foo 包引用 foo.PkgTypeStruct1 的 main.go 中的 PkgTypeStruct1 都被替换为了 PkgTypeStruct。同理，也可以通过下面的命令将 PkgType1 替换为 PkgType：

```
$gorename -from '"github.com/bigwhite/gorename-demo/pkg/foo".PkgType1' -to PkgType
```

如果将 PkgTypeStruct1 替换为非导出的标识符 pkgTypeStruct 会发生什么呢？

```
$gorename -d -from '"github.com/bigwhite/gorename-demo/pkg/foo".PkgTypeStruct1'
    -to pkgTypeStruct
While scanning Go workspace:
...
github.com/bigwhite/gorename-demo/pkg/foo/foo.go:9:6: renaming this type
    "PkgTypeStruct1" to "pkgTypeStruct" would make it unexported
github.com/bigwhite/gorename-demo/cmd/demo/main.go:10:14: breaking references
    from packages such as "github.com/bigwhite/gorename-demo/cmd/demo"
```

gorename 报出了错误信息：将 PkgTypeStruct1 替换为 pkgTypeStruct 会破坏 main 包对 foo 包的引用关系。这就是我们称 gorename 是安全的标识符替换的原因：**gorename 会保证替换前后 Go 语法的正确性。**

（2）替换包级结构体类型下的字段名

替换完包级结构体类型名后，我们再看看如何替换该结构体中的字段名：

```
$gorename -d -from '"github.com/bigwhite/gorename-demo/pkg/foo".PkgTypeStruct.
    Field1' -to Field
While scanning Go workspace:
...
--- github.com/bigwhite/gorename-demo/cmd/demo/main.go 2020-10-30 16:04:
    06.000000000 +0800
+++ github.com/bigwhite/gorename-demo/cmd/demo/main.go.25519.renamed 2020-10-30 16:06:
    03.000000000 +0800
@@ -8,8 +8,8 @@

 func main() {
    var s = foo.PkgTypeStruct{
-        Field1: "tony",
```

```
-           Age:     20,
+           Field: "tony",
+           Age:     20,
     }
     s.MethodOfPkgType1()
     i := foo.NewPkgType1(5)
--- github.com/bigwhite/gorename-demo/pkg/foo/foo.go 2020-10-30 16:04:06.000000000
    +0800
+++ github.com/bigwhite/gorename-demo/pkg/foo/foo.go.25519.renamed  2020-10-30
    16:06:03.000000000 +0800
@@ -7,13 +7,13 @@
 type PkgType1 int

 type PkgTypeStruct struct {
-    Field1 string
-    Age    int
+    Field string
+    Age   int
 }

 func (s PkgTypeStruct) MethodOfPkgType1() {
     var localInMethod1 = "MethodOfPkgType:"
-    println(localInMethod1, s.Field1, s.Age)
+    println(localInMethod1, s.Field, s.Age)
 }

...
```

（3）替换包级变量和常量名

实现代码如下：

```
// 替换包级变量名
$gorename -d -from '"github.com/bigwhite/gorename-demo/pkg/foo".PkgVar1' -to PkgVar

--- github.com/bigwhite/gorename-demo/pkg/foo/foo.go 2020-10-30 16:08:17.000000000
    +0800
+++ github.com/bigwhite/gorename-demo/pkg/foo/foo.go.25601.renamed  2020-10-30
    16:09:38.000000000 +0800
@@ -1,6 +1,6 @@
 package foo

-var PkgVar1 = "pkgVar"
+var PkgVar = "pkgVar"

// 替换包级常量名
$gorename -d -from  "github.com/bigwhite/gorename-demo/pkg/foo".PkgConst1' -to PkgConst
--- github.com/bigwhite/gorename-demo/pkg/foo/foo.go 2020-10-30 16:10:28.000000000
    +0800
+++ github.com/bigwhite/gorename-demo/pkg/foo/foo.go.25666.renamed  2020-10-30
    16:10:43.000000000 +0800
@@ -2,7 +2,7 @@

 var PkgVar = "pkgVar"
```

```
-const PkgConst1 = "pkgConst"
+const PkgConst = "pkgConst"
```

（4）替换包级函数名和包级类型的方法名
实现代码如下：

```
// 替换包级函数名

$gorename -d -from '"github.com/bigwhite/gorename-demo/pkg/foo".NewPkgType1' -to NewPkgType
--- github.com/bigwhite/gorename-demo/pkg/foo/foo.go 2020-10-30 16:22:47.000000000
    +0800
+++ github.com/bigwhite/gorename-demo/pkg/foo/foo.go.26707.renamed 2020-10-30
    16:24:12.000000000 +0800
@@ -16,7 +16,7 @@

-func NewPkgType1(i int) *PkgType {
+func NewPkgType(i int) *PkgType {
    var localInFunc1 = new(PkgType)
    *localInFunc1 = PkgType(i)
    return localInFunc1
--- github.com/bigwhite/gorename-demo/cmd/demo/main.go 2020-10-30 16:22:22.000000000
    +0800
+++ github.com/bigwhite/gorename-demo/cmd/demo/main.go.26707.renamed 2020-10-30
    16:24:12.000000000 +0800
@@ -12,6 +12,6 @@
        Age:    20,
    }
    s.MethodOfPkgType1()
-   i := foo.NewPkgType1(5)
+   i := foo.NewPkgType(5)
    fmt.Println(*i)
}

// 替换包级类型的方法名

$gorename -d -from '"github.com/bigwhite/gorename-demo/pkg/foo".PkgTypeStruct.
    MethodOfPkgType1' -to MethodOfPkgType

--- github.com/bigwhite/gorename-demo/cmd/demo/main.go 2020-10-30 16:25:17.000000000
    +0800
+++ github.com/bigwhite/gorename-demo/cmd/demo/main.go.26805.renamed 2020-10-30
    16:26:22.000000000 +0800
@@ -11,7 +11,7 @@
-   s.MethodOfPkgType1()
+   s.MethodOfPkgType()
    i := foo.NewPkgType(5)
    fmt.Println(*i)
  }
--- github.com/bigwhite/gorename-demo/pkg/foo/foo.go 2020-10-30 16:25:17.000000000
    +0800
+++ github.com/bigwhite/gorename-demo/pkg/foo/foo.go.26805.renamed 2020-10-30
    16:26:22.000000000 +0800
@@ -11,7 +11,7 @@
```

```
-func (s PkgTypeStruct) MethodOfPkgType1() {
+func (s PkgTypeStruct) MethodOfPkgType() {
    var localInMethod1 = "MethodOfPkgType:"
    println(localInMethod1, s.Field, s.Age)
}
```

（5）替换函数和方法内的本地变量名

实现代码如下：

```
// 替换函数内本地变量名

$gorename -d -from '"github.com/bigwhite/gorename-demo/pkg/foo".NewPkgType::localInFunc1'
    -to localInFunc
--- github.com/bigwhite/gorename-demo/pkg/foo/foo.go 2020-10-30 16:27:47.000000000
    +0800
+++ github.com/bigwhite/gorename-demo/pkg/foo/foo.go.26881.renamed 2020-10-30
    16:29:12.000000000 +0800
@@ -17,7 +17,7 @@
 }

 func NewPkgType(i int) *PkgType {
-    var localInFunc1 = new(PkgType)
-    *localInFunc1 = PkgType(i)
-    return localInFunc1
+    var localInFunc = new(PkgType)
+    *localInFunc = PkgType(i)
+    return localInFunc
 }
```

```
// 替换方法内的本地变量名
$gorename -d -from '"github.com/bigwhite/gorename-demo/pkg/foo".PkgTypeStruct.Me
    thodOfPkgType::localInMethod1' -to localInMethod

--- github.com/bigwhite/gorename-demo/pkg/foo/foo.go 2020-10-30 16:31:37.000000000
    +0800
+++ github.com/bigwhite/gorename-demo/pkg/foo/foo.go.26967.renamed 2020-10-30
    16:31:50.000000000 +0800
@@ -12,8 +12,8 @@
 }

 func (s PkgTypeStruct) MethodOfPkgType() {
-    var localInMethod1 = "MethodOfPkgType:"
-    println(localInMethod1, s.Field, s.Age)
+    var localInMethod = "MethodOfPkgType:"
+    println(localInMethod, s.Field, s.Age)
 }
```

3. gomvpkg：移动包并更新包导入路径

我们在日常开发中时常会调整项目结构，其中会涉及包位置的移动以及包的改名。包一旦发生移动，其导入路径就会发生变化，那么导入该包的源文件就需要同步修改包导入路径。如果包发生改名，那么不仅包导入路径要同步修改，其他源文件中对该包的引用名也要同步变化。

Go 扩展工具链中的 gomvpkg 是专门用来实现包移动 / 改名并同步更新项目所有导入该包的源文件的包导入路径和包引用名的工具。下面我们就来看看 gomvpkg 是如何一键实现这些的。

 说明　目前 gomvpkg 还不支持 module-aware 模式，在 Go 扩展工具支持 go module 的 issue（https://github.com/golang/go/issues/24661）中我们可以跟踪其开发进度。

在 $GOPATH 下建立一个名为 gomvpkg-demo 的工程：

```
// chapter10/sources/go-tools/refactor/src/github.com/bigwhite

$tree gomvpkg-demo
gomvpkg-demo
├── cmd
│   └── demo
│       └── main.go
├── go.mod
└── pkg
    └── foo
        └── example.go
```

现在要将该项目下的 foo 包改名为 bar。我们在 gomvpkg-demo 目录下执行下面的命令：

```
$gomvpkg -from github.com/bigwhite/gomvpkg-demo/pkg/foo -to github.com/bigwhite/
    gomvpkg-demo/pkg/bar
While scanning Go workspace:
...
Renamed 2 occurrences in 1 file in 1 package.
```

执行完 gomvpkg 后，项目的结构变成：

```
$tree gomvpkg-demo
gomvpkg-demo
├── cmd
│   └── demo
│       └── main.go
├── go.mod
└── pkg
    └── bar
        └── example.go
```

foo 包已经被改名为 bar 包。我们再次执行 diff 确认内容的变化：

```
--- a/gorename/src/github.com/bigwhite/gomvpkg-demo/cmd/demo/main.go
+++ b/gorename/src/github.com/bigwhite/gomvpkg-demo/cmd/demo/main.go
@@ -1,9 +1,9 @@
 package main

 import (
-        "github.com/bigwhite/gomvpkg-demo/pkg/foo"
+        "github.com/bigwhite/gomvpkg-demo/pkg/bar"
 )

 func main() {
```

412 ◆ 第十部分 工具链与工程实践

```
-       foo.DoSomething()
+       bar.DoSomething()
}
```

我们看到 main.go 文件中的 foo 导入路径已经被改为 bar 包的导入路径，代码中对 foo 包的引用也被改为了对 bar 的引用。可见在中大型项目中利用 gomvpkg 进行包移动或包改名的重构操作是非常高效的。

64.7 查看文档

查看文档是开发人员日常必不可少的开发活动之一。Go 语言从诞生那天起就十分重视项目文档的建设，我们除了可以在 Go 官方网站（https://golang.org）查看到最新稳定发布版的文档之外，还可以在 tip.golang.org 上查看到项目主线分支上最新开发版本的文档。Go 还将整个 Go 项目文档加入 Go 发行版中，这样开发人员在本地安装 Go 的同时也拥有了一份完整的 Go 项目文档。

除了在发行版中集成所有文档，从 1.5 版本开始，Go 还将文档查看工具集成到其工具链当中（go doc），使之成为 Go 工具链不可分割的一部分，这也再次体现了文档在 Go 语言中的重要性。

1. go doc

自 go doc 在 Go 1.5 版本加入 Go 工具链之后，它就和 go get、go build 一样成为 Gopher 们每日必用的 Go 命令，也成为 **Go 包文档的"百科全书"**。

在查看包文档时，go doc 在命令行上接受的参数使用了 Go 语法的格式，这使得 go doc 的上手使用几乎是零门槛：

```
go doc <pkg>
go doc <sym>[.<methodOrField>]
go doc [<pkg>.]<sym>[.<methodOrField>]
go doc [<pkg>.][<sym>.]<methodOrField>
```

下面我们就来简要介绍一下如何使用 go doc 查看各类包文档。

（1）查看标准库文档

我们可以在任意路径下执行 go doc 命令查看标准库文档，下面是一些查看标准库不同元素文档的命令示例。

查看标准库 net/http 包文档：

```
$go doc net/http
// 或
$go doc http
```

查看 http 包的 Get 函数的文档：

```
$ go doc net/http.Get
// 或
$ go doc http.Get
```

查看 http 包中结构体类型 Request 中字段 Form 的文档：

```
$go doc net/http.Request.Form
// 或
$go doc http.Request.Form
```

（2）查看当前项目文档

除了查看标准库文档，我们在从事项目开发时很可能会查看当前项目中其他包的文档以决定如何使用这些包。利用 go doc 也可以很方便地查看当前路径下项目的文档，我们还以已经下载到本地（比如 ~/temp/gocmpp）的 github.com/bigwhite/gocmpp 项目为例。

查看当前路径下的包的文档：

```
$go doc

package cmpp // import "github.com/bigwhite/gocmpp"

const CmppActiveTestReqPktLen uint32 = 12 ...
const CmppConnReqPktLen uint32 = 4 + 4 + 4 + 6 + 16 + 1 + 4 ...
const Cmpp2DeliverReqPktMaxLen uint32 = 12 + 233 ...
...
```

查看当前路径下包的导出元素的文档：

```
$go doc CmppActiveTestReqPktLen
package cmpp // import "."

const (
    CmppActiveTestReqPktLen uint32 = 12      //12d, 0xc
    CmppActiveTestRspPktLen uint32 = 12 + 1 //13d, 0xd
)
    Packet length const for cmpp active test request and response packets.
```

我们看到包导出元素的头字母是大写的，go doc 不会将其解析为包名，而会认为它是当前包中的某个元素。

通过 -u 选项，我们也可以查看当前路径下包的非导出元素的文档：

```
$go doc -u newPacketWriter
package cmpp // import "github.com/bigwhite/gocmpp"

func newPacketWriter(initSize uint32) *packetWriter
```

查看当前路径的子路径下的包的文档：

```
$go doc ./utils
// 或
$go doc utils


package cmpputils // import "github.com/bigwhite/gocmpp/utils"

var ErrInvalidUtf8Rune = errors.New("Not Invalid Utf8 runes")
```

```
func GB18030ToUtf8(in string) (string, error)
...
```

（3）查看第三方项目文档

在 go module 开启的情况下，go doc 会首先确定包所在 module，定位该 module 根路径。由于 module 可能存在于任意路径下，因此在 module-aware 模式下要查看第三方项目文档，只能先切换到该第三方项目的 module 根路径下，再使用查看当前路径下包的方法查看该项目的相关包文档。

在 gopath 模式下，go doc 则会自动到 $GOPATH 下面查找对应的包路径，如果该包存在，就输出该包的相关文档。因此我们可以在任意路径下通过 go doc 查看第三方项目包的文档：

```
$export GO111MODULE=off
$go doc github.com/bigwhite/gocmpp.CmppActiveTestReqPktLen
package cmpp // import "github.com/bigwhite/gocmpp"

const (
    CmppActiveTestReqPktLen uint32 = 12      //12d, 0xc
    CmppActiveTestRspPktLen uint32 = 12 + 1 //13d, 0xd
)
    Packet length const for cmpp active test request and response packets.
```

（4）查看源码

如果要查看包的源码，我们没有必要将目录切换到该包所在路径并通过编辑器打开源文件查看，通过 go doc 我们一样可以查看包的完整源码或包的某个元素的源码。

查看标准库包源码：

```
$go doc -src fmt.Printf
package fmt // import "fmt"

func Printf(format string, a ...interface{}) (n int, err error) {
    return Fprintf(os.Stdout, format, a...)
}
```

查看当前路径包中导出元素的源码：

```
$go doc -src NewClient
package cmpp // import "."

func NewClient(typ Type) *Client {
    return &Client{
        typ: typ,
    }
}
```

查看当前路径包中未导出元素的源码：

```
$go doc -u -src newPacketWriter
package cmpp // import "github.com/bigwhite/gocmpp"
```

```
func newPacketWriter(initSize uint32) *packetWriter {
    buf := make([]byte, 0, initSize)
    return &packetWriter{
        wb: bytes.NewBuffer(buf),
    }
}
```

2. godoc：Web 化的文档中心

接触 Go 语言较早的 Gopher 都知道，在 go doc 之前，还有一个像 gofmt 一样随着 Go 安装包一起发布的文档查看工具，它就是 godoc，也就是说 godoc 的历史比 go doc 还要悠久。在 Go 1.5 版本增加 go doc 工具后，godoc 与 go doc 就一直并存在 Go 中，这或多或少会给一些 Go 初学者带来困惑：go doc 与 godoc 究竟该用哪一个？二者有何差别？这种情况一直持续到 Go 1.13 版本。在 Go 1.13 版本中，godoc 就不再和 go doc、gofmt 一起内置在 Go 安装包中了。godoc 被挪到 Go 扩展工具链中，我们可以通过下面命令单独安装 godoc：

```
$go get golang.org/x/tools/cmd/godoc
```

（1）建立 Web 形式的文档中心

和命令行 go doc 工具不同的是，godoc 实质上是一个 Web 服务，它会在本地建立起一个 Web 形式的 Go 文档中心，当我们执行下面的命令时这个文档中心服务就启动了：

```
$godoc -http=localhost:6060
```

在浏览器地址栏中输入 http://localhost:6060，打开 Go 文档中心首页，如图 64-6 所示。

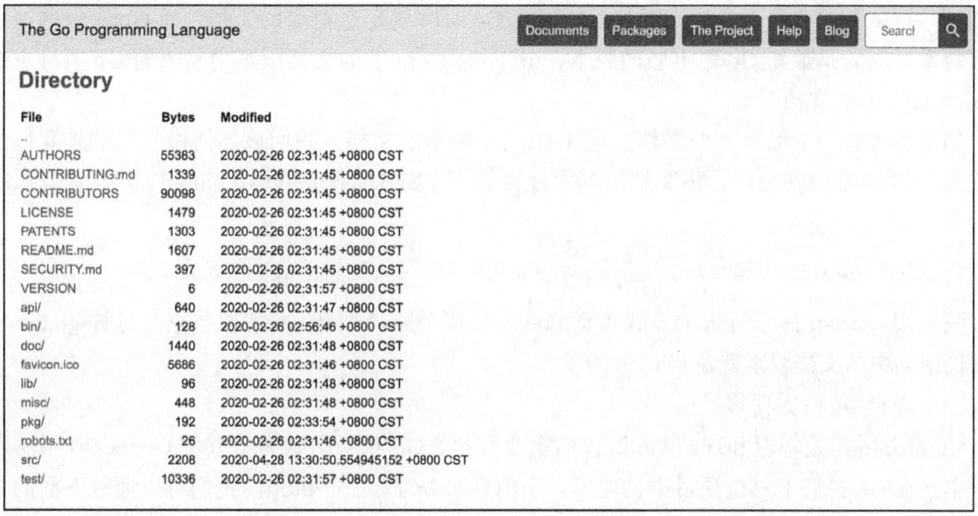

File	Bytes	Modified
..		
AUTHORS	55383	2020-02-26 02:31:45 +0800 CST
CONTRIBUTING.md	1339	2020-02-26 02:31:45 +0800 CST
CONTRIBUTORS	90098	2020-02-26 02:31:45 +0800 CST
LICENSE	1479	2020-02-26 02:31:45 +0800 CST
PATENTS	1303	2020-02-26 02:31:45 +0800 CST
README.md	1607	2020-02-26 02:31:45 +0800 CST
SECURITY.md	397	2020-02-26 02:31:45 +0800 CST
VERSION	6	2020-02-26 02:31:57 +0800 CST
api/	640	2020-02-26 02:31:47 +0800 CST
bin/	128	2020-02-26 02:56:46 +0800 CST
doc/	1440	2020-02-26 02:31:48 +0800 CST
favicon.ico	5686	2020-02-26 02:31:46 +0800 CST
lib/	96	2020-02-26 02:31:48 +0800 CST
misc/	448	2020-02-26 02:31:48 +0800 CST
pkg/	192	2020-02-26 02:33:54 +0800 CST
robots.txt	26	2020-02-26 02:31:46 +0800 CST
src/	2208	2020-04-28 13:30:50.554945152 +0800 CST
test/	10336	2020-02-26 02:31:57 +0800 CST

图 64-6　Go 文档中心首页

我们看到 godoc 将 $GOROOT 下面的内容以 Web 页面的形式呈现，而首页顶部的菜单与 Go 官方主页的菜单如出一辙。点击 Packages 按钮可以打开 Go 包参考文档页面，如图 64-7 所示。

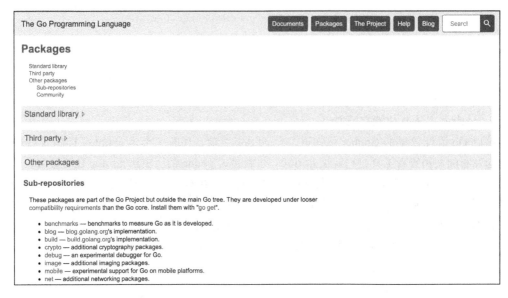

图 64-7　Go 包参考文档页面

Go 包参考文档页面将包分为标准库包（Standard library）、第三方包（Third party）和其他包（Other packages），其中第三方包就是本地 $GOPATH 下的各个包。

（2）查看 Go 旧版本的文档

godoc 建立的 Go 文档中心对应的文档版本默认是当前 Go 的版本，即如果当前本地安装的 Go 版本为 Go 1.14，那么 godoc 所呈现的就是 Go 1.14 稳定版对应的文档。而 Go 官方网站上的文档版本对应的是最新 Go 稳定版的版本，tip.golang.org 上的文档版本则是当前 Go 项目主线分支（master）上的文档版本。

如果想查看一下旧版本的文档，比如 Go 1.9 版本的文档，我们该如何做呢？首先我们需要下载 Go 1.9 版本的安装包，将其解压到本地目录下（如 /Users/tonybai/.bin/go1.9），接着执行如下命令：

```
$godoc -goroot /Users/tonybai/.bin/go1.9 -http=localhost:6060
```

我们用 -goroot 命令行选项显式告诉 godoc 从哪个路径加载 Go 文档数据，这样 godoc 建立的文档中心中的文档版本就是 Go 1.9 的了。

（3）查看 Go 官方博客

Go 官方博客是学习和理解 Go 语言的重要资料，Go 核心团队为了方便 Gopher 查阅博客资料，单独在 Go 扩展工具链项目中创建了一个内容服务程序——blog。我们可以通过下面的命令安装该工具：

```
$go get golang.org/x/blog
```

Go 官方博客的内容数据并没有放在 Go 安装包中，而是单独存放在 github.com/golang/blog 仓库下，我们需要先将该仓库下载到本地（如 /Users/tonybai/.bin/goblog/blog），再切换到该路径下来启动 blog 服务程序：

```
$cd /Users/tonybai/.bin/goblog
$git clone https://github.com/golang/blog.git
$cd blog
$blog
2020/10/31 05:14:47 Listening on addr localhost:8080
```

用浏览器打开 localhost:8080 页面，我们能看到与 Go 官方博客首页相同的页面，如图 64-8 所示。

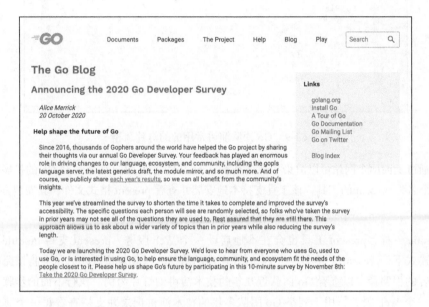

图 64-8　本地 Go 博客页面

之后点击 Blog index 链接就能看到 Go 的历史博客了。

3. 查看 present 格式文档

很多初接触 Go 语言的 Gopher 可能很好奇，为何 Go 团队在世界各地进行技术演讲和 Go 语言布道时总是喜欢使用图 64-9 这样风格的幻灯片？

这类幻灯片文件不能通过传统的幻灯片软件 PowerPoint 或 Keynote 打开，但 Go 官方提供了一个服务站点 talks.golang.org，只要让该服务定位并打开某特定格式的幻灯片文件，比如 https://talks.golang.org/2012/splash.slide，我们就可以在浏览器中直接操作和演示该幻灯片。对于非 Go 官方团队的幻灯片，我们可以用另一个服务站点 go-talks.appspot.com 打开和演示特定位置的幻灯片文件，比如 https://go-talks.appspot.com/github.com/davecheney/presentations/performance-without-the-event-loop.slide。

这是 Go 团队用一种自定义的轻量级标记语言编写的文件，官方称之为 **present 文件**。这类文件可以以文章形式呈现（一般后缀名为 .article，多用于官方博客），也可以以幻灯片的形式呈现（一般后缀名为 .slide，多用于技术演讲时做幻灯片使用）。

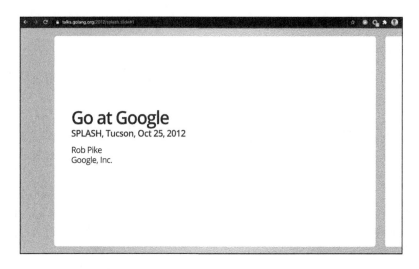

图 64-9　Go 团队演讲常用的幻灯片风格

除了通过上面两个网站可以渲染呈现这类 present 文件之外，Go 团队还在 Go 的扩展工具链中提供了一个名为 present 的工具，该工具支持本地安装并查看 present 格式文件，其安装方法如下：

```
$go get golang.org/x/tools/cmd/present
```

和 godoc 一样，present 工具也会在本地启动一个 Web 服务。present 支持 module-aware 模式，在该模式下，present 工具会定位 go.mod 文件的路径，一旦定位成功，就会将该路径作为其所服务内容的根路径。以查看 Go 团队近几年的技术演讲幻灯片为例。执行下面的步骤可以在本地建立起一个 Web 服务，用于列举 Go 团队多年的技术演讲记录并支持查看每一个演讲的幻灯片（Go 团队的演讲资料单独存放在 github.com/golang/talks 下）：

```
$cd /Users/tonybai/.bin/gotalks
$git clone https://github.com/golang/talks.git
$cd talks
$present
2020/10/31 20:44:34 Open your web browser and visit http://127.0.0.1:3999
```

用浏览器访问 http://127.0.0.1:3999/content，可以看到如图 64-10 所示的页面。

这个页面和官方的 talks.golang.org 一模一样。之后，我们就可以点击代表各个年份的子目录，并浏览该年份下的 Go 团队技术演讲的幻灯片或文字资料了。

每个 Gopher 都可以使用 present 格式编写 Go 团队风格的幻灯片并使用 present 操作和演示。以笔者存储个人演讲的仓库（github.com/bigwhite/talks）为例，通过下面的步骤我们就可以浏览该仓库下存储的 present 幻灯片文件（效果见图 64-11）：

```
$git clone https://github.com/bigwhite/talks.git
$cd talks
$present
2020/11/01 06:54:15 Open your web browser and visit http://127.0.0.1:3999
```

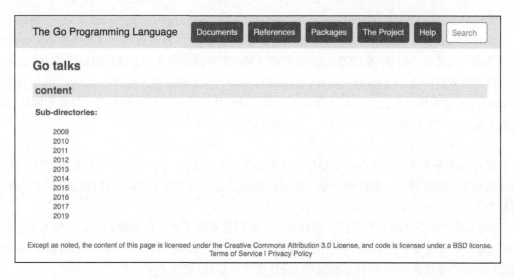

图 64-10　present 在本地启动的服务页面

图 64-11　使用 present 浏览本地幻灯片文件

64.8　代码导航与洞察

还有一类工具对 Gopher 的日常开发效率影响较大，这就是代码导航和洞察工具。这类工具通常对开发人员是"透明的"，因为它总是与 IDE/ 编辑器插件绑定使用。当我们输入代码、移动光标、悬停鼠标或进行某些快捷键操作时，这类工具将被驱动运作起来，以帮助 IDE/ 编辑器实现自动代码补全、悬停提示、跳转定义、调用查找、代码语法问题诊断等功能特性。以往 Go 开发常用的 IDE/ 编辑器，如 Vim、VS Code、Emacs 等都会聚合一批这类工具来实现上述功能特性，常见的工具有 gocode、gorename、godef、gopkgs、go-symbols、go-outline、guru 及 staticcheck 等。

2019 年 Go 官方启动了 Go 语言服务器的实现项目 gopls，旨在替代上面那些由不同个体开发人员维护的工具，为 Go 编辑器 /IDE 提供高质量、高性能的语言服务器标准协议的 Go 实现。

语言服务器协议（Language Server Protocol，LSP）由微软创建，包括 Codenvy、Red Hat 和 Sourcegraph 在内的多家公司已经联合起来共同支持该协议的演进和推广发展，并且该协议已经得到了来自各种编程语言社区的支持，主流编程语言几乎都有自己的 LSP 实现。

语言服务器协议旨在使语言服务器和开发工具之间的通信协议标准化。这样，单个语言服务器就可以在多个开发工具中重复使用，从而避免以往必须为每个开发工具都单独进行一次自动代码补全、定义跳转、悬停提示等功能特性的开发，大幅节省了 IDE/ 编辑器（及插件）作者的精力。

gopls 目前还在活跃开发阶段，但目前它已经覆盖实现了语言服务器协议定义的所有功能。虽然 gopls 尚未发布 1.0 版本，但目前主流的编辑器（VS Code、Vim 等）都已经支持了 gopls，因此这里强烈建议各位 Gopher 积极使用 gopls 进行日常 Go 开发工作。

小结

本条介绍了 Gopher 在各个开发阶段需要掌握的 Go 常用工具，它们既有 Go 团队维护的 Go 原生工具链中的工具，也有成熟稳定的第三方工具。在 Go 开发过程中熟练运用这些工具，不仅体现出作为一个 Gopher 的专业性，还将为你插上效率的翅膀。

第 65 条 *Suggestion 65*

使用 go generate 驱动代码生成

在上一条中，我们学习了 Go 工具链中的各种常见工具，这些工具几乎覆盖了 Go 开发的各个领域，但唯独没有涉及**代码生成**，因为笔者想将这方面的内容单独作为一条介绍。在本条中，我们就来学习如何使用 Go 工具链原生的 generate 工具驱动代码生成。

65.1 go generate：Go 原生的代码生成"驱动器"

我们日常在构建中小规模的 Go 项目时通常无须借助外部构建管理工具（比如 shell 脚本、make 等），Go 工具链便可以很好地满足我们关于构建的大多数需求。但有些时候，目标的构建需要依赖一些额外的前置动作（如代码生成等），在这种情况下，单靠 go build 我们无法驱动前置动作的执行。

那以往我们是如何解决这个问题的呢？我们还须借助外部构建管理工具，比如 make。下面是一个借助 make 工具对一个依赖代码生成的项目进行构建的示例：

```
// chapter10/sources/go-generate/protobuf-make
$tree protobuf-make
protobuf-make
├── IDL
│   └── msg.proto
├── Makefile
├── go.mod
├── go.sum
├── main.go
└── msg
    └── msg.pb.go // 待生成的Go源文件

// chapter10/sources/go-generate/protobuf-make/Makefile
```

```
all: build

build: gen-protobuf
    go build

gen-protobuf:
    protoc -I ./IDL msg.proto --gofast_out=./msg
```

在这个示例中，我们通过 Makefile 目标（target）之间的依赖关系实现了在真正构建（go build）之前先生成 msg 这个包并将其源码文件写入 protobuf-make/msg 目录中，这样 go build 执行时就能正常找到 msg 包的源文件了。

说明 上述示例基于 protobuf 描述文件（msg.proto）生成 Go 源码（msg.pb.go）。这个生成过程依赖两个工具：一个是 protobuf 编译器 protoc（https://github.com/protocolbuffers/protobuf），另一个是 protobuf go 插件 protoc-gen-gofast（https://github.com/gogo/protobuf/protoc-gen-gofast）。运行上述示例之前，请先行安装这两个工具。

Go 核心团队在 Go 1.4 版本的 Go 工具链中也**增加了这种在构建之前驱动执行前置动作的能力**，这就是 go generate 命令。为了更直观地感受到 go generate 的特性，我们先对上面的示例进行一些改造，将生成 Go 源码的"驱动器"由 make 工具改为 go generate：

```
// chapter10/sources/go-generate/protobuf
$tree protobuf
protobuf
├── IDL
│   └── msg.proto
├── go.mod
├── go.sum
├── main.go
└── msg
    └── msg.pb.go

// chapter10/sources/go-generate/protobuf/main.go
package main

import (
    "fmt"
    msg "github.com/bigwhite/protobuf-demo/msg"
)

//go:generate protoc -I ./IDL msg.proto --gofast_out=./msg
func main() {
    var m = msg.Request{
        MsgID:  "xxxx",
        Field1: "field1",
        Field2: []string{"field2-1", "field2-2"},
    }
    fmt.Println(m)
}
```

在改造后的例子中，我们删除了 Makefile，然后在依赖 msg 包的 main 包的源文件中添加了如下一行特殊的注释：

```
//go:generate protoc -I ./IDL msg.proto --gofast_out=./msg
```

这就是预先"埋"在代码中的可以被 go generate 命令识别的指示符（directive）。当我们在示例的目录下执行 go generate 命令时，上面这行指示符中的命令将被 go generate 识别并被驱动执行，执行的结果就是 protoc 基于 IDL 目录下的 msg.proto 生成了 main 包所需要的 msg 包源码。为了看清楚 go generate 的执行过程，我们为 go generate 命令加上了 -x 和 -v 这两个命令行标志选项：

```
$go generate -x -v
main.go
protoc -I ./IDL msg.proto --gofast_out=./msg
```

代码生成后，我们就可以构建并运行这个示例程序了：

```
$go build
$./protobuf-demo
{xxxx field1 [field2-1 field2-2] {} [] 0}
```

可以看到，Go 原生的 go generate 成功地替换了 make 并驱动了构建前置动作的执行。

65.2　go generate 的工作原理

go generate 的能力和特性比较单一，像 make 这样的工具不仅具备这些特性而且更为强大，那么 Go 核心团队为什么还要在 Go 工具链加入 go generate 呢？正如 Go 语言之父 Rob Pike 所说的那样："**它是 Go 工具链内置的，天然适配 Go 生态系统，无须额外安装其他工具。**"

go generate 命令比较独立，你不能指望 go build、go run 或 go test 等命令可以在后台调用 go generate 驱动前置指令的执行，go generate 命令需要在 go build 这类命令之前单独执行以生成后续命令需要的 Go 源文件等。

go generate 并不会按 Go 语法格式规范去解析 Go 源码文件，它只是将 Go 源码文件当成普通文本读取并识别其中可以与下面字符串模式匹配的内容（go generate 指示符）：

```
//go:generate command arg...
```

注意，注释符号 // 前面没有空格，与 go:generate 之间亦无任何空格。

上面的 go generate 指示符可以放在 Go 源文件中的任意位置，并且一个 Go 源文件中可以有多个 go generate 指示符，go generate 命令会按其出现的顺序逐个识别和执行：

```
// chapter10/sources/go-generate/multi_go_generate_directive.go

//go:generate echo "top"
package main

import "fmt"
```

```
//go:generate echo "middle"
func main() {
    fmt.Println("hello, go generate")
}

//go:generate echo "tail"

$go generate multi_go_generate_directive.go
top
middle
tail
```

可以像上面示例那样直接将 Go 源文件作为参数传给 go generate 命令，也可以使用包作为 go generate 的参数。下面的示例演示了不同 go generate 可接受的不同参数形式：

```
// chapter10/sources/go-generate/generate-args

$tree generate-args
generate-args
├──── go.mod
├──── main.go
├──── subpkg1
|     └──── subpkg1.go
└──── subpkg2
      └──── subpkg2.go
```

在上述示例的 main.go、subpkg1.go 和 subpkg2.go 三个源文件中都有一行 go generate 指示符：

```
//go:generate pwd
```

go generate 执行该指示符中的命令时会输出当前工作目录（Working Directory）：

```
// 传入某个文件
$go generate -x -v main.go
main.go
pwd
/User/.../go-generate/generate-args

// 传入当前module，匹配到module的main package且仅处理该main package的源文件
$go generate -x -v
main.go
pwd
/User/.../go-generate/generate-args

// 传入本地路径，匹配该路径下的包的所有源文件
$go generate -x -v ./subpkg1
subpkg1/subpkg1.go
pwd
/User/.../go-generate/generate-args/subpkg1

// 传入包，由于是module的根路径，因此只处理该module下的main包
$go generate -x -v github.com/bigwhite/generate-args-demo
main.go
```

```
pwd
/User/.../go-generate/generate-args

// 传入包，处理subpkg1包下的所有源文件
$go generate -x -v github.com/bigwhite/generate-args-demo/subpkg1
subpkg1/subpkg1.go
pwd
/User/.../go-generate/generate-args/subpkg1

// 传入./...模式，匹配当前路径及其子路径下的所有包
$go generate -x -v ./...
main.go
pwd
/User/.../go-generate/generate-args
subpkg1/subpkg1.go
pwd
/User/.../go-generate/generate-args/subpkg1
subpkg2/subpkg2.go
pwd
/User/.../go-generate/generate-args/subpkg2
```

我们看到 go generate 在处理子路径下的包时，其执行命令时的当前工作路径已经切换到该包的路径了，因此在 go generate 指示符中使用相对路径时首先要**明确当前的工作路径**。

go generate 还可以通过 -run 使用正则式去匹配各源文件中 go generate 指示符中的命令，并仅执行匹配成功的命令：

```
// 未匹配到任何go generate指示符中的命令
$go generate -x -v -run "protoc" ./...
main.go
subpkg1/subpkg1.go
subpkg2/subpkg2.go
```

65.3　go generate 的应用场景

go generate 目前主要用在目标构建之前驱动代码生成动作的执行。上面基于 protobuf 定义文件（*.proto）生成 Go 源码文件的示例就是 go generate 一个极为典型的应用。除此之外，比较广泛的应用还有利用 stringer 工具（go get golang.org/x/tools/cmd/stringer）自动生成枚举类型的 String 方法以及利用 go-bindata 工具（go get -u github.com/go-bindata/go-bindata/...）将数据文件嵌入 Go 源码中。

1. go generate 驱动生成枚举类型的 String 方法

在第 10 条中，我们提到利用自定义类型、const 与 iota 可以模拟实现枚举常量类型，比如下面示例中的 Weekday：

```
// chapter10/sources/go-generate/enum-demo/main.go
type Weekday int

const (
```

```
    Sunday Weekday = iota
    Monday
    Tuesday
    Wednesday
    Thursday
    Friday
    Saturday
)
```

通常我们会为 Weekday 类型手写 String 方法，这样在打印上面枚举常量时能输出有意义的内容：

```
// chapter10/sources/go-generate/enum-demo/main.go

func (d Weekday) String() string {
    switch d {
    case Sunday:
        return "Sunday"
    case Monday:
        return "Monday"
    case Tuesday:
        return "Tuesday"
    case Wednesday:
        return "Wednesday"
    case Thursday:
        return "Thursday"
    case Friday:
        return "Friday"
    case Saturday:
        return "Saturday"
    }

    return "Sunday" //default 0 -> "Sunday"
}
```

如果一个项目中枚举常量类型有很多，逐个为其手写 String 方法费时费力。当枚举常量有变化的时候，手动维护 String 方法十分烦琐且易错。对于这种情况，使用 go generate 驱动 stringer 工具为这些枚举类型自动生成 String 方法的实现不失为一个较为理想的方案。下面就是利用 go generate 对上面示例的改造：

```
// chapter10/sources/go-generate/stringer-demo/main.go
...
type Weekday int

const (
    Sunday Weekday = iota
    Monday
    Tuesday
    Wednesday
    Thursday
    Friday
    Saturday
```

```
)

//go:generate stringer -type=Weekday
func main() {
    var d Weekday
    fmt.Println(d)
    fmt.Println(Weekday(1))
}
```

接下来利用 go generate 驱动生成代码：

```
$go generate main.go
$cat weekday_string.go
// Code generated by "stringer -type=Weekday"; DO NOT EDIT.

package main

import "strconv"

func _() {
    // An "invalid array index" compiler error signifies that the constant values have
        changed.
    // Re-run the stringer command to generate them again.
    var x [1]struct{}
    _ = x[Sunday-0]
    _ = x[Monday-1]
    _ = x[Tuesday-2]
    _ = x[Wednesday-3]
    _ = x[Thursday-4]
    _ = x[Friday-5]
    _ = x[Saturday-6]
}

const _Weekday_name = "SundayMondayTuesdayWednesdayThursdayFridaySaturday"

var _Weekday_index = [...]uint8{0, 6, 12, 19, 28, 36, 42, 50}

func (i Weekday) String() string {
    if i < 0 || i >= Weekday(len(_Weekday_index)-1) {
        return "Weekday(" + strconv.FormatInt(int64(i), 10) + ")"
    }
    return _Weekday_name[_Weekday_index[i]:_Weekday_index[i+1]]
}
```

编译执行：

```
$go build
$./stringer-demo
Sunday
Monday
```

2. go generate 驱动从静态资源文件数据到 Go 源码的转换
Go 语言的优点之一是可以将源码编译成一个对外部没有任何依赖或只有较少依赖的二进

制可执行文件，这大大降低了 Gopher 在部署阶段的心智负担。而为了将这一优势发挥到极致，Go 社区甚至开始着手将静态资源文件也嵌入可执行文件中，尤其是在 Web 开发领域，Gopher 希望将一些静态资源文件（比如 CSS 文件等）嵌入最终的二进制文件中一起发布和部署。而 go generate 结合 go-bindata 工具（https://github.com/go-bindata/go-bindata）常被用于实现这一功能。

 说明　Go 1.16 版本内置了静态文件嵌入（embedding）功能，我们可以直接在 Go 源码中通过 go:embed 指示符将静态资源文件嵌入，无须再使用本方法。

下面通过一个将静态图片资源嵌入可执行文件中的例子来说明 go generate 是如何驱动 go-bindata 实现这一功能的。先准备一张图片 go-mascot.jpg 放在示例的 static/img 目录下，然后编写 main.go 如下：

```
// chapter10/sources/go-generate/bindata-demo

//go:generate go-bindata -o static.go static/img/go-mascot.jpg

...
func main() {
    data, err := Asset("static/img/go-mascot.jpg")
    if err != nil {
        fmt.Println("Asset invoke error:", err)
        return
    }

    http.HandleFunc("/", func(w http.ResponseWriter, req *http.Request) {
        w.Write(data)
    })

    http.ListenAndServe(":8080", nil)
}
```

我们看到，main 函数以试图调用生成代码中的 Asset 函数以获取签入的图片数据，并将其作为应答结果返回给 HTTP 服务的请求方。

在示例目录下执行 go generate，generate 命令会执行 main.go 中指示符中的命令，即基于 static/img/go-mascot.jpg 文件数据生成 static.go 源文件。go-bindata 生成的 Go 源文件的默认包名为 main。

接下来，构建并运行该程序：

```
$cd chapter10/sources/go-generate/bindata-demo
$go generate
$go build
$./bindata-demo
```

构建出的程序是一个在 8080 端口提供服务的 HTTP 服务器。用浏览器打开 localhost:8080，你就能看到如图 65-1 所示的返回结果。

图 65-1　bindata-demo 服务返回的结果

这时即便你删除 bindata-demo/static/img 目录下的 go-mascot.jpg 也不会影响到 bindata-demo 的应答返回结果，因为图片数据已经嵌入 bindata-demo 这个二进制程序当中了，go-mascot.jpg 将随着 bindata-demo 这个二进制程序一并分发与部署。

小结

go generate 这个工具通常是由 Go 包的作者使用和执行的，其生成的 Go 源码一般会提交到代码仓库中，这个过程对生成的包的使用者来说是透明的。为了提醒使用者这是一个代码自动生成的源文件，我们通常会在源文件的开始处以注释的形式写入类似下面的文字：

```
// Code generated by XXX. DO NOT EDIT.
```

本条要点：

❑ 尽量使用 Go 原生的 go generate 驱动代码生成；

❑ 明确 go generate 应在 go build、go run 或 go test 等命令之前执行；

❑ go generate 不会按照 Go 语法解析源文件，它只是将 Go 源码文件当成普通文本读取并识别其中的 go generate 指示符；

❑ go generate 多用于生成枚举常量类型的 String 方法、protobuf 文件对应的 Go 源文件，以及将静态资源文件数据嵌入二进制可执行文件中等场景；

❑ go generate 多数情况仅被 Go 包的作者使用，对 Go 包的使用者透明。

第 66 条

牢记 Go 的常见 "陷阱"

> C 语言像一把雕刻刀，锋利，在技师手中非常有用。但和任何锋利的工具一样，C 语言也会伤到那些不能掌握它的人。
>
> ——Andrew Koenig

20 世纪 80 年代中期，还在大名鼎鼎的贝尔实验室任职的 C 语言专家 Andrew Koenig 发表了一篇名为 "C Traps and Pitfalls"（C 语言陷阱与缺陷）[一]的论文。若干年后，他以这篇论文为基础，结合自己的工作经验，出版了日后对 C 程序员影响甚大且极具价值的经典著作《C 语言陷阱与缺陷》。无论是论文还是图书，作者 Koenig 的出发点都**不是批判 C 语言，而是帮助 C 程序员绕过 C 语言编程中的陷阱和障碍**。

没有哪一种编程语言是完美和理想的，Go 语言也不例外。尽管 Go 语言很简单，但有过一定 Go 使用经验的开发人员或多或少都掉进过 Go 的 "陷阱"。之所以将 "陷阱" 二字加上双引号，是因为**它们并非真正的语言缺陷，而是一些因对 Go 语言规范、运行时、标准库及工具链等了解不够全面、深入和透彻而容易犯的错误，或是因语言间的使用差异而导致的误用问题**。

Go 语言虽有 "陷阱"，但其数量和影响力与 C 相比相差甚远，还没有严重到需要将其整理成册出版的地步，因此在这里，我们仅用一条的篇幅来讲解。与 Koenig 写作《C 语言陷阱与缺陷》的初衷类似，本条的目的也并非批判 Go 语言，而是重点介绍 Go 语言目前有哪些常见的 "坑害" 粗心 Gopher 的 "陷阱" 以及如何绕过它们。熟知并牢记这些 "陷阱" 将有助于 Go 开发人员在工程实践中少走弯路。

本条中提到的一些 "陷阱" 在前文中可能已经提及，之所以在这里再次提出，一来是为了分类汇总，方便查找，二来就是为了强调这些 "陷阱" 在我们的日常开发过程中会经常遇到，应

㈠ https://www.cs.tufts.edu/comp/40/docs/CTrapsAndPitfalls.pdf

予以高度重视。

66.1　语法规范类

下面我们首先来看看与 Go 语言的语法规范相关的 "陷阱"（以下简称为 "坑"）。针对每个 "陷阱"，笔者都会对其做出评估，并使用两个指标——**遇 "坑" 指数**与 **"坑" 害指数**来分别描述其发生概率与危害程度。两个指数都采用 5 星制，星星数量越多，表示发生概率越高或危害程度越大。

1. 短变量声明相关的 "坑"

Go 语言提供了两种变量声明方式：一种是常规的变量声明形式，它可以应用在任何场合；另一种则是**短变量声明形式**，它用来声明本地临时变量，仅适用于函数 / 方法内部或是 if、for 和 switch 的初始化语句中，不能用于包级变量的声明。短变量声明形式是 Go 提供的一种语法糖，用起来十分便利，但这个语法糖却总让 Gopher 陷入 "坑" 中。

（1）短变量声明不总是会声明一个新变量

Go 是静态编译型语言，因此在 Go 中使用变量之前一定要先声明变量。采用常规变量声明形式和短变量声明形式均可实现对新变量的声明：

```
var a int = 5
b, c := "hello", 3.1415
println(a, b, c) // 5 hello +3.141500e+000
```

如果重复声明变量，Go 编译器会报错：

```
var a int = 5
b, c := "hello", 3.1415
var a int = 6          // 错误：在当前代码块（block）重复声明了变量a
b, c := "world", 1.1   // 错误：:=左侧没有新变量
```

但是下面的代码却可以通过 Go 编译器的检查：

```
var a int = 5
a, d := 55, "hello, go" // ok
```

按照我们对声明语句的传统理解，上面第二行的多变量短声明语句重新声明了变量 a 和 d，我们用下面的代码来确认一下：

```
// chapter10/sources/go-trap/multi_variable_short_declaration.go
var a int = 5
println(a, &a) // 5 0xc00003c770
a, d := 55, "hello, go"
println(&a) // 0xc00003c770
println(a, d) // 55 hello, go
```

从输出结果来看，我们对声明语句的传统理解似乎 "失效" 了。多变量短声明语句**并未重新声明一个新变量 a**，它只是对之前已经声明的变量 a 进行了重新赋值。

这是一个典型的由于认知偏差而形成的"陷阱"。Go 规范针对此"陷阱"有明确的说明：在同一个代码块（block）中，使用多变量短声明语句重新声明已经声明过的变量时，短变量声明语句不会为该变量声明一个新变量，而只会对其重新赋值。

遇"坑"指数：★★★☆☆　　"坑"害指数：★★☆☆☆

（2）短变量声明会导致难于发现的变量遮蔽

对于 C 语言家族的语言来说，变量遮蔽（variable shadowing）并不是什么新鲜事了。即便没有使用短变量声明，变量遮蔽也一样可能发生，比如下面的示例：

```go
// chapter10/sources/go-trap/short_declaration_variable_shadowing_1.go

var a int = 13

func main() {
    println(a, &a)      // 13 0x10cb188
    var a int = 23      // 遮蔽了包级变量a
    println(a, &a)      // 23 0xc00003e770

    if a == 23 {
        var a int = 33 // 遮蔽了main函数中声明的变量a
        println(a, &a) // 33 0xc00003e768
    }
}
```

上面的示例中发生了两次变量遮蔽，但这两次遮蔽相对容易被肉眼发现。我们再看下面这个示例：

```go
// chapter10/sources/go-trap/short_declaration_variable_shadowing_2.go
func foo() (int, error) {
    return 11, nil
}

func bar() (int, error) {
    return 21, errors.New("error in bar")
}

func main() {
    var err error
    defer func() {
        if err != nil {
            println("error in defer:", err.Error())
        }
    }()

    a, err := foo()
    if err != nil {
        return
    }
    println("a=", a)

    if a == 11 {
```

```
        b, err := bar()
        if err != nil {
            return
        }
        println("b=", b)
    }
    println("no error occurs")
}
```

对于上面这个示例，我们期待输出下面的结果：

```
a= 11
error in defer: error in bar
```

但实际运行后却发现只输出了：

```
a= 11
```

我们使用 go vet 工具对该源码进行一些静态检查。go vet（Go 1.14 版）默认已经不再支持变量遮蔽检查了，我们可以单独安装位于 Go 扩展项目中的 shadow 工具来实施检查：

```
$go install golang.org/x/tools/go/analysis/passes/shadow/cmd/shadow
$go vet -vettool=$(which shadow) -strict short_declaration_variable_shadowing_2.go
./short_declaration_variable_shadowing_2.go:28:6: declaration of "err" shadows
    declaration at line 14
```

go vet 报告 b, err := bar() 这行声明中的 err（位于第 28 行）遮蔽了 main 函数中声明的 err 变量（位于第 14 行）。这样即便 bar 函数返回的 error 变量不为 nil，main 函数中声明的 err 变量的值依然为 nil。这样执行 defer 函数时，由于 err 变量值为 nil，因此没有输出错误信息。

这个示例中的变量遮蔽相较于第一个示例更难被肉眼发现，很多 Gopher 看到 b, err := bar() 这行代码后会误以为 err 不会被重新声明为一个新变量，仅会进行赋值操作，就像前面短声明变量的第一个"坑"中描述的那样。但实际上，由于不在同一个代码块中，编译器没有在同一代码块里找到与 b, err := bar() 这行代码中 err 同名的变量，因此会声明一个新 err 变量，该 err 变量也就顺理成章地遮蔽了 main 函数代码块中的 err 变量。

修正这个问题的方法有很多，最直接的方法就是去掉 if 代码块中的多变量短声明形式并提前单独声明变量 b：

```
// chapter10/sources/go-trap/short_declaration_variable_shadowing_3.go
func main() {
    ...
    var b int
    if a == 11 {
        b, err = bar()
        if err != nil {
            return
        }
        println("b=", b)
    }
    println("no error occurs")
}
```

这是一个在实际开发过程中经常出现的问题。在不同代码块层次上使用多变量短声明形式会带来难以发现的变量遮蔽问题，从而导致程序运行异常。通过 go vet+shadow 工具可以很快捷方便地发现这一问题。

遇"坑"指数：★★★★★　　"坑"害指数：★★★★☆

2. nil 相关的"坑"

（1）不是所有以 nil 作为零值的类型都是零值可用的

这句话读起来有些拗口，我们可以将其分成两部分来理解。

- 以 nil 为零值的类型：根据 Go 语言规范，诸如切片（slice）、map、接口类型和指针类型的零值均为 nil。
- 零值可用的类型：在第 11 条中，我们学习过什么是零值可用的类型，常见的有 sync. Mutex 和 bytes.Buffer 等。Go 原生的切片类型**只在特定使用方式**下才可以被划到零值可用的范畴。

我们看到只有这两部分的交集中的类型才是零值可用的，这个集合中包含特定使用方式下的切片类型、特定的自定义类型指针（仅可以调用没有对自身进行指针解引用的方法）以及特定使用方式下的接口类型，见下面的示例：

```go
// chapter10/sources/go-trap/nil_type_1.go
type foo struct {
    name string
    age  int
}

func (*foo) doSomethingWithoutChange() {
    fmt.Println("doSomethingWithoutChange")
}

type MyInterface interface {
    doSomethingWithoutChange()
}

func main() {
    // 切片仅在调用append操作时才是零值可用的
    var strs []string = nil
    strs = append(strs, "hello", "go")
    fmt.Printf("%q\n", strs)

    // 自定义类型的方法中没有对自身实例解引用的操作时
    // 我们可以通过该类型的零值指针调用其方法
    var f *foo = nil
    f.doSomethingWithoutChange()

    // 为接口类型赋予显式类型转换后的nil(并非真正的零值)
    // 我们可以通过该接口调用没有解引用操作的方法
    var i MyInterface = (*foo)(nil)
    i.doSomethingWithoutChange()
}
```

而其他以 nil 为类型零值的类型（或未在特定使用方式下的上述类型）则不是零值可用的，比如下面的示例：

```
// chapter10/sources/go-trap/nil_type_2.go
type foo struct {
    name string
    age  int
}

func (f *foo) setName(name string) {
    f.name = name
}

func (*foo) doSomethingWithoutChange() {
    fmt.Println("doSomethingWithoutChange")
}

type MyInterface interface {
    doSomethingWithoutChange()
}

func main() {
    var strs []string = nil
    strs[0] = "go" // panic

    var m map[string]int
    m["key1"] = 1 // panic

    var f *foo = nil
    f.setName("tony") // panic

    var i MyInterface = nil
    i.doSomethingWithoutChange() // panic
}
```

这些以 nil 为零值的类型被误认为零值可用后都得到了异常的结果。

> 遇 "坑" 指数：★★☆☆☆　　　"坑" 害指数：★★★☆☆

（2）值为 nil 的接口类型变量并不总等于 nil

下面是 Go 语言中的一个令新手非常迷惑的例子：

```
// chapter10/sources/go-trap/nil_interface_1.go
type TxtReader struct{}

func (*TxtReader) Read(p []byte) (n int, err error) {
    // ...
    return 0, nil
}

func NewTxtReader(path string) io.Reader {
    var r *TxtReader
    if strings.Contains(path, ".txt") {
```

```
        r = new(TxtReader)
    }
    return r
}

func main() {
    i := NewTxtReader("/home/tony/test.png")
    if i == nil {
        println("fail to init txt reader")
        return
    }
    println("init txt reader ok")
}
```

我们一般会以为上述程序执行后会输出"fail to init txt reader",因为传入的文件并非一个后缀为.txt的文件,函数NewTxtReader会将此时值为nil的变量r作为返回值直接返回。但执行上述程序得到的输出结果却是"init txt reader ok"。

难道值为nil的接口变量i与nil真的不相等?在第26条中我们已经回答了这个问题,接口类型在运行时的表示分为两部分,一部分是类型信息,一部分是值信息。只有当接口类型变量的这两部分的值都为nil时,该变量才与nil相等。为了便于理解,将上述例子简化为下面的代码:

```
// chapter10/sources/go-trap/nil_interface_2.go
var r *TxtReader = nil
var i io.Reader = r
println(i == nil) // false
println(i) // (0x1089720,0x0)
```

我们看到在接口类型变量i被赋值为值为nil的变量r后,变量i的类型信息部分并不是nil。上面例子中的println(i)输出中的第一个值为0x1089720,这样变量i就与nil不等了。

这个"坑"在我们的日常Go编码过程中会经常出现,而且很难排查,一旦遗留到生产环境中,其造成的后果会很严重。

> 遇"坑"指数:★★★★☆   "坑"害指数:★★★★☆

3. for range 相关的"坑"
(1)你得到的是序号值而不是元素值

下面是在Python语言中使用for循环迭代输出列表中的每个元素的代码:

```
fruits = ['banana', 'apple',  'mango']
for fruit in fruits:
    print fruit
```

执行这段代码,输出如下:

```
banana
apple
mango
```

如果你原来是 Python 程序员，十分享受上述语法给你带来的便捷，那么转到 Go 语言，你可要小心了。你要是写出下面的代码，其输出结果一定不是你想要的：

```
// chapter10/sources/go-trap/for_range_1.go
func main() {
    fruits := []string{"banana", "apple", "mango"}
    for fruit := range fruits {
        println(fruit)
    }
}
```

编译并运行上述 Go 代码，你将看到如下输出：

```
0
1
2
```

上述示例程序输出的是元素在切片中的序号（从 0 开始），而不是真实的元素值，这是因为当使用 for range 针对切片、数组或字符串进行迭代操作时，迭代变量有两个，第一个是元素在迭代集合中的序号值（从 0 开始），第二个值才是元素值。下面的代码才是你想要的：

```
// chapter10/sources/go-trap/for_range_1.go
func main() {
    fruits := []string{"banana", "apple", "mango"}
    for _, fruit := range fruits {
        println(fruit)
    }
}
```

遇 "坑" 指数：★★☆☆☆　　　 "坑" 害指数：★★☆☆☆

（2）针对 string 类型的 for range 迭代不是逐字节迭代

在 Python 中，下面的代码将会对字符串进行逐字节迭代：

```
#! /usr/bin/env python
# -*- coding: utf-8 -*-

for letter in 'Hi,中国':
    print '%r' % letter
```

运行上述代码的输出结果如下：

```
'H'
'i'
','
'\xe4'
'\xb8'
'\xad'
'\xe5'
'\x9b'
'\xbd'
```

如果在 Go 中依旧沿用上述思维，我们会发现得到的结果并非我们预期的那样：

```
// chapter10/sources/go-trap/for_range_2.go
func main() {
    for _, s := range "Hi,中国" {
        fmt.Printf("0x%X\n", s)
    }
}
```

编译并运行上述 Go 代码，你将看到如下输出结果：

```
0x48
0x69
0x2C
0x4E2D
0x56FD
```

输出的结果"似曾相识"啊。没错！在第 52 条中，我们曾介绍过 0x4E2D 和 0x56FD 分别是"中"和"国"这两个汉字的码点。在 Go 语言中每个 Unicode 字符码点对应的是一个 rune 类型的值，也就是说**在 Go 中对字符串运用 for range 操作，每次返回的是一个码点，而不是一个字节**。

那么要想进行逐字节迭代，应该怎么编写代码呢？我们需要先将字符串转换为字节类型切片后再运用 for range 对字节类型切片进行迭代：

```
// chapter10/sources/go-trap/for_range_2.go
func main() {
    for _, b := range []byte("Hi,中国") {
        fmt.Printf("0x%X\n", b)
    }
}
```

在第 15 条中我们还提到了 Go 编译器对上述代码中字符串到字节切片转换的优化处理，即 **Go 编译器不会为 []byte 进行额外的内存分配，而是直接使用 string 的底层数据**。

> 遇"坑"指数：★★☆☆☆　　"坑"害指数：★★☆☆☆

（3）对 map 类型内元素的迭代顺序是随机的

Go 语言原生的"容器"类型都支持 for range 迭代，比如上面提到的数组、切片。作为最常用的"容器"类型之一，map 类型同样支持 for range 迭代，但迭代的结果却是这样的：

```
// chapter10/sources/go-trap/for_range_3.go
func main() {
    heros := map[int]string{
        1: "superman",
        2: "batman",
        3: "spiderman",
        4: "the flash",
    }
    for k, v := range heros {
        fmt.Println(k, v)
    }
}
```

将上面这个示例运行三次：

```
$go run for_range_3.go
1 superman
2 batman
3 spiderman
4 the flash

$go run for_range_3.go
4 the flash
1 superman
2 batman
3 spiderman

$go run for_range_3.go
3 spiderman
4 the flash
1 superman
2 batman
```

我们看到三次运行的结果各不相同，对 map 类型内元素进行迭代所得到的结果是随机无序的，这会让很多 Go 新手"大跌眼镜"。不过 Go 的设计就是如此，要想有序迭代 map 内的元素，我们需要额外的数据结构支持，比如使用一个切片来有序保存 map 内元素的 key 值：

```
// chapter10/sources/go-trap/for_range_3.go

func main() {
    var indexes []int
    heros := map[int]string{
        1: "superman",
        2: "batman",
        3: "spiderman",
        4: "the flash",
    }
    for k, v := range heros {
        indexes = append(indexes, k)
    }

    sort.Ints(indexes)
    for _, idx := range indexes {
        fmt.Println(heros[idx])
    }
}
```

遇"坑"指数：★★★★☆　　"坑"害指数：★★☆☆☆

（4）在"复制品"上进行迭代

下面是一个对切片进行迭代的例子：

```
// chapter10/sources/go-trap/for_range_4.go
func main() {
    var a = []int{1, 2, 3, 4, 5}
    var r = make([]int, 0)
```

```
fmt.Println("a = ", a)

for i, v := range a {
    if i == 0 {
        a = append(a, 6, 7)
    }
    r = append(r, v)
}
fmt.Println("r = ", r)
fmt.Println("a = ", a)
}
```

在上面的示例代码中，我们在迭代过程中向切片 a 中动态添加了新元素 6 和 7，期望这些改变可以反映到新切片 r 上。但该示例程序的输出如下：

```
$go run for_range_4.go
a =  [1 2 3 4 5]
r =  [1 2 3 4 5]
a =  [1 2 3 4 5 6 7]
```

我们看到对原切片 a 的动态扩容并未在 r 上得到体现。对 a 的迭代次数依旧是 5 次，也没有因 a 的扩容而变为 7 次。这是因为 range 表达式中的 a 实际上是原切片 a 的副本（暂称为 a'），在该表达式初始化后，副本切片 a' 内部表示中的 len 字段就是 5，并且在整个 for range 循环过程中并未改变，因此 for range 只会循环 5 次，也就只获取到原切片 a 所对应的底层数组的前 5 个元素。

更多关于该"陷阱"的描述和例子可以参见第 19 条。

遇"坑"指数：★★★★☆　　　"坑"害指数：★★★☆☆

（5）迭代变量是重用的

在 for i, v := range xxx 这条语句中，i、v 都被称为迭代变量。迭代变量总是会参与到每次迭代的处理逻辑中，就像下面的示例代码这样：

```
// chapter10/sources/go-trap/for_range_5.go
func main() {
    var a = []int{1, 2, 3, 4, 5}
    var wg sync.WaitGroup

    for _, v := range a {
        wg.Add(1)
        go func() {
            time.Sleep(time.Second)
            fmt.Println(v)
            wg.Done()
        }()
    }
    wg.Wait()
}
```

我们期望上面的示例中每个 goroutine 输出切片 a 中的一个元素，但实际运行后却发现输出结果如下：

```
5
5
5
5
5
```

我们之所以会写出上述示例中那样的代码，很可能是因为被 for range 表达式中的 := 迷惑了，认为每次迭代都会重新声明一个循环变量 v，但实际上这个循环变量 v 仅仅被声明了一次并在后续整个迭代过程中被重复使用：

```
for _, v := range a {

}

// 等价于

v := 0
for _, v = range a {

}
```

这样上面示例的输出结果也就不那么令人意外了。新创建的 5 个 goroutine 在睡眠（Sleep）1 秒后所看到的是同一个变量 v，而此时变量 v 的值为 5，所以 5 个 goroutine 输出的 v 值也就都是 5。我们可以通过以下方法修正这个示例：

```
for _, v := range a {
    wg.Add(1)
    go func(v int) {
        time.Sleep(time.Second)
        fmt.Println(v)
        wg.Done()
    }(v)
}
```

在修改后的示例中，每个 goroutine 输出的是每轮迭代时传入的循环变量 v 的副本，这个值不会随着迭代的进行而变化。

> 遇 "坑" 指数：★★★★☆　　 "坑" 害指数：★★★★☆

4. 切片相关的 "坑"

Go 切片相比数组更加高效和灵活，尽量使用切片替代数组是 Go 语言的惯用法之一。Go 支持基于已有切片创建新切片（reslicing）的操作，新创建的切片与原切片共享底层存储，这个操作在给 Go 开发者带来高灵活性和内存占用小等好处的同时，也十分容易让开发者掉入相关 "陷阱"。

（1）对内存的过多占用

基于已有切片创建的新切片与原切片共享底层存储，这样如果原切片占用较大内存，新切片的存在又使原切片内存无法得到释放，这样就会占用过多内存，如下面的示例：

```go
// chapter10/sources/go-trap/slice_1.go
func allocSlice(min, high int) []int {
    var b = []int{1, 2, 3, 4, 5, 6, 7, 8, 9, 10, 99: 100}
    fmt.Printf("slice b: len(%d), cap(%d)\n",
        len(b), cap(b))

    return b[min:high]
}

func main() {
    b1 := allocSlice(3, 7)
    fmt.Printf("slice b1: len(%d), cap(%d), elements(%v)\n",
        len(b1), cap(b1), b1)
}
```

在这个例子中，我们基于一个长度（len）和容量（cap）均为 100 的切片 b 创建一个长度仅为 4 的小切片 b1，这样通过 b1 我们仅仅能操纵 4 个整型值，但 b1 的存在却使额外的 96 个整型数占用的空间无法得到及时释放。

我们可以通过内建函数 copy 为新切片建立独立的存储空间以避免与原切片共享底层存储，从而避免空间的浪费：

```go
// chapter10/sources/go-trap/slice_2.go

func allocSlice(min, high int) []int {
    var b = []int{1, 2, 3, 4, 5, 6, 7, 8, 9, 10, 99: 100}
    fmt.Printf("slice b: len(%d), cap(%d)\n",
        len(b), cap(b))
    nb := make([]int, high-min, high-min)
    copy(nb, b[min:high])
    return nb
}
```

遇"坑"指数：★★★☆☆　　"坑"害指数：★★★☆☆

（2）隐匿数据的暴露与切片数据篡改

除了过多的内存占用，slice_1.go 这个示例还可能导致隐匿数据的暴露。我们将 slice_1.go 示例做一下改动：

```go
// chapter10/sources/go-trap/slice_3.go
func allocSlice(min, high int) []int {
    var b = []int{1, 2, 3, 4, 5, 6, 7, 8, 9, 10}
    fmt.Printf("slice b: len(%d), cap(%d), elements(%v)\n",
        len(b), cap(b), b)
    return b[min:high]
}

func main() {
    b1 := allocSlice(3, 7)
    fmt.Printf("slice b1: len(%d), cap(%d), elements(%v)\n",
        len(b1), cap(b1), b1)
    b2 := b1[:6]
```

```
        fmt.Printf("slice b2: len(%d), cap(%d), elements(%v)\n",
            len(b2), cap(b2), b2)
}
```

在该示例中，通过 allocSlice 函数分配的切片 b1 又被做了一次 reslicing，由于 b1 的容量为 7，因此对其进行 reslicing 时采用 b1[:6] 并不会出现越界问题。上述示例的运行结果如下：

```
$go run slice_3.go
slice b: len(10), cap(10), elements([1 2 3 4 5 6 7 8 9 10])
slice b1: len(4), cap(7), elements([4 5 6 7])
slice b2: len(6), cap(7), elements([4 5 6 7 8 9])
```

以上示例显然期望通过 reslicing 创建的 b2 是这样的：[4 5 6 7 0 0]。但事与愿违，由于 b1、b2、b 三个切片共享底层存储，使得原先切片 b 对切片 b1 隐匿的数据在切片 b2 中暴露了出来。

但切片 b2 对这种隐匿数据的存在可能毫不知情，这样当切片 b2 操作这两个位置的数据时，实际上会篡改原切片 b 本不想暴露给切片 b1 的那些数据。

我们依然可以采用通过内建函数 copy 为新切片建立独立存储空间的方法来应对这个 "陷阱"。它避免了利用容量漏洞对新分配的切片进行扩张式的 reslicing 操作导致的隐匿数据暴露，看不到隐匿数据，自然也就无法实施篡改操作了：

```
// chapter10/sources/go-trap/slice_4.go
func allocSlice(min, high int) []int {
    var b = []int{1, 2, 3, 4, 5, 6, 7, 8, 9, 10}
    fmt.Printf("slice b: len(%d), cap(%d), elements(%v)\n",
        len(b), cap(b), b)

    nb := make([]int, high-min, high-min)
    copy(nb, b[min:high])
    return nb
}

func main() {
    b1 := allocSlice(3, 7)
    fmt.Printf("slice b1: len(%d), cap(%d), elements(%v)\n",
        len(b1), cap(b1), b1)

    b2 := b1[:6]
    fmt.Printf("slice b2: len(%d), cap(%d), elements(%v)\n",
        len(b2), cap(b2), b2) // panic: runtime error: slice bounds out of range
            [:6] with capacity 4
}
```

遇 "坑" 指数：★★★☆☆　　"坑" 害指数：★★★☆☆

（3）新切片与原切片底层存储可能会 "分家"

Go 中的切片支持自动扩容。当扩容发生时，新切片与原切片底层存储便会出现 "分家" 现象。一旦发生 "分家"，后续对新切片的任何操作都不会影响到原切片：

```
// chapter10/sources/go-trap/slice_5.go
```

```go
func main() {
    var b = []int{1, 2, 3, 4}
    fmt.Printf("slice b: len(%d), cap(%d), elements(%v)\n",
        len(b), cap(b), b)

    b1 := b[:2]
    fmt.Printf("slice b1: len(%d), cap(%d), elements(%v)\n",
        len(b1), cap(b1), b1)

    fmt.Println("\nappend 11 to b1:")
    b1 = append(b1, 11)
    fmt.Printf("slice b1: len(%d), cap(%d), elements(%v)\n",
        len(b1), cap(b1), b1)
    fmt.Printf("slice b: len(%d), cap(%d), elements(%v)\n",
        len(b), cap(b), b)
    fmt.Println("\nappend 22 to b1:")
    b1 = append(b1, 22)
    fmt.Printf("slice b1: len(%d), cap(%d), elements(%v)\n",
        len(b1), cap(b1), b1)
    fmt.Printf("slice b: len(%d), cap(%d), elements(%v)\n",
        len(b), cap(b), b)

    fmt.Println("\nappend 33 to b1:")
    b1 = append(b1, 33)
    fmt.Printf("slice b1: len(%d), cap(%d), elements(%v)\n",
        len(b1), cap(b1), b1)
    fmt.Printf("slice b: len(%d), cap(%d), elements(%v)\n",
        len(b), cap(b), b)

    b1[0] *= 100
    fmt.Println("\nb1[0] multiply 100:")
    fmt.Printf("slice b1: len(%d), cap(%d), elements(%v)\n",
        len(b1), cap(b1), b1)
    fmt.Printf("slice b: len(%d), cap(%d), elements(%v)\n",
        len(b), cap(b), b)
}
```

运行该示例:

```
$go run slice_5.go
slice b: len(4), cap(4), elements([1 2 3 4])
slice b1: len(2), cap(4), elements([1 2])

append 11 to b1:
slice b1: len(3), cap(4), elements([1 2 11])
slice b: len(4), cap(4), elements([1 2 11 4])

append 22 to b1:
slice b1: len(4), cap(4), elements([1 2 11 22])
slice b: len(4), cap(4), elements([1 2 11 22])

append 33 to b1:
slice b1: len(5), cap(8), elements([1 2 11 22 33])
slice b: len(4), cap(4), elements([1 2 11 22])
```

```
b1[0] multiply 100:
slice b1: len(5), cap(8), elements([100 2 11 22 33])
slice b: len(4), cap(4), elements([1 2 11 22])
```

从示例输出结果中我们看到，在将 22 附加（append）到切片 b1 后，切片 b1 的空间已满（len(b1)==cap(b1)）。之后当我们将 33 附加到切片 b1 的时候，切片 b1 与 b 发生了底层存储的"分家"，Go 运行时为切片 b1 重新分配了一段内存（容量为原容量的 2 倍）并将数据复制到新内存块中。这次我们看到切片 b 并没有改变，依旧保持了附加 22 后的状态。由于存储"分家"，后续我们将 b1[0] 乘以 100 的操作同样不会对切片 b 有任何影响。

> 遇"坑"指数：★★☆☆☆　　　"坑"害指数：★★★☆☆

5. string 相关的"坑"

无论是对于 C 语言出身的 Gopher 还是对于 Python 出身的 Gopher，Go 的 string 类型都或多或少有一些让大家易入的小"坑"。由于微小，这里把它们汇总到一起说明。

string 在 Go 语言中是原生类型，这与 C 语言使用字节数组模拟字符串类型不同，并且 Go 中的 string 类型没有结尾 '\0'，其长度为 string 类型底层数组中的字节数量：

```
// chapter10/sources/go-trap/string_1.go
s := "大家好"
fmt.Printf("字符串\"%s\"的长度为%d\n", s, len(s)) // 长度为9
```

注意，字符串长度并不等于该字符串中的字符个数：

```
// chapter10/sources/go-trap/string_1.go
s := "大家好"
fmt.Printf("字符串\"%s\"中的字符个数%d\n", s, utf8.RuneCountInString(s)) // 字符个数为3
```

string 类型支持下标操作符 []，我们可以通过下标操作符读取字符串中的每一字节：

```
// chapter10/sources/go-trap/string_1.go
s1 := "hello"
fmt.Printf("s1[0] = %c\n", s1[0]) // s1[0] = h
fmt.Printf("s1[1] = %c\n", s1[1]) // s1[1] = e
```

但如果你将下标操作符表达式作为左值，你将得到如下编译错误：

```
// chapter10/sources/go-trap/string_1.go
s1 := "hello"
s[0] = 'j'

$go run string_1.go
./string_1.go:16:7: cannot assign to s[0]
```

这是因为在 Go 中 string 类型是不可改变的，我们无法改变其中的数据内容。那些尝试将 string 转换为切片再修改的方案其实修改的都是切片自身，原始 string 的数据并未发生改变：

```
// chapter10/sources/go-trap/string_1.go

b := []byte(s1)
```

```
b[0] = 'j'
fmt.Printf("字符串s1 = %s\n", s1) // 字符串s1 = hello
fmt.Printf("切片b = %q\n", b)     // 切片b = "jello"
```

string 类型的零值是 " "，而不是 nil，因此判断一个 string 类型变量是否内容为空，可以将其与 " " 比较，或将其长度（len(s)）与 0 比较，而不要将 string 类型与 nil 比较：

```
// chapter10/sources/go-trap/string_1.go

var s2 string
fmt.Println(s2 == "")     // true
fmt.Println(len(s2) == 0) // true
fmt.Println(s2 == nil)    // invalid operation: s2 == nil (mismatched types string and nil)
```

遇"坑"指数：★★★★☆　　"坑"害指数：★☆☆☆☆

6. switch 语句相关的"坑"

Go 中 switch 语句的执行流与 C 语言中 switch 语句有着很大的不同，这让很多 C 程序员转到 Go 之后频繁遭遇此"坑"。以下面这段代码为例：

```
// chapter10/sources/go-trap/switch.c

int main() {
    int a = 1;
    switch(a) {
    case 0:
        printf("a = 0\n");
    case 1:
        printf("a = 1\n");
    case 2:
        printf("a = 2\n");
    default:
        printf("a = N/A\n");
    }
}
```

运行这段代码：

```
$gcc -o switch-demo switch.c
$./switch-demo
a = 1
a = 2
a = N/A
```

在 C 语言中，如果没有在 case 中显式放置 break 语句，执行流就会从匹配到的 case 语句开始一直向下执行，于是我们就会在 C 语言中看到**大量 break 充斥在 switch 语句中**。而在 Go 中，switch 的执行流则并不会从匹配到的 case 语句开始一直向下执行，而是执行完 case 语句块代码后跳出 switch 语句，除非你显式使用 fallthrough 强制向下一个 case 语句执行。所以下面的 Go 代码不会出现上面 C 语句的问题：

```
// chapter10/sources/go-trap/switch_1.go
func main() {
    var a = 1
    switch a {
    case 0:
        println("a = 0")
    case 1:
        println("a = 1") // 输出a = 1
    case 2:
        println("a = 2")
    default:
        println("a = N/A")
    }
}
```

事实上，这并不能算是 Go 语言的"坑"，更应该理解为 Go 语言修正了 C 语言中 switch/case 语句的"缺陷"，只是由于"习惯"用法不同而导致的误用。

> 遇"坑"指数：★★★★☆　　"坑"害指数：★★☆☆☆

7. goroutine 相关的"坑"

goroutine 算是 Go 语言的一件"大杀器"。"轻量级并发理念降低心智负担""随便写（未经雕琢优化）的十几行代码也能扛住 10 万 + 并发请求的神迹"等噱头让 goroutine 赚足了眼球，但 goroutine 也有自己的"坑"，接下来我们就来看一看。

（1）无法得到 goroutine 退出状态

在使用线程作为最小并发调度单元的时代，我们可以通过 pthread 库的 pthread_join 函数来阻塞，等待某个线程退出并得到其退出状态：

```
// pthread_join函数原型
// 通过第二个参数可以获得线程的退出状态

int pthread_join(pthread_t thread, void **value_ptr);
```

但当你使用 goroutine 来架构你的并发程序时，你会发现**在没有外部结构支撑的情况下，Go 原生并不支持获取某个 goroutine 的退出状态**，因为启动一个 goroutine 的标准代码是这样的：

```
go func() {
    ...
}()
```

而不是这样的：

```
ret := go func() {
    ...
}()
```

在传统的线程并发模型中，获取线程退出返回值是一种线程间通信，而在 Go 的并发模型中，这也算是 goroutine 间通信范畴。提到 goroutine 间通信，我们首先想到的就是使用 channel。没错，利用 channel，我们可以轻松获取 goroutine 的退出状态：

```
// chapter10/sources/go-trap/goroutine_1.go
func main() {
    c := make(chan error, 1)

    go func() {
        // 做点什么
        time.Sleep(time.Second * 2)
        c <- nil // 或c <- errors.New("some error")
    }()

    err := <-c
    fmt.Printf("sub goroutine exit with error: %v\n", err)
}
```

当然，获取 goroutine 退出状态的手段可不止这一种，更多关于 goroutine 并发模式和应用的
例子可详见第 33 条，你也许能受到更多启发。

遇"坑"指数：★★★★☆   "坑"害指数：★★☆☆☆

（2）程序随着 main goroutine 退出而退出，不等待其他 goroutine

Go 语言中存在一个残酷的事实，那就是程序退出与否全看 main goroutine 是否退出，一旦
main goroutine 退出了，这时即便有其他 goroutine 仍然在运行，程序进程也会毫无顾忌地退出，
其他 goroutine 正在进行的处理工作就会戛然而止。比如下面这个示例：

```
// chapter10/sources/go-trap/goroutine_2.go
func main() {
    println("main goroutine: start to work...")
    go func() {
        println("goroutine1: start to work...")
        time.Sleep(50 * time.Microsecond)
        println("goroutine1: work done!")
    }()

    go func() {
        println("goroutine2: start to work...")
        time.Sleep(30 * time.Microsecond)
        println("goroutine2: work done!")
    }()

    println("main goroutine: work done!")
}
```

运行上面示例，我们可以得到下面的输出结果（注：你的运行结果可能与这里的稍有不同，
但极少会有 goroutine1 和 goroutine2 在 main goroutine 退出前已经处理完成的情况）：

```
$go run goroutine_2.go
main goroutine: start to work...
main goroutine: work done!
```

main goroutine 丝毫没有顾及正在运行的 goroutine1 和 goroutine2 就退出了，这让 goroutine1
和 goroutine2 还未输出哪怕是一行日志就被强制终止了。

通常我们可以使用 sync.WaitGroup 来协调多个 goroutine。以上面的代码为例，我们会在 main goroutine 中使用 sync.WaitGroup 来等待其他两个 goroutine 完成工作：

```
// chapter10/sources/go-trap/goroutine_3.go
func main() {
    var wg sync.WaitGroup
    wg.Add(2)
    println("main goroutine: start to work...")
    go func() {
        println("goroutine1: start to work...")
        time.Sleep(50 * time.Microsecond)
        println("goroutine1: work done!")
        wg.Done()
    }()

    go func() {
        println("goroutine2: start to work...")
        time.Sleep(30 * time.Microsecond)
        println("goroutine2: work done!")
        wg.Done()
    }()

    wg.Wait()
    println("main goroutine: work done!")
}
```

运行这段新程序，就会得到我们期望的结果：

```
$go run goroutine_3.go
main goroutine: start to work...
goroutine2: start to work...
goroutine1: start to work...
goroutine2: work done!
goroutine1: work done!
main goroutine: work done!
```

> 遇"坑"指数：★★★☆☆   "坑"害指数：★★★★☆

（3）任何一个 goroutine 出现 panic，如果没有及时捕获，那么整个程序都将退出

Go 语言规范在讲述 panic 时告诉了我们一个更为残酷的现实：如果某个 goroutine 在函数 / 方法 F 的调用时出现 panic，一个被称为 panicking 的过程将被激活。该过程会先调用函数 F 的 defer 函数（如果有的话），然后依次向上，调用函数 F 的调用者的 defer 函数，直至该 goroutine 的顶层函数，即启动该 goroutine 时（go T()）的那个函数 T。如果函数 T 有 defer 函数，那么 defer 会被调用。在整个 panicking 过程的 defer 调用链中，如果没有使用 recover 捕获该 panic，那么 panicking 过程的最后一个环节将会发生：整个程序异常退出，并输出 panic 相关信息，无论发生 panic 的 goroutine 是否为 main goroutine。看下面的示例：

```
// chapter10/sources/go-trap/goroutine_4.go
func main() {
    var wg sync.WaitGroup
```

```
    wg.Add(2)
    println("main goroutine: start to work...")
    go func() {
        println("goroutine1: start to work...")
        time.Sleep(5 * time.Second)
        println("goroutine1: work done!")
        wg.Done()
    }()

    go func() {
        println("goroutine2: start to work...")
        time.Sleep(1 * time.Second)
        panic("division by zero")
        println("goroutine2: work done!")
        wg.Done()
    }()

    wg.Wait()
    println("main goroutine: work done!")
}
```

运行这个示例，我们将得到如下结果：

```
$go run goroutine_4.go
main goroutine: start to work...
goroutine2: start to work...
goroutine1: start to work...
panic: division by zero
...
```

我们看到 goroutine2 的 panic 导致 goroutine1 和 main goroutine 尚未完成处理就因进程退出而停止了。这个"坑"带来的危害是极大的，你能想象出一个服务端守护程序的进程运行着运行着就消失了的情况吗？同时，由于 goroutine 的轻量特质，开发者可以在任何代码中随意启动一个 goroutine，因此你无法保证你的程序依赖的第三方包中是否启动了存在 panic 可能性的 goroutine，这就像是一颗定时炸弹，随时可能被引爆。

那么如何避免呢？没有好办法，只能**采用防御型代码**，即在每个 goroutine 的启动函数中加上对 panic 的捕获逻辑。对上面的示例的改造如下：

```
// chapter10/sources/go-trap/goroutine_5.go
func safeRun(g func()) {
    defer func() {
        if e := recover(); e != nil {
            fmt.Println("caught a panic:", e)
        }
    }()

    g()
}

func main() {
    var wg sync.WaitGroup
```

```
    wg.Add(2)
    println("main goroutine: start to work...")
    go safeRun(func() {
        defer wg.Done()
        println("goroutine1: start to work...")
        time.Sleep(5 * time.Second)
        println("goroutine1: work done!")
    })

    go safeRun(func() {
        defer wg.Done()
        println("goroutine2: start to work...")
        time.Sleep(1 * time.Second)
        panic("division by zero")
        println("goroutine2: work done!")
    })

    wg.Wait()
    println("main goroutine: work done!")
}
```

运行该示例：

```
$go run goroutine_5.go
main goroutine: start to work...
goroutine2: start to work...
goroutine1: start to work...
caught a panic: division by zero
goroutine1: work done!
main goroutine: work done!
```

我们看到 goroutine2 抛出的 panic 被 safeRun 函数捕获，这样 panicking 过程终止，main goroutine 和 goroutine1 才能得以"善终"。

不过有些时候，panic 的确是由自己的代码 bug 导致的，及时退出程序所产生的影响可能比继续"带病"运行更小，而另一种适合大规模并行处理的高可靠性编程语言 Erlang 就崇尚"任其崩溃"的设计哲学，因此面对是否要捕获 panic 的情况，我们也不能"一刀切"，也要视具体情况而定。

> 遇"坑"指数：★★★★★　　"坑"害指数：★★★★★

8. channel 相关的"坑"

日常进行 Go 开发时，我们一般面对的都是有效状态（已初始化，尚未关闭）下的 channel 实例，但 channel 还有另外两种特殊状态：

❏ 零值 channel（nil channel）；

❏ 已关闭的 channel（closed channel）。

Go 新手面对这两种特殊状态下的 channel 极易掉入"坑"中。为了避免掉"坑"，建议牢记这两种状态下的 channel 行为特征，见表 66-1。

表 66-1 两种特殊状态下的 channel 行为特征

操作	已关闭的 channel	nil channel
从 channel 接收（xx := <-c）	channel 中元素类型的零值	阻塞
向 channel 发送（c <- xx）	panic	阻塞

通过下面的示例我们可以更直观地看到两种特殊状态 channel 的行为特征：

```go
// chapter10/sources/go-trap/channel_1.go
func main() {
    var nilChan chan int
    nilChan <- 5    // 阻塞
    n := <-nilChan // 阻塞
    fmt.Println(n)

    var closedChan = make(chan int)
    close(closedChan)
    m := <-closedChan
    fmt.Println(m)   // int类型的零值: 0
    closedChan <- 5 // panic: send on closed channel
}
```

更多关于 channel 的例子可再仔细阅读一下第 34 条。

遇"坑"指数：★★★☆☆　　"坑"害指数：★★★☆☆

9. 方法相关的"坑"

（1）使用值类型 receiver 的方法无法改变类型实例的状态

Go 语言的方法（method）很独特，除了参数和返回值，它还拥有一个代表着类型实例的 receiver。receiver 有两类：值类型 receiver 和指针类型 receiver。而采用值类型 receiver 的方法无法改变类型实例的状态。我们来看下面的示例：

```go
// chapter10/sources/go-trap/mehtod_1.go
type foo struct {
    name string
    age  int
}

func (f foo) setNameByValueReceiver(name string) {
    f.name = name
}

func (p *foo) setNameByPointerReceiver(name string) {
    p.name = name
}

func main() {
    f := foo{
        name: "tony",
        age:  20,
    }
```

```
    fmt.Println(f) // {tony 20}

    f.setNameByValueReceiver("alex")
    fmt.Println(f) // {tony 20}
    f.setNameByPointerReceiver("alex")
    fmt.Println(f) // {alex 20}
}
```

之所以会如此，是因为**方法本质上是一个以 receiver 为第一个参数的函数**。我们知道，通过传值方式传递的参数即便在函数内部被改变，其改变也不会影响到外部的实参。更多关于方法本质的内容可再仔细阅读第 23 条。

遇"坑"指数：★★☆☆☆　　　"坑"害指数：★★☆☆☆

（2）值类型实例可以调用采用指针类型 receiver 的方法，指针类型实例也可以调用采用值类型 receiver 的方法

Go 语言在方法调用时引入了语法糖以支持值类型实例调用采用指针类型 receiver 的方法，同时支持指针类型实例调用采用值类型 receiver 的方法。Go 会在后台进行对应的转换：

```
// chapter10/sources/go-trap/mehtod_2.go
type foo struct{}

func (foo) methodWithValueReceiver() {
    println("methodWithValueReceiver invoke ok")
}

func (*foo) methodWithPointerReceiver() {
    println("methodWithPointerReceiver invoke ok")
}

func main() {
    f := foo{}
    pf := &f

    f.methodWithPointerReceiver() // 值类型实例调用采用指针类型receiver的方法 ok
    pf.methodWithValueReceiver()  // 指针类型实例调用采用值类型receiver的方法 ok
}
```

在上面的示例中，Go 编译器会将 f.methodWithPointerReceiver() 自动转换为 (&f).methodWithPointerReceiver()，同理也会将 pf.methodWithValueReceiver 自动转换为 (*pf).methodWithValueReceiver。

不过这个语法糖的影响范围也就局限在类型实例调用方法这个范畴。当我们将类型实例赋值给某个接口类型变量时，只有真正实现了该接口类型的实例类型才能赋值成功：

```
// chapter10/sources/go-trap/mehtod_2.go
type fooer interface {
    methodWithPointerReceiver()
}

func main() {
```

```
        f := foo{}
        pf := &f

        // var i fooer = f   // 错误：f并未实现methodWithPointerReceiver
        var i fooer = pf // ok
        i.methodWithPointerReceiver()
    }
```

　　foo 值类型并未实现 fooer 接口的 methodWithPointerReceiver 方法，因此无法被赋值给 fooer 类型变量。关于类型方法集合与接口实现的内容，可以再仔细阅读第 24 条。

> 遇"坑"指数：★★★☆　　　"坑"害指数：★☆☆☆☆

10. break 语句相关的"坑"

　　一般 break 语句都是用来跳出某个 for 循环的，但在 Go 中，如果 for 循环与 switch 或 select 联合使用，我们就很可能掉入 break 的"坑"中，见下面的示例：

```go
// chapter10/sources/go-trap/break_1.go
func breakWithForSwitch(b bool) {
    for {
        time.Sleep(1 * time.Second)
        fmt.Println("enter for-switch loop!")
        switch b {
        case true:
            break
        case false:
            fmt.Println("go on for-switch loop!")
        }
    }
    fmt.Println("exit breakWithForSwitch")
}

func breakWithForSelect(c <-chan int) {
    for {
        time.Sleep(1 * time.Second)
        fmt.Println("enter for-select loop!")
        select {
        case <-c:
            break
        default:
            fmt.Println("go on for-select loop!")
        }
    }
    fmt.Println("exit breakWithForSelect")
}

func main() {
    go func() {
        breakWithForSwitch(true)
    }()

    c := make(chan int, 1)
```

```
    c <- 11
    breakWithForSelect(c)
}
```

运行该示例：

```
$go run break_1.go
enter for-select loop!
enter for-switch loop!
enter for-switch loop!
enter for-select loop!
go on for-select loop!
enter for-switch loop!
...
```

我们看到无论是 switch 内的 break 还是 select 内的 break，都没有跳出各自最外层的 for 循环，而仅仅跳出了 switch 或 select 代码块，但这就是 Go 语言 break 语句的原生语义：**不接标签（label）的 break 语句会跳出最内层的 switch、select 或 for 代码块。**

如果要跳出最外层的循环，我们需要为该循环定义一个标签，并让 break 跳到这个标签处。改造后的代码如下（仅以 for switch 为例）：

```
// chapter10/sources/go-trap/break_2.go
func breakWithForSwitch(b bool) {
outerloop:
    for {
        time.Sleep(1 * time.Second)
        fmt.Println("enter for-switch loop!")
        switch b {
        case true:
            break outerloop
        case false:
            fmt.Println("go on for-switch loop!")
        }
    }
    fmt.Println("exit breakWithForSwitch")
}
```

运行改造后的例子，我们能看到输出与我们的预期一致：

```
$go run break_2.go
enter for-switch loop!
exit breakWithForSwitch
enter for for-select loop!
exit breakWithForSelect
```

> 遇"坑"指数：★★★★☆　　"坑"害指数：★★★☆☆

66.2　标准库类

Go 标准库的完成度很高，整体稳定，更关键的是标准库的核心 API 得到了 Go 1 兼容性承诺的保证，这让 Go 标准库颇受广大 Gopher 的喜爱。但这不代表标准库就没有"坑"，这里我们就挑选了标准库中的几个最常用的包，一起来看看使用这些包时究竟会遇到哪些"坑"。

> **注意** 标准库也在演进，在这里（Go 1.14）被视为"坑"的用法或行为，在 Go 后续版本中可能会有所改善甚至被消除。

1. time 包相关的"坑"

Go 标准库中的 time 包提供了时间、日期、定时器等日常开发中最常用的时间相关的工具，但很多 Gopher 在初次使用 time 包时都会遇到下面这个示例中的问题：

```
// chapter10/sources/go-trap/time_1.go

func main() {
    fmt.Println(time.Now().Format("%Y-%m-%d %H:%M:%S"))
}
```

运行该示例，我们将看到如下输出：

```
$go run time_1.go
%Y-%m-%d %H:%M:%S
```

C 家族语言出身的 Gopher 会惊讶于上述示例的输出，因为采用**字符化**的占位符（如 %Y、%m 等）拼接出时间的目标输出格式布局（如 %Y-%m-%d %H:%M:%S）几乎是时间格式化输出的标准方案。但如果你在 Go 中也这么使用，那你就掉入"坑"里了。在第 53 条中我们曾详细介绍了 Go 语言采用的**参考时间**（reference time）方案。使用参考时间构造出的时间格式串与最终输出串是一模一样的，这就省去了程序员再次在大脑中对格式串进行解析的过程：

```
// chapter10/sources/go-trap/time_1.go

func main() {
    fmt.Println(time.Now().Format("2006年01月02日 15时04分05秒"))
        // 输出：2020年06月18日 12时27分32秒
}
```

遇"坑"指数：★★★★★　　"坑"害指数：★★★☆☆

2. encoding/json 包相关的"坑"

Go 语言在 Web 服务开发及 API 领域获得开发者的广泛青睐，这使得 encoding/json 包成为 Go 标准库中使用频率最高的包之一。也正因为如此，json 包中的很多"坑"也被充分暴露出来，我们逐一来看一下。

（1）未导出的结构体字段不会被编码到 JSON 文本中

使用 json 包将结构体类型编码为 JSON 文本十分简单，我们通过为结构体字段添加标签（tag）的方式来指示其在 JSON 文本中的名字：

```
// chapter10/sources/go-trap/json_1.go
type person struct {
```

```
    Name    string `json:"name"`
    Age     int    `json:"age"`
    Gender  string `json:"gender"`
    id      string `json:"id"`
}

func main() {
    p := person{
        Name:   "tony",
        Age:    20,
        Gender: "male",
        id:     "xxx-xxx-xxx-xxx",
    }

    b, err := json.Marshal(p)
    if err != nil {
        fmt.Println("json marshal error:", err)
        return
    }

    fmt.Printf("%s\n", string(b))
}
```

上面的示例输出结果如下：

```
$go run json_1.go
{"name":"tony","age":20,"gender":"male"}
```

在最终输出的 JSON 文本中并没有字段 id 的身影。这是因为 json 包默认仅对结构体中的导出字段（字段名首字母大写）进行编码，非导出字段并不会被编码。解码时亦是如此：

```
// chapter10/sources/go-trap/json_1.go

s := `{"name":"tony","age":20,"gender":"male", "id":"xxx-xxx-xxx-xxx"}`
var p1 person
err = json.Unmarshal([]byte(s), &p1)
if err != nil {
    fmt.Println("json unmarshal error:", err)
    return
}
fmt.Printf("%#v\n", p1) //main.person{Name:"tony", Age:20, Gender:"male", id:""}
```

除了 json，在 Go 标准库的 encoding 目录下的各类编解码包（如 xml、gob 等）也都遵循相同的规则。

遇 "坑" 指数：★★★★☆　　 "坑" 害指数：★★☆☆☆

（2）nil 切片和空切片可能被编码为不同文本

在日常开发过程中，我们很容易混淆 nil 切片和空切片。因此，在具体了解这个 "坑" 之前，我们需要明确什么是 nil 切片、什么是空切片。nil 切片就是指尚未初始化的切片，Go 运行时尚未为其分配存储空间；而空切片则是已经初始化了的切片，Go 运行时为其分配了存储空间，但该切片的长度为 0：

```
// chapter10/sources/go-trap/json_2.go

var nilSlice []int
var emptySlice = make([]int, 0, 5)

println(nilSlice == nil)    // true
println(emptySlice == nil) // false

println(nilSlice, len(nilSlice), cap(nilSlice))       // [0/0]0x0 0 0
println(emptySlice, len(emptySlice), cap(emptySlice)) // [0/5]0xc00001e150 0 5
```

json 包在编码时会区别对待这两种切片：

```
// chapter10/sources/go-trap/json_2.go

m := map[string][]int{
    "nilSlice":   nilSlice,
    "emptySlice": emptySlice,
}

b, _ := json.Marshal(m)
println(string(b))
```

上面 json 编码后的文本为：

```
{"emptySlice":[],"nilSlice":null}
```

我们看到空切片被编码为 []，而 nil 切片则被编码为 null。

```
遇"坑"指数：★★★★☆       "坑"害指数：★★☆☆☆
```

（3）字节切片可能被编码为 base64 编码的文本

一般情况下，字符串与字节切片的区别在于前者存储的是合法 Unicode 字符的 utf-8 编码，而字节切片中可以存储任意字节序列。因此，json 包在编码时会区别对待这两种类型数据：

```
func main() {
    m := map[string]interface{}{
        "byteSlice": []byte("hello, go"),
        "string":    "hello, go",
    }

    b, _ := json.Marshal(m)
    fmt.Println(string(b)) // {"byteSlice":"aGVsbG8sIGdv","string":"hello, go"}
}
```

我们看到字节切片被编码为一个 base64 编码的文本。可以用下面的命令将其还原：

```
$echo "aGVsbG8sIGdv" | base64 -D
hello, go
```

笔者觉得这个"坑"有其合理性，毕竟字节切片可以存储任意字节序列，可能会包含控制字符、字符"\0"及不合法 Unicode 字符等无法显示或导致乱码的内容。如果你的字节切片中存储的仅是合法 Unicode 字符的 utf-8 编码字节，又不想将其编码为 base64 输出，那么可以先将其转换为 string 类型后再用 json 包进行编码处理。

> 遇"坑"指数：★★★☆☆　　　"坑"害指数：★★★☆☆

（4）当 JSON 文本中的整型数值被解码为 interface{} 类型时，其底层真实类型为 float64

对于 JSON 文本中的整型值，多数 Gopher 会认为应该被解码到一个整型字段或变量中，就像下面这样：

```
// chapter10/sources/go-trap/json_4.go
type foo struct {
    Name string
    Age  int
}

func fixedJsonUnmarshal() {
    s := `{"age": 23, "name": "tony"}`
    var f foo
    _ = json.Unmarshal([]byte(s), &f)
    fmt.Printf("%#v\n", f) // main.foo{Name:"tony", Age:23}
}
```

但很多时候 JSON 文本中的字段不确定，我们常用 map[string]interface{} 来存储 json 包解码后的数据，这样 JSON 字段值就会被存储在一个 interface{} 变量中。通过类型断言来获取其中存储的整型值，改造后的例子如下：

```
// chapter10/sources/go-trap/json_4.go
func flexibleJsonUnmarshal() {
    s := `{"age": 23, "name": "tony"}`
    m := map[string]interface{}{}
    _ = json.Unmarshal([]byte(s), &m)
    age := m["age"].(int) // panic: interface conversion: interface {} is float64, not int
    fmt.Println("age =", age)
}
```

我们看到运行这个示例后出现了 panic！panic 的内容很清楚：interface{} 的底层类型是 float64，而不是 int。

怎么填这个小"坑"呢？json 包提供了 Number 类型来存储 JSON 文本中的各类数值类型，并可以转换为整型（int64）、浮点型（float64）及字符串。结合 json.Decoder，我们来修正一下上面示例中的问题：

```
// chapter10/sources/go-trap/json_4.go
func flexibleJsonUnmarshalImproved() {
    s := `{"age": 23, "name": "tony"}`
    m := map[string]interface{}{}

    d := json.NewDecoder(strings.NewReader(s))
    d.UseNumber()

    _ = d.Decode(&m)
    age, _ := m["age"].(json.Number).Int64()
```

```
        fmt.Println("age =", age) // age = 23
}
```

这次我们成功将 JSON 文本中的整型数值解码到一个整型类型中了!

遇"坑"指数：★★★☆☆　　"坑"害指数：★★★☆☆

3. net/http 包相关的"坑"

如果说标准库是 Go"自带电池"设计哲学的体现之一，那么 net/http 包可以看作这块"电池"的"聚能环"，让标准库可以持续展现魅力。http 包也是整个标准库使用频率最高的包之一。正确使用 http 包，规避 http 包的一些小"坑"是保证程序正确性和健壮性的前提。

（1）http 包需要我们手动关闭 Response.Body

通过 http 包我们很容易实现一个 HTTP 客户端，比如：

```
// chapter10/sources/go-trap/http_1.go

func main() {
    resp, err := http.Get("https://tip.golang.org")
    if err != nil {
        fmt.Println(err)
        return
    }

    body, err := ioutil.ReadAll(resp.Body)
    if err != nil {
        fmt.Println(err)
        return
    }
    fmt.Println(string(body))
}
```

这个示例通过 http.Get 获取某个网站的页面内容，然后读取应答 Body 字段中的数据并输出到命令行控制台上。但仅仅这么做还不够，因为 http 包需要我们配合完成一项任务：**务必关闭 resp.Body**。

```
// chapter10/sources/go-trap/http_1.go
resp, err := http.Get("https://tip.golang.org")
if err != nil {
    fmt.Println(err)
    return
}
defer resp.Body.Close()
```

目前 http 包的实现逻辑是只有当应答的 Body 中的内容被全部读取完毕且调用了 Body.Close()，默认的 HTTP 客户端才会重用带有 keep-alive 标志的 HTTP 连接，否则每次 HTTP 客户端发起请求都会单独向服务端建立一条新的 TCP 连接，这样做的消耗要比重用连接大得多。

注：仅在作为客户端时，http 包才需要我们手动关闭 Response.Body；如果是作为服务端，http 包会自动处理 Request.Body。

遇"坑"指数：★★★★★　　"坑"害指数：★★★☆☆

（2）HTTP 客户端默认不会及时关闭已经用完的 HTTP 连接

如果一个 HTTP 客户端与一个 HTTP 服务端之间要持续通信，那么向服务端建立一条带有 keep-alive 标志的 HTTP 长连接并重用该连接收发数据是十分必要的，也是最有效率的。但是如果我们的业务逻辑是向不同服务端快速建立连接并在完成一次数据收发后就放弃该连接，那么我们需要及时关闭 HTTP 连接以及时释放该 HTTP 连接占用的资源。

但 Go 标准库 HTTP 客户端的默认实现并不会及时关闭已经用完的 HTTP 连接（仅当服务端主动关闭或要求关闭时才会关闭），这样一旦连接建立过多又得不到及时释放，就很可能会出现端口资源或文件描述符资源耗尽的异常。

及时释放 HTTP 连接的方法有两种，第一种是将 http.Request 中的字段 Close 设置为 true：

```go
// chapter10/sources/go-trap/http_2.go

var sites = []string{
    "https://tip.golang.org",
    "https://www.oracle.com/java",
    "https://python.org",
}

func main() {
    var wg sync.WaitGroup
    wg.Add(len(sites))

    for _, site := range sites {
        site := site
        go func() {
            defer wg.Done()
            req, err := http.NewRequest("GET", site, nil)
            if err != nil {
                fmt.Println(err)
                return
            }
            req.Close = true

            resp, err := http.DefaultClient.Do(req)
            if err != nil {
                fmt.Println(err)
                return
            }
            defer resp.Body.Close()

            body, err := ioutil.ReadAll(resp.Body)
            if err != nil {
                fmt.Println(err)
                return
            }

            fmt.Printf("get response from %s, resp length = %d\n", site, len(body))
```

```
        }()
    }
    wg.Wait()
}
```

该示例并没有直接使用 http.Get 函数，而是自行构造了 http.Request，并将其 Close 字段设置为 true，然后通过 http 包的 DefaultClient 将请求发送出去，当收到并读取完应答后，http 包就会及时关闭该连接。下面是示例的运行结果：

```
$go run http_2.go
get response from https://www.oracle.com/java, resp length = 65458
get response from https://python.org, resp length = 49111
get response from https://tip.golang.org, resp length = 10599
```

第二种方法是通过创建一个 http.Client 新实例来实现的（不使用 DefaultClient）：

```
// chapter10/sources/go-trap/http_3.go

func main() {
    var wg sync.WaitGroup
    wg.Add(len(sites))

    tr := &http.Transport{
        DisableKeepAlives: true,
    }
    cli := &http.Client{
        Transport: tr,
    }

    for _, site := range sites {
        site := site
        go func() {
            defer wg.Done()

            resp, err := cli.Get(site)
            if err != nil {
                fmt.Println(err)
                return
            }
            defer resp.Body.Close()

            body, err := ioutil.ReadAll(resp.Body)
            if err != nil {
                fmt.Println(err)
                return
            }

            fmt.Printf("get response from %s, resp length = %d\n", site, len(body))
        }()
    }
    wg.Wait()
}
```

　　在该方案中，新创建的 Client 实例的字段 Transport 的 DisableKeepAlives 属性值为 true，即设置了与服务端不保持长连接，这样使用该 Client 实例与服务端收发数据后会及时关闭两者之间的 HTTP 连接。

> 遇"坑"指数：★★★☆☆　　　"坑"害指数：★★★★☆

小结

　　Go 语言是云计算时代的 C 语言，它同样像一把雕刻刀，锋利无比，在熟练的 Gopher 技师手里非常强大。但 Go 语言也会伤到那些对它理解不够、还不能掌握它的人。熟知并牢记上述 Go 的常见"陷阱"将帮助他们免受伤害或将伤害降到最低，直到他们成为熟练掌控 Go 语言的工程师。